EN BUSCA DEL UNIVERSO INVISIBLE

Primera edición
Julio 2002

Editor: Jesús Fernández Serrano

Obra coordinada por:

SOLINGRAF

ediciones letra clara

Marqués de Monteagudo, 18, 3.º izqda.
28028 Madrid
Tels.: 91 725 14 15
91 356 67 00
Fax: 91 356 67 01
e-mail: lasercom@sew.es
buzondepoesia@hotmail.com
www.editamostulibro.com

Realización: Lasercom, S.L.

Producción: Carmelo Segura Martínez

Asesor literario: M.ª Carmen Collado y Simón

ISBN: 84-95794-40-3
Depósito legal: M-25.716-2002

Impreso en papel ecológico

Impreso en España

A mi madre,
que en este mundo se llamó
Rosario Herbás Martínez.

Índice

DOMINGOS

Luis Martos Herbás

EN BUSCA DEL UNIVERSO INVISIBLE

SOLINGRAF

elc

ediciones letra clara

Primer domingo

TODO DEBE PARTIR DE UNA APUESTA

«Dicen que el ave divina,/trocada en pobre gallina,/por obra de las tijeras/de aquel sabio profesor/(fue Kant un esquilador/de las aves altaneras;/toda su filosofía,/un *sport* de cetrería),/dicen que quiere saltar/las tapias del corralón,/y volar/otra vez hacia Platón./¡Hurra! ¡Sea!/ ¡Feliz será quien lo vea!»

(ANTONIO MACHADO: *Campos de Castilla: Proverbios y cantares.*)

Para los que, como yo, hace tiempo que traspasaron la imperceptible frontera de la juventud, Madrid en verano es sumamente aburrido. Una calurosa tarde de finales de julio había tomado asiento en una de las muchas terrazas que en esa estación del año proliferan por toda la ciudad, y estaba esperando a que me atendieran, cuando oí que me llamaban por mi nombre. Era un viejo amigo al que no había visto desde la época de la Facultad. Me sorprendió que se acordase de mí después de tantos años. Nos saludamos efusivamente, nos pusimos brevemente al corriente del lamentable curso que habían seguido nuestras vidas desde que dejamos la Universidad llenos de ilusiones, y le pregunté a dónde iba, pues creí notar que llevaba cierta prisa.

—Ven conmigo, si no tienes otra cosa que hacer —me respondió—. Voy a una tertulia que se reúne todos los domingos en casa de un tipo de lo más curioso: un tal Aurelio. Es un filósofo aficionado, que se gana la vida como chupatintas o algo parecido. Parece tener una cultura bastante amplia, aunque sea un autodidacto. Desde luego, se nota que ha leído mucho; es el típico ratón de biblioteca. Se dice, incluso, que por haber leído tanto no consiguió ganar el dinero suficiente para casarse cuando aún estaba a tiempo. Lo pasarás bien. La tertulia se dedica a tratar de temas metafísicos, y algunas veces se oyen cosas interesantes.

Me resistí al principio con firmeza, pues la Metafísica no me interesaba en absoluto. Es más, despreciaba profundamente a todos esos charlatanes que pierden el tiempo con mojigangas. Para decirlo con claridad, me daban náuseas. Pensaba que, a esos vagos, lo que había que hacer es ponerlos a trabajar. Pero el tedio que padecía, la esperanza de que la casa del tal Aurelio fuese umbría y fresca y, sobre todo, la posibilidad de cenar y pasar un rato charlando con mi amigo después de la tertulia, cosa que me prometió, me animaron finalmente a acompañarle, no sin expresarle mis dudas sobre si sería bien acogido por los asistentes.

—No te preocupes. Allí va todo el que quiere. Y *tú* pasarás completamente desapercibido.

Esto último no dejó de molestarme un poco, pero fue lo que acabó por decidirme. Por añadidura, mi amigo me aseguró que Aurelio ofrecía una cerveza bastante buena.

En el camino me advirtió que, como es lógico, al principio encontraría algunas dificultades para entender lo que allí se dijera, dado que las tertulias se venían celebrando desde algún tiempo atrás. Al parecer, tanto Aurelio como un tal Luciano y otro contertulio más que se llamaba Argimiro, habían tenido un maestro común, ya fallecido, del que procedían las ideas básicas de los tres y del que apenas aportaban datos. Se referían a él llamándole Teófilo (un nombre probablemente simbólico), y, como mucho, mencionaban que su maestro creía que la actualmente denominada «Filosofía de la existencia» o «de la vida» no tenía futuro y, sobre todo, no era verdadera Filosofía; y que si el pensamiento filosófico había llegado (como sin duda había llegado) a un callejón sin salida, era porque no había profundizado lo suficiente en el Neoplatonismo, ni lo había desarrollado y actualizado como hoy día era posible hacerlo. Mi amigo me fue poniendo también al corriente de algunas de las extrañas ideas de aquellos tres personajes. No pretendían demostrar la existencia de Dios, sino que la existencia de un Dios bueno (y, más aún, invariablemente bueno y que no castiga nunca), era enteramente compatible con la existencia del mal en este mundo, sobre la base de determinados supuestos metafísicos que no tenían nada que ver con la culpabilidad, ni con un mítico «pecado» original, ni con hipotéticas «pruebas» a que Dios quisiera someternos.

Para ellos, la materia, no es que no existiera; pero era insustancial «como el caldo de un asilo» (así lo dijo), inconsistente y evanescente como el humo. En definitiva, la materia era «No-ser»; pero tomando esta expresión no como equivalente a la nada, sino como contrapuesta al «Ser»; es decir, «No-ser» como «algo que no es el Ser»; pero no como «algo que no tiene existencia». La materia era así, porque Dios, lo que podría llamarse el Ser supremo, no la había creado voluntariamente; sólo había dado ocasión a su existencia, y había influido y seguía influyendo en la aparición y evolución de las formas que la materia creaba o adoptaba, hasta donde ella misma lo permitía. La influencia de Dios sobre la materia siempre se había realizado, y se seguía realizando, mediante unas «formas de acontecer» perfectas y, por tanto, consistentes e imperecederas, que tenían su origen en la bondad divina, a las que Aurelio y los otros dos llamaban globalmente «el DOROR» y que, como obra de Dios que eran, pertenecían como él a la esfera del Ser. En definitiva, según Aurelio y sus condiscípulos, ocurría que Dios, en una especie de expansión del Ser para invadir el No-ser, promovía continuamente el bien sobre la materia, en consonancia con su naturaleza; ya que él mismo era el Bien supremo, hasta el punto de que el bien no podía definirse sino como «lo que Dios hace» o «lo que podemos saber sobre el modo de ser de Dios». Pero decían que, si Dios actuase directamente sobre la materia para producir el bien en ella, la destruiría inevitablemente; es decir, ocasionaría un mal; lo que sería incompatible con la naturaleza divina. Por tanto, la influencia benéfica de Dios sobre la materia se realizaba mediante la pro-posición a ésta (o sea, la colocación de algún modo ante ésta) de las formas perfectas del DOROR, para que el No-ser (que siempre se siente atraído hacia el Ser), se amoldase en alguna medida a ellas. Todo esto evocaba vagamente a Platón y, el DOROR, a un brillo, claror, o resplandor dorado; pero no hubo tiempo para entrar en más detalles, porque, como habíamos cogido un taxi y Madrid estaba casi vacío aquella tarde, llegamos enseguida a nuestro destino.

Después me di cuenta de que la noción que mi amigo me había proporcionado sobre las ideas de los discípulos de Teófilo era exacta y a la vez no lo era. Es decir, que no era totalmente exacta y definitiva. Más adelante, escuchándoles ya a ellos directamente, me volvió a ocurrir lo mismo una y otra vez. Y es que no trataban los temas de un modo lineal, desde su principio a su fin sin solución de continuidad y de una vez por todas, sino que abordaban un tema determinado, lo abandonaban para entrar en otro u otros, y luego (a veces después de bastante tiempo), volvían sobre el primer tema perfilando un poco más lo que antes habían dicho sobre él. Supongo que en todas las tertulias ocurre lo mismo. Fueron abordando las materias, una y otra vez, en diferentes ocasiones y desde diferentes puntos de vista, matizando sucesivamente sus ideas y, no pocas veces, incluso contradiciéndolas. Algo así como unas «variaciones (no contiguas) sobre un mismo tema». Al final, fue quedando en mi mente como una intuición de todo el conjunto de versiones y matizaciones; como una síntesis de todas ellas. Más que una línea que fuera avanzando, la exposición de sus ideas era como un huevo que fuera creciendo, o como sucesivas pinceladas o manos de pintura, de diferentes tonos de color, que de vez en cuando se fueran extendiendo sobre la misma superficie, hasta resultar un tono final que era una síntesis de todos los anteriores.

Por otra parte, también como en toda tertulia, muchas de las afirmaciones que los contertulios fueron expresando, sólo algún tiempo después las justificaron. Al final, creo que todas las afirmaciones quedaron explicadas; aunque no tengo más remedio que exponerlas en el orden en que las oí. Pero debo proseguir con mi narración.

La casa del tal Aurelio estaba en una parte de Madrid de la que yo no tenía recuerdos; bastante lejos del centro de la ciudad, en rigor en el extrarradio, en un suburbio muy humilde, pero no sórdido ni repulsivo. Subimos al segundo piso de un inmueble grande con aspecto demasiado pretencioso para el barrio en que estaba y que, a pesar de lo reciente de su construcción, ofrecía ya algunas muestras de deterioro, y entramos enseguida en una habitación cómoda y fresca, en penumbra como es usual en verano, donde cabrían sin demasiado agobio ocho o diez personas. En uno de los butacones, dispuestos en forma más o menos circular alrededor de una mesita bien provista de botellas de cerveza de la mejor marca, me prometí echar una agradable siestecita. Había esa tarde pocos contertulios. Mi amigo me presentó a Aurelio (que inmediatamente nos ofreció de beber), y tomamos asiento después de saludar conjuntamente a todos los demás.

Aurelio era un hombre... como se ven todos los días. Por su aspecto general, en nada se diferenciaba de cualquier hortera de los que suelen atiborrar el «Metro» en las horas punta de un día laborable. De edad de unos cincuenta años (mayor, por tanto, que mi amigo y que yo), iba vestido de un modo muy sencillo y, para lo que se acostumbra a llevar en verano, bastante correcto. De estatura mediana y con visible tendencia a la obesidad, lo que más destacaba en él, aparte de su voluminoso cráneo casi calvo del todo, eran sus ojos; de un color indefinible y de mirada más penetrante que viva. Llevaba gruesas gafas de miope. Al llegar, habíamos interrumpido la conversación, que Aurelio reanudó sin más trámite dirigiéndose a uno de los presentes: un pelirrojo larguirucho de unos treinta años, hético, casi esquelético, muy mal vestido, de aspecto humilde y con cierto aire de bobalicón, que según me enteré después era empleado de banca pero tenía inquietudes metafísicas.

—Convendrás conmigo, Pedro, en que, en algún momento de su vida, el ser humano ha de hacer una apuesta fundamental, que es la de si Dios existe o no. Más concretamente, la de si existe o no un Dios bueno e inmaterial. Pero debe ser una apuesta pura y verdadera, sin encubrir ningún argumento. Por ejemplo, si decimos «Dios no existe, porque este mundo está lleno de mal y, si Dios existiera, no lo toleraría» o «Dios no existe, porque la Ciencia física no lo encuentra en ninguna parte», ésas no son verdaderas apuestas. Hay que apostar como quien pone todo su patrimonio al rojo o al negro en una ruleta: sin argumentos en favor de uno u otro color. Después, si hemos apostado por la existencia de Dios, como Pascal, intentaremos dar, del mal y de todo lo demás que ocurre, una explicación coherente. Hay varias explicaciones coherentes, unas mejores que otras. Pero no es bueno mezclar las cosas, sino que todo debe partir de una apuesta; y esa apuesta debe ser una apuesta pura y simple, como las que se hacen en una ruleta bien equilibrada, en la que no hay razón alguna para que un color salga con preferencia al otro.

»Sin embargo, conviene considerar que si, como dice Dostoievski, nuestra inmortalidad depende de la existencia de Dios (*«si Dios existe, yo soy inmortal»*[1]), y, como siempre se ha dicho, nuestra felicidad en el otro mundo (caso de que seamos inmortales) requerirá que en éste nos hayamos portado bien, lo que es difícil de lograr para el que cree que Dios no existe (*«si Dios no existe, todo está permitido»*[2]), el que apuesta por la inexistencia de Dios y actúa en consecuencia, si pierde la apuesta lo habrá perdido todo, y si la gana no podrá vanagloriarse de ello. En cambio, el que apuesta por la existencia de Dios y actúa en consecuencia, si gana la apuesta lo habrá ganado todo, y si la pierde no se enterará nunca; de modo que en realidad no perderá nada (como dijo Pascal), porque no podrá verse decepcionado después de su muerte. Por otra parte, apostar por la existencia de Dios es la tendencia natural del ser humano. Si la tortuga recién salida del huevo se encamina espontáneamente hacia el mar sin saber que está allí y, sin embargo, lo encuentra siempre, ¿por qué no le ha de ocurrir lo mismo al ser humano con Dios? Ya sabemos que el ser humano ha utilizado bastardamente el concepto de Dios para manipular a otros seres humanos (como dijo Marx) o incluso a sí mismo (como dijo Freud); pero eso no implica que Dios no exista. En un teatro se puede representar muy bien la muerte de María Antonieta, y lo normal es que al final salude la actriz que hacía su papel. Eso nos indica que la muerte de María Antonieta se puede manipular, y que de hecho se acaba de manipular; pero no nos demuestra que en 1793 María Antonieta no haya sido efectivamente guillotinada.

»En la apuesta pura y simple sobre si Dios existe o no, yo apuesto por su existencia. Porque no es que apostar por que Dios existe satisfaga más mis aspiraciones que apostar por que no existe; sino que apostar porque Dios existe satisface todas mis aspiraciones, mientras que apostar porque no existe no satisface ninguna. Y, además, Pedro, deja sin explicar muchas cosas que, como verás, sólo pueden explicarse sobre la base de la existencia de Dios.

»Después de que se haya apostado por la existencia de un Dios bueno e inmaterial, habrá llegado el momento de abordar el problema del mal. Pues estarás de acuerdo conmigo en que el problema del mal ha sido siempre el problema básico de todas las religiones: el eterno problema. Ante la horrible realidad del mal, de nada sirve negarlo o no querer verlo, como hacen muchos. Ante las matanzas de seres humanos por otros seres humanos (recientemente ha ocurrido la de Ruanda y ahora está ocurriendo la de Bosnia), el hambre, las guerras, las enfermedades, los accidentes absurdos, las deformidades congénitas y tantas otras cosas que nos horrorizan cada día, como, sin ir más lejos, la corrupción generalizada e institucionalizada que se ha establecido recientemen-

[1] *Endemoniados*

[2] *Los hermanos Karamazov.*

te en España, no sirve de nada cerrar los ojos. Si Dios es material, o si la materia emana de él o es creación voluntaria de él, Dios es responsable de todo el mal del Universo, y por tanto es malo. Si Dios es inmaterial y la materia no es emanación suya ni creación voluntaria de Dios, pero él consiente el mal de la materia pudiendo evitarlo, también es malo. Pues no hay razones teológicas convincentes que puedan justificar la pasividad de Dios ante ciertos males, como por ejemplo el sufrimiento de los niños que tanto desconcertaba y abrumaba a Dostoievski. Por eso no es de extrañar que, para algunas religiones primitivas, Dios sea un dios malvado.

»Hay que dilucidar por qué Dios, no consintiendo el mal, tampoco puede evitarlo. Y entonces es preciso creer que el mal que se da en la materia no procede de Dios, sino de ella misma; que la materia no es creación voluntaria ni emanación de Dios; que la materia es inconsistente, y que por eso Dios no puede modificarla; pero que sobre ella pende o planea una realidad espiritual consistente y eterna que sí es obra de Dios; y que, teniendo conciencia de la existencia de esa realidad espiritual, la materia quizá pueda modificarse a sí misma.

»Sí, Pedro; llega un momento en la vida, a veces muy tempranamente, en que se debe apostar por Dios o por la materia, de una vez por todas y con todas las consecuencias prácticas que de esa decisión se deriven. La decisión debe ser radical; esto es, debe afectar a la raíz misma de la persona y, por ende, a toda su vida. Antes o después hay que tomar esta decisión. Pero la mayoría de los seres humanos la ha tomado ya, sin saberlo (en su infancia o después, y aunque pertenezcan formalmente a una religión establecida), en favor de la materia.

—Antes has aludido a una «realidad espiritual consistente y eterna que sí es obra de Dios». ¿Podrías hablarnos algo de ella? —le preguntó Pedro, que al parecer se acababa, como yo, de incorporar a la tertulia.

—Desde luego. Hablaré dando por ciertas las suposiciones, mías o de otros, que más o menos tengo aceptadas. Dios tiene un plan perfecto para toda la materia. Si Dios existe, ha de tenerlo. Por tanto, creemos que Dios «produce» en cada momento un *optimum* de la materia; una Realidad Paralela a la realidad material. Esa Realidad Paralela es perfecta y es «consistente», a diferencia de la realidad material, porque es obra de Dios. Por tanto, también a diferencia de lo que vemos en la materia, es permanente. Y, más aún, por ser obra de Dios, es eterna.

»La Realidad Parelela recae sobre toda la materia; por tanto, no sólo sobre los seres humanos, sino también sobre todos los demás seres materiales, sean animados o inanimados. Está en todo; es total; estamos rodeados de ella por todas partes y en todos los sentidos; estamos entreverados con ella. En esa Realidad *«vivimos, nos movemos, y somos»*.[3] Pero esa Realidad

[3] Frase de los *Hechos de los Apóstoles* (17,28) referida a Dios.

debe considerarse bajo el prisma de la totalidad y la objetividad, como sin duda es, y no bajo el prisma de la singularidad y la subjetividad. Es decir, que se corresponde con lo que objetivamente ocurre; no con lo que nuestra subjetividad cree que ocurre; y con el conjunto de todos los acontecimientos del Universo, y no sólo con un acontecimiento singular.

Aquí terció un tal Luciano, un personaje verdaderamente antipático, casi enteramente calvo lo mismo que Aurelio, pero cuya cara, siempre seria, recordaba a la de Góngora, pálida como era, larga, estrecha, y de nariz aguileña. A pesar de ser muy delgado, siempre vestía de oscuro. Según supe después, trabajaba en la administración de justicia, pero no como juez, fiscal ni abogado, sino como secretario judicial o quizá oficial de Juzgado. Su profesión le dejaba mucho tiempo libre para dedicarse a otras cosas, y se decía que era muy aficionado a la Filosofía, la Literatura y la Historia. Solía expresarse con marcado engolamiento y pedantería. El tal Luciano intervino, pues, para decir con suficiencia:

—Una de las cosas más difíciles de lograr en relación a la Realidad Paralela de origen divino, es darse cuenta de que no la estamos «sosteniendo» nosotros por el hecho de que pensemos en ella; y que, por tanto, no hemos de realizar ningún esfuerzo para «sostenerla». Menos aún para crearla. La crea Dios; existe y se sostiene por sí misma, y tiene una consistencia de la que nosotros, como seres materiales, carecemos. Por otra parte, Dios la crea siempre y continuamente, hagamos lo que hagamos. No necesitamos pedírselo.

—Por lo que voy entendiendo —dijo Dalmacio—, vuestra Realidad Paralela equivaldría al *nous,* a la mente ordenadora del mundo, de Anaxágoras.

Dalmacio era el amigo que me había llevado allí. Licenciado en Derecho, en Filosofía, en Sociología y en alguna que otra cosa más, se ganaba malamente la vida dando clases en la Universidad como profesor adjunto. Algo le había paralizado siempre. Había empezado a asistir a las tertulias por un azar tan extraño como el mío, y continuaba asistiendo a ellas por curiosidad. Dalmacio llevaba gafas, como Aurelio. Muy pálido, más bien bajo de estatura, ágil y delgado, pero sorprendentemente fuerte, era un hombre bondadoso, paciente, amable y cortés. Sus maneras suaves, su bondad y su aguda inteligencia, le daban entre las mujeres un éxito que a primera vista nadie podría sospechar. Era lo que se suele decir un «feo agradable». Hablaba siempre lentamente, sopesando cuidadosamente todas sus palabras, y con cierta timidez, como disculpándose. No le gustaba hacer gala de lo mucho que sabía, y se adaptaba con facilidad a cualquier ambiente y situación. Su capacidad de adaptación era tan extraordinaria, que si pusieran en una habitación (que tendría que ser enorme) a todos sus amigos, se organizaría inmediatamente una batalla campal. De hecho, algo parecido había sucedido más de una vez.

—No exactamente —contestó Aurelio—, porque la materia puede conformarse a la Realidad Paralela, o distorsionar esa conformación, o resistirla, e incluso contradecirla. La Realidad Paralela pertenece al *universo espiritual,* y lo constituye. Es obra de Dios; puede decirse que es el proyecto de Dios sobre la materia, o quizá el conocimiento que tiene de ella. Según Mary Baker Eddy, la fundadora de la «Ciencia Cristiana», es la «idea» que tiene Dios de las cosas. Por eso es consistente. En cambio, la materia no lo es.

«Aunque la Realidad Paralela está en un plano de existencia muy distinto al material, sin embargo puede ejercer influencia sobre la materia, porque en sus grados inferiores tiene en común con ella la existencia de formas. Es lo que es; lo que ya es; lo actual; y es perfecto ya ahora. Es, al ser perfecto, una sustancia consistente.

—¿Por qué llamáis «DOROR» a esa Realidad Paralela?

—Para sintetizar en una sola palabra algunas de sus características. Las tres primeras letras de la palabra son las iniciales de «Doble Óptimo Real». Llamamos «Doble» a la Realidad Paralela, porque se corresponde en cada momento con la realidad material y porque se actualiza en cada momento en función del acontecer material. Además, afirmamos que ese «Doble» es «Óptimo», en los términos y con los límites que luego explicaremos. Y lo calificamos expresamente de «Real», porque es tan real como las formas del acontecer material que vemos y percibimos. Las dos letras siguientes son las iniciales de «Óptimo» y de «Real», pero no de «Doble», y con ellas queremos señalar que en la Realidad Paralela hay algo más que una mera correspondencia con la realidad material. Finalmente unimos estas dos últimas letras a las tres primeras para indicar que se trata de una misma y única realidad.

—Has dicho que la Realidad Paralela es una «sustancia consistente». ¿Qué entiendes por tal? —siguió preguntando Dalmacio.

—En realidad —respondió Aurelio, el filósofo autodidacto—, decir «sustancia consistente», en el sentido en que yo empleo estas dos palabras, es una redundancia. Para mí, «sustancia» no es equivalente a «cosa o ente individual» ni a «objeto más o menos estable de conocimiento», ni a «la unidad (el *quid* o la *quidditas*) que soporta (es decir, que sostiene) los caracteres de algo», vale decir «lo que está debajo» de algo (según su significado literal derivado de la palabra latina *sub-stantia,* correspondiente a la griega *hypojéimenos* o, con más paralelismo, a la también griega *hypóstasis*), sino que es equivalente a algo que posee «consistencia». Precisando más, la palabra «sustancia», tal como yo la empleo, no indica, con arreglo a la terminología escolástica, «lo que existe en sí» como contrapuesto a «lo que existe en otro» (lo segundo sería, según dicha terminología, un «accidente»). Yo la empleo en el sentido de «algo que tiene consistencia». De modo que, en mi manera de ver, decir «sustancia consistente» es una redundancia.

»Pero además debo aclarar que empleo la palabra «consistencia» en un sentido determinado. El verbo latino *consístere* (del que se deriva el sustantivo castellano «consistencia») tiene, que yo sepa, dos «vibraciones» o sentidos. Uno es «asentarse», «anclarse» o «radicar» en algo. Es de señalar que en este sentido (el único que ha conservado el verbo castellano «consistir») se utiliza a menudo como equivalente a «ser algo». Pero otro sentido de *consistere* es simplemente «pararse», «no moverse», «estarse quieto», «mantenerse firme», «subsistir». Yo utilizo la palabra «consistencia» como derivada de este segundo sentido, entrañando un significado parecido a «solidez». Tomo la palabra «consistencia», pues, en el sentido de firmeza, cohesión, robustez, solidez, fortaleza, compacidad, etc. Y digo que algo es «consistente» cuando tiene ese modo de ser, y que es «inconsistente» cuando no lo tiene.

»Para mí, sustancial es lo que es consistente; y lo consistente es permanente, inmutable e inmodificable, en contraste con lo que es impermanente, mudable, efímero, transitorio y variable. En el sentido en que yo empleo la palabra «sustancia», algo que en la terminología escolástica sería indudablemente un «accidente» (es decir, algo «que existe en otro»; por ejemplo, un color) puede ser sustancial si es consistente.

»El DOROR es consistente (en el sentido que utilizo de «sólido», «invariable» y «permanente» cuando afirmo, digo o predico de algo que tiene consistencia), porque consiste en Dios; es decir, porque es consistente (y esta vez estoy ya utilizando el adjetivo «consistente», como derivado del verbo castellano «consistir», en el sentido escolástico y tradicional de «que se asienta», «descansa», «se fundamenta», «reposa», «radica» o «tiene sus raíces») en Dios.

»Nuestro ser verdaderamente consistente es el DOROR, porque es el único que es enteramente obra de Dios. Y lo mismo ocurre con el ser verdaderamente consistente de todo lo que existe en este mundo material.

»Cuando el Evangelio de San Juan atribuye a Jesús de Galilea (por cuya boca hablaba muchas veces su DOROR) la frase *«yo he vencido al mundo»* en vez de «yo venceré al mundo», expresa muy bien que la obra de Dios, el DOROR, ya está hecha y existe. No es una esperanza ni una posibilidad de futuro, sino una realidad presente y actual; eterna en realidad, porque está fuera del tiempo. Y, pese a las apariencias del mundo material que parecen ignorarla o contradecirla, le ha vencido en el sentido de que el DOROR es consistente, mientras que el mundo material es una *«nada con forma»,* según afirman los «gnósticos de Princeton» (los mejores físicos del mundo), aunque en realidad no deberían haber dicho «nada con forma», sino «nadalidad con forma». Pues es un error decir que la materia es nada. Es algo, pero inconsistente y, por tanto, «nadal». Por otra parte, en la expresión de los «gnósticos de Princeton» hay que entender que la forma que reviste la nadalidad no es estática, sino que es un modo de acontecer.

Como obnubilado, con la mirada fija y perdida en el vacío (yo pensé que por efecto de la cerveza), Aurelio prosiguió:

—El «*Reino de los Cielos*» o «*Reino de Dios*», de que tanto hablaba Jesús de Galilea (y que constituye el tema prácticamente único de su predicación), no es otra cosa que el DOROR, que sin duda había llegado a percibir mejor que nadie y con el que a menudo se identificaba. Jesús afirma que el DOROR no es de este mundo («*Mi reino no es de este mundo*»); que, sin embargo, opera en el mundo material («*El reino de Dios está dentro de vosotros*»); pero que la materia («*el mundo*»; «*el príncipe de este mundo*»; «*la cizaña*», etc.) a menudo no deja que fructifique su semilla, sino que se opone a su desarrollo y lo impide parcial e incluso totalmente. Jesús acierta plenamente en esto. Por otra parte, dice que se debe desear la realización del DOROR en este mundo («*Venga tu reino*»; «*Hágase tu voluntad, como en el cielo, así también en la tierra*»), para la cual, aunque no es estrictamente necesario tomar conciencia de la existencia real del DOROR, sí es muy conveniente. Él dedicó su vida a promover esa toma de conciencia; aunque en algunas ocasiones parece haber dicho que empleaba parábolas «*para que viendo, no vean; y oyendo, no oigan*». Forzosamente ha de ser una manipulación posterior de los textos o una interpretación personal de su redactor (que en efecto no entendía nada), y lo que Jesús quería, utilizando parábolas, era facilitar esa toma de conciencia por parte de su sencillo e iletrado auditorio.

Intervino aquí para apoyar a Aurelio otro de los contertulios: un tal Argimiro. Según me dijeron después, era músico: profesor de clarinete en el Conservatorio. Más bien bajo, algo grueso, de ojos vivos y alegres, lucía una corta barba blanca (sería un hombre ya de unos sesenta años), y hablaba suavemente, con voz aguda y cantarina e inconfundible acento gallego. Siempre sonriente al contrario que Luciano, parecía expandir serenidad y alegría a su alrededor. Pero algunas veces se nublaba.

—Si bien se mira, toda la predicación de Jesús de Galilea consistió en una sola cosa: en comunicar a los demás su portentoso descubrimiento del «*Reino de los Cielos*», que le había asombrado y anonadado hasta el punto de que a veces llegaba a confundir su personalidad o entidad material con la de su DOROR, y a menudo no sabía bien quién era. Toda su predicación estaba dirigida a dar a conocer a los demás la existencia y realidad del DOROR, a comunicarles algo de su contenido de paz y amor, y a instarles a que su vida terrena se desarrollase, como consecuencia de esa existencia real, ajustándose al DOROR (amar, no odiar, no vengarse, no enojarse, no codiciar, no temer, etc.).

»Siempre que Jesús de Galilea habla del «Reino de los Cielos», se refiere al DOROR. «*No temáis, pequeño rebaño, porque al Señor le ha placido daros el Reino de los Cielos*» (DOROR).

»Y cuando San Pablo dice «*estar en Cristo*», «*unidos en Cristo*», «*hermanos en Cristo*», «*vida eterna en Cristo*»; es decir, refiriéndose a «Cristo» como a un *estado* más que como a una *persona,* se refiere también al DOROR.

—Se puede intuir el DOROR —añadió por su parte Luciano— en el «*Adam Kadmon*» o arquetipo del hombre perfecto de los fariseos; en el «Cristo» de San Pablo y de la «Ciencia Cristiana»; en el «Doble» que, según datos recogidos por el padre Brune, algunos desencarnados que están en el «más allá» ven a menudo junto a nosotros; en los «*modelos eternos de las cosas*» que percibían algunos discípulos de Gurdieff; probablemente también en el «*Ángel de la Guarda*» de que nos habla la Iglesia Católica.

Creo que debo presentar ya al resto de los contertulios de ese día, tal como los fui conociendo después. Además de los ya mencionados y del que esto relata, estaban Anita, Carlos, y Félix.

Anita, entusiasta seguidora de la «Ciencia Cristiana», era una joven deslumbrante y restallante. Profesora de lengua y literatura españolas en un instituto de enseñanza media, más tarde llegué a la conclusión de que sólo a causa de Félix asistía a las tertulias del suburbio. No muy alta, pero muy bien formada; franca, espontánea, alegre y vivaracha, con voz de plata, tenía el orgullo y el ímpetu de las rubias. Su piel no era sonrosada, ni atezada, ni olivácea, ni bronceada, y tampoco era una de esas pieles blancas, lechosas, que de vez en cuando pueden rojear, ni tenía propiamente el color de la miel, sino un tono levemente amarillento, como el del marfil viejo. Creo que la palabra exacta para calificarla es «ebúrnea». Anita era verdaderamente una «ebúrnea doncella». Por lo demás, leía de todo y no carecía de agudeza, aunque a veces le sobraba algo de fanatismo. A mí me tenía absolutamente fascinado.

Carlos era un hombre guapo y joven (el más joven de los que allí estábamos, excepto quizá Pedro); alto, delgado y rubio. Una lucecita que de vez en cuando bailaba en el fondo de sus ojos grises, parecía revelar que se sabía buen mozo. Buen muchacho, impulsivo e idealista en el fondo, le gustaba adoptar actitudes extremadamente materialistas y ramplonas; a menudo escandalosamente cínicas. No tenía excesiva cultura, a pesar de haber estudiado leyes, y su profesión (por tradición familiar se dedicaba al comercio) no le ayudaba precisamente a ampliarla; pero ciertamente procuraba leer todo lo que podía. Era muy inteligente, agudo y sensible, si bien esto último procuraba ocultarlo cuidadosamente, generalmente utilizando la ironía y el sarcasmo. Lo cual, dicho sea de paso, solía perjudicarle en sus relaciones con las mujeres.

Félix era un tipo de hombre completamente distinto y, a mi modo de ver, mucho más interesante. Podría decirse que en lo externo era el español típico. Muy moreno, de estatura media, delgado y fuerte, sus ojos tenían un brillo raro, como el que muchas veces se observa en los judíos. En mi opinión, descendía casi con toda seguridad de judíos conversos, y lo digo porque sospecho que a mí (aunque sin ese brillo) me ocurre lo mismo. Solía escuchar atentamente, en silencio y con la cabeza baja, y en esa postura sus ojos se levantaban a veces para lanzar a su alrededor una mirada relampagueante, como un toro bajo el yugo. No conseguía afeitarse bien, de modo que siempre se veía en su rostro, de facciones más bien hundidas, una sombra azulada. Sus ideas eran arraigadamente conservadoras y tradicionales, aunque, paradójicamente, tenía antecedentes revolucionarios. Se decía, incluso, que había pertenecido a la misma organización revolucionaria que Dalmacio, que también los tenía, aunque nunca hablase de ello. A primera vista, su aspecto era inquietante; de hombre peligroso; pero, en cuanto abría la boca para decir algo, mostraba invariablemente una cortesía y una delicadeza extremas. Esa delicadeza interior, combinada con su aspecto exterior inquietante, le daba un éxito asombroso entre las mujeres; un éxito que, por lo general, ni él mismo se imaginaba. Pero, en este terreno, le perjudicaba su sólido, incombustible e insobornable sentido común, que debía seguramente a su origen campesino; pues procedía de un pequeño pueblo de Toledo. Por una prudente reserva, no solía hablar demasiado, sino que, por lo general, prefería escuchar; pero cuando hablaba lo hacía de un modo franco, llano y abierto. En conjunto, daba una inequívoca impresión de sencillez, honradez y virilidad. Sin embargo, tenía una aguda sensibilidad y una rápida inteligencia. Las ideas que exponía solían ser originales y, por así decir, «elegantes». Había estudiado Filosofía con Dalmacio (y de eso le conocía), pero luego se había dedicado al periodismo y a la crítica de cine. Le interesaba mucho la Metafísica, y últimamente había recalado en la «Ciencia Cristiana» de la señora Eddy, aunque su condición de intelectual (pues indudablemente lo era, a pesar de su aspecto) le impedía aceptar por entero muchos de los dogmas de esta religión. De modo que su inquietud seguía viva.

A continuación se emitieron algunas opiniones que no tengo más remedio que consignar fuera de diálogo, ya que no lo recuerdo. En las tertulias sucesivas utilicé con permiso de los asistentes una pequeña grabadora, y para dar forma a este libro acudí a un amigo mío, que por su profesión (es abogado) suele escribir mucho aunque no es propiamente un escritor, quien se encargó de eliminar las expresiones fallidas, reiterativas, vulgares y coloquiales, y de sintetizar en lo posible el contenido de las intervenciones. Ello, inevitablemente, ha atribuido a los contertulios una unidad de estilo que en realidad no existió en absoluto.[4] Pero todo lo que se dijo en

[4] He de advertir que el contenido de muchas de las notas a pie de página me fue proporcionado más tarde por los diversos contertulios en conversaciones privadas sos-

esta primera reunión tuve que dárselo a mi amigo reconstruido de memoria al día siguiente con la ayuda de Dalmacio. A partir de aquí, logramos recordar más o menos lo que había dicho cada uno de los contertulios, pero no el orden ni las circunstancias en que hablaron, y seguramente no estará todo lo que dijeron.

Opiniones

Félix: —Mesmer, el famoso médico austríaco, advirtió que en todo ser humano late una «*salvadora fuerza íntima*»; y la misión que atribuyó a su nueva terapéutica, según dice Stefan Zweig, fue fomentar la operación de esa «fuerza vital» mediante la sugestión. Esa fuerza salvadora podría coincidir con lo que vosotros llamáis DOROR.

Aurelio: —Del DOROR no sabemos mucho. Sabemos que es eterno, que es perfecto y que en él reinan el bien y la armonía máximos y la felicidad máxima. Por inmensa que sea la felicidad que imaginemos, podemos estar ciertos de que la del DOROR es infinitamente mayor. Sabemos también que en él ha de reinar la más completa paz, la más completa ausencia de temor, de angustia y de ansiedad. Pero, en cuanto a las formas superiores del DOROR, no debemos imaginar cómo son. La perfección no es indicio suficiente que nos autorice a imaginar formas.

»De modo que, al menos nosotros, los seres humanos corrientes y normales, no podemos *ver* nada; pero además no debemos imaginar casi nada del DOROR. Así como, sin duda, los que ya están en el DOROR consideran que en la materia estaban como aprisionados en una camisa de fuerza, los que todavía estamos en la materia sentimos que cuando atisbamos el DOROR nos brotan alas, pero nos volvemos ciegos.

Argimiro: —Los caminos de Dios son, como dice la Biblia, verdaderamente inescrutables. Si alguien pretende escrutarlos antes de que ocurran las cosas, o incluso cuando están ocurriendo, su «yo» pretende constituirse en sustituto del DOROR; en director de un proceso global que no conoce en todas sus partes, en todas sus fases ni en todos sus factores.

Dalmacio: —La irritación que sentimos ante los desafueros de la materia, *podría ser* un indicio de la existencia de vuestro DOROR. Porque si el curso de la materia estuviera sometido a la materia misma, no sería lógico irritarse por nada de lo que en ella ocurriera.

»Como dijo Ionesco en cierta ocasión: «*Creo en Dios a pesar de todo, porque creo en el mal. Si hay mal, hay también Dios*».

---

tenidas con ellos, y que en la redacción de todas las notas intervino también el amigo que acabo de mencionar.

AURELIO: —En castellano, «patrón» significa, entre otras cosas, «*dechado que sirve de muestra para sacar otra cosa igual*». En este sentido, todos tenemos un «Santo Patrón», el DOROR, que no es ningún santo en particular sino el origen de toda santidad.

»También tenemos un patrón de otra índole más siniestra. Es un patrón distorsionado, deforme, desviado: un mal patrón. Es la parte del campo energético material que rige nuestra maldad, nuestras deformidades físicas y mentales, y nuestra mala suerte en la vida.

FÉLIX: —Se ha hablado mucho de que no podemos percibir algo si no tenemos previamente un «doble» donde encajarlo: una imagen subjetiva de la realidad, de origen social, que se aparta más o menos de la inapresable realidad objetiva. Este «doble» no tiene nada que ver con vuestro DOROR, cuyo origen no es social y ni siquiera humano. Pero, si el mecanismo descrito es cierto como probablemente lo es, una intuición espontánea del DOROR, común a todos los seres humanos (porque, según vosotros, «lo tenemos dentro»), explicaría la percepción de objetos nunca antes percibidos y carentes de un previo «doble» colectivo. Quizá por eso dijo Platón en su *Menón* que «*aprender es recordar*».

LUCIANO: —Lo que Dios crea en su Realidad Paralela es un bien armónico; es decir, un bien sin conflicto. En ella, el bien de un ser nunca es el mal de otro ser. Y además, en ella Dios crea felicidad, o sea, bienestar. Dentro del bien armónico del DOROR, debe de haber lo que los hinduistas llaman «*Sat*» (conciencia), «*Chit*» (fuerza o poder) y «*Ananda*» (alegría). Los hinduistas utilizan la tríada «*Sat-Chit-Ananda*» para aludir a una mezcla de conciencia-inteligencia, fuerza-energía, y paz-alegría. Todo ello debe de existir abundantemente en el DOROR: un mundo distinto de éste que vemos, y paralelo a él; un mundo donde todo está bien.

ANITA: —En vuestro DOROR no habría enemistad entre los seres humanos, no sólo porque en él reinaría el bien, sino, además, porque el DOROR sería en realidad único. En el mundo de la sustancia consistente, todos seríamos uno; y los DOROR individuales serían manifestaciones particulares de ese uno, en una relación siempre armoniosa. El odio y el rencor pertenecerían exclusivamente a la esfera de lo material.

AURELIO: —La Justicia nadie sabe definirla. Todas las definiciones que de ella se han dado, son tautologías. Se «siente» muy encarnizadamente la injusticia, pero la Justicia no se sabe lo que es. Y es que sólo se explica por el DOROR. Es justo lo que es coherente con la igualdad esencial de todos los seres humanos; y es injusto lo que no es coherente con dicha igualdad. Pero dicha igualdad no existe en absoluto en el mundo material. Sólo se da en el DOROR y dimana de su unidad.

»Por tanto, todo lo que pueda hacer pensar que unos seres humanos no poseen la misma sustancia espiritual que otros, es injusto. La Justicia consiste en tratarlos considerando que todos son iguales sustancialmente, en cuanto que todos tienen la misma sustancia consistente.

»Igual que con la Justicia, pasa con muchos otros conceptos: que sólo pueden definirse con relación al DOROR. No es que el DOROR sea un recurso fácil para soslayar definiciones difíciles: es que es el único modo de definir muchos conceptos, todos ellos vitales para el ser humano, que estamos usando continuamente. Por ejemplo, el Bien, la Perfección, y la Belleza. Lo único que en última instancia podemos decir de ellos, es que son transparencias del DOROR. Hay personas muy transparentes al DOROR, y otras que son absolutamente opacas al mismo.

»En cuanto a la Moral, no es otra cosa que el ajuste al DOROR. La Justicia es el grado mínimo del ajuste al DOROR. Por eso, sin ser justo no se puede ser bueno.

FÉLIX: —La belleza que más nos conmueve es aquella que no sólo está libre de connotaciones sexuales, sino que las rechaza. Nos afecta intensamente, pero no en lo sexual. Esa belleza emana del espíritu de quien la posee, y afecta a nuestro espíritu. Posiblemente sea un reflejo no enturbiado de lo que vosotros llamáis DOROR.

LUCIANO: —Que los seres humanos establezcan normas jurídicas como mínimo necesario para la creación, conservación y progreso moral de la sociedad humana (es decir, de los mismos seres humanos, que son constitutivamente seres sociales), es una conducta claramente inducida por el DOROR, como el propio nombre de «Derecho» (lo recto, lo correcto) viene a indicar; pero esto no quiere decir que cada norma concreta sea expresión del DOROR. Existen, sobre todo en España, muchas normas legalmente obligatorias dictadas o mantenidas para otros fines, incluso para fines evidentemente injustos, de modo que no puede decirse con carácter general que las normas legales sean «rectas». Sin embargo, en la aplicación concreta de esas normas a la realidad social, si el juez o el funcionario se ajustan al DOROR, se puede paliar el carácter moralmente defectuoso de las normas mismas. Por tanto, el juez no debe limitarse, como pretenden los gobiernos despóticos, a *aplicar* la ley; por supuesto que debe poder *interpretar* la ley; pero esto no es bastante. Debe poder también, como ocurre en Inglaterra, *adaptar* la ley a la realidad social, lo que es *casi* equivalente a *crear* una ley justa para cada caso concreto. A condición, claro está, de que los jueces sean personas de una elevada categoría moral.

ARGIMIRO: —Cuando de algún modo intuimos el DOROR, lo intuimos como *dispensado* por Alguien que está oculto. Y, a la vez, lo sentimos como *dispensador* de bien hacia nosotros.

»El DOROR es una gracia; un don; un regalo de Dios. Un regalo que Dios nos hace siempre, continua e incondicionalmente. «Gracia», palabra que viene de «*gratis*», es lo que se da sin contraprestación alguna. La gracia divina es el DOROR. Por eso, cuando la vida de un hombre no parece ajustada al DOROR, decimos de él, en sentido peyorativo, que es «un desgraciado». Cuando es un acontecer material el que no se ajusta al DOROR, decimos que es un «acontecimiento desgraciado». Y entendemos por una persona poco «agraciada» aquella cuya forma física, por «desgracia», no ha asumido bien la forma de la gracia que es su DOROR.

»Además, al DOROR lo sentimos como absolutamente poderoso. Sentimos que no hay nada que pueda ofrecerle resistencia; que no hay nada que le pueda resistir; que es irresistible. Pero esa impresión surge de que, al sentir el DOROR, no estamos sintiendo la materia. Sólo sentimos el DOROR con su sustancialidad, y, naturalmente, entonces no detectamos otra sustancia consistente que se le pueda oponer, porque no existe. Existe la materia, pero no tiene consistencia. La fuerza del DOROR no es «*la fuerza de los fuertes*», como se titula un hexagrama del «*I Ching*». El poder del DOROR no es el poder del poderoso, sino el poder del solitario. Nada puede resistirlo en su plano de consistencia, porque (dejando aparte a Dios, que está por encima de toda consistencia), en ese plano de consistencia no existe nada más.

Lo que mejor logramos recordar Dalmacio y yo fue la última fase de la tertulia, que transcurrió aproximadamente en estos términos:

Continuación del diálogo

ANITA: —Dios ama la materia (y las formas materiales) por su propia naturaleza divina; por su esencia; porque es el Bien y hace siempre el bien en lo que vosotros llamáis DOROR. Y ama el DOROR por lo mismo, y porque además es su creación; en cierto modo su Hijo.

LUCIANO: —No estoy enteramente de acuerdo contigo, Anita, en que sea su Hijo. Desde luego, el DOROR no es Dios; pero no sabemos si es su «Hijo», porque es obra de Dios, pero quizá no es propiamente una creación voluntaria de él sino una consecuencia necesaria de la coexistencia de Dios y la Materia. Por supuesto, Dios ama a nuestro DOROR, una vez surgido, pero no para mejorarlo, que es imposible, sino para mantenerlo.

—Pero vuestro DOROR —insistió Anita— es el fruto o expresión del amor divino por el mundo material, y en ese sentido es Hijo de Dios. Dios lo ha enviado a este mundo para elevarlo y salvarlo, física y mentalmente. Y el mundo material lo ignora, lo niega, lo degrada, lo deforma, lo «crucifica» constantemente. Comete el «*pecado contra el Espíritu*» de que hablaba Jesús de Galilea. Pero el DOROR nunca muere, como nunca murió el Cristo de Jesús, sino sólo el Jesús portador del Cristo.

Argimiro intervino en favor de Anita:

—*«Tanto amó Dios al mundo, que envió a él a su Hijo»,* dice el Evangelio. Si el Hijo es el Cristo, esto es, el paradigma del ser humano, esto es, el DOROR del ser humano, como también de todos los seres del mundo material, la afirmación de Anita es acertada.

AURELIO: —Dios no nos ama en el sentido habitual que tenemos del amor, porque no es como nosotros. Lo que ocurre es que Dios induce o promueve siempre e incondicionalmente el bien (el máximo bien) respecto a todos nosotros; y a quien actúa así con nosotros, decimos que nos ama.

»En realidad, somos nosotros los que, sabiendo cómo actúa respecto a nosotros, debemos amarle a él. Esto es natural y espontáneo; por tanto, es bueno. Y, cuanto más le amemos, más «cerca» estaremos de él; mejor sabremos cómo actúa, y más confiaremos en él. Y al confiar en él (por tanto, al no desconfiar), menos distorsión produciremos en el bien que él produce; es decir, recibiremos más bien. Por eso decían los antiguos egipcios que *«Dios ama a quien le ama».*

»A la cualidad de Dios que hace surgir el DOROR, la llamamos «amor» por analogía con el amor humano. Tenemos entendido que el que ama desea el bien de otro; y que, si pudiendo hacer ese bien no lo hace, es que en realidad no le ama. Sobre estas ideas tan comunes y extendidas, y dado que Dios es la fuente del bien que la materia admite, decimos que nos ama. Pero no sabemos si es que «desea» nuestro bien, o es que simplemente «nos ve» como llenos de bien. Esto no lo podemos saber.

»Lo que sí podemos intuir es que Dios es la fuente de todo bien sobre la materia, y que el bien se realiza en la materia a través de un DOROR producido como es por ser Dios como es. Nosotros atribuimos al DOROR todo lo que muchos atribuyen a las fuerzas benéficas de la Naturaleza, y gran parte de lo que otras veces atribuyen a la buena suerte.

»Si alguien desea el bien de otro y lo hace, su proceso material en relación a la producción del bien en la materia coincide al máximo con el proceso objetivo del DOROR. Si alguien desea el bien de otro y no lo hace porque su materia se lo impide, su proceso material coincide en menor medida con el proceso del DOROR; pero de todas maneras algo coincide. Al fin y al cabo, también el DOROR encuentra dificultades en la materia (aunque no sea «su» materia) para realizarse en ella. Pero si alguien, aunque realice involuntariamente el bien de otro, no lo desea, no coincide con el DOROR, dado que la mente es lo esencial del ser humano, y ésta se aparta de la finalidad objetiva del DOROR. Lo decisivo para coincidir objetivamente con el DOROR es, pues, desear el bien de otro.

La reunión tocaba a su fin. El calor aflojó ligeramente después de la puesta de sol, y todos nos marchamos de donde Aurelio casi al mismo tiempo, después de haber derivado la conversación hacia temas menos transcendentes. Yo me fui a cenar con Dalmacio como estaba previsto, y pasamos una velada muy agradable recordando tiempos mejores que ya no volverían.

Segundo domingo

PODEMOS HABLAR DE PLOTINO COMO DE CUALQUIER OTRO TEMA

El segundo domingo no me resistí a la idea de volver a casa de Aurelio. Efectivamente, allí no se había notado mi presencia. Los contertulios (con la excepción quizá de Anita) no parecían preocuparse de las personas, sino de las cosas que allí se decían (lo que es insólito en España), y esas cosas no dejaban de interesarme. Por otra parte, mi amigo Dalmacio no había exagerado lo más mínimo en cuanto a la calidad de la cerveza, y, todo hay que decirlo, yo quería volver a ver a Anita.

Además, me había dado cuenta de que la tertulia de Aurelio tenía una inmensa e impagable ventaja: que todos los asistentes abandonaban la reunión al mismo tiempo. En España las tertulias suelen ser excesivamente largas, no precisamente por la abundancia o la profundidad de los temas a tratar, sino porque nadie quiere ser el primero en levantarse dejando a los demás el campo libre para que le «despellejen vivo». Nadie quiere «dejar solos» a los demás para que puedan hablar en desdoro (o, según los discípulos de Teófilo, «desDOROR) de él; algo que, desde luego, todos saben que no podrá dejar de ocurrir.

Cuando llegué tenía el uso de la palabra Argimiro, el músico, y seguía hablando del misterioso DOROR.

—Normalmente percibimos el mundo material como denso y opaco, y nos imaginamos el DOROR como sutil y transparente o, al menos, translúcido. Es conveniente, por el contrario, intuir el invisible DOROR como denso, sólido y opaco, como realmente consistente que es, y el mundo material como inestable, transparente y fantasmal. Nuestro cuerpo no lo percibe así, porque forma parte de este mismo mundo; pero es así.

»Estamos tan acostumbrados a creer que lo material es consistente y que lo inmaterial es fantasmagórico, que es necesario un esfuerzo mental para invertir los términos. Pero debe considerarse lo material como un tahur que no nos puede engañar (aunque seamos parte de él) o como un bravucón que no nos puede asustar, y lo espiritual, aunque invisible para nosotros en nuestro estado actual, como consistente y eterno. Es obra de Dios, y no puede ser de otro modo.

—Pero —apostilló Luciano—, siendo el DOROR real, consistente y eterno como obra de Dios, sin embargo Dios está por encima de la realidad, de la consistencia y de la eternidad.

»El DOROR es obra de Dios, lo que no es la materia. Ésta es una consecuencia necesaria de la existencia de Dios, mientras que el DOROR es una consecuencia necesaria de las cualidades de Dios, de su bondad, aunque Dios esté por encima de las cualidades y de la existencia. El DOROR es *causado* por Dios, mientras que Dios no es la *causa* de la materia, sino tan sólo, si acaso, su *ocasión* de existir.

»Por eso la materia no tiene sustancialidad verdadera. Es No-ser; pero, como ya dijeron Platón primero y Plotino después, no como equivalente a la nada, sino como alteridad al Ser (lo otro, lo distinto del Ser) o contrapuesta al Ser. El DOROR, en cambio, como obra de Dios y efecto directo de las cualidades divinas que le han dado origen y además son reflejadas por él (podría decirse que como *imagen y semejanza* de Dios), es perfecto y como tal posee consistencia. Por tanto, pertenece como la sustancia divina al ámbito del Ser, aunque radique en ella y por eso dependa de ella para ser.

»Dios no señorea la materia, porque ésta es No-ser. Es la materia la que, teniendo conciencia de la existencia de un DOROR sustancial y de su propia insustancialidad, tiende a acercarse al DOROR y asumir su forma, en la medida en que su imperfección intrínseca se lo permite.

»El ser humano verdaderamente consistente, el verdaderamente sustancial, está constituido por el conjunto de DOROR sucesivos que se dan a lo largo de toda su vida material.

»Pero el ser humano, usando su voluntad, puede modificar el sustrato material sobre el que recaerá el DOROR. Éste será uno u otro, según el ser humano actúe. Así, aunque el DOROR sea inmaterial, el ser humano material puede determinarlo. En cierto modo puede enriquecerlo o empobrecerlo. Esto es incomprensible, pero es así; es lo que resulta. El ser humano puede determinar la forma de su ser inmortal. Más aún: puede determinar la forma *eterna* de su ser inmortal.

A continuación, Dalmacio, dirigiéndose a Aurelio, presentó la siguiente objeción:

—Dirán que vuestro DOROR no puede ser feliz, porque la felicidad sólo surge del contraste con el sufrimiento, y en el mundo del DOROR, en el Reino de los Cielos, no hay sufrimiento.

—Perdona —replicó Aurelio—, pero eso es como decir que para que exista la luz tiene que haber oscuridad. El bien (y entre los bienes, la felicidad) tiene entidad por sí mismo. Su reflejo en este mundo contrasta ciertamente con el mal de este mundo; pero eso no quiere decir que el reflejo del bien en este mundo surja del mal en este mundo; y menos todavía que el Bien que se refleja en este mundo surja del mal de este mundo. Es el mal de este mundo el que surge de la ausencia de reflejo del bien. La «complementariedad de los opuestos» no dice nada, no conduce a nada, y no puede aplicarse a todo. En alguna polaridad los extremos son interdependientes, pero no en todas ni, desde luego, en la polaridad bien-mal. Aquí hay algo más; aquí hay un término que predomina, y ese término no puede ser sino el bien. Hay que ser ciego para no verlo.

»En la polaridad blanco-negro, un salvaje o cualquier ignorante que empezase a filosofar podría decir que cada término se define por su opuesto; que lo blanco es lo contrario de lo negro, y viceversa. Con eso no diría nada de lo que es blanco ni de lo que es negro, y se conformaría con esa «ingeniosa» conclusión. Pero nosotros sabemos que cada uno de los términos blanco-negro se define en relación a un tercero, que es la luz; el color blanco refleja la luz, mientras que el negro no. Lo mismo ocurre con la polaridad formal bien-mal.

»¡Como si todas las polaridades formales fuesen iguales en cuanto a su contenido! ¡Y como si el DOROR no percibiese el mal de este mundo! ¡Como si el Reino de los Cielos fuese completamente ignorante de lo que ocurre aquí!

Luciano intervino de nuevo para hacer gala de su erudición.

—El DOROR existe, y ha sido intuido en todas las religiones. Según Pierre Riffard,[5] la palabra griega *Eón,* que al principio significaba (en Homero) «fuerza vital», más tarde alude a un dios intermediario entre el Dios supremo transcendente y el mundo. Por ejemplo, *Mithra* (dios redentor de luz, defensor de las criaturas), *Agatodemón* en el hermetismo, y *Osiris-Serapis* en Alejandría.

»Entre los Gnósticos, el *Eón* es una Hipóstasis (Sustancia): Potencia de Dios, Alma del mundo que mantiene el orden cósmico y da la vida: Potencia eterna emanada del Ser Supremo, quien ejerce su acción sobre el mundo gracias a ella. Se presenta como una Idea impersonal y un Espíritu personal. Estos Eones son atributos o Nombres divinos pensados en términos de cosas.

»El *Pleroma* es el conjunto de los Eones, jerarquizados desde su Fuente en una escala decreciente. El Pleroma es distinto de la Deidad inefable, aunque emanado de ella. Es el mundo arquetípico, ideal, en tanto que opuesto al mundo manifiesto, material, visible, e inferior.

»Entre los cabalistas hebreos, la *Sefirah* (en plural *Sefirot*) es la emanación o esfera a través de la cual se manifiesta Dios. «*La Causa de las Causas ha producido los diez aspectos de su ser, llamados Sefirot, que son una fuente de luz que jamás se agota*».

---

[5] Pierre Riffard: *Dictionnaire de l'ésoterisme.* Éditions Payot. París, 1983. Trad. esp. *Diccionario del esoterismo.* Alianza Editorial, Madrid, 1987.

»En el Zoroastrismo, los *Amesha Spenta* son entidades transcendentes, benéficas; Espíritus Inmortales (equivalentes a los «arcángeles»), tales como el Buen Pensamiento, el Orden Justo (*Asha*), la Moderación, la Salud, y la Inmortalidad. Por otra parte, el *Daena* es el hombre perfecto.

»Según Puech, entre los gnósticos mandeos (en arameo la palabra *manda* equivale a la griega *gnosis*), seguidores casi con toda seguridad de Juan el Bautista, *Mana Rabba* o «el Rey de la Luz» se asienta en el éter o «*Agua blanca*» con el mundo de emanaciones que engendra, los *Pire* o *Uthre*. En el otro polo está el «*Agua negra*» de las tinieblas, donde los seres malignos *Ruha* y *Ur* engendran los siete planetas y los doce signos del zodíaco; es decir, todos los seres materiales.[6]

AURELIO: —Y hay más. Los antiguos sacerdotes egipcios de Heliópolis creían en el DOROR, en el que distinguían el *Ka* o Doble individual perfecto, y el *Ma'at* o Doble social perfecto. Platón, los Neoplatónicos, los Gnósticos, los Paulicianos, los Bogomilos, los Cátaros o Albigenses, todos ellos creían en la existencia actual y real de un mundo paralelo a éste y perfecto. Hoy lo hace la «*Ciencia Cristiana*» de Mary Baker Eddy. La Física moderna también apunta a veces a lo mismo (las teorías de Paul Dirac, de Hugh Everett, de los «gnósticos de Princeton», de los físicos que sostienen la existencia de los «campos-guía» o «campos de energía», etc.).

»Dejo para el final el Taoísmo chino. El Taoísmo es la auténtica religión del DOROR, porque el *Tao* es casi exactamente el DOROR. Por eso, como decía Alan Watts, «*del Tao es imposible apartarse*». Puede decirse que el *Tao* es uno de los nombres del DOROR.

LUCIANO: —Dentro del Budismo Mahayana, los seguidores de *Amitabha* (en japonés, «*Amida*»), el «*Buda del Amor Radiante*», llaman al mundo del DOROR, fruto de ese amor, «*la Tierra Pura*» o «*las Tierras de Buda*». La «*naturaleza de Buda*» o «*budeidad*», a que se refiere el Budismo Zen para afirmar que está presente, aunque oculta, en cada uno de nosotros y en todos los demás seres de este mundo material, es el DOROR. Los antiguos cristianos se referían al mundo del DOROR cuando hablaban de «*el Reino de los Cielos*» o «*el Reino de Dios*». Platón se refería a ese mundo cuando hablaba de «*la llanura de las ideas*» o del «*lugar celeste*».[7] Plotino lo distribuye entre el «*Alma inferior*», el «*Alma superior*», y la «*Inteligencia*». Quizá la «*Ciudad de Dios*» de San Agustín, la «*Utopía*» de Santo Tomás Moro, y la

---

[6] Henri-Charles Puech: *En quête de la Gnose. I.* Éditions Gallimard. París, 1978. Trad. esp. *En torno a la Gnosis. I.* Taurus Ediciones. Madrid, 1982.

[7] Así traduce D. Manuel García Morente en sus magníficas *Lecciones preliminares de Filosofía* (Ed. Losada. Buenos Aires, 1938. Novena edición de 1963, pág. 92) la expresión griega *topos uranos*. No puede decirse que la traducción sea incorrecta; pero *uranos* (*ouranos*) es «cielo», mientras que «celeste» es *uranios*. Por lo cual, *topos uranos* significa «lugar [o país]-cielo» o, quizá más exactamente, «el cielo como lugar o país». Recuérdese el «Padre nuestro que estás en el cielo» o el «Reino de los cielos» tantas veces mencionado por Jesús de Galilea.

«*Ciudad del Sol*» de Tomasso Campanella, eran intuiciones más o menos confusas del DOROR.

»Pero el testimonio más antiguo del DOROR (y posiblemente el más certero de todos) es, sin duda, como tú has sugerido, el de los antiguos egipcios. Los sacerdotes egipcios de *On* (ciudad luego llamada «Heliópolis», a pocos kilómetros de la actual capital, El Cairo), hablaban, como tú has dicho, del *Ka* y del *Ma'at*. Pero quizá lo que has dicho del *Ma'at* no es muy exacto, ya que para los egipcios podría no ser una sustancia sino una cualidad: el Orden, la Armonía, la Verdad y la Justicia (todo eso que en el fondo es lo mismo, que en realidad es una sola cosa, el DOROR, por lo cual se designa en algunos idiomas con una sola palabra, como ocurre en ruso con la palabra «*pravda*»), si bien una cualidad deificada en la diosa *Ma'at*, representada abstractamente por una pluma. En tal caso, el *Ma'at* sería una cualidad del «gran *Ka*» o «*Ka* universal», siendo el *Ka* la sustancia.

»Te diré que los egipcios tenían aún otra noción del DOROR, esta vez como autor de las formas materiales primigenias y animador posterior de ellas para darles vida. En esta función lo llamaban *Ak*.

»Por otra parte, distinguían hasta catorce cualidades del *Ka*, y por ende efectos del mismo sobre la materia, tales como la fuerza, el honor, la prosperidad, la duración de la vida, la facultad de irradiar, la de hacer prodigios, la capacidad de crear, la vista, el oído, el conocimiento, etc.

—Es extraño —dijo Félix entonces— que ni judíos, ni cristianos, ni musulmanes crean en el DOROR. Para ellos Dios creó la materia, le dio unas leyes fijas, y no vuelve a intervenir en ella, pase lo que pase en el acontecer material, sino muy de cuando en cuando, de modo extraordinario, y no siempre para hacer el bien; pues creen que Dios puede a veces ser malo, o por lo menos vengarse y castigar.

»La «*Ciencia Cristiana*» sí cree en el DOROR y que Dios es siempre bueno; pero afirma que lo único que existe es el DOROR y que no existe la materia.

»En cambio, si no he entendido mal, vosotros decís que Dios, aunque no ha creado voluntariamente la materia (que, sin embargo, para vosotros tiene existencia real), es el Bien invariable, y mediante su DOROR interviene e influye constantemente en ella, en la medida en que ella misma lo hace posible.

LUCIANO: —Así es. Y casi todos los pueblos han creído en la existencia real del DOROR y de la materia. Prácticamente todos los pueblos primitivos (y no tan primitivos; los antiguos egipcios, por ejemplo) rodeaban a sus difuntos de alimentos y utensilios como los que usaban en vida. Y los antiguos chinos, como los indios americanos, querían que sus difuntos conservasen la cabellera. Hay que suponer que, aunque primitivos, no eran tontos. A diario eran testigos de la descomposición de los cadáveres y de los alimentos, y no podían creer ni que los difuntos fuesen a ingerir los alimentos o a servirse de los utensilios que dejaban, ni que los dioses fuesen a utilizar la cabellera material para aupar a los difuntos a un Paraíso que no les iba a servir de nada. Más bien parece que creían en un «doble» espiritual de difuntos y demás elementos. Por tanto, si un difunto material conservaba su cabellera, también la conservaba su «doble» espiritual, y podía ser cogido por ella en un universo espiritual concebido de forma muy primitiva; como también el «doble» espiritual del difunto podía comer los «dobles» espirituales de los alimentos y usar los «dobles» espirituales de los demás objetos que se depositaban en la tumba. La noción de «doble» espiritual, o al menos no material, es vieja en la Historia de la Humanidad. Probablemente es una de las intuiciones humanas más antiguas que existen.

AURELIO: —En cuanto a lo dicho por Félix, me gustaría llamar la atención sobre algo importante. Casi todas las religiones (el Budismo y el Platonismo como religiones filosóficas, el Judaismo, el Hinduismo, el Cristianismo, la antigua Gnosis, etc.) afirman que si, como es evidente, el ser humano está insatisfecho de su actual estado, ello es debido a que ha sufrido un «exilio», «destierro», o «caída» de un estado anterior más perfecto. Para unas religiones se trata de una caída colectiva de todo el género humano (Judaismo y Cristianismo; y también el Islam, en cuanto que tiene las mismas raíces bíblicas que ellos), mientras que para otras se trata de una caída individual. A pesar de su aparente ortodoxia católica, esta última parece ser también la opinión que tenía Calderón de la Barca cuando dijo aquello de:

«*Pues el delito mayor*
del hombre es haber nacido.»

»Pero tal suposición es un espejismo, que hace ver las cosas invertidas. No hay un estado o «esfera» superior de la que el ser humano haya «descendido». Lo que hay es una esfera superior a donde el ser humano debe subir. No hay un Paraíso de donde el ser humano haya sido arrojado o de donde haya descendido por error o ceguera. Lo que hay es la intuición de un DOROR al que no estamos ajustados, y al que en su grado más alto es imposible ajustarse en este mundo. Pero la noción de aquello a que no hemos llegado, a menudo nos produce la misma nostalgia que el recuerdo de lo que hemos perdido. Aquella intuición nos hace pensar, por tanto, que hemos «caído» o que hemos sido «expulsados» de un lugar o estado ideal al que deseamos «volver». En realidad ese estado existe; pero a él no hay que «volver» sino «ir». La mente humana y el cuerpo humano (ambos materiales) nunca estuvieron en otro sitio; pero hay un estado perfecto de ambos, que siempre estuvo cerca de Dios.

»Lo que quiero decir con esto, es que cualquier religión que hable de una supuesta «*caída*» tiene una intuición del DOROR.

»La tragedia de intuir de algún modo el DOROR y no poder llegar a él, intentar elevarse sobre la materia y no conseguirlo, es lo que ha producido siempre la impresión de «caída». Los gnósticos antiguos, e incluso Plotino, creían en ella siguiendo a Platón. El mito hebreo del «*pecado original*» es expresión del mismo sentimiento. Pero el ser humano nunca ha caído de ningún estado más perfecto; simplemente ocurre que lo intuye, y que no lo alcanza en su estado actual. En realidad, es inalcanzable para él desde su estado actual por medios físicos o mentales directamente encaminados a tal fin. No puede «alcanzar» el DOROR; sólo puede ser «recogido» en él, si emplea su cuerpo y su mente en hacer el bien en este mundo.

—Muchos filósofos —dijo Dalmacio—, parecen haber intuido el DOROR de que habláis. Para Parménides, la única realidad es la del Ser, que es único, eterno (en el sentido de no tener principio ni fin), atemporal, inmutable, infinito (es decir, ilimitado), e inmóvil. En cambio, de lo que percibimos por los sentidos, la realidad material, que es imperfecta, cambiante y múltiple, dice que es simplemente una apariencia, un engaño, una ilusión, pues no es Ser, sino No-ser, el cual no existe verdaderamente. Platón corrigió el excesivo radicalismo de Parménides, introduciendo la noción de No-ser como alteridad al Ser; es decir, como lo contrapuesto al Ser, pero no necesariamente inexistente. De modo que, para Platón, lo material es real, aunque su realidad sea endeble como la de una sombra, y la realidad consistente esté en las «ideas» o «formas», que son múltiples. No hay tanta distancia entre ellos. Bastaría, para aproximarlos, con que Parménides hubiera intuido las ideas-formas como manifestaciones diversas de su Ser único (nuestro DOROR), y que Platón hubiera intuido una unidad en todas sus ideas-formas: un Ser único en ellas.[8]

[8] Dalmacio tenía razón. Para los primeros filósofos griegos, lo que las cosas son en realidad, su esencia, es aquello en lo que «consisten», en el sentido de aquello que existe primordialmente y en lo que el ser de las cosas se asienta: el *arjé*: el principio (o varios principios o elementos) del que las cosas proceden y cuya identidad tratan de intuir. Tácitamente dan por supuesto que la esencia de las cosas es permanente, o al menos no ponen en cuestión su permanencia. Pero llega Heráclito, y señala que la esencia de las cosas es impermanente; que nada «es», sino que todo cambia; o, dicho de otro modo, que la esencia de todas las cosas es la impermanencia; que todo es un fluir y sólo un fluir; y añade que el principio de todo es el fuego, que es un elemento eminentemente dinámico. Parménides reacciona vigorosamente contra Heráclito, afirmando que la esencia es permanente. Lo afirma porque no percibe la diferencia entre los dos usos que tiene el verbo griego *einai* («ser»): el que consiste en predicar algo del sujeto de un juicio para intentar definir su esencia («esta vasija es tierra y agua») y el que consiste en

»Añadiré —por lo que he oído acerca de la «Ciencia Cristiana»— que Mary Baker Eddy, razonando de un modo semejante al de Parménides, afirma que, puesto que todo ha sido creado por Dios y todo lo creado por Dios es necesariamente bueno y perfecto, lo que llamamos realidad material (lo que es malo e imperfecto o puede serlo) no existe verdaderamente.[9]

»Más cercana veo vuestra teoría a la filosofía de Platón, y sobre todo a la de Plotino, porque, para vosotros, la realidad material existe.

---

declarar simplemente que algo existe («esta vasija es», en el sentido de «esta vasija existe»). De modo que afirmar que «esta vasija es tierra y agua» implica necesariamente afirmar que «esta vasija existe». Por tanto, para Parménides, la esencia siempre existe. Sacando conclusiones lógicas desde esta base: que «el ser es (existe), y el no ser no es (no existe)», afirma que además la esencia es permanente y única; que es lo único que existe, y que no hay más que una esencia, a la que denomina «el Ser»: término que se obtiene (en castellano) sustantivando el verbo «ser» (con un significado diferente al usual del sustantivo «ser» que indica «alguien o algo», un «ente» de los muchos que hay: el soporte unitario de una referencia —«un ser vivo», por ejemplo—, o sus cualidades o propiedades —«así es su ser»—, o su esencia, o su existencia, etc.), y que hará fortuna en Filosofía. Atribuye a tal Esencia Única algunas características, entre las que conviene destacar la inmovilidad, la total ausencia de cambios, y la eternidad o atemporalidad. En consecuencia, para Parménides, las cosas que percibimos por los sentidos, las cosas sensibles, puesto que están cambiando continuamente, no existen y son ilusorias: no tienen Ser, luego no existen: son nada. Pero Platón se da cuenta de que la esencia no es lo mismo que la existencia; de que una esencia (que, por influjo de Sócrates, para Platón consiste ya primariamente en la unidad sintética del conjunto de caracteres o notas distintivas predicables de un sujeto), aunque sea permanente, puede no existir en la realidad (como no existiría en la realidad, pongamos por caso, la esencia de un centauro, mitad hombre y mitad caballo, aunque fuese permanente); y, a la inversa, algo que no tenga una esencia permanente o definida, algo que no tenga Ser porque sea impermanente o indefinido, puede existir. Para Platón, el No-Ser no equivale necesariamente a la nada, sino que puede tener existencia real. Concretamente, la materia es No-Ser; pero existe realmente. Platón, a diferencia de Parménides, no confunde la realidad con las determinaciones formales del lenguaje o del pensamiento. Esto vale también para refutar a otro eleático, Zenón, en el tema del movimiento. Con arreglo a los mecanismos formales del pensamiento, es cierto que, como aseveró Zenón, Aquiles («el de los pies ligeros»), un héroe famoso por su velocidad, nunca podrá alcanzar a una tortuga; pero en el terreno de la realidad, en el plano existencial, es claro que sí puede. Es decir, que, dentro del ámbito formal del pensamiento lógico, es cierto que el movimiento no puede existir; pero en el terreno de la realidad sí existe. Por consiguiente, los entes materiales, que en definitiva son movimiento, tienen existencia, aunque (añade Platón) sólo existen como sombras o reflejos distorsionados de unas esencias también existentes, pero perfectas, atemporales y permanentes, que son las «ideas» platónicas («formas», «figuras» o «visiones»), a las que pone en otro mundo superior (el mundo parmenídeo del Ser), donde no hay cambios. Como señala D. Manuel García Morente (ob. cit., pág. 97), lo que hizo Platón es "multiplicar esos seres que para Parménides eran un solo ser". Y por estos extraños vericuetos, a pesar de la confusión inicial de Parménides o precisamente gracias a ella, es como, providencialmente, el pensamiento humano se fue acercando a la verdad.

[9] También en esto tenía razón Dalmacio. En efecto: a una conclusión errónea semejante a la de Parménides (negar la existencia del mundo sensible) llegó mucho más tar-

AURELIO: —El mecanismo del DOROR no está recogido exactamente en Plotino[10] (el filósofo neoplatónico por excelencia), porque para él la realidad espiritual es solamente *a priori* de la material, y nunca *a posteriori*. Pero lo intuye de algún modo al hablar de la Inteligencia, del Alma superior, de la inferior, y de un «destello» o «proyección» del alma inferior en el cuerpo. No es exactamente lo mismo, pero al fin y al cabo es una acción de lo espiritual realizada sobre la realidad material.

En este punto, Carlos, dirigiéndose a todos los contertulios en general, les preguntó:

—¿Me podríais instruir un poco sobre la doctrina de ese tal Plotino? Porque aludís mucho a ella, y yo no la conozco en absoluto; de modo que no entiendo muchas de las cosas que decís.

—Con mucho gusto —le contestó alegremente Aurelio—. Podemos hablar de Plotino como de cualquier otro tema. Esta tertulia es libre. Aquí no hay orden del día.

Y se levantó para ir a otra habitación, de donde volvió con unos papeles en la mano. Se trataba de dos mazos de holandesas, uno más grueso que otro.

—Tanto mis compañeros como yo hemos leído detenidamente las *Enéadas,* la obra de Plotino recopilada por su discípulo Porfirio, también llamado Malco. Todos hemos leído mucho, porque somos unos «desplazados» en el sentido de que nos salimos de los límites impuestos por nuestra profesión, nuestro modo de vida, nuestro *status* social y la formación que

de, aunque por una vía más simplista, Mary Baker Eddy, la fundadora de la «Ciencia Cristiana». Sobre la base de que un Dios bueno ha creado voluntariamente todo lo que existe, dedujo que la materia, puesto que es mala o fuente de todo mal y por tanto no se ajusta a las determinaciones divinas, no existe realmente.

Lo que quizá ignoraba Mary Baker Eddy es que, muchos siglos antes que ella, San Agustín, probablemente combinando la doctrina de Parménides con un pasaje de Platón que figura en el libro II de *La República,* erróneamente interpretado por él (pues Platón nunca dijo que el mal no existiera, sino que no podía proceder de Dios y que procedía de la materia), había llegado a una conclusión muy parecida: «Y pues todas las cosas fueron por Él [Dios] hechas y todas las cosas por Él hechas fueron muy buenas, ¿por qué fueron buenas? Porque las crió Él. [...] pero el mal está donde no hay bien, el cual en ningún lugar tiene algún ser, porque no es otra cosa [el] mal sino despojo del bien, así como no es otra cosa [la] ceguedad sino [el] carecer de la vista. Pues *el mal es nada, pues sin el Verbo se hizo,* sin el cual fue criado lo que no es. [...] Y así *las cosas sin Él criadas carecen de ser, y por eso no son nada*; y por eso todas las cosas no hechas son malas, porque todas las cosas que son hechas, son hechas por el Verbo, y todas las cosas [hechas] por el Verbo son buenas. [...] todas las cosas que no fueron hechas no fueron buenas, porque todas las cosas criadas son buenas, y por eso las malas no fueron criadas, no tienen ser, porque fueron formadas sin el Verbo divino, sin el cual nada se formó» (*Soliloquios,* cap. 5.° Aguilar, S. A. de Ediciones. Madrid, 1962 (4.ª edición).

[10] 204-270 d.C. De él solía decirse que era egipcio, pero ahora se piensa que era romano.

hemos recibido. Pero además yo he elaborado un resumen de su doctrina, copiando literalmente muchas partes del que hizo Jesús Igal[11] y algunas del que hizo Jesús Mosterín.[12] También he intercalado algunas cosas de mi propia cosecha, y al final hay una crítica de Plotino hecha exclusivamente por mí. Todo eso está aquí —y señaló el mazo mayor—. Pero tengo también un resumen del resumen —añadió, señalando el mazo más pequeño— que, aunque no contiene indicaciones bibliográficas y omite la última parte del texto principal, es quizá más apropiado para leerlo en una reunión como ésta.

A todos los presentes les pareció bien la idea. Incluso Dalmacio y Félix, que habían estudiado Filosofía, la acogieron con agrado, quizá porque les pasaba lo mismo que a Carlos aunque no lo declarasen. Al final, después de un «tira y afloja», se acordó que el «resumen resumido» lo leyera Argimiro, que tenía una hermosa voz de tenor. Así lo hizo, y leyó lo siguiente:

»Las piezas fundamentales de la Metafísica plotiniana están tomadas de Platón. Característico de la Ontología platónica es la división de cuanto existe (división que se encuentra ya en Parménides) en dos mundos distintos: el mundo *inteligible* (es decir, que sólo se puede captar con la mente, como por ejemplo una circunferencia perfecta que, por muy bien que se trace, nunca existe en el mundo material), región de las «ideas» o formas perfectas cuyos elementos son eternos e impasibles, y el mundo *sensible* (es decir, que se percibe con los sentidos) o material, cuyos elementos son cambiantes y perecederos, sujetos al perpetuo flujo del devenir. Preciso es aclarar que tal enfoque proviene del desarrollo de la Geometría por Pitágoras y sus seguidores, y más concretamente de su brillante utilización de hipotéticas formas geométricas perfectas, inducidas de las imperfectas que existen en este mundo. Ello dio origen más tarde a la búsqueda de los «conceptos exactos» de las virtudes morales por parte de Sócrates, y a las «ideas» (conceptos exactos, con existencia real, de toda clase de cosas) de Platón.

»Plotino parte del Uno-Bien. El Uno-Bien plotiniano es a la vez «el de dónde y el a dónde» de todo. Es a la vez el principio del que provienen y del que penden todas las cosas y el término final al que miran, al que aspiran y al que deben volverse todas ellas: es como un centro del que parten y en el que convergen todos los radios. Plotino concibe la realidad como vida, actividad y energía; una vida sujeta al ritmo palpitante de un doble movimiento, uno centrífugo de expansión o diástole, y otro centrípeto de concentración o sístole, uno de avance o *proódico* y otro de retroceso o *epistrófico*. Esto nos lleva a la teoría plotiniana de la *pro-*

[11] Introducción general a la *Vida de Plotino* y a las *Enéadas I y II*, traducidas, comentadas y anotadas por él. Editorial Gredos. Madrid, 1982.

[12] *Historia de la Filosofía*. Alianza Editorial. Madrid, 1985.

cesión[13] (en un sentido equivalente a «producción»[14]), término preferible al más imaginativo, pero desorientador, de *emanación*.

»El Uno-Bien es para Plotino como una fuente siempre manante, y la realidad como una corriente de vida que fluye y refluye perennemente entre dos extremos contrapuestos: el Uno-Bien, que no es vida todavía (porque, siendo principio de vida, está más allá de la vida), y la materia, que ya no es vida porque, siendo mero final e indeterminación absoluta, está por debajo de la vida. Ahora bien: para mejor comprender la naturaleza de ese flujo vital que circula entre ambos extremos, es preciso estudiar antes el *mecanismo* de la procesión-producción plotiniana y las leyes o principios a que se ajusta. Estos principios son cinco:

»1) *El principio de la doble actividad.* Hemos dicho que para Plotino la realidad es vida, energía y actividad; pero en cada nivel de realidad hay que distinguir dos clases de actividad: *la de la esencia de cada cosa,* constitutiva de la esencia de cada cosa y consustancial con ella, y *la resultante de la esencia de cada cosa,* derivada de la primera pero distinta de ella. En otras palabras, actividad *inmanente* y actividad *liberada.* La analogía favorita es la del fuego: uno es el calor inmanente al fuego, y otro el liberado o transmitido por el fuego. Este principio lo aplica Plotino, por analogía, al mismo primer principio, es decir, al Uno-Bien, pese a que, estando más allá de la esencia y de la vida, no cabe hablar propiamente de una actividad constitutiva de su esencia, sino tan sólo de una pre-vida, pre-actividad y pre-esencia, que son en realidad supra-vida, supra-actividad y supra-esencia; esto es, vida, actividad y esencia por analogía. En otras palabras: en el Uno-Bien, que no es privación absoluta como la materia, sino plenitud total, hay algo que supera a nuestra mente y a la capacidad de comprensión de nuestra mente, pero que corresponde de algún modo a lo que en niveles inferiores es vida, actividad y esencia.

»2) *El principio de la productividad de lo perfecto.* La segunda actividad de las antes aludidas es liberada por la primera *necesariamente,* en virtud del principio de que *«todas las cosas, cuando ya son perfectas, engendran»,* principio que Plotino establece por una especie de inducción desde el reino de lo sensible. La misma idea la expresa Plotino con la metáfora del desbordamiento. La Inteligencia procede del Uno-Bien, y el Alma procede de la Inteligencia, como una especie de desbordamiento de la sobreabundancia de sus respectivas esencias.

---

[13] Del verbo latino *procedere*: más o menos, «avanzar», «adelantarse», «ir o pasar más adelante».

[14] Así lo entiende Felipe Martínez Marzoa en su *Historia de la Filosofía*. Ediciones Istmo. Madrid, 1973. Tomo I, pág. 346 (en su segunda edición, de 1975).

»3) *El principio de la donación sin merma.* La energía derivada que libera el principio emisor, la libera sin menoscabo de su propia integridad. Este importante principio excluye la calificación de *emanatismo* que se da a veces a la procesión-producción plotiniana. En la cadena procesional que discurre de principio a fin, cada término se queda siempre en su propio sitio.

»4) *El principio de la degradación progresiva.* Cada nuevo término es siempre un término inferior. Lo generado es siempre más imperfecto que lo generante. El avance a partir del Uno-Bien es un descenso continuo: arranca del supra-Ser (Uno-Bien), pasa por grados cada vez menos perfectos de Ser, y se esfuma en el No-ser de la materia, fronteriza entre el ser y la nada. O bien, adoptando una imagen favorita de Plotino, es un movimiento de expansión que, partiendo de un centro, se dilata en círculos concéntricos cada vez más débiles hasta desvanecerse en la última circunferencia. Esta imagen del centro se combina a veces con la del foco luminoso.

»5) *El principio de la génesis bifásica.* La actividad segunda o actividad liberada no es automáticamente constitutiva de la esencia del nuevo término, sino que la génesis completa de cada nuevo grado de realidad se desarrolla en dos fases. Entiéndanse fases lógicas; no cronológicas. En una primera fase (fase *proódica*), la actividad generada es todavía indeterminada e informe[15] porque carece de contenido. En una segunda fase (fase *epistrófica*), el término generado se vuelve hacia su progenitor y, en virtud de ello, se llena de contenido, se configura y se perfecciona. Es ya una actividad perfecta dentro de su rango y, por serlo, genera a su vez una nueva actividad en virtud del *principio de la productividad de lo perfecto.* Este esquema, que se cumple puntualmente en la génesis de la Inteligencia y del Alma, se quiebra parcialmente en la génesis del mundo sensible, debido a que la materia, por ser indeterminación absoluta, carece de capacidad epistrófica o reflexiva.

»Estudiadas ya las leyes operantes en el mecanismo de la procesión, a continuación es preciso dar un paso adelante tratando de determinar con mayor exactitud que hasta ahora la naturaleza de la realidad. Hemos visto que es vida y actividad. Pero ahora hay que añadir que es vida y actividad *intelectiva* y *contemplativa.* «Intelección» y «contemplación» representan una serie escalonada de grados de realidad. Hay una intelección de primero, segundo, tercero y cuarto grados, en correspondencia con el grado respectivo de vida. Toda vida es una forma de intelección, sólo que una intelección es más borrosa que otra, como también la vida. Por eso, «*hasta las plantas contemplan*».

---

[15] Sin duda Jesús Igal quiere decir «amorfa», pues lo informe tiene forma, aunque incorrecta.

»Con lo que acabamos de decir, cobra nuevo sentido lo que dijimos antes acerca de la procesión-producción y su mecanismo. Con las debidas reservas para el caso del Uno-Bien, podemos decir que la actividad *inmanente* constitutiva de la esencia de cada cosa es una intelección de un nivel determinado. Asimismo, la actividad resultante de la esencia de cada cosa o actividad *liberada* es también una intelección, sólo que de nivel inferior, que en una primera fase es indeterminada, vacía de contenido, intelección en potencia, mientras que en una segunda fase es ya contemplación en acto, visión en acto de su progenitor. Con ello se perfecciona y, al perfeccionarse, produce a su vez una nueva intelección.

»La procesión-producción plotiniana se parece, pues, a la emanación, pero no es emanación porque no hay emisión de partículas con pérdida de la propia sustancia, ni transmisión de energía con desgaste de la propia. Se parece a la creación *ex nihilo* (o sea, de la nada), por cuanto el nuevo ser es originado en su totalidad y no a partir de un material dado; pero tampoco es una creación *ex nihilo,* porque en ésta el nuevo ser es sacado de la nada por el creador en virtud de un acto libre, mientras que en la procesión el nuevo ser procede *necesariamente* de su inmediato anterior. Finalmente, se parece a la generación en que el ser generado proviene de su progenitor, pero difiere de ella en que el ser generado es siempre inferior a su progenitor, y no de la misma especie, como sucede en la generación.

EL UNO-BIEN

»Que hay un Uno, un Uno simplicísimo, no es una suposición, sino un hecho real deducible de la existencia de la multiplicidad. El Uno no es ninguna de todas las cosas, en el sentido de que es *«distinto de todas las cosas»,* y eso porque es *«anterior a todas las cosas»* y *«está más allá de todas las cosas».* Y eso porque es *«principio de todas las cosas», «causa de todas las cosas»* o también *«potencia de todas las cosas».* En resumen, Plotino interpreta la ningunidad del Uno como alteridad, la alteridad como anterioridad y allendidad, y éstas como causalidad.

»El Uno [*hèn*] del *Parménides* es el mismo que el Bien [*agazón*] de la *República* de Platón. La razón más profunda de tal identificación estriba en lo que Plotino llama *«el principio más firme de todos»:* que la tendencia innata de todos los seres al bien es tendencia a la unidad. Para Plotino, como ya para Platón, el Bien es fundamento del Ser, y no a la inversa: todos los seres aspiran no a ser simplemente, sino a ser unos, como quien halla su bien en la unidad. Es decir, los seres aspiran al Bien porque aspiran al Uno, y el Bien es el Bien porque es el Uno.

»En Plotino, la tesis de la supertranscendencia del Primer Principio, del Principio universal sin principio, es fundamental. Las fórmulas «*por encima de*» o «*más allá de*», seguidas de cuantos términos sean significativos de algún valor, aparecen y reaparecen incansablemente en las *Enéadas:* más allá de, o «por encima de», la existencia, la esencia, el Ser, la inteligencia, el inteligente primario, la cognición, la intelección, la actividad, la vida, la vida sabia, la autosuficiencia, la eternidad. En una palabra, el Uno-Bien está «por encima de todas las cosas» y «más allá de todas las cosas». Para Plotino, que el principio de todas las cosas no es ninguna de ellas, sino anterior a todas ellas, es un axioma metafísico que debe ser aplicado a rajatabla. Todo lo que sea añadir algo al Uno-Bien es restarle.

»En conexión con esta idea, Plotino desarrolla su filosofía del «cuasi» (*hoîon*), en el sentido de que si hay un «X» mejor que otro «X», habrá también no sólo un «X» óptimo, sino también un «Supra-X» que, sin ser «X» propiamente, será, no obstante, «Cuasi-X». Plotino practica constantemente esta filosofía del «cuasi» en las *Enéadas*. Aplicada a la inteligencia y la voluntad, arroja nueva luz sobre la naturaleza del Uno-Bien. La carencia en él de autointelección y autoconsciencia propiamente dichas no significa ininteligencia e inconsciencia, antes al contrario, plenitud de inteligencia y de consciencia. Análogamente, el Uno-Bien está más allá de la voluntad y del albedrío propiamente dichos. Pero esto no quiere decir que no haya en él una «cuasi-voluntad». No es, pues, extraño que Plotino designe al primer principio con el nombre de Dios. Cuando dice que es más que Dios, esto debe ser entendido en el sentido de que es más que el Dios autopensante (*noésis noéseos*) de Aristóteles. Y, de acuerdo con las coordenadas de su filosofía sobre el Primer Principio, cabe colegir que lo concebía como un Dios no personal propiamente, pero tampoco impersonal, sino suprapersonal y cuasi personal.

»Si Platón habla cinco veces de la Idea (= Forma) del Bien, para Plotino el Bien es «aforme» o amorfo (*ámorphos, aneídeos*), exento de toda forma, y anterior y superior a las Formas como principio y fundamento de toda forma.

»El Primer Principio plotiniano está en todas partes y no está en ninguna; está en todas las cosas y no está en ninguna. Según Plotino, los antecedentes contienen a sus consecuentes sin estar contenidos por éstos; así pues, el primer principio está en todas las cosas porque las contiene todas; pero no está en ninguna porque no está contenido por ninguna; presente en todas, pero sin mezclarse con ninguna. Está dondequiera, porque él mismo es el «*dondequiera*» de todas las cosas. No está en ninguna parte, aunque analógicamente puede decirse que está en todas partes. No está en ningún tiempo y ni siquiera es eterno, pues está más allá del tiempo y de la eternidad, aunque analógicamente podemos decir que es eterno.

»Por eso, en la filosofía de Plotino las tres Hipó-stasis (Sub-stancias) divinas: el Uno-Bien, la Inteligencia y el Alma, además de ser constitutivas de la estructura de la realidad trascendente, se encuentran latentemente presentes en el alma del hombre. Sólo que es preciso actualizar esa presencia. Las tres Hipóstasis están presentes, sólo que ocultamente, en todo. Por eso el sistema plotiniano ha sido descrito acertadamente como una mística de la inmanencia encuadrada en una metafísica de la trascendencia.

»En síntesis, la filosofía del Uno-Bien se puede reducir a tres proposiciones: no es ninguna de las cosas, está más allá de todas las cosas, pero en cierto modo es todas las cosas. Corresponden, como se ve, a las tres vías tradicionales: la de la negación, la de la transcendencia y la de la analogía. Parménides condenó la vía del No-ser como vericueto cerrado a toda información porque entendía el No-ser como la nada absoluta. Pero desde que Platón, en el *Sofista,* alumbró un nuevo sentido del No-ser, el de *alteridad al Ser,* la vía de la negación quedó legitimada como posible método de investigación. Se impone, pues, el uso conjunto de las tres vías, es decir, como complementarias; no autónomas. Y así es como se usan en las *Enéadas,* donde, entre tensiones de expresión y de pensamiento, las tres ideas de negación, transcendencia y analogía se entrecruzan potenciándose mutuamente, en un esfuerzo para poner al alcance de la mente una realidad inapresable.

LA INTELIGENCIA[16]

»La inteligencia [*Nous*] procede del Uno-Bien como una especie de destello dimanado de aquél, una especie de irradiación circular como el halo luminoso que aureola al sol. Actividad derivada de la cuasi-actividad constitutiva del primer principio, es todavía, en una primera

[16] Habitualmente entendemos por «inteligencia» la capacidad (potencia) o el acto de «tener conciencia de aquello que está oculto o velado»; ya lo esté para otros, ya lo haya estado para nosotros mismos antes de inteligirlo. En este segundo caso, es tener una conciencia clara, precisa y exacta, de aquello de lo que antes no teníamos conciencia alguna o la teníamos errónea, incompleta, oscura, o confusa. Ello se refleja, aproximadamente, en las acepciones 1.ª y 2.ª del Diccionario de la RAE. Pero en Plotino el término «*Nous*», traducido usualmente al castellano como «Inteligencia» (con mayúscula), significa a la vez, y como se verá, «Hipóstasis autoconstitutiva, Inteligente primario, y Unidad múltiple» (Jesús Igal). Es decir: Sustancia puramente espiritual (acepción 6.ª del referido Diccionario), Conciencia (sin más especificaciones), y Mundo de lo Inteligible puro o de las ideas.

fase, como una vista que *«no ha visto todavía»,* es decir, vacía de contenido.

»La segunda fase la describe Plotino como detenimiento (*stásis*), vuelta (*epistrophê*) y visión (*hórasis*): se detiene para volverse, se vuelve para mirar y mira para ver; y al ver, se convierte ya de Inteligencia incoada en Inteligencia perfecta, en Ser y en Esencia. ¿Qué es lo que ve? Ve al Uno-Bien. Pero *lo ve no tal como él es en sí mismo, sino tal como ella es capaz de verlo;* lo ve a través de su propio prisma, no como Uno, sino pluralizado en un universo de Esencias-Formas.[17]

»Del Uno brota la multiplicidad que hay en la Inteligencia. Porque ésta, *«no pudiendo dar cabida a la potencia que tomó de aquél, la fragmentó y de una la hizo múltiple a fin de poder sobrellevarla por partes».* Con ello la Inteligencia misma *«de una se hizo múltiple»,* y eso so pena de no ser Inteligencia. Pero la pluralización de la Inteligencia —imagen pluralizada del Uno— no afecta para nada al Uno mismo transcendente, que se queda en su absoluta unidad.

»La eternidad es la forma de vida propia de la segunda Hipóstasis; es decir, de la Inteligencia. Entiéndase eternidad no en el sentido laxo de vida inacabable, pero sucesiva, sino en el más estricto y exacto de vida perfecta toda a la vez, infinita en acto e indivisa. La Inteligencia transciende el tiempo como el Uno-Bien transciende la eternidad. Las dos fases, pues, de que acabamos de hablar, la «proódica» y la «epistrófica», no se desarrollan sucesivamente en el tiempo, sino en un *ahora* eterno: la Inteligencia está eternamente procediendo del Uno-Bien, eternamente volviéndose hacia él, eternamente contemplándolo, y eternamente pluralizándolo.

»La Inteligencia, que es al mismo tiempo el intelecto que intelige, su acto de intelección y las Formas inteligidas, se identifica con el mundo de las Formas [Ideas] de Platón. Y como los verdaderos seres son las Formas, la Inteligencia es el verdadero Ser.

»La Inteligencia contiene todas las Formas, es todas las Formas y, puesto que las cosas son lo que son en la medida en que participan de las Formas, la Inteligencia es todas las cosas. Pero cada Forma es como una mente que piensa y refleja todas las demás. La Inteligencia es como una comunidad de mentes vivas, a la vez una y múltiple. En la Inteligencia hay Formas de todos los tipos de cosas e incluso de los individuos. Todas estas Formas, que a la vez son mentes o intelectos, están perpetuamente inteligiendo, contemplando intuitivamente y siendo aquello que contemplan, ellas mismas y todas las demás. La Inteligencia es, pues, *«unimúltiple».* Cada inteligible, cada Forma individual, es una Inteligencia

[17] Las «ideas» platónicas.

individual. Y la Inteligencia universal abarca todas las Inteligencias individuales y, por ende, la totalidad de las Formas; vale decir, la totalidad de los Entes reales.

»El universo de allá es un Ser viviente y perfecto en que todo es vida y todo está vivo; es un hervidero de vida. Y *allá el vivir es fácil,* dice Plotino, recordándonos un verso de la Ilíada: *una vida llena de luz, esplendor, transparencia y colorido; no hay nada oscuro ni opaco; todo es transparente a todo.* Plotino afirma la inespacialidad, eternidad y aun identidad de los Seres inteligibles. No están separados localmente como los del mundo sensible, sino juntos. Tampoco están separados temporalmente, sino que coexisten simultánea y eternamente. Más aún: como allá lo inteligente se identifica con lo inteligido y todo es transparente a todo y todo es inteligido por todo, resulta que allá «*todo es todo y cada uno es todo*» y «*cada uno es todos*» y uno cualquiera es todos al par que uno solo.

»Pero los inteligibles están todos juntos y no juntos, juntos y separados, es decir, juntos, pero discriminados; juntos, pero no confusos: cada uno es lo que es. En una palabra, son una sola cosa realmente, pero difieren formalmente. En cada uno destaca una Forma, aunque contenga todas. Los inteligibles son como los teoremas de una sola ciencia: cada uno es uno solo en acto, pero todos en potencia.

EL ALMA

»Plotino distingue dos niveles en el Alma [*Psyjé*]: el Alma superior y el Alma inferior, también llamada por él «Naturaleza» (*Physis*) o «Alma cósmica». Ambas juntas son como las dos caras de la misma moneda: la cara superior está en contacto con la Inteligencia, con el mundo inteligible; y la inferior, con el mundo sensible.

»El reconocimiento de dos niveles en la tercera Hipóstasis obliga a Plotino a reajustar para este caso las leyes del mecanismo de la procesión. Hay, en efecto, en el caso del Alma, dos procesiones: una por la que el Alma superior procede de la Inteligencia análogamente a como la Inteligencia procede del Uno-Bien, y otra por la que el Alma inferior procede de la superior no para constituir una nueva Hipóstasis sino para formar un nivel inferior dentro de la misma Hipóstasis.

»Ambas son a la vez contemplativas y creativas, sólo que en distinto grado y de distinto modo. El Alma superior es intelectiva; pero lo que recibe de esa contemplación, lo que constituye el contenido propio e inmanente del Alma superior, es una multiplicidad de formas o *Logoi.*[18]

[18] Plotino entiende aquí por *Logoi* algo así como «pautas rectoras». La significación de *Logos* (singular de *Logoi*) es complicada, e intentaremos modestamente aclararla. Este

»Algo semejante ocurre, sólo que un nivel más abajo, en el Alma inferior o *Physis*. También ésta es contemplativa y creativa a un tiempo. Pero contiene *Logoi* de segundo orden, que le llegan de la Inteligencia a través del Alma superior y como huellas de los contenidos del Alma superior.

»El Alma superior se mantiene totalmente inmune a toda división y dispersión espacio-temporal, mientras que el Alma inferior se dispersa y se divide espacial y temporalmente en los cuerpos materiales en que se encarna. No es «unimúltiple», sino «una *y* [*kaì*, conjunción copulativa «y», traducible también como adverbio de modo] múltiple». Pero, característicamente, Plotino se apresura a puntualizar esta afirmación en el sentido de que aun el Alma inferior *se divide indivisamente*. Propiamente, son los cuerpos los que no son capaces de recibir al Alma indivisamente, de modo que la divi-

vocablo tiene varios significados. Primariamente (significado 1.°) indica «palabra»; pero tiene una connotación material o sustancial (como le ocurre al vocablo latino *nomen*, que procede de *gnomen*, que, a su vez, proviene del griego *gnóo*, en latín *gnosco, nosco*, que expresa la acción de «conocer». *Nomen* es la palabra que nos hace conocer algo), y no el sentido meramente formal o fonético del *ónoma* griego o de la *vox* latina. *Logos* es «lo que se dice de algo»; pero no lo que se dice de cualquier manera, sino lo que se dice con sentido, con racionalidad, acertadamente, adecuadamente, con coherencia: rectamente. *Logos* significa, pues, «lo que se dice rectamente de algo» y, de ahí, «la rectitud que tiene la designación de algo» (significado 2.°). La rectitud de la designación consiste, en el caso de *Logos*, en dar razón o explicación de ese algo; en hacerlo comprensible en virtud de una adecuada correlación con la designación de su entorno, y entonces «explicación» (o «razón» entendida como «explicación») es el siguiente sentido (significado 3.°) que adquiere *Logos*. Es un «decir inteligente», en el sentido de que ayuda a comprender. Pero, dado que en todas las culturas antiguas el nombre se identifica con lo nombrado, ocurre que *Logos*, además de la recta designación de algo haciéndolo comprensible, significa «la rectitud que tiene o debe tener ese mismo algo» (significado 4.°). Pero rectitud ¿en función de qué? En función de su concordancia con una pauta o regla (*Li* en el Taoísmo) que dimana de un Principio rector. Y entonces la palabra *Logos* pasa a veces a indicar también (significado 5.°) esa pauta o regla (como hemos dicho que ocurre en Plotino, en cuyo caso *Logos* significa algo parecido a «causa» formal o incluso «causa» final de algo), o ese Principio rector. Pero ¿cuál es ese Principio? Aquí pueden entrar en juego tanto la Física (entendida en un sentido muy amplio: el mismo que utilizó Kant) como la Metafísica. Así, algo puede ser «lógico» o «correcto» (o sea, tener «rectitud») por concordar con el recto (es decir, eficaz) modo de operar del cerebro humano (el único sentido que ahora conserva en el lenguaje vulgar la palabra «lógico», que viene a coincidir con «racional», y entonces *Logos*, en su significado 6.°, pasa a designar «razón» entendida como un recto ejercicio de la humana facultad de raciocinio). En este sentido cabe su utilización, bajo una forma derivada como es la del sufijo «-logía», en la designación de numerosas disciplinas. Pero, también, algo puede ser «lógico» por concordar con su trasfondo metafísico: con algo inefable como la «naturaleza de las cosas», el «alma del mundo», la «ley divina», Dios, el «Tao», o (para los seguidores de Teófilo) el DOROR. Entonces, *Logos* sirve (significado 7.°) para indicar ese trasfondo. Así en el Evangelio de San Juan, capítulo 1.°, versículos 1.° y 2.°.

sión es una afección de los cuerpos materiales (que están divididos) y no del Alma misma. El Alma inferior se divide, pues, [en almas individuales, almas con minúscula] porque está en todos los cuerpos; pero se divide indivisamente porque está *tota ubique,* toda entera, en cada uno de los cuerpos. Se divide, pues, extrínseca y accidentalmente. Aun así, el Alma difiere de la Inteligencia porque es capaz por naturaleza de dividirse; es decir, si vale la paradoja, es intrínsecamente capaz de dividirse extrínsecamente.

LA MATERIA

»La materia es como la imagen simétrica, en negativo, del Uno. El Uno está por encima de todas las cosas. La materia está por debajo de todas las cosas. El Uno es la fuente perfecta de todo el proceso cósmico y el Bien absoluto. La materia es la escoria final del proceso cósmico y el mal absoluto. El Uno es la causa de todo lo que hay de bueno y positivo en las cosas. La materia es la causa de todos los males, fealdades, imperfecciones, enfermedades, pasiones y desarreglos.

»Para Plotino, la materia es eternamente originada como secuela necesaria de realidades anteriores, o como eslabón último de la cadena procesional, o como la tiniebla que surge al esfumarse en sus últimos límites la luminosidad irradiada por una hoguera. Un pasaje de las *Enéadas* pone en claro dos cosas: primera, que la materia es generada, como «*indeterminación absoluta*», por el Alma inferior; y segunda, que la génesis de la materia corresponde a lo que en estadios anteriores llamábamos la primera fase de la procesión.

»Cuando Plotino dice que la materia es indeterminación absoluta, quiere decir que carece de toda determinación formal de cualquier tipo que sea, no sólo de la cualitativa, sino también y ante todo de la quidditativa y aun de la cuantitativa. Carece desde luego de toda cualidad, y en esto se parece al receptáculo platónico del devenir y a la materia de los estoicos. Pero carece, además, de toda determinación quidditativa: la materia de por sí no es un «esto» ni «algo», y en esto difiere del receptáculo platónico, que es un «esto» en contraste con las cualidades. La materia para Plotino no sólo no es alma, ni inteligencia, ni vida, sino que ni siquiera es cuerpo; es incorporal, dado que la corporalidad misma es una forma. En esto difiere de la materia de los estoicos, que es un «cuerpo sin cualidad». Siendo incorporal, también está exenta de magnitud y de cuantidad. Tampoco es masa, aunque sí «apariencia de masa». Finalmente, tampoco puede identificarse con el espacio.

»De lo dicho anteriormente se deduce en qué coincide y en qué difiere la materia plotiniana, concebida como *indeterminación absoluta,* del «receptáculo del devenir» platónico y de la materia de los estoicos: coincide en que carece de toda determinación cualitativa; difiere en que carece además de toda determinación quidditativa y cuantitativa. Pero por lo dicho no aparece todavía en qué difiera la materia plotiniana de la aristotélica. ¿No había dicho el mismo Aristóteles que la materia (es decir, la llamada «materia prima») es la que de por sí carece de quiddidad, de cuantidad, de cualidad y de toda otra determinación? Entonces, ¿en qué difiere esta materia de la de Plotino? La respuesta se halla en lo que Aristóteles añade a renglón seguido: que la materia tampoco es las negaciones de todas esas cosas, porque también las negaciones se dan en la materia accidentalmente. En otras palabras: para Aristóteles la materia es un *sustrato neutro:* de por sí no incluye la quiddidad, la cuantidad, la cualidad y demás; pero de por sí tampoco las excluye. La privación es accidental a la materia, que es un sustrato neutro capaz de coexistir pacíficamente tanto con la forma como con la privación de la forma. Ahora bien, Plotino combate encarnizadamente esta teoría. Para él la materia es esencialmente *privación,* negación y remoción de toda forma, y en esto consiste la individualidad de la materia.

»Y en el mismo sentido en que la materia plotiniana es privación, en ese mismo sentido y por las mismas razones es también el *No-ser.* No es el *No-ser* en el sentido parmenídeo de la nada absoluta, sino en el platónico de *distinto del Ser.* Pero, de nuevo, distinto del Ser no al modo como el Movimiento y el Reposo son géneros distintos del género Ser, ni tampoco al modo como el ser sensible es distinto del Ser en el sentido de mero remedo del Ser real, sino *«más No-ser todavía»;* por debajo de todo ser, del sensible y del inteligible. Es No-ser porque, sin ser la nada absoluta, es privación de todo Ser. Y en este mismo sentido es también *alteridad,* es decir, lo otro, lo distinto de todo Ser; y mantener su condición de materia consiste en mantenerse totalmente «otra».

»La diferencia fundamental entre la materia aristotélica y la plotiniana consiste, pues, en que la segunda es indeterminación absoluta en el sentido de privación, de No-ser y de alteridad. Ambos convienen en que la materia, como el receptáculo platónico, es omnirreceptiva. Pero bajo esta coincidencia de superficie se esconden dos concepciones totalmente opuestas. Para Aristóteles, de acuerdo con su concepción *hilomórfica* (materia y forma), la materia es concausa, junto con la forma, de la sustancia sensible, y componente intrínseco de la misma. Plotino, en cambio, desde la perspectiva de la teoría platónica de la participación, desemboca en una concepción que bien puede ser calificada de pseudo-hilomorfismo. La materia *es un sustrato receptivo no de realidades, sino de imágenes ilusorias, dado que los seres sensibles no son seres verdaderamente reales, sino una especie de juguetes e imágenes hueras, endebles y sin consistencia.* Por eso la imagen favorita de Plotino es la del espejo, pues lo propio del espejo es su capacidad para *«atrapar»* imágenes. La materia no participa realmente de aquello de lo que participa: *participa sin participar, aparentando que participa.* Plotino se atiene aquí estrictamente al principio platónico de que la materia recibe toda clase de formas pero no asume ninguna de ellas en el sentido de que no se las apropia.

»La materia no puede recibir las formas realmente, esto es, apropiándoselas. Para ella, las formas no son más que un revestimiento externo, y ella misma no es más que *«un cadáver ornamentado»*, una imagen endeble y oscura incapaz de ser estructurada. Cuando recibe tal o cual forma, es tal o cual cosa, pero no realmente, sino en apariencia. Por otra parte, la materia, al recibir la forma, la corrompe y degrada, del mismo modo que un perro convierte los manjares que ingiere, por deliciosos que sean, en *sangre canina.*

»Para Aristóteles, la materia en cuanto materia no es contraria al bien: lo es la privación, que es distinta de la materia; ésta, en cambio, es apetecedora del bien como lo femenino de lo masculino. Esto nos lleva a la última diferencia entre Aristóteles y Plotino. Para el filósofo neoplatónico, la materia, siendo privación total y *«penuria total»*, está desposeída de por sí misma de todo bien, puesto que el bien de la materia es la forma, pero por otra parte la materia carece, como hemos visto, de toda forma. La materia es, por tanto, *«totalmente mala»*, *«el mal real»*, *«el mal en sí»*, *«la esencia del mal»* y *«el mal primario»*. Pero lo es en sentido negativo, en cuanto *«ausencia de todo bien»*, no en virtud de una cualidad mala, *sino precisamente por falta de toda cualidad.* En este mismo sentido, la materia es también, y por lo mismo, la fealdad absoluta, dado que la belleza sensible consiste en la participación en la forma, mientras que la materia carece de toda forma.

EL MUNDO SENSIBLE

»El Alma inferior o Naturaleza, tras generar la materia, la mira para proyectar sobre ella sus *Logoi* (*Logoi* de segundo orden, copias de los del Alma superior, que a su vez lo son de las Formas de la Inteligencia), generando así el mundo sensible, que no es sino el conjunto de los reflejos que esos *Logoi,* o copias de copias de las Formas, producen en el oscuro espejo de la materia. Este mundo *fantasmagórico* resulta del deseo temerario del Alma inferior o Naturaleza de apartarse del Alma superior, encarnándose y disgregándose en los cuerpos, distendiéndose así no sólo en el tiempo, sino también en el espacio.

»Ya hemos indicado anteriormente que la génesis de la materia corresponde a lo que en estadios anteriores constituía la primera fase de la procesión. Pero aquí es precisamente donde se quiebra el esquema procesional tal como se nos ha presentado hasta ahora. Efectivamente, la Inteligencia y el Alma son Hipóstasis *autoconstitutivas* porque, aunque generadas inicialmente como actividades indeterminadas, son capaces de volverse a mirar a su progenitor y, viéndole a su modo, llenarse de contenido y engendrar su propia prole inmanente: el mundo inteligible en el caso de la Inteligencia, y el mundo de los *Logoi,* superiores e inferiores, en el caso del Alma. La materia, por el contrario, no puede volverse al Alma que la engendró porque, siendo indeterminación absoluta, carece de toda actividad y de toda iniciativa: no es más que una sombra que aguarda pasivamente lo que el Alma inferior quiera causar en ella. No es, pues, la materia la que se vuelve a mirar al Alma, sino a la inversa, es el Alma, el Alma inferior, la que, tras generar la materia, la mira para estructurarla, proyectando en ella, cual en un espejo, sus propios *Logoi.* Y en esta proyección consiste la génesis del cosmos sensible. El resultado de esta proyección son los *Logoi* de tercer orden, los inmanentes en la materia.

»Para Plotino, el mundo sensible es eterno en el sentido de originado desde siempre y duradero por siempre. El mundo ha existido desde siempre, lo mismo que seguirá existiendo por siempre, sin comienzo ni fin; porque desde que existe el mundo inteligible y mientras exista, existió y existirá también el cosmos sensible.

»Existe desde siempre y por siempre; pero en el tiempo: en perpetuo devenir y pendiente de lo por venir. No es la suya una vida plena vivida toda a la vez, sino una existencia precaria que se desgrana sucesivamente y por partes. Y por eso el cosmos sensible necesita del tiempo como necesita del espacio. O mejor, es el Alma inferior la que necesita del espacio y del tiempo para encarnarse y vivir en el cuerpo. Por eso, al crear el cosmos, creó también el espacio y el tiempo, esa *imagen móvil de la eternidad* de que hablara Platón.

»Pero Plotino no permite que su concepción metafísica del mundo como imagen en la materia, fantasma engañoso en un medio engañoso, le induzca a caer en el desprecio del mundo, sino que reacciona fuertemente contra esta actitud característica de los gnósticos. Para él el mundo es perfecto, sólo que en su género. Bien es verdad que no es más que una copia de la verdadera realidad; pero como copia, es perfecta; lo más fiel y perfecta que podía ser. Plotino toma otra idea del *Timeo:* el mundo es un ser mixto, compuesto de *«razón y forzosidad»* (*Logos* y *Ananké*). Ahora bien: en la inevitable existencia de la materia como término final de la procesión estriba la inevitabilidad de los males, y en la constitución del mundo como ser mixto la relatividad de su perfección. A un ser mixto hay que pedirle la perfección que le corresponde en cuanto tal; no una perfección ideal. De la desigualdad de sus componentes, nace la desigualdad de perfecciones. De la multiplicidad de componentes parciales, resulta que lo que es bueno para el conjunto no lo es siempre para sus partes, y que lo que es bueno para una parte no lo es siempre para otra. Finalmente, la existencia de elementos contrastantes, bienes y males, almas buenas y almas malas, es prenda de armonía y buen orden cuando están debidamente concertados; sin contrarios no hay orden. Es la vieja idea heraclitiana de la armonía de los contrarios.

»En general, da la impresión de que a Plotino no le angustia la existencia de los males, sino que la considera como un hecho natural. Sólo cuando afronta el problema de las suertes inmerecidas: por qué los malos triunfan y los buenos fracasan, por qué aquéllos cometen injusticias y éstos las padecen, parece asomar en él un dejo de turbación. La respuesta a esta dificultad no es sólo ni principalmente que los males que los buenos padecen injustamente no son realmente males para ellos, antes bien pueden redundar en su propio bien y están integrados en la trama universal aunque sus causas nos resulten arcanas; la respuesta principal es que la muerte no es el final, sino que va seguida de un destino bueno para los buenos y malo para los malos. Entretanto, esta vida es un teatro de disfraces, una danza guerrera, una palestra de vencedores y vencidos.

EL SER HUMANO

»Cada uno de nosotros, los seres humanos, es un trozo del Alma inferior, un alma (con minúscula) particular. Nuestra alma participa del Alma superior, contempla íntimamente las Formas de la Inteligencia, y puede, a través suyo, elevarse hasta el mismo Uno-Bien. Nosotros somos un alma, y el alma no tiene nada que ver con el cuerpo ni con la materia. Lo que ocurre es que nuestra alma produce a su vez como un *destello, imagen o proyección,* que es la que se une al cuerpo, dando lugar al «compuesto orgánico» o «compuesto animal». Pero el compuesto orgánico no es el ser humano (como pensaba Aristóteles), sino sólo una sombra del ser humano. El compuesto orgánico no forma parte de nosotros, sino que es algo externo, molesta y fatigosamente atado a nosotros de un modo provisional. Nosotros (nuestra alma) existíamos antes de nacer, y seguiremos existiendo después de morir. Si hemos caído a esta cárcel del cuerpo y la materia, eso no deja de constituir una peripecia pasajera en el interior de un destino incorporal e inmortal. Porque no es que al morir el alma salga del cuerpo, sino que, cuando el cuerpo ya no es capaz de retenerla, queda libre de él.

»Esa otra especie de alma, la «*imagen*» o «*destello*» del alma, dimanada del alma como proyección de la misma en el cuerpo orgánico, da lugar a la teoría del «*hombre doble*». El hombre total consta de dos hombres: el «*hombre verdadero*», constituido por el alma real, y «*el otro hombre*», constituido por la mezcla resultante de la unión de la imagen del alma con un cuerpo específico. Este «otro hombre» es el compuesto animal, añadido al «hombre verdadero» a modo de colgajo, o bien a modo de envoltorio. Pero hay que añadir que Plotino no admite la mortalidad del alma ni siquiera a este nivel ínfimo de imagen del alma.

»El error y el pecado son propios del compuesto animal, mientras que el hombre mismo *ni yerra ni peca,* dado que lo propio del primero es lo corporal, mientras que lo propio del segundo es la vida intelectiva.

»En algún momento, Plotino emplea otra comparación, la del «baño», distinta del «destello» y de la «imagen». Dice: «*Ahora, comoquiera que una parte de nosotros mismos está retenida por el cuerpo (cual si se tuviese los pies en el agua y el resto del cuerpo quedase por encima), y que elevándonos sobre el cuerpo por aquella otra parte que no es bañada, alcanzamos...*»

Aquí interrumpió Argimiro su lectura, y dijo con una sonrisa:

—Pero lo que Plotino afirma que se alcanza, no es el momento de decirlo ahora. Si queréis enteraros, leed las *Enéadas* vosotros mismos.

Después, Aurelio apostilló lo siguiente:

—Algunas partes de la doctrina de Plotino son atractivas, convincentes, pudieron ser experimentadas por él, y evidentemente lo fueron. Tales son sus nociones de Dios (el Uno-Bien), de la Materia, y de la «impresión», impregnación, «reflejo» o configuración de ésta por algo superior a ella y, de algún modo, obra de Dios. Pero sobre las demás partes de su teoría, es fácil observar que no pudieron ser experimentadas por él, sino que son fruto de una construcción racional muy elaborada, dependiente de los condicionamientos filosóficos y científicos a que Plotino estuvo sometido. Son sus nociones de la Inteligencia y el Alma como Hipóstasis procedentes del Uno-Bien.

»En cuanto a la Inteligencia, su construcción fue forzada por la necesidad filosófica de buscar un asiento a las formas esenciales de las cosas, con el carácter que Platón les atribuyó. En cuanto al Alma en sus facetas superior e inferior, es para Plotino el enlace necesario entre, de una parte, las formas esenciales abstractas de la Inteligencia, y, de otra, las determinaciones concretas operadas sobre la materia. Es decir, que distingue entre Alma superior y Alma inferior por una necesidad práctica, ya que necesita un receptáculo de los *Logoi* generales y abstractos, y otro para los *Logoi* particulares y concretos que corresponden a cada uno de los individuos materiales. Plotino dedicó toda su vida a averiguar cómo es el puente que une el Cielo con la Tierra. Finalmente, en cuanto a su noción del ser humano, el condicionamiento a que Plotino hubo de obedecer fue el estado de la Ciencia de su tiempo, que no podía explicar sobre una base estrictamente material funciones psíquicas tan importantes como el pensamiento racional, las emociones, la memoria, etc., que hoy día se atribuyen sin dificultad a la materia cerebral y que Plotino hubo de asignar al alma individual.

»Nosotros, los discípulos de Teófilo, no hablamos de Inteligencia, Alma superior y Alma inferior, sino solamente de DOROR; y distinguimos entre el de grados superiores y el de grados inferiores, según que tenga formas o que no las tenga. Entre Dios y la Materia, conservamos Algo semejante a las formas platónicas, y asignamos a este Algo una relación *dialéctica* con la materia y sus formaciones.

Era ya tarde y estábamos fatigados. Aurelio se dio cuenta de ello y puso fin a la reunión.

Tercer domingo

COMO UN NUEVO PLANETA NEPTUNO

Si después de haber tenido que soportar todo aquel infecto rollo sobre Plotino, un filósofo del siglo III después de Jesucristo, volví a la tertulia del extrarradio, fue fundamentalmente por las mismas razones que me habían impulsado a ir la vez anterior. Además, no tenía otra cosa mejor que hacer. Cuando llegué, era Félix el que estaba hablando.

—La señora Eddy, la fundadora de la «Ciencia Cristiana», parece aproximarse, aunque con distorsiones e imprecisiones importantes, a la teoría del DOROR. Porque, al hablar del «hombre real» (para ella, el único real), dice que es una «idea» o «reflejo» de Dios. No dice por qué surge de Dios esa idea ni en qué consiste ese reflejo; pero parece aludir a un modelo perfecto de origen divino.

»Sin embargo, la noción de esa «idea» como *proceso* se le escapa en parte; y la dependencia funcional de esa «idea» respecto a la situación concreta de la materia en cada momento creo que se le escapa por completo. Para la señora Eddy, la mayoría de las veces (no siempre) las «ideas de Dios» parecen referirse a cosas o a personas, y no a aconteceres; y parecen ser sustancias eternas e inmutables, sin relación alguna con lo que ocurre en la materia en cada instante.

ARGIMIRO: —Pues no es así. El DOROR depende de lo que ocurre en cada momento en la esfera de la materia, para influir sobre ella en un sentido determinado. Por ejemplo, los científicos nos dicen ahora que algo hay que falla en el Darwinismo; ya que, si la Evolución hubiera dependido de la «selección natural», el tiempo transcurrido desde que la vida apareció sobre la tierra sería, a todas luces, absolutamente insuficiente para que hubiese alcanzado su grado actual de perfección. Y es que la dirección y velocidad de la Evolución son debidas a la influencia del DOROR. Como un nuevo planeta Neptuno (que antes de ser visto fue descubierto por la gravitación que producía), el DOROR viene a ocupar su lugar en el mecanismo de la Evolución.[19]

---

[19] Salvador de Madariaga escribió: «Hoy está de moda explicar gran parte de los fenómenos vitales por medio de un concepto más que ambiguo: la información. Los genes, por ejemplo, se nos dice, llevan en el diseño de sus proteínas la información necesaria

CARLOS (dirigiéndose a Luciano): —¿Y cómo actúa el DOROR sobre la materia?

—Simplemente existiendo; es decir, pro-poniéndose metafísicamente a ella; es decir, poniéndose de algún modo «delante» (en un sentido, desde luego, no espacial) de ella. Porque, como dice Plotino repetidas veces, no es el Ser el que tiende a ir hacia el No-ser, sino el No-ser el que tiende a ir hacia el Ser. Por tanto, el DOROR nunca «tira» del SOMA (llamaremos en adelante SOMA al «SOporte MAterial» del DOROR). Es la materia (el No-ser) la que se siente atraída por el Ser; no a la inversa. Ya conocéis el refrán que dice «*El hombre propone y Dios dispone*». Pero lo que ocurre en realidad es exactamente lo contrario: Dios (mediante su DOROR) propone, y el ser humano (pero no sólo aisladamente, sino junto con muchísimos otros seres humanos y también un sinnúmero de otros factores del mundo material) dispone. El DOROR actúa sobre la materia «pro-poniéndole» aconteceres, de modo semejante a como el cerebro propone movimientos a una mano lisiada que forma parte del mismo cuerpo; una mano que a menudo no obedece con fidelidad las instrucciones del cerebro.

»El DOROR es la manera que tiene Dios de corregir el mal, y la única manera que tiene de hacerlo. Es la reacción de Dios ante el mal de la materia, y esa reacción tiene lugar en el plano de la sustancia verdadera, en el plano de la consistencia, que es el único operable para él.

»Si Dios pudiera corregir directamente lo inconsistente, sería porque él también es inconsistente; pues sólo lo inconsistente puede producir directamente algún efecto en lo inconsistente. (Y por eso los seres inconsistentes, que producimos efectos en el mundo material del que formamos parte, no podemos percibir la inconsistencia de este mundo.) Pero Dios es consistente (e incluso más que eso), y fuente de toda consistencia. Toda obra suya es consistente. De modo que no puede intervenir directamente en la esfera de la inconsistencia.

»Si lo hiciera, ocurriría que, puesto que todo lo que Dios hace es consistente, existirían efectos consistentes en el plano de la inconsistencia; pero en el plano de lo inconsistencia sólo puede existir lo inconsistente, so pena de ser destruido.

»Por eso es imposible que los milagros existan; porque, o el milagro es falso o, si es verdadero, lo ha producido un Dios falso, y entonces no hay milagro. Si hiciera milagros verdaderos en la materia, Dios se contaminaría de inconsistencia o la materia sería destruida.

---

para que el ser se desarrolle de tal o cual modo, rana o elefante. ¿Vale apuntar que la palabra información no significa nada si no implica intención, que a su vez implica voluntad?» (*Retrato de un hombre de pie*. Citado por Angel Martín Municio en el diario *ABC* del 11-6-01). [Nota insertada después de terminado el libro.]

»Es sólo indirectamente, a través del DOROR, como Dios puede actuar contra el mal de la materia; y el DOROR, que, como obra de Dios, es a su vez consistente, sólo puede actuar sobre la materia pro-poniéndose a ella. Si el DOROR no existe, entonces no existe Dios o es un Dios ajeno al bien. Pero si Dios existe y es bueno, el DOROR tiene que existir.

—Acláralo un poco más, por favor. No soy muy inteligente y me hago un lío con todo eso que estás diciendo.

—La rectificación de la materia y de la situación material del ser humano se produce siempre a través del DOROR o de quienes se ajustan a él. Si Dios interviniese directamente en la materia, ésta no podría soportarlo y sería destruida: «*Nadie puede ver la faz de Dios y vivir*». Pero Dios nunca quiere la muerte ni la destrucción (pues nunca quiere el mal, y la muerte y la destrucción son males), y por eso procede indirectamente, intercalando entre él y la materia una entidad salvífica intermedia, el DOROR, creación suya, cuya presencia puede soportar la materia y que puede conducirla a él. *Lo que ocurre es que, si la materia puede soportar o resistir el DOROR en el sentido de no ser destruida por él, también puede resistirlo en el sentido de no ajustarse a él; porque todo ajuste, toda modificación, implica una destrucción parcial.* De modo que el ajuste, para que no destruya totalmente a la materia, tiene que ser impulsado *por la materia misma,* ya sea por azar o porque tenga previamente alguna *conciencia* del DOROR, aunque sea débil y confusa.

»Por eso, respecto a la materia, puede haber un DOROR más efectivo que otro (será menos efectivo en función de la inconsciencia, o también de la rigidez o tenacidad, de la materia), pero no más eficiente; porque un DOROR más eficiente que el actual sería destructivo para la materia.

ANITA: —El mundo de las «ideas de Dios» o, como tú dices, el DOROR, ¿no puede ser independiente de la situación de la materia en cada momento, como, según dice Félix, parece afirmar la «Ciencia Cristiana»?

ARGIMIRO (a Luciano): —¿Puedo responder yo?

La debilidad del provecto Argimiro por la bella Anita era manifiesta. Y, sin esperar la autorización de Luciano, prosiguió:

—El DOROR no puede consistir en una realidad concreta que vaya cambiando armoniosamente en función de su propia dinámica, porque muy pronto perdería toda relación con lo que ocurre en la realidad material. Bastaría con que el acontecer inferior (material) se apartase del DOROR (por distorsión) un solo instante, para que ya nunca más el DOROR pudiera influir benéficamente sobre ese acontecer inferior. «Arriba» habría un curso armonioso y coherente de aconteceres, y «abajo» otro curso completamente distinto; de modo que el de arriba no podría influir sobre el de abajo más que de una manera absurda e incoherente.

»Para poner un ejemplo, imaginemos que una persona se propone viajar de la ciudad A a la ciudad B, donde es bueno para ella que esté, pero pierde el tren. En el plano del DOROR correspondiente a esa situación, no lo habrá perdido; de modo que, en adelante, el DOROR contemplará a esa persona actuando con éxito en la ciudad B (por ejemplo, hablando con un empresario que le proporcionará un buen empleo) en el mismo momento en que, en el plano de la materia, esa persona estará en la ciudad A sufriendo los airados reproches de su cónyuge por haber perdido el tren. Los aconteceres de cada plano seguirán sus respectivos cursos, y al cabo de muy poco tiempo no tendrán absolutamente nada que ver el uno con el otro. De modo que, por seguir imaginando cosas, nuestro protagonista estará en la ciudad A necesitado de suerte para salir con bien de un atraco callejero, mientras que, en ese mismo momento, su DOROR le estará ayudando, no a escapar con bien del atracador, sino a tomar una decisión acertada en la empresa de la ciudad B en la que sin embargo, en el plano material, no trabaja. Lo que no tiene sentido.

»Dicho sea de paso, tu «Ciencia Cristiana» se contradice cuando afirma que el universo espiritual (el mundo de las «ideas de Dios») puede influir en el mundo material para mejorarlo; y, a la vez, que este mundo material no existe. Ya que, si puede modificarlo, es porque existe.

»Pero, volviendo al tema, es un hecho que, en cada momento, cada situación material concreta puede ser modificada hacia el bien por una influencia supramaterial procedente de «arriba». Por tanto, o lo superior está constituido por una sucesión de paradigmas de lo inferior, o consiste simplemente en *el Bien sin más;* es decir, sin acontecer alguno. Por los argumentos que nos exponía Teófilo, y que luego te diremos, nosotros nos inclinamos por lo primero.

—Será así, pero yo no noto nada —objetó Carlos—. Este mundo parece ignorar por completo a ese otro mundo del que habláis, quizá porque ese mundo es demasiado diferente.

—El DOR —respondió Aurelio— es óptimo y es real; pero ante todo es doble. Quiero decir que, a diferencia del OR, el DOR no se aparta de la forma física del SOMA en cada momento. La modificación del DOR se producirá al modificarse el SOMA en el momento siguiente. La sucesión temporal que, en consonancia con el SOMA, parece darse en los cambios de un DOROR que está fuera del tiempo, es sólo aparente. En su momento se hablará de ella, como también de la vía por la que puede pro-ponerse a la materia un DOROR que está fuera del espacio.

»Decía que el DOR tiene como límite el concreto ser físico del SOMA. El OR, en sus primeras fases o grados, tiene como límite «lo posible» en la materia. En fases ulteriores carece ya de ese límite.

Luciano, pretendiendo recobrar su interrumpido protagonismo, dijo entonces:

—Lo que quiere decir Aurelio es que el DOR de un ser material concreto no es lo que es mejor para él en términos absolutos o ilimitados, sino que está *limitado por lo que es materialmente posible para ese ser concreto en un momento dado,* y está *condicionado por la trayectoria anterior del mismo.* Dentro de esos límites y condicionamientos, representa la situación óptima; pero tiene esos límites y esos condicionamientos. Por ejemplo, en su DOR un hombre no puede volar, por mucho que le venga bien en un momento dado, ni un ignorante puede ser infinitamente sabio en su DOR.

»En cuanto al DOROR de grados inferiores (el que posee formas), es más amplio que el DOR; pero, aun así, se da siempre dentro de las posibilidades del acontecer material que constituye su base (SOMA); o sea, que sólo opera dentro de lo materialmente factible —la pedantería de Luciano era insufrible—. Es materialmente factible que un niño no se caiga a un pozo, o que sea sacado de él sin daño, o que un enfermo de cáncer se cure del todo; pero no que el tiempo vuelva atrás o que el sol se detenga en el firmamento.

»El DOROR de grados superiores es algo ya completamente distinto —terminó Luciano, sonriendo enigmáticamente.

El sol de la tarde se filtraba por las rendijas de la persiana, iluminando a rayas el polvo que flotaba en el aire de la habitación. La calva de Luciano relucía en la penumbra cada vez que éste agitaba la cabeza, como solía hacer siempre que hablaba. Era una calva distinta de la de Aurelio. La de Aurelio era, por así decir, más uniforme, en el sentido de que el pelo escaseaba y clareaba por igual en todas las partes de su cráneo. En cambio, de Luciano podía decirse que la frente le llegaba hasta la nuca; pero conservaba bastantes cabellos a los lados. Desde la calle, donde el aire era fuego, penetraba en la habitación el ominoso silencio de la soledumbre veraniega.

No corría ni una brizna de aire. En la habitación había un gran ventilador, pero ese día estaba estropeado. Hundido en la flojedad física y mental producida por el calor, oí cómo Aurelio, sin duda en el mismo estado que yo, decía con cierto decaimiento:

—Parece muchas veces que el DOROR no actúa. Pero ocurre que su forma de actuar en este mundo material, en el que el tiempo es elemento constitutivo, es puntual; es decir, que actúa en cada uno de los puntos de una cadena o serie de acontecimientos sucesivos. Por eso puede ocurrir, y ocurre con frecuencia, que si en uno de los puntos triunfan las fuerzas distorsionantes de la materia, la cadena del DOROR se ha roto en el sentido de que se ha frustrado. No ha conseguido modelar a la materia. Pero surge, entonces, una nueva cadena o serie.

Con más viveza, como si el calor no le afectara, habló después Luciano.

—El mecanismo de la actuación del DOROR es de una gran complejidad. Sólo podemos intuir de él las líneas generales, en una impresión global. La complejidad dimana, por ejemplo, de que, habida cuenta de la frecuente resistencia de la materia, el DOROR actúa en una superposición de capas, cada una de las cuales recae sobre una situación en la que ya ha habido resistencia a otro DOROR anterior. De este modo, aunque así no sea, puede parecer que algunas veces Dios acepta el mal.

—El DOROR —dijo ahora Aurelio, como obnubilado— promueve el bien en la materia. El bien primordial de la materia es llegar a adquirir una conciencia cada vez mayor. Por tanto, el bien de la unidad material de menor conciencia habría de ceder ante el bien de la unidad de mayor conciencia; el bien de la célula habría de ceder ante el bien del ser humano. Pero el DOROR promueve un bien total: un bien de la célula que no es contradictorio con el bien del ser humano: un movimiento de la célula que no daña al ser humano; y ése es precisamente el verdadero bien de la célula. Lo que es bueno para la célula, ha de ser bueno también para el ser humano. Lo que quiere decir que, por ejemplo, el cáncer no puede ser el bien de la célula como algunos han dicho.

»A mayor complejidad (diversificación en partes especializadas, con una organización o interconexión funcional) de las entidades materiales, mayor conciencia. Es la *ley de la creciente complejidad-conciencia,* de que hablaba Teilhard de Chardin. A mayor conciencia, mayor capacidad de ajuste y de reajuste al DOROR. Pero también, correlativamente, mayor capacidad de resistencia y de distorsión del DOROR.

FÉLIX: —Me interesa mucho la alusión que has hecho a Teilhard de Chardin, que es uno de mis autores preferidos. Por lo que he entendido, estimáis los tres —se refería, claro está, a Aurelio, Luciano y Argimiro— que el papel del ser humano es fundamental para la Evolución.

—Naturalmente —respondió Aurelio, ya más repuesto de su sopor—. En el plan del DOROR sobre la materia figura la mente humana, que para nosotros es material. El DOROR es global. Recae sobre unos procesos que no dependen de la mente humana y sobre otros que sí dependen de ella. De modo que unas veces el DOROR opera directamente sobre la materia, y otras indirectamente, a través de modificaciones en la mente humana, para que luego, a su vez, el ser humano actúe físicamente sobre la materia. La Medicina es el caso típico, aunque hay muchos más. Yo diría que, en el estadio actual de la Evolución, el DOROR actúa sobre la materia, fundamentalmente, a través de los seres humanos que se ajustan a él.[20]

---

[20] Tal era, por ejemplo, la opinión de Salomón Ibn Gabirol (aquí en España llamado «Avicebrón»). El profesor W. Zeev Harvey, de la Universidad Hebrea de Jerusalén, comentando el famoso poema *Ahabtikha* («Te he amado»), del citado filósofo judeoespañol, interpreta sus cuatro últimos versos, puestos en relación con Isaías 43:7, en el sentido de que Dios ama al mundo ardientemente; pero el amor humano es el medio para que se realice en este mundo la voluntad divina. En otras palabras: que la finalidad del ser humano es hacer posible que se realice en la práctica el amor de Dios por el mundo material. (Conferencia titulada «Filosofía y poesía en Ibn Gabirol». Universidad de Navarra: Reuniones filosóficas sobre revisión del Neoplatonismo. Mayo del año 2000. Publicada en el volumen XXXIII/2 del *Anuario Filosófico* de dicha Universidad). Casi nueve siglos después, Salvador de Madariaga escribía: «Desde que el hombre existe, las gestas del Creador se realizan cada vez más por medio de los hombres» (ob. cit.). Y, mucho antes, Plinio el Viejo había dicho que «el hombre que ayuda al hombre, es Dios». [Nota insertada después de terminado el libro.]

»Esto no es exactamente lo mismo que dice la «Ciencia Cristiana». Esa religión dice (¿no es así, Anita?) que la Mente divina nunca opera directamente sobre la materia, porque ésta no existe realmente, sino que siempre opera sobre la mente humana. Pero además dice que opera infundiendo en la mente humana (que, según la «Ciencia Cristiana», paradójicamente, tampoco existe realmente) ideas que luego le sirven a ésta para configurar la apariencia de realidad material (apariencia que, según la «Ciencia Cristiana», la misma mente humana ha creado) de una manera acorde con las ideas divinas.

ANITA: —Así es. Y es verdad.

—Nosotros, por el contrario —aclaró una vez más Aurelio—, creemos que la materia existe realmente; que las formas materiales también existen realmente, y que el DOROR actúa benéficamente sobre la materia primero (induciendo la aparición de formas en ella), y sobre las formas materiales después, de muchas maneras. Pero la más importante de todas consiste en hacer posible que, a través del ser humano (la forma material que ha llegado a ser más perfecta hasta ahora), la materia llegue a ser consciente del DOROR. Y puede llegar a serlo en forma espontánea con diversos grados de nitidez. Sin llegar a conocer el DOROR como concepto filosófico, el ser humano puede llegar a tener (y tiene muchísimas veces) la intuición más o menos clara de que *«en el fondo, todo está bien,* o de que *«la muerte no es el final»*. Y, con mucha mayor frecuencia, la inexplicada certeza de que, *«a pesar de lo que ocurre* (y sin motivo racional alguno que permita pensarlo así), *todo saldrá bien»*. En general, muchas personas (más de las que se sospecha) viven en un doble plano de creencias imprecisas. De una parte, desconfían de todo en este mundo: son pesimistas y siempre se ponen en lo peor; pero, por otra parte, actúan en esta vida como si nada en ella tuviera importancia y como si en algún lugar indefinido hubiese una Realidad esplendente y de gloria. Tienen una idea difusa de que, aunque esta vida esté llena de miserias y problemas, la verdadera realidad, que reside en otra parte, es maravillosa; de que de algún modo Alguien quiere siempre protegerlas, y de que en esa verdadera realidad siempre han sido y siempre serán felices. Y no es esperanza de lo que pueda ocurrir en el futuro, sino certeza de lo que ya es y siempre ha sido.

Acto seguido, intervino de nuevo Luciano (que no llevaba callado más de dos minutos) para hacer gala de su erudición.

—El DOROR, querido Félix, no actúa *sobre* la *Ananké* a que se refiere Goethe, el *Karma* de hinduistas y budistas, el *Fatum* de los romanos: lo que los portugueses llaman *Fado* y nosotros los españoles llamamos el Hado, Destino, o Sino. Actúa *junto* a la *Ananké*[21] (que, como sabes, en griego se escribe «*Anagké*») en los aconteceres materiales.

---

[21] Necesidad, forzosidad, fatalidad. Pero es importante advertir que Platón llamaba *ananké* a lo que Plotino llamaba también *yle*: materia (Felipe Martínez Marzoa: Ob. cit., tomo I, pág. 347).

AURELIO (pensativo): —Al menos en este planeta, el mundo material es una «totalidad integrada» de maldad. Ha llegado a estar más o menos autorregulado, y se funda todo él sobre la muerte y la degradación. Muerte para la nutrición. Muerte por degradación. Muerte por maldad.

»No podemos saber cómo sería un mundo material en el que el DOROR se realizase totalmente. Sólo podemos asegurar que en él habría mucho amor, pues Dios reinaría en todos los corazones a través del DOROR. En ese mundo habría muertes, pero muchas menos que ahora: sólo las «admisibles», y serían dignas, alegres y apacibles. La nutrición de los vivientes no requeriría la muerte de ningún otro ser vivo. Habría también nacimientos, pero muchos menos que ahora y siempre de niños perfectos y sanos. No habría morbosa lascivia, sino mucho amor puro y desinteresado, mucha inteligencia y mucha felicidad. Nada más podemos decir; pues, estando Dios tan alejado de la materia (mejor dicho: siendo tan distinto de ella), la falta de adecuación entre este mundo material y el mundo espiritual o del DOROR es casi total.

La cabeza me daba vueltas, no sé si por el calor, por la cerveza que había ingerido (varias botellas) o por lo que se había estado diciendo allí. De todos modos, no tenía ganas de irme todavía. Incluso me atreví, con cierta alarma de Dalmacio, a hacer una pregunta a Aurelio.

—¿Podrías decirnos en qué afecta el DOROR a la conducta del ser humano?

Después de hecha la pregunta, la alarma de Dalmacio se transformó en consternación; lo que me hizo pensar que había sido una pregunta tonta, o que quizá ya había sido contestada anteriormente. Pero Aurelio me respondió muy afablemente:

—No debemos considerar el DOROR como un modo de *ser,* Luis —al oír que Aurelio me llamaba por mi nombre sentí una extraña satisfacción—, sino, desde nuestro mundo, como un modo de *acontecer.*

»Las formas materiales *son aconteceres,* y el DOROR es para ellas un modelo al que deben ajustarse. Pero esto no se refiere solamente a las formas constitutivas de los seres materiales individuales, animados o inanimados, y a las enfermedades (acontecer celular) de los seres vivos individuales, sino a todos los aconteceres materiales; es decir, también al funcionamiento de la mente humana y al del ser humano total, o sea, a la conducta humana, así como a la conducta de todos los demás seres materiales.

»Con esto quiero decir que al DOROR no sólo debemos tenerlo en cuenta en las enfermedades, sino en todo momento y circunstancia; y que en la vida normal debemos considerarlo como un modelo para nuestra conducta diaria. La Moral no es sino el ajuste de la conducta humana al DOROR.

»Un «hijo de Dios», un «hijo de la Luz»,[22] es el que, siendo su madre la *mater*-ia, acomoda su conducta al DOROR, que es simbólicamente «luz» en cuanto obra de Dios *en el sentido de que es como es por ser él como es*. De modo que puede decirse que su padre es Dios, o que él es hijo de Dios o hijo de la Luz. En cambio, del que no ajusta su conducta al DOROR, puede decirse que es «hijo de las tinieblas» o «hijo de este mundo» material, o que pertenece al «Príncipe de este mundo»: otro nombre de la Materia, la cual, desde luego, tiene mente.

»El DOROR es *unimúltiple,* dado que, aunque su contenido sea múltiple, el DOROR como tal, es decir, como sustancia, es único para todos los seres materiales. Por eso, si en una persona no consideramos su realidad material sino su realidad espiritual en el DOROR, es más probable que la amemos. ***Pero el amor que nos salva no es ese amor, sino el amor a su realidad material, que es el mismo que muestra Dios en su DOROR.*** Este amor a la realidad material es el que nos hace coincidir con nuestro DOROR, y en consecuencia el que nos hace inmortales, en rigor eternos, ya que, como se dice en Lucas 20,38, «Dios no es Dios de muertos, sino de vivos, pues *para él todos viven»*.

No entendí algunas de las cosas que dijo Aurelio, sin duda por no conocer bien su pensamiento al no haber asistido a tertulias anteriores. Pero, de momento, no me atreví a hacerle más preguntas. Quizá más adelante llegara a comprender lo que ahora había querido decirme.

Como siempre, el perito Luciano, el gramático, el letrado, el ilustrado, el erudito, intervino para precisar o añadir algo a lo dicho por Aurelio:

—En castellano hay dos palabras que lo dicen todo para señalar las acciones humanas contrarias al DOROR: *«entuerto»* (lo que resulta de torcer lo correcto) y *«contradiós»* (lo que resulta de contradecir a Dios).

»Es habitual decir, cuando alguien ha muerto, que *«ha ido al Cielo»* o que *«está en el Cielo»*. También se habla de «el Cielo» para aludir a la divinidad (*«Quiera el Cielo que...»*) o el lugar donde se supone que la divinidad reside (*«Padre nuestro que estás en el Cielo»*). En términos generales, «celestial» suele identificarse con «divino».

»Con todo ello se alude a una realidad divina que está por encima de la terrenal, lo mismo que el cielo está por encima de la tierra. Nosotros diríamos que con ello se alude al DOROR.

»Cuando decimos que algo nos ha salido *«divinamente»* o que algo está hecho *«como Dios manda»,* estamos queriendo decir que ese acontecer se ajustó enteramente al DOROR. Aludimos a su intervención en los aconteceres de este mundo cuando decimos: «se ve que *no está de Dios* que esto ocurra». Decimos de algo que *«no es nada del otro mundo»* para señalar que

---

[22] Primera epístola de Juan, 1,5: «Dios es luz, y no hay tinieblas en él».

no es extraordinariamente perfecto. Cuando un hombre llama a una mujer (o una mujer a un hombre) «*mi Cielo*», lo que está diciendo es que el otro es su DOROR; y si dice que el otro es «*un Cielo*», quiere decir que el otro se ajusta enteramente al DOROR. Por otra parte, a un hombre que se ajusta al DOROR se le llama «*hombre de bien*». El pueblo llano tiene maravillosas intuiciones espontáneas de la existencia del DOROR, que se manifiestan en el lenguaje que él mismo elabora.

»Debemos actuar con entusiasmo, en el sentido directamente derivado de la palabra griega «*enthusía*» (derivada a su vez de «*theós*», dios), que significa «inspiración divina» o «estar en lo divino».

Le hubiera abofeteado, porque, sin añadir nada importante, había impedido que Aurelio hablase de algo que sí lo era, y que intuí iba a abordar cuando fue interrumpido. De modo que no tuve más remedio que pedir a Aurelio que prosiguiera con lo que antes estaba diciendo, lo que gustosamente hizo.

—El DOROR del ser humano, que es lo único valioso que queda tras su muerte, es como un globo cautivo mientras permanece retenido por su base material. El DOROR individual no nace a una vida independiente hasta que no rompe el cordón umbilical con el SOMA. Hasta entonces está vivo, como lo está un feto, y es inteligente a diferencia de un feto; pero, lo mismo que un feto, carece de vida autónoma. Por eso puede decirse que morir es nacer; bien entendido que muere el SOMA y nace el DOROR a una vida que ya no depende de lo que ocurre en la materia. Al morir el SOMA, ellos nacen o, mejor, se despiertan («*morir es despertar*», escribió Tolstoi) a una vida propia en la que pueden desarrollar todas sus potencialidades.

DALMACIO: —Has dicho que el cordón umbilical que une al DOROR con la materia sólo se rompe cuando desaparece el soporte material o SOMA. Pero este soporte nunca desaparece, ya que la materia es eterna, según tú mismo dices.

AURELIO: —En efecto, la materia misma es eterna, como ya dijeron, entre otros muchos, Platón, Plotino y Numenio de Apamea. Pero las *formas* que reviste la materia son impermanentes, ya que son ropajes de una materia inconsistente. Es decir, que, dentro del inmensurable y único proceso de la continua e inevitable variación de todas las formas materiales, pueden distinguirse procesos parciales; y, en consecuencia, dentro del DOROR total, pueden distinguirse DOROR también parciales.

»El acontecer material total es único, y es para nosotros evidente (ya veremos por qué) que no puede terminar nunca y que nunca empezó. Pero, en un determinado nivel de realidad, los procesos particulares sí tienen un principio y un fin. La materia primigenia que dio origen al cuerpo de José López y más tarde a sus cenizas (considerada desde nuestro mundo sometido al espacio-tiempo), siempre existió y siempre existirá; pero el proceso material particular «*vida orgánica de José López*» sólo existió desde que José fue concebido en el vientre de su madre hasta que murió (su gestación intrauterina —he dicho su gestación intrauterina—, su nacimiento, su infancia, su pubertad, su juventud, su madurez y su ancianidad, fueron simples episodios o fases del proceso), y el proceso material particular «*vida psíquica lúcida y racional de José López*» es todavía más corto en el tiempo. Pues bien: cuando termina un proceso particular, es decir, cuando el DOROR de ese proceso no puede ya mejorarlo porque carece ya de base material que haga posible su continuación, el DOROR particular podemos considerarlo como desprendido del proceso. No existe ya el proceso material particular que le dio ocasión de aparecer. Es entonces, y sólo entonces, cuando ese DOROR particular (es decir, parcial) adquiere autonomía, vale decir, plenitud vital.

»Para que nuestro DOROR particular viva plenamente (o sea, que haya en cierto modo «nacido»), es necesario, pues, que nuestro cuerpo muera. Aunque la muerte de nuestro cuerpo *no es condición suficiente* para que nuestra personalidad material, *nosotros mismos,* nazcamos a una nueva vida en el DOROR (para esto es necesario que nos hayamos ajustado a él), sin embargo es condición necesaria para que nuestro DOROR (coincida o no con nuestra personalidad material) nazca a una nueva vida.

»Mientras vivamos en este mundo material, el DOROR no está muerto sino en cierta manera «cautivo»; y no debemos dejar nunca de intentar aproximarnos al «*Globo Cautivo*» del DOROR. Porque es desde esta actitud como podremos descubrir lo divinal, intentar rectificar nuestra conducta primero, el resto del mundo después, y lograr la vida eterna. Para estar cerca del «*Globo Cautivo*», debemos, en nuestro ser material, en nuestro propio globo material al que el otro corresponde, introducir constantemente gas más ligero que el aire, y arrojar lastre. El gas más ligero que el aire que debemos introducir, es la *fe-apertura* (devota y gozosa) al DOROR, de la que todavía no hemos hablado. Y el lastre que debemos arrojar por la borda... todos sabemos lo que es: es el apego a la materia, del que debemos prescindir en la medida en que podamos hacerlo. Es el apego a la materia pesada, inerte y opaca. Son los impulsos, deseos y temores que nos atan a la materia porque nos identifican con ella (impulsos) o porque presuponen creer en su consistencia (deseos y temores). Pero no dejemos caer la arena entre los dedos, poco a poco y grano a grano; arrojémosla por la borda de la barquilla como se hace con el lastre de un globo, con decisión y rapidez: a sacos.

—Está bien. Puede valer. Pero el DOROR es discontinuo (puesto que depende de los estados cambiantes de la materia) y, por tanto, no puede dar origen a ninguna personalidad.

—Cualquier psicólogo sabe (y me extraña que digas eso tú, Dalmacio, que sé que entre las carreras que has estudiado está la de Psicología) que nuestra conciencia ordinaria también es discontinua y que, sin embargo, la memoria o sedimento de todos los momentos de conciencia discontinuos es lo que constituye nuestra personalidad. Podría decirse, eso sí, que, si dejamos de ajustarnos al DOROR en muchos momentos de nuestra vida, en el mundo espiritual la discontinuidad será mayor, porque los hiatos producidos serán mayores que los de nuestra conciencia material. Pero quizá, dentro de la infinitud del mundo espiritual, esos hiatos sean insignificantes; para él mucho menores que los de nuestra conciencia material. Y, en cambio, lo que en el mundo material es mero sedimiento de experiencias pasadas, en el espiritual es presencia viva y actual de todas las experiencias. Porque el DOROR nunca desaparece.

Aquí intervino el inevitable Luciano:

—Lo que quiere decir Aurelio es que, a nivel cerebral, la conciencia es siempre discontinua, aunque no nos lo parezca; es decir, que, aunque tengamos una impresión de continuidad en la conciencia, esa continuidad es falsa. Y que nuestra coincidencia con el DOROR, *si sólo nos ajustamos a él esporádicamente, es más discontinua todavía;* pero veo que Aurelio intenta quitar importancia a esa discontinuidad. Yo no estoy de acuerdo en quitársela.

»Yo creo que, si nos ajustamos habitualmente al DOROR, no sólo es que recoja para la eternidad lo que somos en la materia, sino que nuestra personalidad eterna (que entonces será la *nuestra,* la de aquí, la de este mundo) será más perfecta por ser más coherente. Si sólo nos ajustamos al DOROR de una manera esporádica, nuestra personalidad eterna (que apenas coincidirá ya con la que tuvimos en este mundo; es decir, que no será claramente la *nuestra*) estará compuesta por una serie de fragmentos poco o nada conexos, que no constituirán una personalidad definida, o la constituirán de un modo muy deficiente. Y si no nos ajustamos en absoluto al DOROR, la personalidad de éste no coincidirá en absoluto con la *nuestra,* que habrá perecido para siempre.

»Será, por tanto, como la muerte. El castigo del mal no es el infierno, sino la desaparición de nuestra personalidad; vale decir, la muerte definitiva. De ello nos informa cumplidamente la Biblia. Por el contrario, *«el que guarda mi palabra nunca verá la muerte».*

»Si durante nuestra vida apenas nos hemos ajustado al DOROR, pero en el último momento nos ajustamos al DOROR de nuestra personalidad de ese momento (suponiendo que, después de toda una vida de desajuste, podamos hacerlo, lo que no creo), sé que Aurelio piensa (y estoy muy de acuerdo con él) que el DOROR de un cerebro lleno de huellas de la vida pasada no basta para constituir toda una personalidad en el mundo del DOROR. Pues, así como la personalidad se forma, en el mundo material, como *sedimento* de experiencias, por la *superposición* de todas las impresiones o engramas cerebrales de la vida del sujeto, en el mundo del DOROR se forma por la *yuxtaposición* de los DOROR de toda esa misma vida. El arrepentimiento de última hora no es lógico que en este contexto tenga relevancia alguna (pese a lo que digan ciertas Iglesias cristianas), y así parece confirmarlo uno de los más grandes místicos.[23] Es el conjunto de hechos de toda una vida lo que cuenta para la eternidad.

Empezaba a reconciliarme con el adusto y engolado Luciano, pues esta vez su aportación había sido interesante; hasta el punto de que, después de sus palabras, se produjo un silencio. Pero Argimiro, el tercer discípulo del misterioso Teófilo, se creyó en el deber de intervenir también, y lo hizo para decir lo siguiente:

—Así como en el cerebro de un anciano se acumulan *superponiéndose,* y de ese modo *(deformadas y medio borradas unas por otras o por fallos del soporte material)* se sintetizan todas las impresiones de su vida (lo mismo que en su cuerpo se sintetizan todos sus cuerpos anteriores), en el DOROR de un proceso se acumulan, esta vez mediante *yuxtaposición* (porque, a diferencia de las vivencias materiales, ningún DOROR desaparece), todos los DOROR correspondientes a ese mismo proceso.

»Yukio Mishima ignoraba esta yuxtaposición de elementos eternos. Por eso decía que, en la antigüedad, cuando la duración media de la vida humana era de veintidós años, el Cielo debía de estar lleno de jóvenes apuestos; pero que ahora debía de ser espantoso. Pero lo espantoso (ya que le condujo al suicidio) es el error de Mishima; pues probablemente no haya nada más hermoso y radiante que el DOROR de un anciano o de una anciana que se hayan ajustado a él durante toda o casi toda su vida terrenal.

»La vida humana no tiene sentido; pero objetivamente puede ser un camino hacia la integración en el DOROR. Y, en ese camino, la ancianidad es la fase de la vida en que el ser humano puede ya estar preparado y reunir las condiciones objetivas para tal integración. Antes de esa fase, normalmente, aunque siempre es posible, ello no es fácil que ocurra. Normalmente, como dice un proverbio chino exagerando un poco:

> «*El hombre, a los diez años, es un animal.*
> *A los veinte, un loco.*
> *A los treinta, un ser frustrado.*
> *A los cuarenta, un estafador.*
> *A los cincuenta, un criminal.*»

---

[23] Swedenborg, citado por Sir Arthur Conan Doyle en su *The History of Spiritualism.* Trad. esp. *Historia del Espiritismo.* Ed. Eyras. Madrid, 1983. Literalmente: «Allí somos juzgados de una manera automática por una especie de ley espiritual que determina el resultado último por el resultado total de nuestra vida, de suerte que la absolución o el arrepentimiento en el lecho de muerte son de poco provecho» (pág. 13).

»Es a partir de los sesenta años —sin duda, Argimiro lo decía por él mismo— cuando el ser humano, por haber visto y sufrido mucho, por haber meditado mucho sobre la vida en este mundo, por haber menguado las energías materiales que antes le agitaban empujándole «hacia abajo», por haber acumulado la experiencia necesaria, puede finalmente llegar a la serenidad, recuperar la perdida inocencia de su infancia, y adquirir la sabiduría suficiente para apostar siempre, siempre, por el bien, el amor, la generosidad y el perdón. De ese modo, al menos en el último trecho de su vida, podrá ajustarse al DOROR. Sí, Dalmacio: aunque los ancianos se desesperen por sus achaques físicos, normalmente la ancianidad es una preparación para nacer a la vida verdadera.

A mi modesto entender, los discípulos de Teófilo habían dejado sin explicar el modo como la personalidad material del ser humano (no una personalidad muy parecida o incluso idéntica a la material, sino la misma, la mismísima personalidad material) podía quedar «recogida» en su DOROR (otras veces decían «absorbida» o «asumida» por él). Esto, sólo lo habrían de explicar mucho más tarde.

IV

Cuarto domingo

NADIE SERÁ OLVIDADO

«Allá arriba el sol brillante,/las estrellas allá arriba./Aquí abajo los destellos/de lo que tan lejos brilla./Allí lo que nunca muere./Aquí lo que al fin termina./Y el hombre atado aquí abajo/mirando siempre allá arriba.»

(HEINE, recitado de memoria por uno de los contertulios.)

La reunión anterior no terminó mal del todo, a pesar de los abstrusos temas metafísicos que en ella se trataron. La cerveza acabó por hacer estragos en la mente de todos, menos en la de Aurelio, a quien, por cierto, y según me enteré después, nadie había logrado ver nunca ni siquiera ligeramente mareado, por mucho que hubiera ingerido brebajes bastante más fuertes que la cerveza.

El cuarto domingo hacía tanto calor como en los tres primeros. El asfalto ardía. En casa de Aurelio no se estaba demasiado mal y, por qué no confesarlo, me sentía cada vez más interesado por lo que se decía en aquella extraña tertulia. La califico de extraña porque, a mi juicio, estaba integrada por visionarios, heterodoxos y desplazados; y podría llamarse «del extrarradio», no sólo por el lugar donde se celebraba (en un barrio muy alejado del centro de la ciudad) sino, además, por los temas que en la misma se trataban. En consecuencia, no dudé en acudir a ella nuevamente. Además, tampoco ese domingo tenía otra cosa que hacer.

Al llegar descubrí que el ventilador ya estaba arreglado, y me encontré con un espectáculo curioso: Aurelio, Luciano y Argimiro (sobre todo los dos primeros) estaban discutiendo entre sí sobre la Iluminación. Las opiniones eran divergentes, lo que me hizo pensar que el misterioso Teófilo, su maestro común, no les había legado ningún cuerpo sólido de doctrina, sino más bien unas ideas generales no muy elaboradas ni precisas. Cuando me acordé de poner en marcha la grabadora (lo que tardó algún tiempo en ocurrir), Argimiro estaba diciendo:

—El DOROR debe ser intuido en cada momento. Y debe ser percibido como existente, real y consistente. La mística consiste, más que en amar a Dios, en sentirse amado por Dios. Es la percepción del amor divino. Consiste en tomar conciencia de que Dios nos ama, y en «sentir» cómo ese amor «afluye» a nosotros incesantemente, como una corriente de bien, creando el DOROR de nuestra situación. El que sepa cómo estamos constantemente bajo el cuidado de Dios, lo sabe todo.

—Pero el ser humano no puede llegar a percibir directamente a Dios, y creo que tampoco al DOROR —replicó Luciano—. Desde nuestro ser material (bien que animado), es difícil llegar a una verdadera «Iluminación». No voy a insistir mucho sobre ello, porque en contra existen testimonios tan ilustres que ni siquiera voy a intentar discutirlos: Plotino, nuestros místicos Santa Teresa y San Juan de la Cruz, los demás *«alumbrados»* (es decir, iluminados) españoles perseguidos por la Inquisición (aquéllos también estuvieron a punto de serlo) como el padre Miguel de Molinos; los místicos alemanes Eckhart y Boehme (al primero, sólo su prematura muerte le libró de lo mismo), los místicos musulmanes, los hinduistas, los budistas, empezando por el propio Buda, etc. Pero me cuesta trabajo creer que se trate de algo más que de exaltaciones psíquicas o de contactos esporádicos con la Materia Primordial. Es cierto que Plotino dio una justificación teórica de la posibilidad de la *«subida del alma»:* algo así como que antes el alma había bajado; y, sobre todo, que las tres Hipóstasis están siempre presentes en el ser humano. Pero, para Plotino, el ser humano verdadero era el alma individual; no el cuerpo orgánico. Y, por el contrario, nosotros creemos que es el cuerpo orgánico. También decía que la *«imagen»* (o *«destello»*) del alma individual, que junto con la materia contribuye según él a formar el compuesto orgánico o *«compuesto animal»,* es asimismo imperecedera, como el alma individual de la que es imagen. Que sufre, eso sí, en sucesivas reencarnaciones, las consecuencias de sus actos buenos o malos; pero que es imperecedera. En todo caso, yo no creo que el ser humano, sea esto o lo otro, pueda percibir a Dios.

»El ser humano de este mundo es un ser material, si bien las formas materiales (he dicho todas ellas, no sólo el ser humano, con tal de que sean materiales; es decir, con tal de que sean *materia configurada* en formas, las cuales, consideradas en conjunto, constituyen el «Mundo Material») están *animadas,* en el sentido de que son «Materia Mentalizada» o, más aún, «Mente Material»[24] (o, como le gusta decir abreviadamente a Aurelio, «**MM**»); y esa MM, a través de una larga evolución, ha creado en el cerebro humano la mente material más perfecta, la forma pensante, que no es sino la del funcionamiento de ese mismo cerebro. Por su condición material, yo creo

[24] P. Teilhard de Chardin (*La visión del pasado.* Ed. Taurus. Madrid, 1966, pág. 277) dejó escrito lo siguiente: «La Materia puramente inerte, la Materia totalmente bruta, *no existe.* Todo elemento del Universo contiene, en un grado más o menos infinitesimal, algún germen de interioridad y de espontaneidad, es decir, de conciencia».

que el ser humano puede tener ilusiones de Iluminación, pero nunca una Iluminación verdadera; es decir, que no puede ponerse en contacto directo con Dios ni con su DOROR.

»Tampoco creo que los «especialistas en Iluminación» lo consigan. Cuando practicando Zen o la «meditación» yóguica se aquieta el «yo» y, por así decir, se descorren los velos de la materia, creo que no es Dios lo que se percibe, contra lo que creen muchos, como Jose María Mendiola (en su libro *El encuentro con Dios)*, el padre jesuita Enomiya Lassalle, y tantos otros, incluso maestros Zen como él. Lo que creo que entonces se hace asequible es la MM total o quizá la Materia primordial.

AURELIO: —Respecto a Dios, estoy de acuerdo contigo. Que está fuera de nuestro alcance, es algo que ni siquiera merece la pena ser discutido. Pero en cuanto al DOROR, puede decirse que todos hemos obtenido ya la Iluminación, porque, si simbólicamente se califica a Dios como Luz (lo que no sólo hace el apóstol San Juan en su primera Epístola,[25] y San Juan evangelista si no era el mismo,[26] sino antes que él *otros* gnósticos[27] y después de él muchos otros autores[28]), Dios nos está iluminando continuamente con su DOROR. Lo que nos falta es percibirlo.

---

[25] 1,5: «Dios es luz, y no hay tinieblas en él».

[26] Evangelio de San Juan, 1,4-9.

[27] El tema de la luz, reiterado en expresiones como «reino de luz», «rey de luz», «mundo de luz», etc., es característico del Gnosticismo, y probablemente procede de la antigua religión persa en la que se contraponen Luz y Tinieblas como equivalentes al Bien y al Mal. El Maniqueísmo contrapone, sin comunicación alguna entre ellos, a Dios y la materia, la luz y la oscuridad, el bien y el mal. Habla del «Príncipe de las Tinieblas», como opuesto al «Rey del Paraíso de Luz» o «Padre de Grandeza» del reino luminoso. Afirma Raimon Pannikar (*Iconos del misterio. La experiencia de Dios.* Editorial Península. Barcelona, 1988) que el término sánscrito *dyan* (día) es el origen de la palabra griega utilizada para designar a Dios (entendido como padre de los dioses: *Zeús*, cuyo genitivo es *Diós*). Quizá sea también el origen de la latina *Ju (Dyu) piter (pater)* con idéntico significado. Pero Francisco Villar Liébana (*Lenguas y pueblos indoeuropeos.* Ediciones Istmo. Madrid, 1971) señala un sinónimo latino de *Júpiter* (usado, según Raimundo de Miguel, por el poeta Horacio): *Diespiter* (de *dies pater*, el día [o la luz]-padre), correspondiente al griego *Zeús patēr* y al sánscrito *Dyaus pitā* (no *Dyan pitā* como procedería según Pannikar); y, aunque dice (pág. 58) que «El nombre de la divinidad mejor atestiguada en el vocabulario indoeuropeo está emparentado con la raíz de "la luz" y "el día"» (al que hace derivar de la reconstruida raíz indoeuropea **dieu-*), en otro lugar (pág. 49) lo relaciona más bien con el cielo; de modo que traduce *Diespiter* como «Cielo Padre». En todo caso, es obvio que la asociación (o incluso identificación) de un dios único (o de un dios supremo, o de un dios que es padre de todos los demás dioses) con la luz (o con sus causas o efectos como el sol, el rayo, el fuego, el día, etc.) es antiquísima y casi general. En la Biblia, que es ya una obra relativamente moderna, Dios se limita a crear la luz, aunque sea lo primero que haga (Gen. 1,3). Pero San Pablo, Santiago, y sobre todo San Juan (tanto el evangelista con el autor de las epístolas, si es que no son el mismo Juan), abundan en el tema de la luz con matices claramente gnósticos.

[28] Así por ejemplo el sufí iranio Shihab al-Din Yahya Suhrawardi (1153-1191).

»Y no debe de ser imposible hacerlo. Al menos debe ser posible intuirlo confusa y vagamente, porque en parte *ya* somos DOROR. Somos un DOROR oculto, frustrado, que no ha llegado a realizarse en la materia a causa de la imperfección de ésta. Nuestro ser actual es el fruto de la interacción entre, de una parte, el DOROR y, de otra, la MM (las formas materiales), la cual a su vez es fruto de la interacción entre el DOROR y la Materia (a la que puede llamarse «sustrato» de la MM). Como dice la primera Epístola de San Juan, tercer capítulo: «*ahora* somos hijos de Dios». Y, como forma parte de nuestro ser material, debe ser posible intuir el DOROR si nuestro ser material se purifica lo suficiente, lo que requiere la debilitación del «yo aferrado». Creo, por consiguiente, que muchos budistas y *yoguis* puede que tomen conciencia, o bien de la MM total como tú dices, o bien del DOROR, o bien de ambas cosas.

»Pues estoy convencido de que en algunas ocasiones (raras, sin embargo) el ser humano llega a alcanzar alguna percepción del DOROR. Es el caso de los místicos de todas las religiones y de todas las épocas. Incluso a veces se dan también esporádicas percepciones del DOROR que no dependen de la voluntad del sujeto, ni tienen por causa la santidad, sino una fuerte crisis nerviosa, la vivencia de la proximidad de la muerte, o la simple predisposición del sujeto.

»Es, por ejemplo, el caso de André Frossard, comunista y ateo por convicción propia y por tradición familiar, el cual tuvo una inesperada y repentina Iluminación[29] que describe como ***«avalancha al revés»*** *(o sea, de abajo a arriba). «Se eleva —dice— un* ***mundo*** *distinto, de una* ***densidad*** *y un resplandor que relegan el nuestro a las sombras frágiles de los sueños incompletos.» «Él es la* ***realidad****; él es la* ***verdad****; la veo desde la ribera oscura donde aún estoy* ***retenido.***»[30] *«Hay un* ***orden*** *en el universo, y en su vértice... Aquel mismo a quien los cristianos llaman Padre nuestro y del que me doy cuenta de que es dulce, con una* ***dulzura*** *no semejante a ninguna otra... una dulzura* ***activa****... capaz de hacer que estalle la piedra más dura.»* Otros lo han descrito como «*un amor irresistible*».[31]

»Es en virtud de estas Iluminaciones espontáneas como pueden ocurrir los fenómenos de precognición, es decir, de conocimiento de sucesos futuros. En el DOROR están a la vez el presente, el pasado, y el futuro del acontecer material, en un presente de eternidad. Esto explica que, mediante algún contacto con el DOROR, el ser humano pueda tener un conocimiento previo de los acontecimientos que ocurrirán en la materia.

---

[29] André Frossard: *Dieu existe, je l'ai rencontré.* Arthème Fayard. París 1970. Hay traducción española: *Dios existe; yo me lo encontré.* Rialp. Madrid, 1985, pág. 158.

[30] Recuérdese el «que muero porque no muero» de Santa Teresa. O el «¡Apenas puedo resistir la espera!» del espiritista Dr. Hodgson. Es manifestación común a todos los místicos.

[31] *Tu mente puede curarte.* Doctores Joan y Miroslav Borisenko. Edaf. Madrid, 1995, pág. 69.

»Cuando la mente humana *influye* en otras cosas, personas, o en general aconteceres (Magia), ello puede explicarse por la unidad de la materia, y por tanto de la MM, de la que la mente humana forma parte. Lo mismo sucede cuando *conoce* acontecimientos que están ocurriendo en un lugar lejano *simultáneamente* o que ocurrieron en el *pasado*. Por la unidad de la MM pueden explicarse también muchos otros fenómenos extraños como, por ejemplo, el de la *sincronicidad* de los acontecimientos materiales (incluidos los procesos mentales), que tanto llamaba la atención a Jung. Pero el conocimiento consciente, cierto y detallado del *futuro* (hablo del verdadero conocimiento; no de la simple extrapolación de tendencias de la actual situación de toda la MM, que sólo proporciona una probabilidad más o menos grande), no puede explicarse en términos materiales, es decir, en términos de la MM; como tampoco el fenómeno del *«dejà vu»* (*yo he estado aquí antes; yo he visto esto antes*), que también se debe a un conocimiento que se tuvo del futuro, sólo que no se hizo consciente en su momento.

—Puede que sea posible percibir el DOROR —admitió al fin Luciano—; pero yo creo que, en todo caso, llegar a percibirlo requiere mucho tiempo y mucho esfuerzo. Jesús de Galilea tardó treinta años en captar vagamente su DOROR: el *«Adam Kadmon»* de los fariseos: el hombre perfecto. Finalmente llegó a vislumbrarlo, aunque muchas veces se le escapaba. Y, cuando no se le escapaba, se identificaba con él, y entonces parecía olvidar la existencia real de la materia. Su DOROR era, desde luego, como el de todos, *«Hijo de Dios»;* pero no se equivocaba demasiado cuando a veces aludía al mismo como el *«Hijo del Hombre»,* puesto que, si había surgido de Dios, ello había ocurrido con ocasión de la existencia de la Materia. No obstante, conviene saber que, según dice Geza Vermes, «hijo del hombre» era una expresión habitual en aquella época, que venía a querer decir algo así como simplemente «hombre» o, como de un modo vulgar decimos a veces nosotros en castellano, «hijo de vecino».

Argimiro, «San Argimiro», intervino entonces, como muchas veces lo hacía, para «quitar hierro» a la polémica entre Luciano y Aurelio.

—Hay muchas maneras de aproximarse al DOROR o de tomar contacto con él. Si escuchamos una melodía de Mozart, contemplamos un maravilloso amanecer o una belleza radiante, exenta de toda tentación carnal, o presenciamos un emocionante acto de bondad, conviene que no nos limitemos a gozar de ello, sino que además tomemos conciencia de que en ello se está manifestando el DOROR.

Aurelio, comprendiendo la intención de Argimiro, sesgó ligeramente el tema.

—Algunos de los que, como Plotino, obtuvieron la Iluminación; y que por tanto conocieron algo del DOROR, intentaron describirlo.

Pero la mayoría de los que han podido intuir esa maravilla, han dicho que era una realidad inefable; es decir, que no se podía explicar con palabras.

»Algún aspecto de él puede deducirse del mundo material mediante las tres conocidas vías de la negación, la transcendencia y la analogía. El DOROR parte del mismo mundo material, pero es perfecto. Sin embargo, tiene infinitos grados, y el DOROR más elevado es imposible de intuir. Otro aspecto puede deducirse del origen divino del mundo espiritual: allí ha de haber bien, amor, vida, felicidad, sabiduría, y también poder, aunque no como capacidad de imposición sobre otro, sino como consistencia y fuerza intrínseca radiante. Allí no debe de haber carencias, necesidades, ni dolor. Ya se ha dicho que los hinduistas describen lo que hay allí como *«Sat-Chit-Ananda»:* Conciencia-Fuerza-Alegría.

ARGIMIRO: —Beethoven era sin duda un iluminado. En su *Novena sinfonía*, por ejemplo, pueden detectarse todas las características principales del DOROR: en el primer tiempo, la Conciencia (*«Sat»*); en el segundo, la Fuerza o Energía (*«Chit»*); en el tercero, el Amor; y en el cuarto, la Alegría (*«Ananda»*).

»Creo que Bach era otro iluminado, pues en sus conocidas tocata y fuga, ambas en «re» menor, para órgano, puede observarse que en la primera trata de expresar su intuición del DOROR y, en la segunda, cómo desde las alturas éste se derrama abundantemente, continuamente, sobre nuestro mundo material. Trata, a mi juicio, de expresar también las resistencias que el mundo material le presenta, y cómo el DOROR insiste una y otra vez, las envuelve y rodea.

Tratándose de algo tan abstracto como la música, estaba claro que todo aquello no eran más que fantasmagorías subjetivas. Pero Félix, que tenía una marcada afición por la Literatura (e incluso a veces hacía sus propios pinitos literarios), y que, sin confesarlo, era cada vez más partidario de las tesis de Aurelio, intervino a continuación. Antes, había sacado varios papeles del bolsillo. Venía preparado para leernos algo.

—Juan Ramón Jiménez tuvo una clara intuición del DOROR cuando escribió en sus *«Eternidades»:*

«Yo no soy yo.
Soy éste
que va a mi lado sin yo verlo;
que, a veces, voy a ver,
y que, a veces, olvido.
El que calla, sereno, cuando hablo,
el que perdona, dulce, cuando odio,
el que pasea por donde no estoy,
el que quedará en pie cuando yo muera.»

»O cuando, en otro poema, expresa la conveniencia de ajustarnos al DOROR, bien que el poeta lo dice de otro modo: permitir que el DOROR nos siga y nos recoja:

«¡No corras, ve despacio,
que adonde tienes que ir es a ti solo!
¡Ve despacio, no corras,
que el niño de tu yo, reciennacido
eterno,
no te puede seguir!»

»Según William Blake, el poeta metafísico inglés, «Aquel que no lo imagina (se refiere al mundo espiritual) con siluetas más acusadas ***y mejores***, y con una luz más fuerte ***y mejor*** de la que con su agonizante vista puede percibir, no se lo imagina en absoluto.»

»Otro poeta inglés, éste muy alejado de la Metafísica en su vida privada, Lord Byron, en sus *Peregrinaciones de Childe Harold* (IV, 136), dejó escrito lo siguiente:

»Pero he vivido, y no he vivido en vano. Mi espíritu puede perder su fuerza, mi sangre su ardor, y mi cuerpo perecer en su combate contra el dolor; pero hay en mí algo que agotará a la Tortura y al Tiempo, y me sobrevivirá cuando ya no exista; algo que no es de este mundo y que ellos desconocen, semejante al recuerdo de una lira muda, que penetrará en sus mentes dulcificadas y despertará en esos corazones, hoy de piedra, el tardío remordimiento del amor.»

»Es una constante en todos los grandes poetas, gente extraordinariamente intuitiva y sensible. Por mencionar, finalmente, al que más aludió al DOROR en sus poemas (al que algunas veces llama *«el cuerpo eléctrico»*), citaré lo que dijo Walt Whitman al respecto, y lo haré extensamente porque es verdaderamente magnífico:

«Hay algo más que es muy grande, que hace que coincida el todo, Magnífico, más allá de la materia, con manos ágiles pasa ***y cuida de todos****.»*

* * *

»Aunque no pueda entenderlo ni discutirlo, yo creo firmemente que hay una clave y un ***designio*** *en la naturaleza, una y múltiple; y que toda la vida concreta y lo material, a través del tiempo, producen* ***resultados*** *espirituales invisibles, tan reales y precisos como los visibles.»* (Aquí está aludiendo a la relación dialéctica entre el mundo material y el DOROR, al que en algunos poemas denomina *«el Respondedor».*)

* * *

*«**Nadie será olvidado***
Ni el anciano que ha vivido sin objeto y que se da cuenta de ello con una amargura más punzante que la hiel,
ni las actinias, que no hacen otra cosa que flotar y dejar que la comida penetre en su boca,
ni cosa alguna de la tierra o de las tumbas más antiguas de la tierra,
ni cosa alguna de los astros innumerables, ni los seres innumerables que los habitan,
ni el presente, ni la brizna más insignificante de lo conocido.»

* * *

«Mucho tiempo estuve en brazos de las tinieblas —mucho tiempo.
Inmensa fue la gestación de mi ser,
***fieles y cariñosos brazos me ayudaron**.»*

* * *

«Hay algo en mí —no sé qué sea—, pero sé que está en mí.
No lo conozco —no tiene nombre—, lo expresa una palabra que aún no ha sido pronunciada,
que no está en ningún diccionario, en ningún idioma, en ningún símbolo.
Gira sobre algo que es más que la tierra sobre la que yo me balanceo,
***la creación es su amante,** cuya abrazo me despierta.*
¿Lo véis, oh hermanas y hermanos míos?
*No es el caos ni la muerte —es la forma, la unión, el **plan**—, es la **vida eterna**, es la **Felicidad**.»*

* * *

«La sabiduría no se prueba definitivamente en las aulas.
La sabiduría no puede transmitirse por el que la posee.
*Es la certeza de la realidad y de la inmortalidad de las cosas, y es la **excelencia** de las cosas.*
He aquí el conocimiento,
he aquí el hombre concorde —él se da cuenta aquí de lo que hay en él,
*el pasado, el porvenir, **la majestad, el amor, si ellos no están en ti, tú no estás en ellos.**»*

* * *

«La tierra es ruda, silenciosa, incomprensible al principio;
la Naturaleza es ruda e incomprensible al principio.
No te desanimes, persevera, hay cosas divinas encubiertas.
Te juro que hay cosas divinas cuya hermosura las palabras no pueden expresar.»

* * *

«Ni al marido, ni a la mujer, ni al amigo, confiamos nuestros secretos.
*Pero el otro yo, **nuestro doble**, se va y se esconde al alejarse.*
Vedlo sin forma y silencioso, recorrer las calles de las ciudades, vedlo cortés y amable en los salones,
puesto a tono con las costumbres, sin pronunciar ni una palabra sobre sí mismo.
*Oídle: habla de cualquier cosa, pero **nunca habla de sí mismo**.»*

* * *

*«El **plan** bien ordenado, conciso, sencillo, al que no estoy ajustado y al que están todos desajustados, aunque forman parte del plan...»*

* * *

«La vida real de mis sentidos y de mi carne, que va más allá de mis sentidos y de mi carne.
Mi cuerpo que prescinde de la materia, mi vista que prescinde de los ojos materiales.
Yo mismo entrego mi cuerpo excrementicio para que sea incinerado, reducido a polvo, o enterrado.
*Mi **cuerpo verdadero** me ha sido dado, sin duda, para otras esferas.»*

* * *

«Cuando vagaba por las playas que conozco,
*cuando caminaba con mi **yo eléctrico** en busca de **modelos**...»*

* * *

«¡Oh!, la bala nunca podría matar lo que tú realmente eres, amigo querido,
ni la bayoneta herir lo que tú realmente eres.»

* * *

«Os traigo ***aquello que tanto necesitáis, aunque lo tenéis siempre****.*
Hay algo que viene a uno ahora y perpetuamente.
No es lo que se imprime o predica, o discute; escapa a la discusión y a la imprenta.
No se puede poner en un libro, no está en este libro.
Es para ti, quienquiera que seas; no está más lejos de ti que tu oído o tu vista.
Es sugerido por lo más vulgar, lo más común, lo más próximo, es siempre provocado por ellos.
Puedes leer en muchos idiomas sin leer nada sobre ello.
Puedes leer el mensaje del Presidente y no leer en él nada sobre ello, nada en los informes del Ministerio del Interior o del Ministerio de Hacienda, ni en los diarios y semanarios,
ni en las notas del censo o de los ingresos fiscales, ni en las listas de precios, ni en las cuentas de mercancías.
No sé cuál sea, ***sólo sé que es grandioso y que es la felicidad, y que el designio que nos envuelve aquí no es una especulación*** *o una broma o una exploración,*
y que no es una cosa que puede resultarnos buena por azar, y que puede ser también un fracaso,
ni algo que pueda ser revocado en una contingencia.»

* * *

«Sobre la maleza de la enfermedad y el dolor,
un pájaro libre revolotea eternamente,
en lo alto, en el aire puro y feliz.
De la nube más lóbrega de la imperfección
vuela siempre como una saeta un rayo de luz perfecta,
un resplandor de la gloria del cielo.
En medio de la disonancia de la moda y la costumbre,
del loco estrépito babilónico, de las orgías ensordecedoras,
se oye apenas una melodía que arrulla en los silencios,
desde playas lejanas resuena el coro final.
Oh, benditos ojos, dichosos corazones,
que ven, que conocen ***el hilo sutil que conduce a través del inmenso laberinto.***
Todo, todo para la inmortalidad.
El amor, como la luz, lo envuelve todo silenciosamente*,*
el perfeccionamiento de la Naturaleza lo bendice todo
y hace que maduren en imágenes espirituales
las flores y frutas de las edades, los huertos divinos y seguros,

las formas, objetos, desenvolvimientos, humanidades.
Permíteme, oh Dios, cantar este pensamiento.
Concédeme a mí, concédeles al hombre o mujer a quienes amo, esta fe inextinguible.
En tu conjunto armonioso ***niéganos todo menos***
la creencia en tus designios encerrados en el Espacio y en el Tiempo,
la salud, la paz, la salvación universal.
¿Es esto un sueño?
No, su ausencia es el sueño*,*
y faltando esto, el conocimiento y la riqueza de la vida son un sueño,
y el mundo entero, un sueño.»

»En cuanto a Dostoievski, cuando en *Endemoniados* puso en boca de uno de sus personajes: «*Todo está bien*» y «*Los hombres son felices; lo que ocurre es que no lo saben*», sin duda se estaba refiriendo al DOROR que él intuía.

Era evidente que las aportaciones literarias de Félix habían impresionado sobremanera al auditorio. Pero Argimiro tomó la palabra a continuación, para tratar el tema de un modo más prosaico.

—Con frecuencia, el DOROR es intuido por personas imbuidas de una Metafísica (aunque ellas crean que no tienen ninguna) incompatible con su noción. No es raro, en efecto, que se afirme su existencia, incluso desde una visión del mundo enteramente materialista. Por ejemplo, todo médico materialista, e incluso mecanicista, confía en una acción benéfica de la Naturaleza que no tiene explicación alguna desde su perspectiva teórica. Como me dijo un magnífico médico que conocí hace tiempo, «*¡pobres de nosotros, los médicos, si no confiáramos en la Naturaleza!*». En efecto: cuando para curar recomiendan *reposo*, ¿por qué lo hacen? Porque con el reposo evitan la distorsión de un DOROR en el que creen sin saberlo. Con el reposo dejan actuar a un DOROR benéfico, que no sólo cura enfermedades físicas sino también la enfermedad mental que es el «yo aferrado» o «yo asido». ¿Por qué no creer, por el contrario, que el reposo producirá una evolución negativa de la enfermedad o no producirá efecto alguno? Y es que, incluso el médico más materialista del mundo, parece creer que desde alguna parte se ejerce un influjo benéfico, y que el reposo permitirá que ese influjo actúe.

»Gran parte de los remedios médicos, sean o no materialistas quienes los prescriben, consisten en dejar que opere el DOROR. No sólo con el reposo; también con los sedantes, algunos inhibidores, el *electroshock*, etc., lo que persiguen los médicos es romper el círculo vicioso que se haya formado (una disfunción que provoca más disfunciones), y lo intentan romper apagando el «ordenador electrónico» del enfermo para que su organismo pueda curarse por sí mismo al volver a ponerse en marcha a la velocidad habitual; para que el «ordenador electrónico» funcione correctamente al encenderse de nuevo. Pero cómo o por qué puede ocurrir esto (que a menudo ocurre), casi ningún médico lo sabe.

LUCIANO: —Hay muchos casos parecidos, y conozco uno muy curioso. En la Unión Soviética, durante la segunda guerra mundial, se creó la Orden de la Bandera Roja como máxima recompensa al valor. La condecoración tenía la siguiente leyenda: «*Nuestra Causa era justa. Por eso hemos vencido*». Y hemos de preguntar a los materialistas que escribieron esa frase: ¿Por qué? ¿Por qué creer que la victoria ha de estar siempre del lado de los que defienden causas justas? Como tantos otros que no creen en Dios, los que escribieron aquella frase se fundaban, sin saberlo, en el DOROR y en su capacidad de influir sobre la materia.

—La atmósfera espiritual donde vivimos —dijo Aurelio—, eso es el DOROR. Los templos de cualquier religión, que veamos en las calles de cualquier ciudad, los ha hecho el ser humano por la intuición del DOROR. Y aunque en algunos lugares no haya templos de piedra o de ladrillo, hay un templo en el interior de muchos seres humanos. Porque toda la bondad, todo el amor, toda la lealtad, todas las aspiraciones nobles del ser humano que se elevan por encima del simple revolcarse en el fango de la Materia, son debidas al DOROR.

FÉLIX: —Estoy de acuerdo con vosotros en que la realidad del DOROR es algo que todos los seres humanos parecen intuir de algún modo. Lo digo porque todos hemos tenido alguna vez la sensación de que en esta vida estamos «*acumulando*» experiencias; de que el sentido de nuestra vida en este mundo, si es que tiene alguno, es «*recolectar*» experiencias. Y recolectarlas para algo que está fuera de este mundo y que de algún modo recogerá esa cosecha. Más exactamente, para «alguien»; pero alguien que no será ajeno a nosotros mismos, sino que seremos nosotros mismos en otro estado; mejor dicho, en otro ser que no es el de este mundo; que es de otro mundo, donde esa cosecha tendrá valor. Porque todos sospechamos también que aquí no lo tiene.

ANITA: —Es verdad. Todos, de alguna manera, sabemos que estamos aquí «de paso» y que lo importante es «lo otro». Y esto puede verse en muchas de las cosas que hacemos y en cómo las hacemos. Por ejemplo, si de verdad los seres humanos creyeran que éste es el único mundo que tienen, ninguno se casaría; porque el matrimonio es algo tan decisivo para una vida feliz, que siempre estarían buscando la pareja adecuada. Sin embargo, apenas encuentran a una persona del sexo contrario que parezca reunir unas condiciones suficientemente aceptables, proceden sin más a emparejarse con ella. Y es que, en el fondo, piensan que la vida en este mundo no es más que un corto viaje hacia otro sitio; que no es tan importante encontrar en esta vida la pareja perfecta, sino que basta con una con la que se pueda hacer el viaje en condiciones no demasiado incómodas.

La intervención de Anita había sido un tanto extraña. Aunque al hablar no hubiera mirado de reojo a Félix (como de hecho lo hizo), parecía evidente que en sus palabras había móviles interesados, muy concretos, directamente relacionados con el matrimonio y con Félix.

Pedro bajó todavía más el nivel del diálogo:

—Quizá cuando uno se despide diciendo *«adiós»* («a Dios»), está remitiéndose a Dios como si dijese: *«mi ser material se separa de ti, pero en Dios seguimos unidos»*.

Pero Luciano lo elevó de nuevo:

—Nuestro DOROR no es Dios, pero sí es divino y está inseparablemente unido a Dios. Por el contrario, nuestro ser material ni es Dios ni es divino. Sólo los hinduistas creen que lo es, quizá porque muchos de sus místicos, habiendo llegado a contemplar su propio DOROR, lo confunden con Dios, y tampoco lo distinguen de su ser material porque opinan que, si no fuese tan material como el contemplador, no podría ser contemplado. En el terreno de la experiencia mística debe de ser muy difícil hacer estas distinciones, que son fruto del pensamiento discursivo. Y hay que tener en cuenta que el Hinduismo se funda primordialmente en la experiencia mística. Toda su Metafísica se basa en esa experiencia.

ARGIMIRO: —Desde luego. Debe de ser muy fácil confundir a Dios con el DOROR; e incluso con la MM total, que también es grandiosa. Cuando, a veces, haciendo una suerte de introspección, nos parece que en nuestro interior hemos «hablado» con Dios, no es con él con quien hemos tomado contacto, sino con nosotros mismos, o con la MM global, o, todo lo más (si percibimos a Alguien ajeno a nosotros, muy radiante y poderoso), con nuestro propio DOROR. No con Dios. Pues Dios es el autor del DOROR, pero él mismo está absolutamente fuera del alcance de nuestra mente material. Podemos amarlo (y tenemos sobrados motivos para ello), pero no podemos conocerlo. Sólo será posible (no seguro), si acaso, que lo veamos como en un espejo, *«tal como él es»* (primera epístola de San Juan 3,2), cuando nuestro DOROR haya asumido nuestra personalidad, se haya desprendido de toda base, objeto y justificación material y, despojado totalmente de materia, permanezca unido a Dios por los indestructibles lazos de la filiación eterna.

DALMACIO: —El fenómeno del *«espejo»*, de que hablan los místicos sufíes y algunos cristianos, no sería otra cosa que la contemplación del propio DOROR como «doble» perfecto. Muchos han creído que eran Dios, tan perfectos se veían reflejados en ese espejo místico. En cierto modo acertarían y en cierto modo no. Lo visto en el «espejo» no sería Dios, pero sí una creación de Dios.

—Estoy de acuerdo —dijo Aurelio— en que debe de ser relativamente fácil confundir al DOROR con Dios. Después de todo, el DOROR es muy parecido a la idea que tenemos de Dios. Es eterno, y su influencia se extiende a toda la materia sin solución de continuidad. Es único, aunque se manifieste en DOROR individuales, y es sin duda grandioso, inmensurable e inefable como todo lo que es semejante a Dios. Pero las consecuencias de confundir al propio DOROR con Dios son casi siempre funestas. El sufí Husain ibn Mansur Al-Hallaj (857-922) fue ejecutado en Bagdad por salir a la calle gritando «*¡Yo soy Dios!*». Y, de modo parecido, el sufí Al Bistami (muerto en 874) exclamaba: «*¡Gloria me sea dada a mí! ¡Qué inmensa es mi majestad!*».

»Pero, más que de definir al DOROR, se trata de intuirlo.

Y prosiguió diciendo:

—Según Plotino,[32] «*el Ser universal está presente todo él en cada una de las cosas de las que no puede encontrarse lejos ni cerca*». Por tanto, sobre la base de que, aunque no lo percibamos ordinariamente, el Ser está presente en el No-ser aunque no consiga realizarse en él, lo que procede es conectar con el «círculo interior» de cualquier evento material; con el Ser que está «dentro» de cada acontecer material; con el DOROR que, aunque se haya frustrado porque la materia no le haya seguido, anida al fondo de todo lo que ocurre en la materia.

»No es importante cambiar lo que sucede en el ámbito material; porque lo que de verdaderamente consistente *es* en él *ya está, ya es.* Falta percibirlo y gozarlo. Y si no podemos percibirlo ni gozarlo perfectamente en este mundo, podemos al menos intentar gozarlo (en una percepción por la fe) de modo reflejo, indirecto e imperfecto. «Ahora vemos *por espejo, oscuramente,* mas entonces veremos cara a cara. Ahora conozco en parte, pero entonces conoceré *como fui conocido.*» Ahora vemos por reflejo, por fe, oscuramente, pero podrá ocurrir, después de nuestra partida de este mundo, que veamos directamente, cara a cara. Y ¿qué veremos entonces? Veremos nuestro ser verdaderamente consistente. Eso es lo que quiso decir en la primera a los Corintios, 13, San Pablo, quien, por cierto, parece pensar que el DOROR es lo que Dios vio de nosotros.

Después de esto, y ya con más confianza, me lancé a decirle a Aurelio:

—Si el DOROR existe y, como tú afirmas, es constitutivo de todo ser material junto con la Materia misma (ya tenga ésta formas o todavía no las tenga), parece que, siendo material el ser humano, debería buscar el DOROR, apetecerlo por encima de todo, y no sólo percibirlo o intuirlo más o menos oscuramente.

---

[32] *Enéada sexta*, 4, 6.

Aquí se abalanzaron a contestarme los tres, y esta vez no hubo divergencias entre ellos. También intervinieron otros en algún momento.

AURELIO: —Y eso mismo es lo que ocurre. El DOROR es el fruto o la expresión del amor divino, y el ser humano lo que necesita precisamente es amor. A mi modo de ver, lo mismo les ocurre a todos los seres materiales. Cuando el ser humano se cree privado de amor, con frecuencia genera una rabia que se manifiesta de muchas maneras, y que a menudo vuelve contra sí mismo. En todo caso, la ausencia de amor genera dolor. Y el ser humano que no vive la pena que siente, tiende a amortiguarla inconscientemente de muchas maneras, todas ellas malsanas. Pero casi siempre se generan rabia y dolor, ya sea conjuntamente o de modo alternativo.

»Si mediante la introspección descubre el ser humano que la causa de su conducta anómala es la rabia o la pena, y las vive en profundidad, las anomalías de su conducta pueden desaparecer; pero la rabia o la pena siguen presentes, ya al descubierto, y sólo se podrán eliminar cuando el sujeto sepa que verdaderamente es amado, y que lo es con un amor inmensurable, incondicional, irrevocable, absoluto, permanente, constante e invariable. Eso es lo que necesita. Y precisamente eso es lo que ya tiene; pues Dios le ama de esa manera. Lo que ocurre es que el sujeto no lo sabe. Aunque de alguna manera lo intuye: «*Si no me hubieras encontrado ya, no me buscarías*».[33] Pero, engañado por la materia de la que forma parte, el sujeto no sabe que Dios, en el DOROR, le está dando, en la esfera en que puede hacerlo, todo lo mejor que le puede dar; todo lo que en cada momento es mejor para él. Es amado, precisamente en la forma en que necesita y desea ser amado. Y bastaría con que lo supiese, para que no sólo desapareciera su angustia, sino para que, además, el amor divino se manifestase en la materia con la mayor claridad que le permitiera la naturaleza opaca, rígida y tenaz de la misma materia.

»El ser humano debe averiguar por qué necesita absolutamente ese amor; pero eso no es introspección, ni Psicología, sino Metafísica. La necesidad absoluta procede de la pseudo-privación de algo constitutivamente necesario para el ser humano. Porque si el ser humano sigue existiendo, es porque en realidad tiene ese algo, aunque lo ignore.

»A menudo se afirma que Dios se ha olvidado de nosotros. Pero no es posible que ocurra tal cosa. Dios nunca se olvida de nosotros. Lo que ocurre es que su obra benéfica encuentra enormes dificultades para vencer la resistencia de la materia, sin destruirla, cuando la materia (aparte de la posible rigidez o cristalización de sus formas) no es consciente de la existencia de Dios y de la existencia invariable de su amor. Dios no se olvida de nosotros; somos nosotros los que nos olvidamos de Dios.

---

[33] Pascal, citado por Vittorio Messori en *Hipótesis sobre Jesús*. Ediciones Mensajero. Bilbao, 1985.

ARGIMIRO: —El ansia de seguridad, de estabilidad, de serenidad y de felicidad que todos tenemos, y que es irrealizable en este mundo, es nuestro anhelo por el DOROR.

»Cuando disfrutamos de un instante de felicidad en este mundo, queremos que dure eternamente. Queremos ser más y más felices, y que esa felicidad dure para siempre. Querríamos parar el tiempo. Cualquier situación agradable, tratamos de prolongarla y de asegurarla haciéndola eterna e inmutable. Pero no es posible, porque todo cambia y nosotros cambiamos también. No somos capaces de eternidad. Ese deseo no es otra cosa que nuestro anhelo de DOROR, casi siempre inconsciente.

»Recuerdo que, cuando yo era pequeño (debía de tener unos siete u ocho años de edad), en una ocasión vi la cara de mi madre con tal expresión de serena dulzura, bondad y amor, que me dije a mí mismo: «*Este momento, no se me tiene que olvidar. Esta cara, nunca se me tiene que olvidar.*» Así me lo propuse, porque incluso a esa edad yo ya sabía muy bien que el tiempo es inexorable. Recuerdo también, recién casado, que, no en la misma noche de bodas sino algunos días después, me desperté muy temprano, de amanecida, y contemplé a mi mujer dormida a mi lado. Tenía una belleza tan tierna y dulce, tal expresión de inocente y confiada felicidad en su pecoso rostro juvenil, que me vino a la memoria aquella parte del «*Cantar de los cantares*» (su autor, quienquiera que sea, tiene que haber vivido un momento semejante) donde se dice: «*Yo os conjuro, oh doncellas de Jerusalén, por los corzos y las ciervas del campo, que no despertéis a mi amada hasta que ella quiera*». También entonces quise que aquel momento fuera eterno.

Sin hacer ningún caso de la incomodidad que nos había producido el escuchar una experiencia tan íntima, Argimiro prosiguió diciendo:

—Todos hemos querido, en momentos dichosos como éstos, «parar el sol de nuestra vida». No parar el sol *sobre* nuestra vida, como dicen que hizo Josué, sino parar el sol *que es* nuestra vida, de modo que se detuviera frente a algún Testigo de ella, cuya existencia intuimos, en vez de avanzar inexorablemente en su trayectoria celeste. Sabemos de ese Testigo; lo hemos sabido siempre.

»Y hay muchos, más de lo que se piensa, que quieren que se detengan todos los instantes de su vida; más aún: que creen que el tiempo no transcurre, y actúan como si el tiempo no transcurriera; lo que equivale a negar la existencia del tiempo. Los freudianos lo atribuirían seguramente a infantilismo y falta de madurez, pero yo creo que se debe a una desmedida ansia de DOROR, casi siempre congénita. Porque en el DOROR el tiempo no existe (lo que existe es un presente eterno), y la mayoría de los que así actúan no son precisamente unos retrasados mentales.

»Al fin y al cabo, ¿qué es el arte, sino el intento de fijar para siempre en la materia ciertas vivencias en las que el artista ha rozado la eternidad? El artista intenta salvarlas de la destrucción fijándolas materialmente antes de que se destruyan. No lo consigue, por supuesto (salvo en la música, que es el arte más abstracto de todos), sino por un tiempo más o menos largo. Pero cuando la materia, finalmente, reclamando sus derechos, impone el deterioro de la obra de arte, intervienen entonces otros artistas para restaurarla. Es una lucha sin fin, en la que el ser humano pretende hacer eterno lo que es perecedero; «parar el sol» de la materia en un momento particularmente deslumbrante de su curso. Los especialistas en restauración intentan evitar la aniquilación de nuestra vivencia de una obra de arte plástica, lo mismo que el autor de esa obra de arte intentó evitar la aniquilación de su vivencia de eternidad. En definitiva, lo que todos intentan, conservando la vivencia, es conservar la vida; es decir, evitar la muerte; detener el sol de la vida humana en momentos gloriosos de su trayectoria.

»Todo el que hace una simple fotografía para recordar un momento luminoso de su existencia; todo el que guarda cosas que más adelante puedan recordarle el momento presente; todo el que conserva objetos que le acompañaron en un pasado que añora (a veces porque entonces todavía estaba en este mundo un ser muy querido que ya partió de él); todo el que, por ejemplo, se resiste a abandonar una vivienda que ocupó en otro tiempo que ahora estima fue mejor, está expresando exactamente el mismo anhelo. Gran parte de nuestra vida es una continua lucha contra la destrucción. Todo se está deteriorando continuamente: nuestras viviendas, nuestros muebles, los edificios, la ciudad entera, los campos de alrededor y, por supuesto, nuestro propio cuerpo. Se deterioran a menudo por la acción del ser humano; pero también ellos solos, sin que nadie haga nada por estropearlos. Continuamente los estamos reparando e intentando evitar su deterioro hasta donde nos es posible hacerlo, y continuamente vuelven a estropearse. Es una tarea sin fin, como la de Sísifo, que se prolonga en el tiempo hasta el momento en que ya ningún remedio (o remiendo) resulta factible. Hay que darse cuenta de que esto ocurre, y contar con ello.

LUCIANO: —El ansia de DOROR se ve en muchas otras cosas. El ser humano tiene una aspiración natural hacia un DOROR que es ilimitado, y no es infrecuente que pretenda hacer multitud de tareas a la vez; pero su ser material es limitado, y debe darse cuenta de ello y aceptarlo así. Si se dedica a una cosa, no puede hacer otra. Tiene que aprender a renunciar. La vida tiene que estar llena de renuncias. Por ejemplo, si alguien se dedica a pensar, no puede dedicarse a actuar; si se dedica a la Filosofía, no puede dedicarse a ganar dinero.

—Es curioso —observó Aurelio—. La materia no sólo distorsiona el DOROR, sino que también lo suplanta (en virtud de la capacidad autoestructuradora de la materia) y lo identifica erróneamente con ella misma. A esto último lo llamaría yo ***«efecto-espejismo»*** del DOROR. El ser humano busca la paz, seguridad y felicidad del DOROR, y las busca en el mundo material,[34] donde no están: en el dinero, en el poder, en la contemplación de la Naturaleza, en la posesión de bienes materiales, en el escapismo de los viajes y de las aventuras, y en muchas otras cosas. Las drogas, el alcohol, los juegos (entre ellos los de ordenador), los deportes, el «arte» inane, la pseudociencia, la «realidad virtual», el «rol», las sectas, etc., son manifestaciones del mismo anhelo y del mismo íntimo descontentamiento, como también la angustia y la ansiedad que provocan la desenfrenada búsqueda de cualquier «gurú», por falsario que sea, o de cualquier nueva religión, por absurda que sea, o llenan (en vano) los gabinetes (y los bolsillos) de psiquiatras y psicólogos.

»Pero en este mundo, por más que anhelemos lo contrario, nada dura nada. Continuamente estamos viendo los restos de pasados esplendores. No hablemos ya de nuestro cuerpo o del de los demás seres vivos: continuamente vemos las ruinas o asistimos al deterioro, desmoronamiento o liquidación, de hogares que se pensaron para la eternidad; de mansiones sólidas, acogedoras, agradables e íntimas, cómodas, apacibles y placenteras, que hombres y mujeres prepararon y aderezaron para ser felices eternamente en este mundo; es decir, buscando la segura felicidad del DOROR en este mundo, donde esa feliz eternidad no existe.

»Sí; el ser humano, erróneamente, suele buscar el DOROR en la posesión y disfrute de bienes materiales. Pero es en las relaciones interpersonales donde el efecto-espejismo es quizá más devastador. El ser humano, por supuesto que busca la materia en el otro sexo, a menudo para desahogar en ella sus instintos materiales; y no sólo fisiológicos, sino también emotivos, no siempre positivos estos últimos, como por ejemplo cuando busca un vertedero para la propia agresividad. Sin embargo, con mucha frecuencia lo que el ser humano busca es nada menos que la felicidad, la solución de todos sus problemas existenciales, en su pareja, que es materia; es decir, allí donde no puede encontrarlas. Pide demasiado a la materia y, en general, a la vida material. Los efectos de esta búsqueda equivocada son funestos tanto para él como para su pareja.

—La materia —dijo a propósito de esto Luciano— pone barreras, requisitos e impedimentos materiales al amor. Aunque, para que una pareja se lleve bien en este mundo, no sólo hace falta amor, sino que también son necesarias otras cualidades materiales y, sobre todo, inteligencia. Y para que la materia pueda adquirir alguna inteligencia, necesita antes tener la humildad de reconocer que no la tiene. Orgullo y estupidez son, por ello, prácticamente sinónimos. Y, en una pareja, la estupidez de

[34] «*¡Siempre el animal adorador equivocándose de objeto!*», se lamentaba Baudelaire refiriéndose al ser humano (cita hecha por Gabriel Albiac en el diario *El Mundo* del 20 de agosto de 1998). Pero mejor que «adorador» debería haber dicho «aDORORador».

uno de sus miembros lleva al fracaso de la unión entre ambos. Es erróneo pensar que una pareja de estúpidos, si se ama, puede ser feliz y construir una realidad superior a la multiplicación (que no suma) de sus respectivas estupideces.

Entendí que Luciano hablaba de experiencias propias.

FÉLIX: —Como dijo Lewis Carroll, «*los hombres son, en el fondo, niños pequeños avejentados, que se agitan continuamente en busca de la muerte*». Y Leonardo de Vinci dijo, hablando del ser humano, que «*no tiene la más leve sospecha de que lo que en realidad anhela es su propia muerte*». Si hemos de creer a estos dos hombres más que inteligentes (y quizá a otros más, como Buda con su «*sed de no vivir*» y Freud con su «*thánatos*»), el ser humano, en lo más profundo de su ser, lo que en realidad quiere es morir. Habría que preguntarse por qué.

»Quizá el ser humano desea su propia muerte, y es esto lo que en el fondo desea, porque erróneamente cree que con ella podrá adquirir al fin su propio Ser, vale decir su DOROR, que intuye y presiente. Parece como si intuyéramos, además, acertadamente esta vez, que la finalidad objetiva de nuestra vida no es otra que enriquecer nuestro DOROR para después de la muerte.

AURELIO: —En «*Las Pobres Gentes*», Gorki presenta un personaje que cree que Jauja es un país de este planeta. Soporta con gran entereza todas sus desgracias, porque siempre piensa que, cuando ya esté harto de todo, se irá a vivir a Jauja. Cuando se entera de que Jauja no está en los mapas, se suicida.

»Viendo la muerte, el odio, el egoísmo desenfrenado, la injusticia, el caos, el absurdo, el desamor, lo que ha pasado, lo que sigue pasando en este mundo, ¿cómo es que queremos seguir viviendo? ¿Cómo no deseamos morir? ¿Cuál es la fuerza que nos hace querer seguir viviendo y estar alegres a pesar de todo? Me niego a creer que sea una fuerza de la misma materia en la que anidan tanta miseria y tanto horror. Por tanto, no creo que sea el *conatus* de Espinosa, el *élan vital* de Bergson, la *líbido* de Freud e incluso la *tanha* (sed de vivir) del Budismo. Esa fuerza (cuya inoperancia provocada por la propia materia da lugar a la depresión) ha de venir de más allá de la materia; de más allá de este mundo material. No puede ser otra fuerza que la que proviene del DOROR.

La conversación discurrió luego por cauces menos interesantes, aunque esto no quiere decir que los anteriores lo fueran. Es sólo mi opinión. En un momento dado, Carlos creyó que debía decir una estupidez para rebajar el tono de la plática:

—Continuamente queremos estar absorbiendo algo de afuera, ya sea nicotina, alcohol, comida, o zumo de naranja. Parece como si quisiéramos ingerir continuamente algo que de verdad nos beneficiase, y no lo encontrásemos. No nos consideramos «completos» y cerrados en nosotros mismos. Lo que añoramos, ¿es el DOROR?.

Y, en otro momento, Pedro nos sorprendió a todos diciendo:

—La obsesión del hombre por penetrar en la mujer, se parece mucho al deseo de entrar definitivamente en el DOROR; de morir, por tanto. Ésa puede ser la analogía entre el amor y la muerte, de la que tantos hablan.

En realidad, lo que dijo parecía tener bastante sentido. Los tontos tienen a veces intuiciones geniales.

Quinto domingo

LA PALABRA «DOROR» NO HACÉIS MÁS QUE REPETIRLA

El quinto domingo se inició bajo el signo de la agresividad, aunque ésta fuese leve y sólo durase breves instantes. Ello es que, apenas iniciada la reunión, Dalmacio, como alguien que por mera cortesía hubiera estado conteniéndose hasta entonces a duras penas, atacó a Aurelio (al parecer, el principal de los seguidores del difunto Teófilo) con la cabeza baja. Su ataque fue algo así como la embestida repentina de un toro de Miura. Probablemente, de los asistentes, tan sólo yo, que le conocía de muchos años atrás, me di cuenta del trabajo que debió de costarle exteriorizar su agresividad.

Dalmacio, pues, respirando con impaciencia, se dirigió a Aurelio para decirle:

—La palabra «DOROR» no hacéis más que repetirla. Habéis dicho muchas cosas de ese DOROR. Pero ahora, si no es mucho preguntar, me gustaría saber sencillamente lo que es.

Aurelio, recogiendo el guante, le contestó sin enfadarse:

—Hay varios niveles de Realidad Espiritual Paralela en relación a la realidad material. Uno es, según lo que hemos dicho hasta ahora, el DOR como lo óptimo dentro de lo posible en la situación material actual. Pero además puede estar en la Realidad espiritual lo óptimo absoluto, como también lo óptimo que es relativo a lo óptimo absoluto (el medio o medios para alcanzar éste). Tanto lo óptimo absoluto como lo óptimo relativo, presentes en la Realidad espiritual lo mismo que el DOR, podrían llamarse el OR (es decir, «Optimo Real», pero ya no «Doble»), y en alguna medida constituirían «lo ideal» en el sentido platónico más puro.

»Por ejemplo: ante una situación material o soporte material del DOROR (soporte material al que hemos llamado SOMA) de un hombre abrumado por el fracaso de una vida vacía, sin ganas de vivir y con una pierna estropeada, podemos imaginar los distintos niveles de la Realidad espiritual del siguiente modo:

»El *DOR* de ese SOMA sería ese mismo hombre, en su misma situación actual, pero lleno de benevolencia universal; o sea, de benevolencia hacia todo. La palabra «benevolencia» (que procede de las latinas *bene* y *volentia*) significa literalmente «voluntad de bien» o «querer el bien». Más llanamente diríamos que significa tener «buena voluntad» (expresión empleada en San Lucas 2,14 al desear los ángeles «paz en la tierra a los hombres de buena voluntad»). Y querer el bien de todo, es amar a todo.

»Un *OR absoluto* de primer grado sería ese hombre, además, contento y feliz; pudiéndose desenvolver satisfactoriamente con una sola pierna útil y con una vida plena de sentido. Un OR absoluto de segundo grado sería ese hombre más feliz todavía y con las dos piernas útiles, aunque esto último no fuese materialmente posible. En un grado más elevado de OR, ese hombre, para sentirse plenamente realizado, no necesitaría triunfar en la vida ni tener piernas. En el grado más alto de todos, el OR de ese hombre sería *pura bendición y felicidad.* Sería un estado que en este mundo no podemos ni siquiera imaginar.

»En cuanto al *OR relativo,* en el de primer grado ese hombre estaría, en el presente, evolucionando hacia la consecución de la situación expresada al hablar del DOR. En el OR relativo de segundo grado, ese hombre estaría, en el presente, progresando hacia el logro del OR absoluto de primer grado, y así sucesivamente. De modo que el OR relativo tendría siempre un grado más que el OR absoluto.

»Pongamos un ejemplo parecido. Imaginemos que una persona tiene una prótesis dental que le molesta y le produce una inflamación en el paladar. El DOR de esa persona sería exactamente ella misma en su actual situación, pero llena de bondad; es decir, de benevolencia universal. El OR absoluto de primer grado consistiría en que la prótesis no le molestase y en que su paladar no tuviese inflamación alguna. El OR absoluto de segundo grado consistiría en que no usase prótesis dental, ya que tendría intactos todos sus dientes naturales. Los sucesivos OR absolutos se irían escalonando progresivamente y, finalmente, el de grado supremo consistiría en que esa persona, ya pura bendición y felicidad, no tuviese dientes, ni artificiales ni naturales, por carecer de utilidad para él, puesto que, no teniendo cuerpo alguno, no necesitaría ingerir alimentos materiales para vivir. En cuanto al OR relativo, ya hemos explicado lo que debe de ser en cada caso. El DOR y todos esos OR, escalonados y entrelazados, forman el DOROR de esa persona. Y los DOROR de todos los seres materiales que existen, existieron y existirán en nuestro mundo, ya se trate de personas, animales, vegetales o cosas inertes, forman el Universo Espiritual; el Reino de los Cielos, el DOROR total.

»Podemos decir, por tanto, que el DOR es uno, mientras que el OR absoluto se diversifica en infinidad de grados, y el OR relativo se diversifica no sólo en infinidad de grados, sino también en infinidad de alternativas según las diversas posibilidades de futuro que para el SOMA existen, en función de la situación de todo el mundo material. Por ejemplo, en un sujeto enfermo, un OR relativo lo contemplaría curándose espontáneamente;

pero, a la vez, otro OR relativo de ese mismo sujeto lo contemplaría acudiendo al médico adecuado, tomando las medicinas adecuadas que ese médico le habría prescrito con pleno acierto y curándose a través de ese procedimiento material, y otro OR relativo de ese mismo sujeto lo contemplaría curándose por medios metafísicos.

»En este sentido, las posibilidades tenidas en cuenta por el OR relativo serían muy numerosas. Pues el campo de lo materialmente posible es mucho más amplio de lo que parece. Hay, en efecto, muchos modos de curarse; y, si ese sujeto hubiera vivido en el siglo XV, uno de sus OR relativos habría consistido en que a pesar de todo acudiese al médico, aunque se tratase de un médico del siglo XV. Porque los médicos del siglo XV, si eran buenos, también curaban.

»Un resultado satisfactorio de la existencia del OR relativo puede ser materialmente inviable por varias causas, y no la menor de ellas consiste en la *cristalización* de la MM en procesos predeterminados; es decir, en la forma del acontecer material, tal como ha quedado fijada hasta ahora. El OR relativo la tiene en cuenta en algunas de sus alternativas, aunque en otras no la considere, dado que en el OR absoluto de las formas de la materia no existe esa rígida cristalización que dificulta un rápido ajuste a cada nuevo OR. En el ejemplo antes expuesto, el OR relativo que contempla la curación mediante medicamentos, toma en consideración las «leyes» actuales del acontecer material tal como han cristalizado hasta ahora. Pero el OR relativo que contempla la curación metafísica no las considera, porque en realidad esas «leyes» constituyen una imperfección en cuanto que inflexibles y existentes todavía. El bien, en forma de DOROR, aparece ante la materia instantáneamente; pero la materia es lenta en seguirle, sobre todo si reviste formas muy cristalizadas que también fue lenta en adoptar.

—Las leyes de la materia, que tú calificas de formas cristalizadas del acontecer material, ¿son, pues, negativas?

—Sí y no. Según. A veces (por ejemplo, para la curación de alguna que otra enfermedad) son negativas. Pero hay que tener en cuenta que la relativa perfección que en el género humano ha alcanzado la Evolución de la materia, se asienta sobre la cristalización de procesos materiales; es decir, sobre la imperfección. Precisamente el camino hacia la perfección es lento, dificultoso y sinuoso, porque se basa en la imperfección y de ella parte.

»En un mundo imperfecto como el nuestro, donde las transformaciones hacia el bien no pueden ser rápidas y menos todavía instantáneas, el progreso ha de fundarse sobre lo fijo, lo previsible, lo estable. Por cierto que algunos empresarios y políticos modernos deberían darse cuenta de esto. Un mundo imperfecto ha de progresar poco a poco, sobre parcelas de inmovilidad; esto es, sobre una menor perfección ya conquistada que ha de conservarse. En los mundos imperfectos, el movimiento ha de fundarse sobre una relativa inmovilidad.

Después de una pausa, y a instancias de Dalmacio, Aurelio prosiguió:

—Al DOR y al OR de los grados menos elevados, podemos llamarlos «*DOROR con forma*» porque la tienen. Pero, a partir de un grado determinado, los OR carecen ya de forma; de modo que al DOROR de grados superiores podemos llamarlo «*DOROR sin forma*». Podría decirse que es el halo divino producido por Dios a causa de la existencia real de la materia (en este sentido, si la materia no tuviera existencia real [como afirma la «Ciencia Cristiana»], tampoco existiría el DOROR), pero sin estar determinado en cuanto a la existencia de formas.

»Entre el DOR y ese halo supremo, hay una gama infinita de gradaciones intermedias. Todas ellas constituyen un universo real, consistente e infinito. Es el universo espiritual; el mundo espiritual, el Reino de los Cielos, el Reino de Dios, que abarca desde lo que es semejante a las formas de la materia hasta lo que ya no tiene semejanza con ellas. En los DOROR de grados inferiores existen contrastes porque existen formas. En los de grados superiores van difuminándose, y en el grado supremo no hay más que bien, conciencia y felicidad.

»En cuanto al DOR, la benevolencia universal es la primera y mayor perfección, porque es la coincidencia con la cualidad constitutiva del DOROR, si entendemos que el DOROR es el fruto o la expresión de la benevolencia universal de Dios. Por eso hay que pensar que el DOR es simplemente una imagen de la misma zona de materia sobre la que recae, tal como es, pero dotada de benevolencia universal; y que las demás perfecciones son ya objeto del OR y no del DOR. Cuando es benevolente de verdad (es decir, con sinceridad y sin un móvil bastardo), el SOMA, aunque sea imperfecto en otros aspectos y aunque no pueda realizar completamente su benevolencia por causas inherentes a la imperfección intrínseca de su materia, ya presenta una coincidencia con el DOR.

»En el DOR somos bondadosos. Por eso, si somos bondadosos, aunque sólo sea en alguna medida, en esa misma medida ya somos semejantes a nuestro DOR. La palabra «bondadoso» no procede de «bon-dadivoso»; pero no sería inadecuado que viniera de ahí, ni que por tanto fuera equivalente a «bon-dador» (dador de bien).

—¿Y qué me decís de los seres que no son humanos, pero que, según vosotros, tienen también DOROR? ¿Pueden tener benevolencia universal?

LUCIANO: —Es cierto que el DOROR ha operado sobre la materia indiferenciada (es decir, amorfa) para darle forma, y luego, propiciando su evolución, ha operado sobre diversas formas materiales (minerales primero, vegetales luego, y animales después) que no podían tener benevolencia universal, hasta llegar al ser humano. Como ni la materia indiferenciada ni esas formas materiales pueden materialmente tener benevolencia, en ellas el DOR, como primer grado del DOROR, no puede tener el mismo contenido que en el ser humano. Aurelio no ha querido decir que en todos los casos el DOR consista en el mismo ser, pero dotado de benevolencia; lo que ha querido decir es que en el ser humano es así. En otros seres, el DOR consistirá en tener alguna otra cualidad positiva. Si la benevolencia no es posible en el SOMA porque éste carece de suficiente capacidad cerebral, el DOR consistirá en otra clase de bien, que sospecho será una mayor conciencia que haga posible la benevolencia.

En este punto, Félix aprovechó una pausa para poner su granito de arena:

—Según decís vosotros, el DOR es perfecto con relación a los estados particulares de la MM que lo ocasionan, pero sólo respecto a ellos; no de un modo absoluto. Por tanto, respecto al primer DOR cabe, a su vez, otro DOR; es decir, un DOR del DOR. Este segundo DOR, a su vez, sólo es perfecto respecto al primer DOR, pero no de un modo absoluto; por lo cual da ocasión a un tercer DOR, y así sucesivamente. El último sería un DOR que fuese idéntico en perfección al mismo Dios, como una imagen especular de él. Sin embargo, esto sería imposible, puesto que Dios está por encima de todo, incluso por encima de la existencia y, por supuesto, por encima de la perfección; de modo que ese DOR especular nunca podría alcanzarse. La serie de los DOR superpuestos sería, por tanto, infinita. Y esa serie infinita sería el DOROR.

AURELIO: —Como de costumbre, tu opinión es muy original, muy atractiva, y muy brillante desde el punto de vista estético; pero ha de ser rechazada, porque el DOROR de Dios sólo recae sobre la materia y no sobre el propio DOROR.

Argimiro, como buen músico, introdujo ahora una variación sobre el mismo tema.

—El amor de Dios es el resultado de la coexistencia de la materia con el Ser de Dios; y posiblemente se manifiesta, ante todo, en un bien indeterminado que la envuelve y la abraza, siendo subsiguientes y secundarias las determinaciones concretas de ese bien, constituidas por los DOROR de grados inferiores y por el DOR. Dicho en otras palabras, *sospecho que el DOROR sin formas es lo que produce las formas del DOROR para que, a su vez, éstas puedan influir sobre la materia.*

»De modo análogo, en el fondo yo pienso que no es que el DOROR sea una prolongación del DOR, sino que el DOR está incluido en el DOROR.

»Es más fácil tener conciencia de la existencia y consistencia del DOROR si primero somos conscientes de la existencia y consistencia del Bien y la Felicidad que sin duda están en el OR, y sólo después, como de pasada y de soslayo, intentamos intuir en qué puede consistir el DOROR. El proceso mental más eficaz para esa toma de conciencia, empieza, pues, teniendo por objeto el OR y puede terminar (lo que casi nunca es posible y nunca es necesario) en el DOROR de grado ínfimo. En este sentido, puede hablarse de una toma de conciencia del OR-DOR en vez de una toma de conciencia del DOR-OR.

»El DOROR es evanescente para nosotros. Sólo podemos estar seguros del amor de Dios (manifestado en la existencia del OR) y gozarnos en él; en cambio, la existencia del DOROR es una mera hipótesis, aunque fundada. Por lo cual, no deberíamos llamarlo DOR-OR sino OR-DOR. En la escala de las sustancias consistentes, podemos estar más seguros del OR supremo que del OR de grados inferiores. El DOROR de grados inferiores, el más o menos «Doble», en realidad no sabemos si existe; aunque su existencia explica muchas cosas que sin ella son inexplicables o no encuentran una explicación coherente.

»Es perfectamente perceptible, y sorprendente, el salto cualitativo que se produce en nosotros cuando somos capaces de considerar y tener presente el OR-DOR con facilidad y habitualidad, en vez de permanecer sistemáticamente obsesionados, fascinados, atrapados y, en definitiva, engañados por los cambiantes fenómenos de la MM. Se produce un cambio en nuestra mente y en nuestra vida. Cuando vivimos la presencia del ORDOR y su carácter objetivo, existente, real, sustantivo y divino, en contraposición al carácter insustancial y evanescente de la MM, todo cambia. Cuando cambia nuestro panorama metafísico, todo cambia.

LUCIANO (apoyándole): —Yo también estoy cada vez más convencido de que lo que hay en realidad no es DOROR sino ORDOR. Numenio de Apamea, Plotino, el Budismo, el conde Dürckheim, y otros muchos, propugnan la existencia de un «Bien-Felicidad» que no siempre se manifiesta como nosotros queremos que lo haga. El DOROR de grados inferiores no siempre es como nosotros queremos que sea. Muchas veces, lo que a nosotros nos parece un mal es un bien, y viceversa.

»Por otra parte, de mis últimas reflexiones resulta que el DOROR, en cuanto OR, no va a remolque de las formas de la materia, sino que las precede. Es lo que decían Platón, Plotino, y Numenio de Apamea.

AURELIO: —Desde nuestro mundo, el DOROR puede considerarse como si tuviese dos facetas: la que es *a posteriori* de los sucesos materiales, y la que es *a priori* de ellos. Ambas son eternas, porque siempre permanecen en un eterno presente (como dijo el DOROR de Jesús de Galilea en Juan 8,58: «*Antes de que Abraham fuese, yo soy*») y ambas se dan en el mismo DOROR y tienen el mismo contenido; aunque cabe diferenciarlas, porque operativamente difieren. Pero, ello, sólo desde nuestro mundo material (sometido, por tanto, al tiempo) sobre el que influye el DOROR en un «antes» y un «después».

»Precisamente por eso, aunque la personalidad material de un sujeto no se ajuste al DOR, el OR puede operar sobre ella, e incluso, hasta cierto punto, el sujeto puede utilizar la conciencia que tenga del DOROR en su faceta *a priori* para intentar la rectificación propia o ajena, aunque en ambos casos con dificultades y limitaciones que no existirían si su personalidad estuviese ajustada al DOR. Pero los plenos efectos del DOROR y, sobre todo, la absorción por el DOROR de la íntegra personalidad material, sólo pueden producirse si ésta se ajusta al DOR.

»En efecto, dentro del DOROR, sólo el DOR consiste en la misma personalidad material del SOMA, aunque dotada de benevolencia universal. Por lo cual, la misma personalidad material del sujeto (no otra, que «no nos vale»; sino «la de aquí», la misma de este mundo), sólo si se ajusta al DOR puede ser recogida en el DOROR.

Pedro: —¿El DOROR sería algo así como el alma que, según nos han enseñado, reside en el cuerpo y lo abandona en el momento de la muerte?

Aurelio: —No, no, y mil veces no. La teoría de que existe un alma dentro de un cuerpo físico se ve desmentida cada vez que en un hospital anestesian a alguien; pues el anestesiado no siente nada, su «alma» no aparece por ninguna parte, ni él recuerda nada de lo que sucedió en el quirófano. Y es que su cuerpo nunca tuvo «alma», sino que era un «cuerpo animado»; es decir, un cuerpo con un cerebro que, por su complejidad, podía desarrollar en condiciones normales funciones psíquicas avanzadas (la de la conciencia, sobre todo), y que en condiciones anormales, mientras el sujeto estuvo anestesiado, no las pudo desarrollar. Del mismo modo, el DOROR de grados inferiores puede desarrollar funciones psíquicas, porque tiene un cuerpo: un *«cuerpo espiritual»*, un *«cuerpo glorioso»* que, al ser más perfecto que el terrenal, puede desarrollar una actividad psíquica llena de perfección. Pero el DOROR de grados inferiores *no es «el alma de un cuerpo físico». Es también un «cuerpo animado», sólo que espiritual.*

»En sus grados inferiores, el DOROR del ser humano tiene una determinada personalidad. Tiene un psiquismo, puesto que tiene un cuerpo, aunque no sea un cuerpo físico.

»Y una consecuencia de que en el DOROR de grados inferiores existan formas es que, en los primeros grados del DOROR inferior, sus diferencias con el SOMA deben de ser mínimas; de modo que, aunque eterno y sustancial, sería prácticamente el mismo SOMA a los ojos de un observador externo. Sí; nuestro ser querido, cuya materia ha dejado de funcionar y que en este mundo se ajustó a su DOROR, sigue existiendo tal como era. Si pudiéramos ver su DOR, le reconoceríamos inmediatamente, porque no seríamos capaces de distinguirlo del SOMA que conocimos.

En este punto, Dalmacio puso en funcionamiento su artillería gruesa.

—Acabas de decir, Aurelio, y lo has dicho también otras veces, que en el mundo del DOR y de los grados inferiores de OR hay formas. Luego hay espacio-tiempo. Para utilizar tus mismas fuentes, citaré lo que, según tú, dijo por boca de Jesús de Galilea su propio DOROR particular: «*Y os digo que desde ahora no beberé más de este fruto de la vid, hasta aquel día en que lo beba de nuevo con vosotros en el Reino de mi Padre*» (Mateo 26,29). Si en el Reino de Dios hay días, hay vino y se bebe, debe haber formas y debe haber espacio-tiempo.

»Ahora bien: las formas son formas de movimiento; «están hechas» de movimiento, y el movimiento es lo que crea el espacio-tiempo. De modo que no es que las formas sean un movimiento que se da en el espacio-tiempo, sino que ellas, que en realidad son movimiento, son las que crean el espacio-tiempo. El movimiento que las formas son, es lo que crea el espacio-tiempo.

»¿Cómo puedes decir, entonces, que el DOROR de grados inferiores es espiritual y eterno, o sea, que está fuera del espacio y del tiempo, si en él hay espacio-tiempo?

Luciano, usurpando el lugar de Aurelio, respondió:

—En el DOROR de grados inferiores hay formas y, por tanto, movimiento; pero hay que pensar que ese movimiento es distinto del que conocemos, y que por tanto las formas del DOROR son también distintas de las formas que conocemos, aunque sean igualmente formas. En consecuencia, hemos de deducir que en el DOROR de grados inferiores hay un espacio-tiempo distinto del que conocemos.

»Probablemente la diferencia no está en el movimiento mismo, sino en lo que se mueve o, más exactamente, en el medio donde el movimiento se da. En este mundo, el medio es la materia, mientras que, en el otro, el medio no es la materia.

»En otras palabras: en el DOROR de grados inferiores, como hay formas, debe haber tiempo, en el sentido de secuencia de acontecimientos. Pero como lo que constituye el espacio de ese mismo DOROR ha de ser un espacio distinto del que conocemos, también su tiempo debe ser distinto del que conocemos. Es decir, que su espacio-tiempo tiene que ser distinto de nuestro espacio-tiempo. Lo que ocurre en el mundo del DOROR es inimaginable para nosotros.

AURELIO: —Déjame, Luciano, que conteste yo a Dalmacio, ya que me parece que tu explicación no es del todo acertada.

»Hemos dicho que en el DOROR hay formas, pero que en los grados superiores del DOROR no las hay; que la transición es amplísima de contenido, e insensible, y que en esos grados superiores el DOROR es por tanto el enlace entre Dios y la materia.

»Pero, así como las formas de la materia (MM en el sentido de «Mundo Material») son movimiento, y por ende espacio-tiempo, las formas del DOROR no lo son. En el DOROR no hay movimiento, sino una yuxtaposición de formas, cada una de las cuales es indestructible y eterna. De algún modo inimaginable para nosotros, cada una de ellas existe desde siempre y se conserva para siempre sin alteración alguna. No cambia nunca, porque dentro de su grado es siempre óptima; y ello hace que no pueda cambiar, ya que sólo podría hacerlo a peor.[35]

»Para entender esto, conviene considerar que el mecanismo de la memoria es un distorsionado y borroso reflejo en la materia de esta cualidad del DOROR. Hemos cambiado mucho a lo largo de nuestra vida; pero todo lo que fuimos: todo: todos los seres humanos que hemos ido siendo desde que nacimos: todos, están conservados de algún modo en nuestro cerebro, y quizá también en cada célula de nuestro cuerpo, y quizá también en todo el universo. El mecanismo mnémico que se da en la materia (*«la forma anterior no desaparece del todo, sino que deja huella»*) se debe a un «modo de ser» del DOROR (*«la forma anterior no desaparece en absoluto»*) que se ha reflejado pálidamente en ella; y precisamente ese reflejo es el que ha hecho posible el progreso de la materia. Todo el progreso del mundo material se funda en su memoria.

»La diferencia entre la forma material y la forma del DOROR de grados inferiores está en que la primera es movimiento y cambio, y la segunda no; en que la forma material es impermanente y la del DOROR no lo es; en que los seres humanos que antes fuimos han desaparecido; sólo queda la memoria de ellos en nuestro cerebro, y nuestro cerebro pierde la memoria ya durante nuestra vida (yo la estoy perdiendo a raudales), y algún día no sólo nuestra memoria, sino nuestro cerebro entero desaparecerá (lo mismo que nuestro cuerpo y el planeta en que ahora vivimos), mientras que las formas del DOROR permanecen para siempre.

»La «memoria» del DOROR nunca desaparece. En la «memoria» del DOROR no están los recuerdos, huellas, trazas o vestigios de las formas pasadas, sino estas mismas formas.

»En el DOROR todo ocurre en el mismo instante, porque es eterno; pero a la vez es ilimitado. El contenido del DOROR se actualiza simultáneamente en un eterno presente, y es infinito. Es una situación, un estado, un modo de ser, que, desde nuestra perspectiva material, no podemos imaginar siquiera.

»Podría pensarse que en el DOROR de grados inferiores habría de darse algún género de tiempo, dado que en la materia hay tiempo y el DOROR, en parte, lo es en función de la situación de la materia en cada momento;

---

[35] El argumento es de Platón. En nuestro mundo —me aclaró más tarde Aurelio— un hipotético ente perfecto, para transformarse en otro diferente también hipotéticamente perfecto, suele pasar por estados intermedios imperfectos (cambio a peor), y además el estado inicial desaparece. Tales estados intermedios imperfectos son los que no existen en los cambios del DOROR, sino que, en él, a un contenido perfecto se yuxtapone otro también perfecto, y el primer contenido no desaparece. Sólo en este sentido decimos a veces que el DOROR no cambia.

de modo que habría de mostrarse a la materia de manera sucesiva (es decir, en una secuencia temporal) para que ésta pudiera acomodarse a él. La materia no podría acomodarse al DOROR si todos los DOROR de la materia se mostrasen ante ella simultáneamente.

»Esto parecería indicar, además, que en el DOROR hay un elemento de voluntad divina de que la materia se rectifique; y que por la voluntad de Dios el DOROR aparece sucesivamente ante la materia.

»Pero no es necesariamente así. En el DOROR, todos los cambios se dan sin tiempo, instantáneamente. Sólo en cuanto a la materia; es decir, desde el punto de vista de la materia, el DOROR es sucesivo, como sucesivas son las formas de ella misma. Por eso no puede captarlo de otro modo. La materia no puede captar del DOROR total (cuando consigue captar algo de él), sino lo que más se asemeja a ella en el momento en que se encuentra; es decir, el DOROR de su situación concreta.

»Los cambios de forma del DOROR, desde la perspectiva de la materia, son como la sensación de movimiento que se obtiene en una película de cine al pasar rápidamente por el foco de proyección una serie de imágenes, cada una de las cuales es fija en sí misma. La materia es la que impide que puedan verse todas a la vez. El DOROR inferior opera sobre la materia de modo discontinuo; es decir, por «oleadas», porque, a diferencia de lo que ocurre con las formaciones de la materia, los cambios de forma del DOROR no implican destrucción alguna de las formas anteriores, sino que consisten en una yuxtaposición de formas diferentes, cada una de las cuales es indestructible y eterna. Pero podrían manifestarse todas a la vez. Es la naturaleza imperfecta de la materia la que, lo mismo que convierte en tiempo la eternidad instantánea del DOROR, hace que los cambios de forma del DOROR se manifiesten en oleadas sucesivas. El DOROR se pro-pone (es decir, se pone delante) metafísicamente a la materia de modo similar al de los «*quanta*» de Planck.

Dalmacio se quedó pensativo y no contestó nada. Pero Carlos, el sarcástico, se lanzó a bromear sobre el tema, mascullando algo acerca de la problemática felicidad de un DOROR en el que no hubiese futuro.

Argimiro: —La felicidad del DOROR o «Cristo» debe de ser una felicidad completamente diferente de la que puede existir aquí. Aquí, cuando la tenemos, lo es por contraste con el dolor, y siempre tiene una referencia al futuro. Pero en el DOROR no hay dolor, ni una incertidumbre respecto al futuro cuya eliminación pueda proporcionar algo parecido a la felicidad, entre otras cosas porque, como tú bien has dicho, allí no hay futuro, aunque no en el sentido peyorativo que tú das a esta expresión. Y lo que tampoco hay allí es incertidumbre, aunque, por otra parte, los contenidos del DOROR, yuxtapuestos en un eterno presente, todos ellos perfectos y felices, son infinitos: no tienen límite alguno, de modo que tampoco puede haber allí una especie de tedio o de «claustrofobia metafísica».

La felicidad que allí reina debe de ser otra cosa distinta de la de aquí, de la cual la felicidad de aquí es solamente un debilísimo e imperfectísimo reflejo.

Considerando que Dalmacio había quedado satisfecho o que, al menos por el momento, no encontraba objeciones que formular a lo dicho por Aurelio, me lancé a preguntar:

—¿Habéis dicho anteriormente, o yo he entendido mal, que «el Cristo» es otro nombre del DOROR?

Fue Argimiro el que me contestó:

—En efecto. Los reyes judíos eran ungidos con aceite perfumado. En hebreo, la palabra «*Mesiah*» (traspuesta al castellano como «Mesías» y equivalente a la palabra griega «*Jristos*», Cristo), significa «Ungido». Recubrir a una persona con aceite perfumado era convertirla en un ser brillante, radiante y aromático, sin que dejase de ser la misma persona. En este sentido, todos estamos ungidos. Porque, si bien se mira, nuestros DOROR de grados inferiores somos nosotros mismos, sólo que brillantes, perfectos y radiantes. El DOROR es el «Cristo»: nosotros mismos ungidos por Dios con algo semejante a su bondad y perfección. Por eso usamos las palabras «DOROR» y «Cristo» como equivalentes.

»En rigor, «Cristo» significa «alguien que ha sido ungido»; pero, más analíticamente, «*lo que resulta después de haber sido ungido alguien*». En el sentido que nosotros le damos, es lo que resulta de haber sido alguien «mirado», «visto» o «afectado» por Dios. O sea, el DOROR.

»El Cristo o DOROR es el enlace entre Dios y los seres materiales: un océano de Amor, de Conciencia, de Inteligencia, de Poder (consistencia) y de Gloria. Ve el mal, y siente por el que lo sufre una compasión infinita, una ternura infinita, un amor infinito. Ama con verdadero delirio a su sujeto-objeto material (SOMA), y desea hacerle bien; desea rectificarlo; desea no encontrar obstáculos para hacerlo: los obstáculos que pueden ponerle el propio SOMA u otros SOMA de la MM. En el Cristo hay un amor infinito (aunque sólo sea un reflejo del amor de Dios); y el Cristo siempre beneficia, si le dejan. Es todopoderoso con este límite.

»A cada SOMA lo ama y protege su Cristo, y también todos los demás Cristos; pues cada DOROR individual no es sino la manifestación, en relación a un individuo o zona particularizada de la MM, de un DOROR total, un Cristo total. Por eso ama a su SOMA y a todos los demás SOMA. Cada DOROR o Cristo individual, siendo él mismo el fruto o la expresión del Amor divino, tiene un amor infinito a todo lo material, a toda la MM, porque al ser perfecto «*imita a Dios*».

»El amor de un SOMA puede ayudar a otro SOMA, en cuanto es expresión del amor de su Cristo; es decir, actuando como vehículo o canal material de su Cristo. Es decir, ajustándose a su DOR y, por ende, a su DOROR.

»Jesús de Galilea llegó a percibir su propio DOROR con mayor claridad que ningún otro ser humano (pues la mayoría de los seres humanos hemos de conformarnos con la fe devota en él o con una intuición vaga del mismo), hasta el punto de que, sin ser (me parece a mí) muy consciente de lo que le ocurría ni de cuándo le ocurría, llegó a confundir su personalidad material con su DOROR. Por eso unas veces hablaba como el hombre Jesús, y otras como el DOROR de ese hombre. Cuando decía «yo», unas veces se refería al Jesús material que hablaba, como hace todo el mundo, y otras al Cristo o DOROR que hablaba por su boca.

»Por ejemplo, tenía los sentimientos de su DOROR cuando *«se estremeció en espíritu y se conmovió»* (Juan 11,33), y *«al ver las multitudes tuvo compasión de ellas, porque estaban desamparadas y dispersas como ovejas que no tienen pastor»* (Mateo 9,36).

»Y hablaba confundido con su DOROR cuando dijo cosas como éstas: *«Yo soy la luz del mundo; el que me sigue, no anda en tinieblas, sino que tiene la luz de la vida»* (Juan 8,12). *«Si yo juzgo, mi juicio es verdadero; porque no soy yo solo, sino yo y el que me envió, el Padre»* (Juan 8,16). *«Vosotros sois de abajo, yo soy de arriba; vosotros sois de este mundo, yo no soy de este mundo»* (Juan 8,23). *«Si vuestro padre fuese Dios, ciertamente me amaríais; porque yo de Dios he salido y he venido; pues no he venido de mí mismo, sino que él me envió»* (Juan 8,42). *«Antes de que Abraham fuese, yo soy»* (Juan 8,58). *«Yo soy la resurrección y la vida; el que cree en mí, aunque esté muerto, vivirá»* (Juan 11,25). *«Yo soy el camino, y la verdad, y la vida; nadie viene al Padre sino por mí»* (Juan 14,6). Etc., etc., etc. Notemos aquí que la palabra *«Tao»*, otro de los nombres del DOROR, significa precisamente «Camino». Jesús asumió los males y dolores de los seres humanos que le rodeaban, y los curó mediante su conciencia del Cristo divino.

»El mundo o esfera del Cristo o DOROR es lo que Jesús de Galilea llamaba *«el Reino de los Cielos»* o *«Reino de Dios»*, contraponiéndolo al mundo material, al mundo de la mortalidad, a «este mundo», cuyo «príncipe» es la Mente ínsita en la Materia. La existencia del mundo del DOROR que él había descubierto, y muchas veces encarnado, es lo que quería dar a conocer a los demás. No es cierto, como han escrito muchos (Geza Vermes por ejemplo) con una contumacia increíble, que el Reino de Dios haya sido para Jesús un futuro Estado terrenal universal regido por Dios o su representante en la tierra. Éste sería sin duda el concepto de la tradición judía; pero Jesús lo dejó bien claro: *«El Reino de Dios está dentro de vosotros»*, porque *«mi Reino no es de este mundo»*.

»A través de las acciones de Jesús de Galilea, muchas de las cuales podemos conjeturar eran expresión de su DOROR (no cuando maldecía o empleaba el látigo), podemos intuir algo de éste. Posponía sistemáticamente los formalismos de la ley en aras de la justicia, el bien y la compasión. Consideraba muy nocivo el apego a las riquezas materiales. No quería la tristeza, la enfermedad ni la muerte, como tampoco la miseria. Y colocaba el amor por encima de todo. Por él no condenó a la mujer adúltera ni a la pecadora; porque habían amado mucho.

»El Reino de los Cielos es el mundo del Cristo: el mundo del DOROR que tan a menudo reflejó Jesús de Galilea: el mundo del amor, de la bondad, de la paz, del calor, de la luz y del poder en el sentido de «consistencia». El mundo en el que todo se articula y armoniza bien y para bien, como demandamos los humanos. No donde se muere, sino donde se vive, y se vive en la tierra, con los seres queridos. Jesús, cuando su personalidad material asumía su DOROR, no se limitó a decir que Lázaro, o el siervo del centurión, o la hija de Jairo irían al Cielo, sino que los conservó en la tierra o los hizo volver a la tierra para vivir en ella con sus seres queridos. El Reino de los Cielos es un reino de amor, salud y felicidad celestes, pero se vierte en amor, curación y dicha terrenales. Es el que percibió Jesús, el dulce, bondadoso y poderoso hijo de María.

¿Qué decir de lo expuesto por Argimiro? Me había impresionado. Y se me debió de notar, porque a continuación, como para «remachar el clavo», tomó la palabra Luciano:

—En los Evangelios, hay que atisbar el Cristo de Jesús de Galilea a través de las distorsiones introducidas por el mismo Jesús, que, seguramente por no estar claro tampoco para él, no distinguió con nitidez entre lo que procedía de su DOROR, el Cristo, y lo que procedía de su personalidad humana material. A estas distorsiones hay que añadir las involuntariamente introducidas por los redactores de los Evangelios, así como las de los que antes de ellos relataron de palabra la vida de Jesús, y las de los que después (sobre todo en los siglos IV y V) manipularon sus textos.

»Realmente —concluyó Luciano—, no se debería decir «Jesucristo», porque emplear esta palabra es abundar en la misma confusión que padecía Jesús de Galilea sobre su propia identidad. Para distinguir de otros a su Cristo, debería emplearse la expresión «el Cristo de Jesús» o, más brevemente, «Cristo-Jesús», como a menudo hace San Pablo.

Aurelio: —Tertuliano dijo que el cristiano es otro Cristo («*christianus alter Christus*»), y también que el alma de todos los hombres, anteriores o posteriores a Jesús de Galilea, es cristiana por naturaleza («*anima naturaliter christiana*»). Y, aunque Tertuliano fue finalmente condenado por hereje, formuló, sin embargo, con mayor claridad que nadie, la quintaesencia del Cristianismo: el «Cristo», el DOROR, no es ningún ser humano concreto, sino el ser humano ideal y perfecto: el paradigma del ser humano; y Jesús-Cristo fue una encarnación más (la mejor) de ese paradigma o, lo que viene a ser equivalente, quien más y mejor se ajustó a él. Éste es el verdadero Cristianismo, y todo lo demás son aproximaciones más o menos burdas.

A mí este tema me interesaba mucho. Los discípulos de Teófilo lo notaron y siguieron insistiendo:

ARGIMIRO: —Como él mismo dijo expresamente por boca de Jesús de Galilea, el Cristo no es sólo el bien, el ser verdadero (en el sentido de consistente) y la vida, sino también el camino. «*Yo soy el camino, y la verdad, y la vida; nadie viene al Padre sino por mí*» (Juan 14,6). En otras palabras: el único modo que tenemos de acercarnos a Dios, y de obtener por tanto la inmortalidad, es a través del Cristo, del DOROR, real, consistente, vivo, inteligente, armonioso, amoroso, y activo.

»La salvación del ser humano, y también su salud física, su bienestar y su verdadera felicidad en este mundo, si se realizan, se realizan necesariamente a través del Cristo. Es el mediador entre Dios y los hombres.

—En el DOROR o Cristo —añadió Aurelio— están no sólo la salud, sino también la curación. Es decir, que no sólo es que el que está enfermo aquí tenga salud allí, sino que *además* la tiene allí referida al plano de aquí. Por eso, como hacía Jesús de Galilea, se deben dar las gracias por la rectificación antes de haberla obtenido aquí. No son unas gracias dadas «por anticipado». Porque, aunque la rectificación no se haya obtenido aún «aquí-aquí», ya se ha obtenido «aquí-allí». Y una visión total, como la que Jesús tenía, no se puede fraccionar.

»Cuando se habla del «gobierno de Dios», de que algo o alguien «*está en las manos de Dios*» o «*bajo el cuidado de Dios*», se está aludiendo a lo que ocurre en el Cristo o DOROR. Pues lo que indudablemente gobierna Dios es el DOROR; pero que, a través del DOROR, gobierne además la materia, depende de la materia misma; es decir, de nosotros y de todo lo demás de este mundo material. Jesús de Galilea fue crucificado porque, fascinado por su DOROR, no tuvo en cuenta a la materia.

»Cuando alguien dice confiadamente: «*dejo a esta persona (o este asunto) en las manos de Dios*» o «*bajo el cuidado de Dios*», lo que está diciendo en realidad es: «*existe el DOROR, y yo no quiero impedir que se realice en la materia*».

LUCIANO: —El Cristo o DOROR no tiene poder por sí mismo, sino que lo toma de Dios, su creador y mantenedor, al que está inseparablemente unido.

»También, y por la misma razón, nuestro Cristo está inseparablemente unido a todos los demás Cristos individuales, incluido el Cristo de Jesús de Galilea. Todos los Cristos están unidos entre sí, porque también todos están inseparablemente unidos a Dios, su creador común. Y también porque en realidad son uno solo.

Yo estaba impresionadísimo; creo que casi excesivamente impresionado. Quizá por eso los discípulos de Teófilo dejaron de hablar sobre el tema. Sólo intervino ya, muy brevemente, Argimiro. Como de costumbre, dio la nota afectiva diciendo:

—Al Reino de los Cielos, al Cristo, se llega por el corazón. La cabeza señala el camino, pero éste se recorre con el corazón.

Sexto domingo

EL MEJOR DE LOS MUNDOS POSIBLES

Para el sexto domingo, Aurelio y Dalmacio se habían constituido ya en paladines opuestos. Aunque yo era amigo de Dalmacio, nuestro anfitrión me fascinaba, y a veces hasta me parecía que iba saliendo victorioso de los encuentros; pero no me atrevía a comentar esto con mi amigo. La exquisita cortesía natural de Dalmacio, acrecentada si cabe por el hecho de ser huésped de Aurelio, hacía que sus enfrentamientos con él permaneciesen exclusivamente en el terreno dialéctico. Incluso creí notar que en el terreno personal iba creciendo entre los dos un aprecio mutuo. Pero Dalmacio no era un dócil doctrino. En cuanto a Aurelio, solía producirse como un Buda impasible. Los demás asistían interesados a las controversias entre ambos.

Sin más preámbulos, contaré lo que ocurrió en esta reunión, y empezaré seleccionando una pregunta de Dalmacio dirigida, naturalmente, a Aurelio.

—¿En la materia se realiza un Bien transcendente a ella? ¿O no se realiza?

—Ha habido muchas opiniones al respecto. Las teorías relacionadas con este tema se pueden clasificar en monistas y dualistas. Dentro de las primeras, están el Materialismo, el Espiritualismo y el Panteísmo. Y dentro de las segundas, la «*Teoría de la Percepción*», la «*Teoría de la Intervención*» y la «*Teoría de la Desesperación*». Se me disculpará si, para esta última, empleo un término tan duro; pero, después de todo, soy yo el que está hablando, y creo que tengo derecho a elegir los nombres.

»Empezaré por las teorías monistas.

»Platón ya intuyó genialmente que la realidad material está compuesta de «*Razón y Forzosidad*», de *Logos* y *Ananké;* en otras palabras, de DOROR y Materia. Plotino, naturalmente, siguió sus pasos. Y ni que decir tiene que nosotros también los seguimos. Pues está claro que somos fundamentalmente platónicos.

»Desde este punto de partida, las teorías que consideran que sólo existe realmente la Materia o que sólo existe realmente el DOROR, son teorías que amputan uno de los dos elementos constitutivos de la realidad material. Por eso yo las suelo llamar «*Teorías de la Amputación*».

»Dentro de ellas, la posición del Materialismo es simple, y yo diría que casi simplista. Desde el momento en que afirma que sólo existe la materia, huelga toda disquisición sobre si el DOROR (que para los materialistas no existe) se realiza o no en ella. Lo que sí creo que vale la pena destacar, como hecho curioso, es que muchos materialistas actúan en su vida personal como si en el fondo (muy en el fondo de su alma) creyeran en la existencia del DOROR. Les suele ocurrir a marxistas bienintencionados que tratan de hacer el bien. Aunque también es cierto que muchas personas que se dicen religiosas, e incluso oficialmente adscritas a una religión determinada y fervientes practicantes de ella, actúan en su vida personal como si fueran absolutamente materialistas.

»Dentro del Espiritualismo (según el cual sólo existe el Espíritu), aparte de la teoría del obispo Berkeley, la que me parece más fascinante, por extremista, es la de la «Ciencia Cristiana», religión fundada por Mary Baker Eddy en los Estados Unidos a finales del siglo pasado, y hoy extendida por todo el mundo.

»Según la «Ciencia Cristiana», el bien existe ya, y es lo único que existe realmente; pero está velado por la realidad aparente, y sale a la luz cuando el sujeto modifica su visión. De modo que, al rectificarse la visión, la realidad aparente cambia. Por ejemplo, en opinión de los «científicos cristianos», si a una persona enferma la percibimos como sana, esa persona dicen ellos que se cura; pero no porque se haya curado, sino porque en realidad nunca estuvo enferma. Esto era lo que ya existía y lo que no percibíamos. Al percibirlo, sale a la luz la realidad que hasta entonces estaba velada por el error.

»Para la señora Eddy no existe distorsión en el DOROR, los *Logoi* o como se los quiera llamar (ella los llama *«las ideas de Dios»*), sino que puede decirse que se realizan siempre, porque la distorsión tendría que tener lugar en la materia y para ella la materia no existe. Parece existir distorsión; pero ésta es tan irreal como la materia misma, ya que sólo existen realmente las *«ideas de Dios»*. Para la «Ciencia Cristiana», la materia es nada. Así como Plotino afirma que la proyección de los *Logoi* sobre la materia (que para él es algo) es siempre fiel y exacta, la señora Eddy afirma que no hay proyección alguna que pueda ser exacta, ya que sólo existen los *Logoi*, las *«ideas de Dios»*, no la materia, aunque no lo veamos así por un *«error de la mente mortal»*.

»Lo que la señora Eddy no aclara con la necesaria precisión es en qué consiste esa misteriosa *«mente mortal»*. Indudablemente ha de ser de naturaleza material (y así lo dice ella misma), ya que lo espiritual es perfecto y, por tanto, no puede sufrir errores. Pero también es difícil que pueda sufrir errores algo de naturaleza material si, según ella afirma también, la materia no existe.

—¿Cómo es posible —interrumpió Dalmacio— que los «científicos cristianos» no se den cuenta de esto, que es tan obvio? No entiendo que no lo vean, máxime cuando no es infrecuente que entre ellos haya personas extraordinariamente cultas e inteligentes.

—Pues es muy fácil de entender —constestó Aurelio—. No lo ven porque no lo quieren ver. Y no lo quieren ver porque aprecian sobremanera (y con toda razón) los dos pilares básicos en que se funda la «Ciencia Cristiana», que son la fe en la existencia real del DOROR y la desvalorización de la Materia. Que esta desvalorización sea errónea por excesiva, y no esté correctamente tratada desde el punto de vista filosófico (como tampoco lo está la naturaleza del DOROR), es para ellos algo secundario que, en una autocensura inconsciente, desean olvidar, no ver e incluso tapar, en aras del beneficio que encuentran para sus vidas en lo fundamental de esta doctrina. Tal fenómeno no es nada extraño, y se ha dado muchas veces. Se da también en muchos católicos de hoy, que, en desacuerdo íntimo con dogmas y directrices de la doctrina oficial de la Iglesia católica, permanecen sin embargo en ella y no la abandonan, por idénticos motivos. Y sospecho que igual les ocurre a algunos judíos y musulmanes, como les ocurrió también en su día (en la época de Stalin) a muchos comunistas.

»Pero las consecuencias de un erróneo enfoque filosófico —siguió diciendo Aurelio— suelen ser muy negativas en una religión filosófica como es la «Ciencia Cristiana». Por ejemplo, ésta no renuncia a intentar la rectificación metafísica de la materia, e incluso dicha rectificación es su fin primordial; pero, arrastrada por su idea de que el bien de la materia es producido por la mente humana, aunque lo haga ilustrada por la «Mente divina» (la única existente, según ella), cree, lógicamente, que también el mal es producido por la mente humana, esta vez errada. Podrá ser así en algunos casos, probablemente en bastantes, pero no en la mayoría; porque por lo general la culpable será la célula, el virus, la materia, la MM primigenia o la evolucionada (que, según la señora Eddy, no existe realmente y es un producto de la mente humana), por más que la mente humana sea su «punta de lanza» y tenga cierta influencia sobre ella. Por este camino, aparte de culpabilizar de su propia desdicha al que padece cualquier mal (una enorme crueldad), la señora Eddy desemboca en el idealismo más absoluto. Pero queda en pie la pregunta básica: ¿cómo puede sufrir errores la mente humana si no existe realmente? Y si la única que existe realmente, la del «*hombre real*» o verdadero, es perfecta, ¿cómo puede equivocarse?

»Además, la teoría de que la mente humana ha de ser ilustrada por la Mente divina (la «*Mente Unica*», Dios), aparte de los problemas metafísicos que plantea (no planteados, y menos resueltos, por la señora Eddy) la operación directa de Dios sobre el ser humano, que es imposible, hace que, cuando no se trata de rectificación de acontecimientos (en la que no se conocen los «*caminos del Señor*») sino de órganos físicos, ésta se propicie «*viendo las cosas como las ve Dios*»; es decir, mediante la visualización del resultado que se pretende obtener. Si ello se acompaña de relajación física y mental (como ocurre no pocas veces), estamos de lleno en el «*Mind Control*» de Silva, por otro nombre Magia.

»De momento, dejaremos aquí a la «Ciencia Cristiana». Pero a mi juicio es tan importante, que inevitablemente volveremos a hablar de ella.

»Como he dicho antes, tanto el Materialismo como el Espiritualismo amputan de la realidad material uno de sus dos elementos constitutivos. Personalmente su ceguera me parece asombrosa, aunque es sólo mi opinión. La posición del Panteísmo no es tan simple. Admite la existencia de Dios y la de la Materia, pero afirma que ambos son la misma cosa; más concretamente, que la Materia es una manifestación o una emanación de Dios (y en ambos casos es divina), o que la Materia misma es divina en sus profundidades abisales. Dentro del Panteísmo no cabe cuestionar si se realiza o no en la Materia-Dios (o en el Dios-Materia) un DOROR que no encuentra lugar para existir. El problema del mal, dentro del Panteísmo, suele intentarse resolver por cauces semejantes a los de la «*Teoría de la Percepción*», de la que luego hablaré.

»Ya he dicho algo del Hinduismo, y más adelante volveré a hacerlo con mayor detalle. En la filosofía de Occidente, el Panteísmo tiene un insigne representante: un filósofo verdaderamente impresionante, que fue nuestro paisano Benito de Espinosa, al que en Holanda, su patria de adopción (pues pertenecía a una familia judía española que, huyendo de la Inquisición, emigró de España primero a Portugal y luego a Holanda) se le designó con el horrible apellido de «Spinoza».

—Lo conozco muy bien, y también a Giordano Bruno y sus coincidencias con algunos filósofos presocráticos. Pero sigue con tu exposición.

Aurelio iba a hacerlo, cuando Félix intervino diciendo:

—La «Ciencia Cristiana» admite también una interpretación muy cercana al Panteísmo, aunque no exactamente coincidente con él. Según ella, sólo existirían realmente Dios y las ideas de Dios; pero la idea divina del ser humano, el ser humano real, tendría, como consecuencia de su alto nivel intelectivo, una gran capacidad de *fabulación,* es decir, la facultad de imaginar desarrollos hipotéticos de lo real. Y estos desarrollos constituirían el mundo material, que sería, por tanto, irreal.

—Es una lástima —dijo a esto Dalmacio— que existan los fósiles, gracias a los cuales se sabe que el mundo material surgió mucho antes de que apareciera el ser humano con su capacidad de fabulación. A menos que los fósiles sean también un producto de esa nociva actividad fabulatoria del ser humano perfecto. Pero mucho me temo, querido Félix, que este camino de fabulaciones no nos lleve a cosa alguna que no sea una fábula. Te ruego, pues, Aurelio, que continúes con lo que estabas diciendo.

—Dentro de las teorías dualistas —dijo, pues, Aurelio—, la «*Teoría de la Percepción*» (muy ilustre, muy antigua y con muchos seguidores) estima que el DOROR se realiza siempre en la materia; que, por tanto, el bien ya existe en ella; pero no lo vemos, y se trata de percibirlo. Para esta teoría, que el DOROR se realice siempre en la materia no quiere decir que el mal no exista. Existe, pero es un mal necesario; pues, dado que la materia es imperfecta, el DOROR sólo se realiza en ella en la medida de lo posible. En suma, ocurre que este mundo es el mejor de los mundos posibles. De este modo, la idea del mal se disuelve. Es el «optimismo metafísico», bastante antiguo y con resonancias en Leibniz, el cual fue ferozmente atacado por Voltaire en su *Cándido.*

»Tenía esta visión Plotino, y la tiene, por ejemplo, la rama del Budismo que en japonés se denomina «Zen» (palabra procedente de la china «Ch'an», que significa algo así como *meditación* y que proviene a su vez de la sánscrita «Dhyana»). El Budismo Mahayana afirmaba que el *Nirvana* está en el *Samsara,* lo que equivale a decir que el DOROR está en la realidad material. Esto viene a ser lo mismo que decía Platón cuando afirmaba que la realidad material está compuesta de DOROR y de Materia. Pero el Budismo Zen, que es una derivación del Budismo Mahayana, da un paso más al afirmar que el *Nirvana* no sólo *está,* sino que *se ha realizado ya* en el mundo material. Por consiguiente, para él sólo se trata de percibir esta realización mediante la «Iluminación» o «Despertar» alcanzable a través de una clase especial de «meditación».

»Dentro del Budismo Zen, se discute si la Iluminación debe lograrse gradualmente y sin esfuerzo, o bruscamente y con esfuerzo. La escuela *Soto,* que es la que cuenta con todas mis simpatías personales, entiende que la Iluminación, *Satori* o *Kensho,* no se consigue bruscamente ni con técnicas traumáticas, sino de modo gradual e insensible. Para esta escuela, el estar en *zazen* («sentada» Zen) es estar ya en posesión del *Satori.* Porque, en realidad, para esta escuela no hay nada que conseguir; ya se tiene, y sólo hay que darse cuenta de ello. Con la eliminación progresiva del *ego* mediante un *zazen* tranquilo y sin esfuerzos, nos damos cuenta de ello, que es lo que faltaba.

»Por el contrario, la escuela *Rinzai* (paralela y como «hermana rival» de la *Soto*) entiende que la Iluminación es algo que hay que conseguir, con mucho esfuerzo además, y no repara en medios para lograrlo por brutales que sean. Acude, por tanto, a *koans* (extenuantes acertijos sin solución, que, si no acaban volviendo loco al practicante, trituran del todo su «yo»[36]), el uso del *kyosaku* (bastón «despertador») y, en general, el *zazen* doloroso llevado hasta la exasperación.

[36] Para el jesuita alemán (nacionalizado japonés) padre Enomiya Lassalle, maestro Zen, casi con toda seguridad la palabra «koan» proviene de la clásica pregunta *«¿ko a am?»* (¿quién soy yo?) formulada por hinduistas y budistas indios desde hace miles de años, cuya posible contestación intentaban hallar mediante un duro camino de vida ascética, introspección, y concentración mental. Hoy día, en Occidente, la novedosa filosofía «de la vida» o «de la existencia» se hace exactamente la misma pregunta (a la que, por supuesto, es y será siempre incapaz de contestar), presentándola como el resultado de un enfoque propio y original.

»Con ello parece hacer caso omiso del *Prajña-paramitá-Sutra,*[37] según el cual «*Si alguien considera que «bodhi» [el despertar] es algo que debe ser alcanzado, algo que debe ser cultivado mediante una disciplina, tal es culpable de orgullo del yo*».

»Dostoievski, un iluminado sin duda, hace decir a uno de sus personajes de *Endemoniados* que «*Todo está bien*» y que «*Los hombres son felices; pero no lo saben*». Muchos han expresado la misma idea. Recuerdo ahora, por ejemplo, al «cantautor» belga Jacques Brel, que poco antes de su prematura muerte dijo exactamente lo mismo. Expresó su deseo de que algún día los hombres se dieran cuenta de que son felices. Desde luego, Brel leía la Prensa diaria, se enteraba de todas las desgracias del mundo y no creo que hubiera leído a Dostoievski.

»Yo asistí hace bastantes años al cursillo que dió en Madrid un *sufí* del Irak: Adnan Sharhan. Era un gran sufí y también un iluminado. Recuerdo que (¡paradoja de las paradojas!) daba sus clases de sufismo (mística islámica) en el gimnasio del Seminario Diocesano de Madrid, que se lo alquilaba por un precio módico. Sin duda por delicadeza, poca teoría enseñaba en sus clases, realmente ninguna, sino que todo era práctica: «*dikhr*» o salmodia dirigida por él, sesiones de tambor tocado por él o de crótalos agitados por él, ejercicios físicos, giro derviche, danza sufí, etc. Era invierno; asistíamos juntos hombres y mujeres, y todos nos poníamos (en los vestuarios, naturalmente) un atuendo apropiado para los ejercicios físicos, dejando la ropa de calle colocada a lo largo de una pared, en una fila de sillas o en el suelo, pues no había otro sitio.

»Una tarde nos hizo trabajar a fondo: mucha danza, muchos ejercicios físicos, y al final una larga salmodia, de consuno, de una serie de invocaciones en árabe. Terminamos exhaustos. Aquello había durado horas. La salmodia colectiva se fue extinguiendo poco a poco por sí misma, sin ninguna indicación del maestro (se había creado una extraña unidad entre todos nosotros), y al final se produjo un gran silencio. Nuestro estado de ánimo era indescriptible: muy cansados, pero expectantes; muy excitados, pero a la vez muy tranquilos; muy despiertos (extraordinariamente despiertos), pero despiertos de un modo raro: sin ideas en la cabeza. Entonces, al cabo de un buen rato, habló Adnan. Nos dijo que mirásemos hacia la pared, a las prendas de vestir que estaban en las sillas o en el suelo, colocadas al azar como las habíamos dejado. Estaban puestas allí de cualquier modo. Recuerdo especialmente las cañas de las botas altas de las mujeres: unas se inclinaban a un lado, otras al otro y algunas incluso tocaban el suelo, puestas como estaban sin orden ni concierto. Adnan nos hizo notar que la disposición de todas aquellas prendas era perfecta; que

---

[37] El *sutra* (Tratado) del ir (*itá*) más allá (*param*) del Conocimiento (*prajña*); lo que viene a ser equivalente a «Tratado de la visión metafísica».

no podían estar colocadas de mejor manera; que nadie las podría haber colocado mejor. A todos nos pareció que era verdad. Aquella fue la lección del día.

»Claro que se trataba solamente de la colocación de unas prendas de vestir. Creo que otra cosa habría sido si se hubiera tratado de la muerte de un niño o de un enfermo terminal aullando y retorciéndose de dolor.

»En todos estos casos se trata de ver lo que ya existía, sin cambio alguno en la realidad material. Únicamente cambia nuestro manera de verla; de modo que, lo que antes nos parecía malo, ahora lo vemos como bueno. Pero la realidad en sí no cambia en nada.

»Con referencia al Budismo, son clásicas en este sentido dos citas que hace Alan Watts:[38]

»El *Vajracchedika* pone en labios de Buda: «Del completo e insuperable despertar *no obtuve absolutamente nada,* y por esa misma razón se le llama *completo e insuperable despertar.*»

»Y Ch'ing-yüan dice en el *Ch'uan Teng Lu: «Antes de estudiar el Zen durante treinta años, veía las montañas como montañas y los ríos como ríos. Cuando llegué a un conocimiento más profundo, empecé a ver que las montañas no son montañas y los ríos no son ríos. Pero ahora que he llegado a la sustancia misma de las cosas, estoy tranquilo, porque justamente veo las montañas de nuevo como montañas y los ríos otra vez como ríos.»*

—¿En Occidente existe una filosofía parecida? —preguntó Anita.

—Desde luego —respondió Aurelio—. Ya hemos aludido a la de Leibniz. No es cosa de exponerla ahora; pero se me ocurre pensar en la de Plotino, de la que ya hemos hablado.

»Para Plotino, el Alma inferior (en cierto modo equivalente, junto con el Alma superior y la Inteligencia, a nuestro DOROR), tras generar la materia, la mira para estructurarla con sus *Logoi* o formas. Y, dado que la materia es No-ser (aunque no entendido como «nada», sino como «alteridad al Ser»), ocurre que, en el mundo sensible, la forma (que procede del Alma) es más real (en el sentido de «sustancial») que la materia. Como dice Jesús Igal: *«A diferencia de Platón, para quien el receptáculo es más real que las apariencias transitorias que lo configuran sucesivamente, para Plotino la materia es genéticamente anterior, pero entitativamente inferior a los seres del mundo sensible.»* Parece, por tanto, que Plotino no admite distorsión alguna en la configuración de la materia por el Alma, configuración que es siempre exacta y fiel a sus modelos, los *Logoi.* Los cuales tienen alguna realidad en cuanto proyección del Alma, aunque recaigan sobre el No-ser de la materia.

---

[38] *The way of Zen.* Trad. esp. *El camino del Zen.* Editorial Sudamericana. Barcelona, 1971, pág. 155.

»La equivocación de Plotino consistió en no dar a la materia toda su importancia como factor de distorsión. Acierta al decir que la materia no es *intrínsecamente* mala, en cuanto producto necesario de la existencia de Dios, aunque, si se la compara con aquello que le da origen (el Uno, la Inteligencia, y el Alma), es mala y, más aún, *radicalmente* mala, en cuanto que es la fuente y la raíz de todo mal. Pero no supo calibrar el grado de maldad de la materia. Algo intuyó cuando habló de la «sangre canina»; pero no tomó conciencia de toda la maldad del perro. El estado de la ciencia de su tiempo no le permitió imaginar siquiera la complejidad de las formas de la materia, su capacidad de interacción, en definitiva su poder, y el efecto multiplicador del mismo para corromper y distorsionar los *Logoi* del Alma, siempre buenos y siempre reales. No se dio cuenta de que hay muy pocos seres del mundo sensible (y debe entenderse por tales no sólo las entidades individuales sino en general todos los aconteceres) que sean efectivamente «*Logoi* del Alma en la materia». Por el contrario, casi todos son distorsiones de esos *Logoi*.

»Por todo lo cual, Plotino no pudo pensar siquiera en un posible «ajuste al *Logos*». No pudo crear sino una filosofía de la resignación. Desde luego, se inscribe por derecho propio en la «*Teoría de la Percepción*», y se parece mucho a aquellas escuelas del Budismo según las cuales no es que la distorsión sea inevitable, sino que en realidad no hay distorsión alguna. Aunque entre ambas cosas apenas hay diferencia.

»En la «*Teoría de la Intervención*», sin dejar de aceptarse básicamente la «*Teoría de la Percepción*» (en cuanto a que el DOROR se realiza en la materia en la medida en que ello es posible), se intenta intervenir positivamente en la materia para promover su ajuste al DOROR; es decir, que se intenta que el ajuste sea más posible que antes. En definitiva, se considera que se debe intentar luchar contra el mal, ya que esa lucha es un bien. Si se trata de hacer más posible aquella realización es porque, probablemente, en la «*Teoría de la Intervención*» se tiene una teoría o visión previa del DOROR más clara que en la «*Teoría de la Percepción*».

»Ésta es nuestra posición: la que aprendimos de nuestro Maestro.

Dalmacio: —¿Te refieres a ese Teófilo de quien habláis algunas veces?

—No. Me refiero a Jesús de Galilea. A diferencia de lo que opinan Dostoievski, Brel, muchos budistas, Adnan Sharhan, etc., etc., este modo de ver las cosas consiste en considerar que lo perfecto es siempre percibido por nosotros, a condición de que aparezca; porque no siempre aparece, y se trata precisamente de lograr que aparezca. Para lograrlo, es decir, para que el universo pueda ser perfecto y en consecuencia podamos percibirlo como tal, se tratan de eliminar, en el proceso de realización en la materia de Algo perfecto que está fuera de ella, las distorsiones producidas por el *ego,* que es el «yo aferrado» por el sujeto; es decir, por los sujetos; pues evidentemente ha de ser una tarea colectiva. Cuando la realización de ese Algo no se distorsiona, la perfección aparece en este mundo, y entonces podemos percibirla.

»Claro que, para eliminar la distorsión, no basta con reducir o eliminar el «yo aferrado». En este modo de ver las cosas, ello no es suficiente. Pues, además y en primer lugar, hay que tener conciencia de la existencia de ese Algo perfecto que existe junto con la materia. A promover dicha conciencia dedicó toda su vida Jesús de Galilea. Sin ella, tendemos a distorsionar la realización del Algo que él llamó el *Reino de los Cielos* o el *Reino de Dios,* y que nosotros llamamos DOROR. Por lo cual la perfección no aparece ni, por lo tanto, podemos percibirla.

»En cuanto a la por mí llamada «*Teoría de la Desesperación*», consiste en creer que el DOROR no puede influir en absoluto sobre la materia. Se basa en la opinión de que Dios creó la materia, le dio unas determinadas leyes, y después ya no ha vuelto ni volverá a ocuparse más de ella ni de lo que ocurre en ella. Por ejemplo, las Iglesias cristianas, en su mayoría, pasan como de puntillas (en realidad lo pasan por alto) por todo lo referente al DOROR, que sin embargo constituyó el tema básico, obsesivo, de la predicación de Jesús de Galilea en este mundo.[39] Creen en la existencia de un Dios bueno, pero, sin embargo, afirman tajantemente que la intervención de Dios en la materia sólo se realiza en algunas ocasiones extraordinarias, muy pocas, por la vía de los «milagros». En los demás casos, confían exclusivamente en la materia para resolver los problemas materiales, pues afirman que Dios no interviene en ella, o prefieren decir que Dios tolera nuestros males «para probarnos».

FÉLIX: —A propósito de las pruebas a que, según dicen muchos, nos somete Dios, permitidme contaros una anécdota. En cierta ocasión, Ortega y Gasset se reunió con varios amigos en la casa de uno de ellos para beberse entre todos una botella de champán francés: un champán de una calidad extraordinariamente excelente. Estaban a punto de descorchar ceremoniosamente la botella, cuando apareció un joven, hijo del anfitrión, exhibiendo un extraño aparato que, según dijo, alguien había inventado recientemente para realizar esa operación. Dijo que aquella era una buena ocasión para probar el artilugio. Lo aplicó resueltamente a la botella, y a los pocos momentos ésta se había roto en mil pedazos. Todo el champán se perdió en el suelo, en las paredes de la habitación y en las

---

[39] Según Julián Marías (*Historia de la Filosofía,* en el tomo I de sus Obras, editadas por la *Revista de Occidente* en 1958, sexta edición. Madrid, 1981, pág. 128), los primeros escolásticos pensaban que el mundo necesita siempre a Dios para existir. Pero no los escolásticos posteriores. Y además se trataba solamente del fundamento ontológico del mundo; de su continua necesidad de Dios para ser; no de la continua intervención divina en su movimiento, acción, y despliegue.

ropas de los asistentes. En medio de la consternación general, en el silencio que se produjo después del desaguisado, se oyó la voz de Ortega que decía: «*Jovencito: las pruebas, con gaseosa.*» Bueno; pues sobre las pruebas a que Dios dicen que nos somete, eso mismo digo yo.

Cuando terminamos de reírnos, Anita preguntó:

—¿Por qué muchas Iglesias cristianas se olvidan del DOROR, del Reino de los Cielos, que fue el tema prácticamente único de la predicación de Jesús?

AURELIO: —Se sienten incómodas con ese tema. Todo lo referente al Reino de los Cielos les recuerda un Platonismo (ciertamente, junto con la Gnosis, el origen del Cristianismo) que hace siglos sustituyeron por un Aristotelismo degradado. Concretamente, el de Santo Tomás de Aquino.

—Me interesa mucho lo que estás diciendo. Continúa, por favor.

—Ya estoy terminando. Los que piensan como Nikos Kazantzakis, creen que el ser humano sólo cuenta con su propio esfuerzo para que el bien se realice en este mundo. Según él, hay que traer a Dios a este mundo, a empujones si es preciso. Otros, como José silva con su «*Mind Control*» y, en general, casi todos los magos, brujos y curanderos psíquicos, no se fundan en el DOROR sino exclusivamente en prácticas mágicas; en el esfuerzo mental; en la voluntad humana. Pero su postura es la misma.

»Todos tienen en común que, para la instauración del bien en este mundo, sólo cuentan con la materia misma. No creen que el DOROR (si es que admiten su existencia) influya en ello para nada. No creen que pueda actuar directamente sobre este mundo, ni que el esfuerzo humano por mejorar este mundo consista precisamente en ajustarse al DOROR.

DALMACIO: —¿Y cómo es posible que Dios permita la distorsión del Bien por la materia?

AURELIO: —Debería ser muy fácil para Dios modelar directamente la materia «*a su imagen y semejanza*». Pero no lo es. Más aún: es imposible, porque la Sustancia no puede modelar a lo insustancial, la Consistencia a lo inconsistente (lo destruiría), ni el Ser al No-ser. Es el No-ser el que ha de ir hacia el Ser, y para ello necesita modelos accesibles que se le pro-pongan desde el Ser. El problema no está en el poder de Dios, sino en la nadalidad e imperfección intrínseca de la materia.

»Supongamos que una persona se refleja en un espejo que no es plano; que nunca puede serlo; que es «no-plano» por esencia. La imagen estará distorsionada. Y será inútil que esa persona intente rectificar su imagen con las manos, porque la imagen es sólo una imagen. Todavía en este ejemplo, la persona de que hablamos podría rectificar el espejo con sus manos y hacerlo plano; pero supongamos que, a su vez, el espejo no es consistente; que es algo así como una nube, gas, o humo que refleja las imágenes; como aire que se vuelve a cerrar tras las manos sólidas que lo han penetrado. Algo parecido ocurre con Dios y la materia.

»Dios no puede hacer nada para modificar directamente la materia. Lo trata de hacer indirectamente (para Dios es el único modo posible de hacerlo) a través del DOROR; el cual a su vez, aunque puede actuar directamente sobre la materia (así lo ha hecho en estadios anteriores de la Evolución y todavía lo sigue haciendo), ahora suele actuar a través de los seres materiales más conscientes, que son los seres humanos.

»La materia casi siempre se aparta del DOROR distorsionando su imagen; pero a la vez tiende a ajustarse a él. Porque él es tan consistente, tan «algo», y ella es tan inconsistente y tan «nadal», que no puede por menos de tender hacia él. Es de la propia materia de donde ha de proceder el impulso de adaptación; no del DOROR. Como dijo Plotino, es el No-ser el que va hacia el Ser, y no a la inversa; aunque (y esto ya no lo dijo Plotino) su intrínseca imperfección impida el ajuste que pretende.

»Sin embargo, hay que pensar que, a su vez, el DOROR es intencional. Siendo como es un producto perfecto del Amor divino, está lleno de inteligencia y de un amor infinito. Porque, aunque no es Dios, sí está hecho a «*imagen y semejanza*» de Dios. Por tanto, hemos de suponer que desea ardientemente realizarse en su SOMA, con ternura y vehemencia. Con ansia, con verdadero anhelo, desea que el SOMA tome conciencia de él, y en consecuencia vaya hacia él.

»Si la materia, en alguno de sus puntos, *toma conciencia* de su condición nadal y de la existencia del DOROR, es lógico que la adaptación a éste se pueda producir con mayor facilidad y rapidez. Pero hay una amplia gama de posibilidades en cuanto a la rectificación metafísica de la materia; esto es, en cuanto a su adaptación o ajuste al DOROR.

»Cuando un foco material de conciencia no obtiene la rectificación que pretende, puede pensar que está engañado respecto a su panorama metafísico, o que está engañado en cuanto al contenido del DOROR; de modo que lo que él cree que es bueno es en realidad malo, y lo que a él le parece malo es en realidad bueno. Puede ser; pero también puede tratarse del resultado de una especie de mecánica de fuerzas.

»Si la materia configurada, en alguna zona toma conciencia de su inconsistencia y de la existencia del DOROR, pero en otra zona (por ejemplo, la parcela que ha de ser rectificada, o las cercanas a ésta, o la inmensa mayoría de las demás parcelas de la MM) persiste en la creencia en su propia consistencia, en un «autoaferramiento» o «autoasimiento» que la dota de rigidez, tenacidad, y con ello de cierta apariencia de consistencia (que es lo que pretende), ocurre que la materia es en un punto agente activo de intento de rectificación conforme al DOROR, y en otro punto es agente activo de distorsión del DOROR. Dado que la materia es única, los efectos de las respectivas acciones se neutralizan, de modo que la tendencia rectificadora es casi inoperante o inoperante del todo.

»En tal caso, la rectificación metafísica, si tiene lugar, sólo podrá ocurrir en el seno de un proceso global. Imaginemos que alguien intenta rectificar la actitud injusta y despótica de un funcionario. Quizá pueda lograrlo siendo consciente de la nadalidad de la materia del funcionario (el sustrato de la porción de MM que es) y de la realidad y consistencia del DOROR, siempre que la actitud del funcionario se deba a puro automatismo y rutina; pero si la actitud del funcionario se funda en una exacerbada creencia en la consistencia de la materia, o en una distorsión del DOROR profundamente arraigada, o en malevolencia o en orgullo, el que pretenda la rectificación sólo podrá obtenerla, si la obtiene, en un proceso más amplio. Puede que el bien finalmente se forme, pero lentamente y no a nivel individual: el funcionario será destinado a otro lugar y sustituido por otro funcionario más justo, o el trámite solicitado dejará de ser necesario, o el que lo solicita dejará de estar interesado en él para su bien. Pero el ajuste global puede requerir mucho tiempo, y entretanto el mal puede haberse producido. En otras palabras, que *la rectificación metafísica, aunque se logre, puede llegar tarde*.

»Es lo mismo que puede pasar si se intenta rectificar la «MM cristalizada», tan lenta en ajustarse a «leyes» o formas de acontecer inducidas muy tempranamente sobre ella, como después en dejar de obedecerlas.

»Conocí a un «científico cristiano» que, tras ser víctima de un robo, consideró el «verdadero ser» del ladrón; llegó a tener la vivencia de que éste, en su DOROR, era honrado, y ocurrió que el ladrón le buscó y le devolvió todo lo robado, pidiéndole perdón. Tal cosa ocurrió porque en la mente del ladrón no había una distorsión demasiado fuerte del DOROR; de modo que el foco de conciencia del «científico cristiano» pudo rectificar la distorsión en este caso excepcional. Pero sería ilusorio esperar análogos resultados en cualesquiera otros casos. La fuerza distorsionadora del egoísmo, los «torbellinos» del «yo aferrado», pueden hacer que sólo en una pequeña medida tenga lugar la rectificación metafísica, o que no tenga lugar en absoluto.

»Hay numerosos factores que robustecen la distorsión dificultando o impidiendo la rectificación, y en su momento los veremos. Por ejemplo, si la distorsión está arraigada en una zona muy amplia de la MM, será más difícil la rectificación. En muchos casos, ésta sólo será posible si la mayoría de los seres humanos tienen conciencia de su nadalidad y de la consistencia y existencia real del DOROR. Por otra parte, rectificar los males individuales, por difícil que pueda resultar, siempre será más fácil que rectificar los males de un grupo de personas, o de toda una sociedad, que nos afecten individualmente.

»Existe, incluso, la posibilidad de que la rectificación no pueda ser obtenida en este planeta. Si en él los focos de conciencia fuesen poco numerosos y la distorsión muy extendida, arraigada y profunda, la rectificación podría hacerse inviable y su proceso global sólo podría tener lugar en una porción más amplia del universo.

Al llegar a este punto, Aurelio nos rogó que le excusáramos por poner fin a la reunión un poco antes de la hora habitual; pero alegó que estaba citado con un personaje a quien debía invitar a cenar esa noche. Por consiguiente, nos fuimos todos. Pero, como el trayecto que Aurelio debía recorrer en «Metro» coincidía en gran parte con el que yo debía seguir, me brindé a acompañarle y él aceptó de buen grado. Y no sólo eso; sino que en el camino, franqueándose conmigo de un modo inesperado y muy halagador para mí, me puso al corriente de algunos problemas de índole personal que le traían «a mal traer». Mayormente, se trataba de problemas de una anciana tía suya llamada Desdémona, viuda sin hijos, de cuyos asuntos él tenía el deber moral de ocuparse.

El dueño del piso que estaba encima del de doña Desdémona había adquirido la costumbre de vaciar sus ceniceros por el balcón, y Aurelio, en representación de su tía, había denunciado el hecho varias veces a la Policía municipal, sin ningún resultado. Con el mismo nulo resultado, había practicado un requerimiento notarial al susodicho vecino para que cesara en su molesta y peligrosa actividad. Hasta que un día, entre las colillas arrojadas desde arriba, hubo una encendida que el viento introdujo dentro del piso de doña Desdémona (cuyas ventanas estaban abiertas por ser verano), y produjo en él un incendio que destruyó los muebles y demás objetos del salón y chamuscó sus paredes. Se presentó ante el Juzgado la pertinente querella por daños, adjuntando copia de las denuncias policiales anteriormente presentadas y del requerimiento notarial efectuado en su momento; pero el Juzgado, al cabo de cuatro años, había dictado sentencia, sin posibilidad de apelación, decidiendo que se trataba de un caso fortuito y declarando al vecino exento de toda responsabilidad. La tía de Aurelio, que tenía contratado un seguro de hogar, había reclamado también a la Compañía de seguros, pero ésta se había negado a pagar la pertinente indemnización sin alegar razón alguna. Tenía, por tanto, un pleito pendiente contra dicha Compañía, que al cabo de ocho años no se sabía cuándo podría terminar.

En realidad este pleito habría podido evitarse fácilmente. La susodicha Compañía había ofrecido un arreglo amistoso, consistente en pagar solamente la mitad de su deuda. Aurelio, en representación de su tía, no había podido amenazar a la Entidad aseguradora, como habría podido hacerlo en cualquier país civilizado, diciéndole: «Si no pagan ustedes inmediatamente toda la cantidad que deben, mi tía les demandará ante los Tribunales.» Por el contrario, había tenido que escuchar una amenaza como las que son usuales en España en casos semejantes: «Si su tía de usted no se conforma con cobrar solamente la mitad de esa cantidad, se verá obligada a demandarnos ante los Tribunales.» Era una amenaza muy seria, pues la consabida maldición española «tengas pleitos y los ganes» tiene un fundamento absolutamente real. Por consiguiente, Aurelio había aconsejado a su tía que aceptase sin vacilar la generosa oferta de la Compañía; pero la anciana mujer se empecinó en percibir todo aquello a que tenía derecho. Había visto en la televisión demasiadas películas extranjeras, sobre todo nortemericanas, inglesas y, en general, de países de la Europa occidental, y prefirió entablar el pleito.

Mientras el asunto se resolvía, o se estancaba, o el expediente desaparecía para siempre en el Juzgado, lo cierto es que Aurelio había tenido que prestar a su tía el dinero necesario para reparar el inmueble. Pero algún tiempo después, por razones de edad e invalidez, doña Desdémona se había visto obligada a alquilar el piso para recogerse en una residencia de ancianos, cuya cuota pensaba pagar precisamente con el importe de las rentas del alquiler. Ahora bien: el inquilino no las pagaba, se negaba a toda elevación de las mismas, a pesar de estar claramente pactada, y también se negaba a desalojar el piso.[40] El procedimiento judicial contra el inquilino duraba ya seis años y, entretanto, sin disponer del inmueble ni del dinero, la tía de Aurelio tenía que pagar a sus respectivos vencimientos los gastos de comunidad y los impuestos que recaían sobre el piso. Y parece ser que, como se hubiera retrasado algo en el pago de estos últimos (pues no tenía otros ingresos que una modestísima pensión de viudedad), la Hacienda pública había procedido fulminantemente contra ella, estando ya señalada la subasta del piso para una fecha muy próxima. Los procedimientos judiciales instados por la tía de Aurelio no adelantaban nada; pero el procedimiento administrativo de apremio seguido contra ella en favor de las arcas públicas avanzaba con una rapidez verdaderamente británica, y el importe a pagar crecía a pasos agigantados. Lo que ahora estaba gestionando Aurelio era un préstamo bancario, con su aval personal, para que su nombrada tía pudiera hacer frente a sus sacrosantos deberes tributarios. Según todos los hechos observables («por lo visto», como se suele decir), al Estado español no le importaba lo más mínimo que la señora obtuviese justicia; pero él necesitaba dinero para pagar a sus funcionarios, incluidos los de la así llamada «administración de justicia» (no más operantes que los de otras «administraciones»), entre otros fines menos claros.

El abogado que se ocupaba de los dos pleitos de doña Desdémona (la cual, viviendo casi totalmente a cargo de su sobrino Aurelio en una modestísima y destartalada residencia, a menudo se mostraba desesperada por la

[40] Para escapar de esta agobiante situación, doña Desdémona pensó seriamente en regalar el piso al Estado, responsable de la injusticia, para que, sufriéndola en sí mismo, al fin se enterara de ella. Pero probablemente el Estado no lo habría aceptado, por ser un piso muy modesto. Además, doña Desdémona ignoraba que *el Estado sí que tiene medios para resolver rápidamente estos problemas, o para él no existen.*

enorme lentitud con que ambos pleitos avanzaban), le dijo (era un triste consuelo, pero consuelo al fin) que todavía habrían avanzado con mucha mayor parsimonia si hubiesen tenido por objeto impugnar ante los Tribunales algún acto de la Administración Pública.

Aurelio, según me dijo, tenía ya alguna experiencia en temas jurídicos. Durante unos años en que no residió en Madrid había cometido el error de ceder en alquiler la vivienda que poseía en esta ciudad, y, al ser destinado luego a ella en la empresa donde trabajaba, había había tardado diecisiete años en recobrar el uso del piso que necesitaba para sí, y además se lo habían devuelto destrozado. No había querido demandar al antiguo inquilino por los daños y perjuicios que le había causado, puesto que todo lo que podía esperar es que éste, al cabo de veinte años, obtuviese una Sentencia absolutoria. Al hilo de lo cual, Aurelio me dijo que los españoles, en vez de acogerse, como hacen otros pueblos, a la *Lex* (palabra que en latín significa «Ley», y que figura en el frontispicio de algunos altos Tribunales), tenían que conformarse con el *Lexatín*.[41]

Precisamente por aquellos días, la Prensa se indignaba por el hecho de que en todas las ciudades españolas hubiera enormes cantidades pisos vacíos cuyos propietarios no querían alquilarlos (preferían mantenerlos desocupados o venderlos al contado), y «la clase política» estaba ya hablando de implantar diversas penalizaciones para atajar la insolidaria e indignante actitud de tales propietarios, cuya renuencia a arrendar sus pisos desocupados les extrañaba sobremanera.

Después de haber recobrado el uso de su vivienda, Aurelio había tenido problemas con los tremendos ruidos (fortísimos golpes, ladridos de perros, música a todo volumen, etc.) y abundantísimas goteras producidas por el vecino de arriba, que además tendía la ropa tapándole las ventanas de su dormitorio. Y entonces pudo percatarse de que en España no existe procedimiento legal alguno, judicial o administrativo, para resolver ninguno de estos problemas, al menos de una manera contundente y rápida. Por ello, intentaba atenuarlos buscando aquella noche la amistosa recomendación de un miembro de la misma secta a que pertenecía dicho vecino, aunque no recuerdo bien si se trataba de la Masonería, los Rosacruces, los Rotarios, el Partido Comunista, el Partido Comunista Marxista-Leninista, el verdadero PSOE, el falso PSOE o Polanco-felipismo (PSOE-PRI, S.A.), la Falange, la Falange Auténtica, los Jesuitas, la ACNP, la Democracia Cristiana, la Acción Católica, Cáritas Diocesana, el Opus Dei, la Gota de Leche Cristiana, o cualquier otro grupo.

Al fin me despedí de Aurelio. Aún me parece verle alejarse por el andén con la cabeza baja, como abatido y abrumado por un peso insoportable.

[41] Conocido producto farmacéutico para calmar los nervios.

Septimo domingo

HAY PLANOS DE MATERIA SUTIL

La noche anterior me había acostado muy tarde. Dalmacio y yo, que ya éramos amigos de antes aunque no nos viéramos nunca, habíamos simpatizado con Félix y Carlos, y, al terminar la última tertulia, habíamos tenido los cuatro una segunda reunión particular en una taberna cercana, ante bebidas algo más fuertes que la cerveza. Allí, entre otros temas de conversación, habíamos comentado algunas cosas de la tertulia que acabábamos de dejar y, como resultado de nuestros comentarios, habíamos acordado volver a reunirnos la tarde del próximo sábado para cambiar impresiones previas, trazar un plan, y prepararnos para rebatir coordinadamente lo que el domingo siguiente nos dijeran «los tres mosqueteros», como se nos había ocurrido llamar a Aurelio, Luciano y Argimiro. Pero lo único que hicimos el sábado fue beber mucho vino.

De modo que fue con la cabeza algo pesada como me encaminé a casa de Aurelio este domingo. Seguía haciendo calor, aunque estábamos ya a mediados de septiembre. Lo que ocurrió esa tarde es que hablaron casi exclusivamente «los tres mosqueteros». En cuanto a Dalmacio y Félix, que habían estudiado Filosofía, apenas si abrieron la boca; aunque ambos parecían disfrutar muchísimo con lo que oían, no sé por qué.

Sea como fuere, se habló únicamente, como se podía haber hablado del sexo de los ángeles, de la naturaleza del DOROR. No de cómo era en cuanto a su estructura o su contenido, sino de cómo había llegado a ser; es decir, de su origen; de su nacimiento y consiguiente *natu*-raleza. Posturas contrapuestas eran las de Luciano y Argimiro. El primero relacionaba el DOROR con el conocimiento divino, mientras que el segundo lo hacía con la voluntad divina. En cuanto a Aurelio, parecía jugar alternativamente con uno y con otro, y al final expuso una tesis que puede calificarse de sorprendente porque, de hecho, nos sorprendió a todos. Pero mejor será que empiece ya a relatar lo que se dijo en la reunión.

Dada la complejidad de los temas debatidos, y para obtener en la exposición de las tesis una claridad que, a mi entender, la transcripción del diálogo enturbiaría, esta vez agruparé las intervenciones de los «tres mosqueteros» bajo las diversas teorías expuestas por cada uno. Sólo ocasionalmente transcribiré algún diálogo de los muchos que hubo.

Cronológicamente, la primera teoría que salió a relucir fue la que yo doy en llamar «*del conocimiento*», y fue Luciano quien la expuso y defendió. A Luciano, pues, habrá que atribuir todo lo que sigue (aunque sus intervenciones vengan separadas unas de otras por tres asteriscos), mientras yo no indique otra cosa. El mismo sistema seguiré con los demás contertulios que hablaron después.

—El DOROR «*se* produce» por la coexistencia de lo material con lo divino; quiero decir, con Dios; pero, dentro de ello, el DOROR sería precisamente la visión que tiene Dios de lo material.

* * *

»La materia es No-ser, mientras que Dios (entendiendo por tal el «Uno-Bien» plotiniano) y su DOROR (la «Inteligencia» y el «Alma», superior e inferior, plotinianas) pertenecen a la esfera del Ser. Y el Ser sólo puede conocerse a sí mismo, porque, como decía Platón, de acuerdo en esto con la filosofía griega anterior a él, «*sólo lo semejante puede conocer a lo semejante*». En otras palabras: el conocimiento requiere o presupone identidad o semejanza. De modo que el Ser sólo puede conocer al Ser y a su exacto reflejo en el No-ser; no al No-ser. Por tanto, «*Dios no sabe nada de la materia*».

»Dios no conoce de la materia (No-ser) sino *su reflejo* en la materia, igual que un hombre no ve el espejo (cristal y azogue) sino su reflejo en el espejo. Esta visión de Dios es lo que llamamos «el DOROR»: un mundo perfecto, que está en alguna «longitud de onda» que desconocemos.

»Dice San Pablo en el famoso capítulo 13 de la primera epístola a los corintios: «Ahora conozco en parte, pero entonces conoceré *como fui conocido.*»

»Una vez ocasionada por la existencia de Dios, la materia, al reflejar primariamente a Dios, se «anima» o, si se quiere, se «vitaliza». Entonces es capaz de distorsionar la imagen de Dios, con esa vida prestada que ha adquirido. Las distorsiones proceden de la materia misma, del espejo mismo, pero Dios no las ve. Él siempre ve un reflejo correcto de su «modo de ser»: del supremo Bien que es. Es lo que le ocurre a quien se mira en la superficie de un estanque de aguas tranquilas. Él se ve correctamente reflejado en el agua; pero quien le mira a él desde el fondo del estanque le ve siempre distorsionado por la refracción del agua.

»Dios no conoce el mal. Si lo conociera, se contaminaría de mal. Al asimilarlo, lo haría suyo de alguna manera; de algún modo el mal estaría en él, y eso es imposible. No es posible que Dios conozca el mal, ni siquiera para rechazarlo. Ya se lo dijo el profeta Habacuc: «*Muy limpio eres de ojos para ver el mal, ni puedes ver el agravio*» (Hab. 1,13).

* * *

»Si la materia se ajustase automáticamente a lo que Dios ve de ella en su coexistencia con ella (el DOROR), no existiría el mal. Pero la materia, por su intrínseca imperfección, presenta dificultades para ese ajuste, al que de por sí tiende. Es tarea de la conciencia de la materia, y especialmente de la materia más consciente, que es el ser humano, propiciar ese ajuste.

»La mente humana, reconociéndose, como es, parte de la materia y además «punta de lanza» (como decía Teilhard de Chardin) de la Evolución de la materia hacia una cada vez mayor conciencia, puede hacerla más moldeable por el DOROR: puede remover los obstáculos que dificultan la operación del DOROR; es decir, los obstáculos que encuentra la propia materia para ajustarse al DOROR al que de por sí tiende.

»Si por alguna extraña combinación del azar, o mediante un esfuerzo denodado, se produjese en algún momento un SOMA perfecto, Dios lo vería tal como es, y su DOROR (al menos el de grado inferior) coincidiría exactamente con él.

»En definitiva, ocurre que, de la materia, Dios sólo puede conocer lo bueno; y lo bueno que conoce, y sólo eso, es inmortal y eterno en Dios, mientras que lo malo morirá para siempre porque no es conocido por él.

»De modo quc, si lo «mirado» por Dios es bueno, lo mirado mismo se hace inmortal porque es visto por Dios; es decir, que, superpuesto a lo mirado, hay un DOROR que se corresponde con él, que en su parte inferior coincide exactamente con él y que en su parte superior no es lo mirado mismo sino algo mejor todavía. Si lo «mirado» por Dios es malo, el DOROR que le corresponde, lo que Dios ve de él, es inmortal, pero no lo mirado mismo lo mirado mismo muere.

»En otras palabras: si el objeto de la visión divina es «lo bueno», ese objeto es visto por Dios, y es lo visto mismo lo que se hace inmortal; lo que se «*reviste de inmortalidad*» como dijo San Pablo. Pero si el objeto de la visión divina no es lo bueno sino «lo no bueno», ocurre que, aunque Dios lo vea «como bueno» o «como mejor» y lo que Dios ve sea inmortal, lo que ve Dios «no es aquello»: no es lo mirado mismo.

»En todo ello debe de haber infinitas gradaciones, como infinitos grados hay de bondad y de maldad. Tales gradaciones lo son «de identidad en la inmortalidad». El santo más santo será, pues, inmortal el mismo que era y, *además,* mucho mejor todavía del que era. El malvado más malvado, simplemente perecerá; su DOROR será inmortal, pero no será «él mismo» («el de aquí»: el de este mundo); él mismo perecerá. En las gradaciones intermedias habrá más o menos identidad entre el ser que vivió en este mundo y el ser que viva en el Reino de los Cielos.

* * *

»Con la visión de Dios ocurre algo paralelo a lo que, según Kant, ocurre con la visión humana, la cual depende, tanto de los estímulos sensoriales que el sujeto recibe, como de las «categorías» (incluido el espacio-tiempo) que previamente radican en él. En el caso de Dios, las «categorías» no producen, como en el ser humano, una modalización, ubicación espacio-temporal o estructuración, pues Dios no tiene sensaciones ni categorías, que son limitaciones. Sólo sabemos de él su «modo de ser», que es la bondad, que es el Bien; y lo que se produce en su visión es una inversión completa de lo malo; una conversión de lo malo en bueno.

»Cuando una persona recibe de otra un elogio que cree (o finge creer) inmerecido, suele decirle: «Son los buenos ojos con que tú me miras.» En castellano, en efecto, «ver con buenos ojos» una cosa quiere decir verla mejor de lo que es: verla favorecida. Lo dicen los campesinos castellanos sin haber leído a Kant. Pues bien: en este sentido, hemos de pensar que Dios tiene los mejores «ojos» posibles; que ve las cosas con los mejores ojos que es posible imaginar por nadie.

»El conocimiento de que son capaces los animales (pues, como en su momento veremos, lo que en ellos ocurre puede llamarse conocimiento), es muy distinto del nuestro aunque a veces queramos imaginarnos lo contrario. Sobre todo las especies menos desarrolladas, sólo pueden conocer lo que les cuadra: lo que les cumple: lo que les corresponde: lo que están programadas para conocer. A nosotros nos pasa lo mismo, pero con más amplitud cuantitativa y, sobre todo, cualitativa; pues la abstracción, la idea y el juicio, parecen ser exclusivos del ser humano. Del mismo modo, el conocimiento que tiene Dios, que es puro Espíritu, Inteligencia y Bondad supremas, tiene que ser muy distinto del nuestro e inimaginable por nosotros. No tiene limitaciones dimanantes de la materia; y así como nosotros, al conocer un objeto, lo enmarcamos en un campo abstracto de inteligencia (un campo limitado, material, de posible inteligencia nuestra), Dios sin duda lo incluye en un campo infinito de Inteligencia y de Bondad.

»El conocimiento divino da lugar al DOROR, que, por tratarse del efecto de una operación de Dios, tiene sustancia propia. Dios, al conocer, al pensar, crea, como ya dijo Aristóteles. Porque lo conocido por él está en él y tiene una existencia derivada de él. Por tanto, al conocer el acontecer material a través de su Bondad, Dios le da una nueva realidad.

»No podemos saber cómo es esa realidad creada por él; pero sabemos que ha de tener consistencia, vida eterna, felicidad, y perfección.

»Para que pudiéramos «vernos como Dios nos ve» (expresión usada a veces en la «Ciencia Cristiana»), tendríamos que estar fuera de la materia y, además, poseer las «categorías» de Dios, que consisten seguramente en carecer de toda «categoría» o en disponer de todas las «categorías» posibles; es decir, infinitas categorías. Poseer sólo una o varias «categorías» es una doble limitación, en cuanto que sólo puede lograrse conocimiento a través de ellas, y en cuanto a que no se poseen otras. Pero Dios carece de toda limitación. Ni siquiera la existencia de la materia representa una limitación para él, porque la materia es inconsistente, como también lo es el sueño de que la materia es consistente. El mundo material es el sueño de un sueño dentro de un sueño que nadie sueña. Y Dios y su DOROR son, en cambio, algo consistente: Algo.

»No podemos imaginar ese conocimiento divino ni, por tanto, el DOROR que produce. Es inútil e ilusorio tratar de intuirlos intelectualmente. Sólo la intuición emotiva es viable, y no del conocimiento divino ni de su producto el DOROR, sino de sus respectivos efectos. Hemos de limitarnos, pues, a tener *fe (fe-apertura) devota y gozosa* en que el DOROR existe y en que ha sido creado por Dios; imaginar que la operación de Dios de crear constantemente el bien para nosotros (un DOROR no destructivo de la materia) se debe a un amor por nosotros semejante al de una madre por su hijo; estar agradecidos a Dios (lo que será la prueba de que creemos en todo ello) y, respecto al DOROR, no intentar saber cómo es, sino simplemente tratar de ajustarnos a él (haciendo siempre el bien, pues en el bien consiste el DOROR), y sentirnos felices por tenerlo: sentirnos protegidos amorosamente en el regazo de Dios, donde hay vida y felicidad eternas, como sin duda es feliz y eterno el DOROR.

* * *

Al llegar a este punto de la exposición de su tesis, Luciano se perdió en una serie de divagaciones, motivadas por una pregunta infame que le hizo Dalmacio sobre el conocimiento que Dios tendría de nuestro conocimiento, y cómo este «conocimiento del conocimiento» incidiría en el DOROR. Fue lamentable.

—El conocimiento del objeto por Dios crea el DOROR de grado superior. El conocimiento por Dios de nuestro conocimiento del objeto crea el DOROR de grados inferiores, que tiene forma —dijo Luciano completamente aturdido.

* * *

»No. No es eso —rectificó luego Luciano, envuelto en un momento dado por los argumentos de Dalmacio—, sino que Dios conoce siempre bajo el prisma del bien; pero conoce como él conoce y también como nosotros conocemos. Cuando Dios conoce como nosotros conocemos, crea el DOR y, junto con éste, el primer OR relativo. Cuando Dios conoce del modo como él conoce, crea el OR absoluto de grado supremo. Y cuando conoce de modo más perfecto que el nuestro, pero no tan perfecto como el máximo que puede alcanzar, crea los estados intermedios de OR absoluto y los OR relativos distintos del primero.

* * *

Luciano estaba cada vez más desconcertado; pero Aurelio vino en su ayuda diciendo:

—En cuanto a nuestra operación de conocer, Dalmacio, lo que Dios haría mediante su OR absoluto de primer grado es que dicha operación nos llevase a un conocimiento perfecto dentro de nuestros límites; pero un conocimiento perfecto de lo que existiese realmente en la materia. Si viéramos un hombre malo, Dios haría que viéramos muy bien visto un hombre malo; no que viéramos un hombre bueno donde no lo hay.

»Porque lo que Dios haría perfecto al verlo perfecto, es un acontecer. Si ese acontecer es el acontecer constitutivo de un objeto material, haría perfecto (en el DOROR) el objeto material; pero si ese acontecer es el acontecer constitutivo de un conocimiento humano, haría perfecto el conocimiento humano; no el objeto conocido.

»Dios conoce no sólo los aconteceres-seres materiales (incluidos los humanos), sino también el conocimiento que de ellos tienen otros aconteceres-seres materiales, porque este conocimiento es un acontecer material más. Y el conocimiento divino conferiría consistencia y perfección a todos los aconteceres divinamente conocidos, tal como son divinamente conocidos.

»Lo cierto es que, tanto los objetos como su conocimiento por el ser humano, forman parte de un «acontecer único»; y ese acontecer único es el que Dios perfeccionaría al conocerlo a su modo.

»El conocimiento por Dios del acontecer único que se da en la MM (mejor dicho, en el acontecer único que *es* la MM) crearía el DOROR, que en sus grados inferiores tendría forma, porque también tiene forma el acontecer material, ya sea en el objeto conocido o, como quiere Kant, propiciada por el sujeto cognoscente. En todo caso, el DOROR recaería sobre el proceso cognoscitivo total y su resultado en la MM.

»El DOROR de grados superiores no sería más que un nivel más alto en el bien, dentro del conocimiento divino, por estar desligado de las limitaciones inherentes al objeto de ese conocimiento divino.

Gracias a la intervención de Aurelio, Luciano cobró nuevos ánimos. Pero, ya fuese por el desconcierto que le había producido anteriormente Dalmacio o por otro motivo distinto, ello es que se atrevió a introducir él mismo una interesante modificación en su propia tesis. Yo califiqué después a esta modificación como «*la teoría de la mirada*».

—Pensándolo mejor, ahora me parece que no es posible que algo realmente existente escape al conocimiento de Dios. Aunque se trate de un No-ser como la materia. Porque, aunque alguna faceta de Dios pertenezca a la esfera del Ser, él mismo está por encima del Ser y del No-ser.

»Cuando Dios mira una cosa mala, no la ve como mala. Pero no es porque la vea *como* buena siendo mala (pues no es buena, sino mala), sino que, al mirarla, la hace buena. *Hace una cosa buena, correspondiente a la mala y diferente de la mala*. Por el solo hecho de «tenerla en cuenta», por el solo hecho de «volverse hacia ella» para mirarla, para conocerla, la convierte en buena. Y no sólo buena, sino además existente, real, sustancial, consistente, y eterna. Ese producto del pre-conocimiento divino, de la *respectividad* divina a la materia, es el DOROR.

»Sí; metafóricamente podríamos decir que cuando Dios «vuelve la cabeza» hacia la materia, cuando «dirige su mirada» hacia ella, la hace buena, y después la ve buena, tal como ya es. Ve lo que ha hecho: lo que se ha producido a su consideración, a su mirada; es decir, el DOROR. Dios ve lo que él mismo ha creado; lo que él mismo ha producido por la conciencia de su coexistencia con la materia, que es el DOROR. Sin duda, a esto se refiere Salomón cuando afirma: «*El rey que se sienta en el trono de juicio, con su mirar disipa todo mal*» (Proverbios 20,8).

Félix creyó que podía aportar algo en este tema, y era verdad:

—Ese punto de vista es exactamente el mismo de Numenio de Apamea,[42] cuando dice que el «*Dios Segundo*» es el mismo «*Dios Primero*» en cuanto que está vuelto hacia la materia para mirarla o considerarla, y que esa mirada o consideración es la que crea ciertas determinaciones en el «*Dios Segundo*». Dichas determinaciones constituirían el DOROR, cuya mezcla o combinación con el caos de la materia es lo que Numenio llama el «*Dios Tercero*»: es decir, el mundo material, la realidad material, la materia configurada en formas: lo que vosotros llamáis «MM».

---

[42] Filósofo neopitagórico nacido hacia el año 120 d.C. en dicha ciudad griega de Siria, situada en el valle del río Orontes. Nada se sabe de su vida. En Apamea había nacido también (en 135 a.C.) el filósofo estoico Posidonio; a esa misma ciudad se dirigió Amelio cuando abandonó a Plotino en Roma en el año 269, y allí tuvo escuela por algún tiempo Jámblico. Cuenta Toynbee que en Apamea guardaba sus elefantes de guerra la dinastía griega de los Seléucidas.

»Otra cosa que tengo que decir es que el DOROR, como efecto de la «mirada de Dios», está perfectamente descrito por San Juan de la Cruz en su «*Cántico espiritual*». En la cuarta estrofa, la Esposa formula a las criaturas la siguiente pregunta:

«*¡Oh bosques y espesuras*
plantadas por la mano del Amado!;
¡oh prado de verduras
de flores esmaltado,
decid si por vosotros ha pasado!»

»Y en la estrofa quinta las criaturas responden:

«*Mil gracias derramando*
pasó por estos sotos con presura
y, ***yéndolos mirando,***
con su sola figura
vestidos los dejó de hermosura.»

»Ésta es una intuición muy antigua, que se origina en Platón y en el misticismo de raíz neoplatónica; a saber: que todo cuanto de hermoso y bueno hay en este mundo, lo es por ser reflejo de Dios. No hay que olvidar que San Juan de la Cruz, cuando era solamente fray Juan de Santo Matía, estudió en la Universidad de Salamanca desde 1564 a 1568.

»Pero esta intuición se refería solamente a la creación del mundo por Dios. Según esta primera intuición, sólo entonces operó Dios mediante su «mirada». Otros, como Plotino, profundizaron más: el mundo está en perpetua creación, y en cada momento las formas de origen divino se están reflejando en la materia. Pero Plotino no podía saber que la materia está en continua evolución. Después de Darwin y Lamarck, algunos (especialmente Teilhard de Chardin) pensaron que esta evolución está orientada por Dios, pero sólo en los puntos de inflexión decisivos. La intuición debe llevarse hasta su extremo: Dios opera continuamente sobre la materia; y no sólo en la lenta evolución de las especies o de la estructura del planeta Tierra, sino en cada momento y en cada acontecimiento concreto en cualquier parte de la materia... si ésta se deja.

»En la Biblia (*Génesis* 1,31) se dice: «*Miró* Dios todo lo que había hecho, y *halló* que era bueno.» Pero San Juan de la Cruz, que precisamente es quien hace esta cita del Antiguo Testamento en el «*Cántico espiritual*», se aparta de la Biblia de un modo muy sutil, que desde luego pasó desapercibido para los censores de la época. Pues en el «Cántico» no dice solamente que Dios hubiera hecho lo que después miró, como dice la Biblia. San Juan dice más todavía: dice que lo que Dios había hecho, lo había hecho mediante su mirada. Pues dice que lo dejó vestido de hermosura porque lo miró; pero es lógico que esa hermosura la tuviera ya antes, cuando lo plantó, puesto que al plantarlo tuvo que mirarlo; de modo que lo que viene a decir San Juan es que lo plantó cuando lo miró. Lo miró cuando lo plantó y lo plantó cuando lo miró. Lo plantado con su mirada se desarrolló también bajo su mirada. Como consecuencia de ella, «vestidos los dejó de hermosura». No dice San Juan de «su» hermosura, por motivos exclusivamente literarios, ya que en su tiempo la «h» de «hermosura» se aspiraba (se pronunciaba algo así como «jermosura»); de modo que, si hubiera escrito «de su hermosura», el último verso de la estrofa tendría doce sílabas en vez de las once que debe tener en toda lira. Pero San Juan quería decir «su» hermosura.

La intervención de Félix fue acogida con agrado e interés, como solían serlo todas las suyas. Pero Luciano desvariaba. La modificación que poco antes había introducido, era lo bastante importante como para adoptar en lo sucesivo una actitud humilde y reservada. Pero, ya imparable, volvió a modificar su tesis primera, esta vez con una teoría que yo llamé «teoría no del conocimiento ni de la mirada, sino *del fruto del conocimiento*». Dijo, pues, también Luciano:

—Si existe Dios, él conoce todo lo que acontece en la materia (incluyendo el mal) y, al conocerlo, le confiere una nueva realidad distinta de la material. Pero no es que esa nueva realidad sea la realidad verdadera de lo conocido (como afirma la «Ciencia Cristiana»), en contraste con la realidad material que nosotros podemos conocer. Tampoco es que esa nueva realidad sea el contenido del conocimiento divino, es decir, lo que Dios conoce de la realidad material. Cuando digo que Dios, al conocer el acontecer material, «le confiere» una nueva realidad, lo que quiero decir es que, junto a la realidad material conocida, surge una Realidad Paralela en virtud del conocimiento divino y de la bondad de Dios. Esa nueva Realidad, que no es el contenido del conocimiento divino de la realidad material, sino el resultado que produce el conocimiento divino en virtud de la bondad de Dios, es el DOROR.

Esto era ya una transición hacia la «*teoría de la voluntad*». Transición que se hizo más acentuada y evidente cuando a continuación dijo:

—El amor divino se manifestaría en no dar a esa creación suya, el DOROR, una consistencia capaz de destruir a la materia, sino, por el contrario, en darle una consistencia capaz de modificarla hacia el bien, aunque, por eso mismo, pudiera ser resistido por ella. Esto podría ser considerado como un acto de la voluntad divina. Pero yo creo que surge directamente de la suprema «*bienitud*» de Dios en el conocer, que se manifestaría no sólo en conocer a través del máximo bien, sino en procurar el máximo bien a lo conocido. O, en otras palabras, creo que surge de la capacidad de Dios de conocer «*bienmente*» no sólo el objeto conocido, sino también lo que éste es capaz de soportar como consecuencia de su conocimiento.

Ya estaba bien de variaciones, contradicciones y galimatías. Luciano había agotado nuestra paciencia. Argimiro lo comprendió así, y tomó la palabra acto seguido para sostener la *«teoría de la voluntad»*. Pero lo hizo de un modo paulatino, como era usual en él. Como buen gallego, empezó por hacer una crítica de la «teoría del conocimiento», y, dando un rodeo, siguió con divagaciones de alto vuelo antes de exponer su tesis.

—Dios no puede tener un conocimiento de la realidad material que sea menos completo que el nuestro, en primer lugar porque diría muy poco en favor de la omnisciencia y la omnipotencia divinas, y en segundo lugar porque, de ser así, el OR de Dios recaería en cada instante sobre el DOR de Dios, y éste sobre la «realidad material que conoce Dios», y no sobre la que nosotros conocemos; de modo que su operación sobre esta última no existiría o sería enormemente perturbadora. Precisamente ésta es una de las cosas que le reprochamos a la «Ciencia Cristiana», para la cual la realidad divina se desarrolla por un lado y la material por otro, y sin embargo afirma que la primera puede rectificar la segunda a través de la mente humana iluminada por la Mente divina.

* * *

»El enfoque platónico-plotiniano es estático: piensa en términos de cosas, de sustancias (las Esencias-Formas de la Inteligencia, los *Logoi* del Alma) y no de aconteceres. Pero hoy sabemos que en el mundo material no hay cosas (o personas), sino aconteceres. Por eso es preciso hoy día sustituir la proyección del bien sobre la materia mediante los *Logoi* del Alma, por la proyección del bien sobre la materia a través de un conjunto de entidades ideales creadas por Dios, el Uno-Bien de Plotino. A ese conjunto lo hemos llamado DOROR, denominación en la que pretendemos englobar la Inteligencia y el Alma (superior e inferior) plotinianas y sus respectivos contenidos.

»Pero como tales entidades recaen sobre una materia siempre cambiante, a la cual han de ajustarse para influir en ella en cada momento, esas entidades presuponen un conocimiento de la materia por parte de Dios.

* * *

»Sin duda, Dios ha de saber de la materia o no sería Dios. Sin embargo, como dice el *Tao Te Ching* del *Tao* o DOROR, *«no la señorea»*; es decir, que no la gobierna con un poder omnímodo e irresistible.

»¿Y por qué no la señorea? La única contestación posible, dada la suprema bondad de Dios, es que, si no la señorea, no es porque no quiera, sino porque no puede. Y ¿por qué no puede? No porque él no sea omnipotente, sino porque la materia es inconsistente. Es No-ser. No tiene Ser. Y lo que es puro Ser (el Alma plotiniana), o el Ser supremo (la Inteligencia), o lo que incluso está «por encima de» el Ser (el Uno-Bien), no puede modificar lo que no tiene Ser, consistencia, ni sustancia verdaderas.

»Si existe Dios (entendiendo por tal un Dios bueno y omnipotente), la materia ha de ser inconsistente, sin sustancia ni Ser verdaderos, porque Dios no puede modificarla directamente. Y, si existe el DOROR, la materia ha de tener existencia real a pesar de todo, porque el DOROR habrá sido creado para modificar algo que exista realmente, y no la pura nada.

»Y ésta es precisamente la mayor prueba de que, si existe Dios, la materia no tiene Ser, consistencia ni sustancia verdadera; a saber: que Dios no puede modificarla directamente. Análogamente, la mayor prueba de que, sin embargo, la materia tiene existencia real, es la existencia real del DOROR.

»Ante la polaridad entre un Dios bueno y omnipotente y una materia donde existe el mal, la conclusión lógica ha de ser: o que Dios no es bueno o no es omnipotente (y un Dios así no nos serviría para nada y nada importaría que existiera o no), o que la materia no tiene Ser ni sustancia verdadera, como decimos nosotros.

»Éste es el dilema básico, y es inútil no querer afrontarlo por apego a la materia, a la vez que apego a un Dios bueno y omnipotente.

»Si se cree en la sustancialidad de la materia, un Dios bueno y omnipotente ha de resultar un mero producto de la mente humana, creado por móviles egoístas (seguridad, consuelo, deseo de inmortalidad) y que carece de toda realidad. Es lo que dicen Marx y Engels, entre otros muchos.

»Pero si se cree en la existencia de un Dios bueno y omnipotente, la materia es la que ha de resultar, al menos, insustancial.

»La segunda postura es la más conforme con la «*razón vital*». Porque es mucho más fácil vivir creyendo en un Dios bueno y todopoderoso, que vivir sin creer en él. Más aún, el agnosticismo, no menos que el ateísmo, conduce a la autodestrucción. Si el «sentido» de una proposición no depende sólo de la Lógica sino también de la vida donde se da la Lógica, la segunda proposición es la única que tiene sentido, porque es la única que favorece a la vida. No ha de despreciarse la Lógica; pero, entre dos proposiciones igualmente lógicas, hemos de inclinarnos por la que sea más vital. *No porque sea la más beneficiosa, sino porque probablemente es también la más verdadera. Y esto no deja de tener su justificación en una Lógica más profunda.*

»*La Lógica se funda en principios indemostrables («axiomas»), que son evidentes por sí mismos. Pero estos principios, que por definición no se fundan en otros anteriores, se fundan, sin duda, en la experiencia humana. A lo largo de milenios, el hombre ha aprendido por experiencia (y ello ha pasado a formar parte del inconsciente colectivo) que es más útil (es decir, más vital) actuar con arreglo, por ejemplo, al principio de no contradicción, que actuar sin ajustarse a él. En eso y no en otra cosa se funda la «verdad» o validez lógica del principio: en su mayor eficacia vital; en su mayor utilidad para la vida. Por tanto, al utilizar ese mismo criterio en el dilema que nos ocupa, no hacemos sino aplicar una Lógica más profunda que la establecida, pues estamos aplicando el fundamento mismo de esta Lógica.*

* * *

»Puede ocurrir que Dios conozca el mal de la materia y quiera rectificarlo por medio del Cristo. ¿Por qué no? ¿Por qué Dios no puede conocer el mal? Si no pudiera, sería inferior al ser humano en esto. Lo conoce, pero no le afecta. No es como ocurre en nuestro ser material, donde todo lo que conocemos lo absorbemos. Dios está por encima de la Existencia y de la No-existencia; por encima del Ser y del No-ser.

»El conocimiento que se da en la MM (es decir, entre distintas zonas de la MM) se produce por una especie de conexión. Conexión de lo semejante con lo semejante o, más bien, de lo idéntico con lo idéntico. Es una conexión material (el concepto de «conexión» implica siempre lo material), y se plasma en la propia materia (engramas cerebrales). El conocimiento que tiene lugar en el Espíritu, no puede ser así. No puede ser contaminante como lo es el material. Está fuera del espacio-tiempo.

»Dios conoce la materia y quiere que sea perfecta. Conoce el mal y quiere corregirlo. Para ello crea el Cristo.

»Dios es Bien y quiere el bien de la materia; pero su modo de operar sobre ella es a través del DOROR. Por eso, de la coexistencia de Dios con la materia, surge de Dios el DOROR.

* * *

»Jesús de Galilea parecía pensar que el DOROR es fruto de la voluntad divina, puesto que en el «Padrenuestro», la oración que él nos enseñó, se dice «Venga tu Reino (el DOROR); es decir, hágase tu *voluntad,* como en el Cielo (refiriéndose al DOROR), así también en la Tierra». Toda la Biblia está llena de referencias al hecho de que Dios conoce todo lo que pasa en el mundo, incluso en lo más recóndito de los corazones (véase, por ejemplo, el Salmo 139). El mismo Jesús de Galilea dijo que Dios *sabe ya todo lo que necesitamos, sin que se lo pidamos* (Mateo 6,8 y 6,32; Lucas 12,30). Y si sabe nuestra necesidad, sabe nuestro mal. Del citado Salmo, dedicado íntegramente al tema del total y exhaustivo conocimiento divino, sólo destacaré su versículo tercero, en el que David dice a Yahveh: «*Todos mis caminos te son conocidos.*» Y a su vez dice Yahveh, en Jeremías 16,17, refiriéndose a los hijos de Israel: «*Mis ojos están sobre todos sus caminos, los cuales no se me ocultaron, ni su maldad se esconde de la presencia de mis ojos.*» En cuanto a la frase de Habacuc que tú, Luciano, has citado en apoyo de tu tesis (mejor dicho, de una de tus diversas tesis), es fácil observar que, cuando el profeta (de segunda categoría, no lo olvidemos) la pronunció, no estaba hablando en nombre de Dios, sino expresando una opinión meramente personal.

Cuando Carlos le preguntó si el conocimiento de Dios se extiende al mal supremo que es la muerte, Argimiro le contestó:

—La muerte no es un accidente sobrevenido, sino algo que nos pertenece desde el principio; algo que nos es adecuado; que nos cumple. Este mundo material es movimiento; todo en él es movimiento incesante. En virtud de ese movimiento incesante, todo lo que en este mundo ha tenido un principio ha de tener también un final. El rey David dijo a su hijo Salomón antes de morir (1 Reyes 2,2): «Yo sigo el camino de todos en la tierra». Por eso ha de haber un DOROR de la muerte. Dios, que sin duda conoce perfectamente las limitaciones de la materia, sabe que la vida perpetua es imposible (y yo diría que no deseable) en este mundo material. Y, puesto que el DOROR de grados inferiores está en función de las posibilidades reales de la MM, ha de existir un OR relativo que encamine nuestra muerte por cauces admisibles, adecuados, benignos y dignos. Es el DOROR de la muerte, que sin duda también existe.

Anita trajo entonces a colación al profeta Ezequiel (18,32): «*No quiero la muerte del que muere, dice Yahveh.*»

Argimiro: —Dios nunca quiere la muerte; es cierto. Pero también sabe que es inevitable que se produzca en la materia, por las deficiencias de ésta. Y, cuando la muerte es inevitable, el DOROR va dirigido a que sea una muerte digna, apacible y sin dolor.

»Existe un DOROR de la muerte; pero la materia también suele resistirlo. A esta resistencia se deben las agonías prolongadas y dolorosas.

»Creo que fue en la primavera de 1991 cuando unos científicos ingleses afirmaron que Jesús de Galilea no murió en la cruz, porque, según sus estudios, en la cruz se tardaba varios días en morir y Jesús apenas estuvo en ella unas horas. Naturalmente, ignoraban todo lo relativo al DOROR de la muerte.

»El problema de la eutanasia, muchas de las veces en que llega a plantearse, es porque la materia, a través del ser humano, ha llegado a tal grado de manipulación de sí misma, que es capaz de prolongar la vida humana material incluso por medios que son extraordinarios en el sentido de que no ayudan al enfermo en sus esfuerzos o acciones conscientes o inconscientes por vivir, sino que sustituyen a esos esfuerzos o acciones y, además, lo hacen por tiempo indefinido; es decir, no sólo para dar al cuerpo la oportunidad de recuperar sus funciones vitales.

—¿Eres partidario, pues, de la eutanasia? —le preguntó Carlos, quien añadió a continuación—: Yo sí lo soy, en determinados supuestos. Cuando el enfermo sufre de un modo espantoso y además su curación o recuperación, aun meramente parciales, son indubitable y definitivamente inviables; cuando, además, pide que se le quite la vida, lo que él no puede físicamente llevar a efecto por sí mismo (en cuyo caso se trata, más que de eutanasia, de un equivalente «suicidio asistido») o está incapacitado para pedirlo porque no puede comunicarse con los demás, pero es de presumir con toda certeza que lo pediría si pudiera, y en su lugar lo piden las personas que más le aman; o cuando irreversiblemente ha perdido toda conciencia y está condenado a ser un vegetal para todo el tiempo que le quede de una vida que ya no puede llamarse vida, y además existe la petición de dichas personas, la eutanasia, ya sea activa o pasiva, es poner fin a un horror, y me parece admisible e incluso justa. Me alegro de que estés de acuerdo conmigo.

—No he dicho eso en modo alguno, Carlos. Cuando la agonía de una persona es muy larga, puede ocurrir, desde luego, que su «DOROR de la muerte» se esté frustrando en la materia; pero también puede ocurrir que su DOROR esté operando en otro sentido: el de proporcionar a esa persona una oportunidad para que, durante su agonía (y aunque parezca que está inconsciente), pueda purificarse de sus adherencias materiales, es decir, de sus pasadas adhesiones a la materia, y de ese modo pueda entrar en el Reino de Dios. Mientras posea algún grado de lucidez, su mente puede enriquecerse con nuevos pensamientos y experiencias. Y ¿quién puede saber con absoluta certeza si un enfermo está lúcido o no? Más aún: aunque existiera la certeza de que no posee lucidez alguna, es decir, que no posee la lucidez de que habitualmente goza el ser humano, ¿quién sabe qué otra clase de lucidez puede tener? Quizá esté lúcido en otra dimensión o nivel de conciencia. El problema de la eutanasia, ya sea activa o pasiva, es tan tremendamente difícil, que no me atrevo de ninguna manera a pronunciarme sobre él. Unas veces la eutanasia puede evitar la frustración del DOROR de la muerte; pero otras veces puede frustrar la realización del DOROR de la vida, y con esto me refiero *también* al DOROR de la adquisición de una vida eterna y feliz.

»Sólo una cosa creo que es cierta, y es que, cuando la materia no podía manipularse a sí misma a través del ser humano en el grado en que ahora puede hacerlo, el terrible problema de la eutanasia no se presentaba. Los enormes progresos que ha logrado la Medicina moderna, deben aplicarse a evitar la frustración del DOROR de la vida; no a la frustración del DOROR de la muerte. Lo difícil es saber, en cada caso concreto, si, con la aplicación de las técnicas de la Medicina, lo que se está frustrando es el DOROR de la muerte o el DOROR de la vida.

En este punto, Dalmacio, volviendo al tema central de la reunión y dirigiéndose a Aurelio, le preguntó:

—¿Y qué decía Teófilo, vuestro maestro, del origen y naturaleza del DOROR?

—No entró a dilucidar este y otros problemas —respondió Aurelio con pesar—. No llegó a decirnos si el DOROR es producto de la voluntad o del conocimiento divinos; sólo nos decía que era un puro efecto de la existencia de Dios en conjunción con la existencia de la materia (primero la de la materia amorfa, para que ésta adquiriera formas, y después la de la MM o materia con formas), y que, a diferencia de la materia, era creación de Dios. Pero quizá es nuestro deber de discípulos, siguiendo sus pasos, formular algunas hipótesis que nos den más luz sobre lo que ocurre, tal como han hecho Luciano y Argimiro.

—Hí tú.[43] ¿No has formulado ninguna?

—La verdad es que sí. Pero no quiero exponerla. De hecho, nunca se la he comunicado a nadie; ni siquiera a mis condiscípulos.

—Pero ¿por qué?

—Porque se aparta de sus tesis —respondió Aurelio con una sonrisa—. Normalmente las apoyo y defiendo, como he hecho hasta ahora. Pero algunas veces, en mis charlas, afloran las mías sin que yo mismo me dé cuenta. De modo que se produce con frecuencia una mezcla extraña.

Después observé que en adelante les ocurrió a todos lo mismo, incluyendo a Argimiro y Luciano. Sin duda, en ellos había hecho mella la opinión que Aurelio acabó por exponer este domingo a vehemente requerimiento de todos los contertulios y no sin fuerte resistencia. Y, como estaban muy aferrados a las suyas anteriores, las mezclaban con ésta.

Fue ya al final de la tarde, cuando se estaba poniendo el sol, en ese extraño momento de hermosa calma que es el preludio de la noche, cuando Aurelio claudicó y se decidió finalmente a exponer su tesis. Lo hizo a tono

---

[43] Haber puesto «Hí» en vez de «Y» no es un error de ortografía, sino que se ha hecho a propósito. La «y» interrogativa se acentúa cuando se habla (lo mismo que ocurre con la «i» de «ahí»), y ello es imposible reflejarlo gráficamente si se utilizan letras de imprenta.

con el «estado de ánimo» que parecía tener en ese momento la ciudad entera, con un sosiego no exento de melancolía, hablando despacio y sin agitación alguna, como si hablara para sí mismo.

—En el fondo de mi alma, y por más que públicamente apoye a mis compañeros, opino que el DOROR surge o aparece del mismo modo que la materia, sencillamente porque él y ella forman parte de lo mismo.

Argimiro y Luciano estaban atónitos. Pero como también estaban muy interesados por conocer la herética opinión de Aurelio (sin duda para desprestigiarle después en los reducidos cenáculos madrileños de discípulos de Teófilo), le instaron vivamente a que prosiguiera.

—A mi teoría fui llegando de un modo gradual —dijo Aurelio—. Todo empezó cuando me planteé el problema del conocimiento, la comunicación y, en general, la influencia recíproca entre el DOROR y el SOMA. Platón y la filosofía griega anterior a él habían afirmado que «sólo lo semejante puede conocer a lo semejante»; y yo tengo un inmenso respeto por Platón, pues creo que en el fondo no se equivocó prácticamente en nada. Pero, en la teoría seguida hasta entonces por nosotros, el DOROR no era en absoluto semejante a la materia; de modo que, según la visión platónica, no podría conocerla ni influir sobre ella, ni ésta sobre él. Lo cual daba lugar a lo que podría llamarse «*el problema de la desemejanza*». Por tanto, en un principio pensé lo siguiente: «*cabe la posibilidad de que el DOROR sea material, si bien de una materia distinta de la que conocemos, y que, a diferencia de ésta, tenga consistencia. Todo es una cuestión de palabras*».

»Pero luego pensé que, si Dios hubiera creado un DOROR material, también podría haber creado la materia que conocemos y entonces evitar su mal y su maldad (que no se ve que esté evitando), modificándola por sí mismo directamente sin necesidad de crear ningún DOROR. De modo que, para resolver este problema (que podríamos llamar «*el problema del fracaso*»), había que pensar que Dios, de algún modo que no podemos percibir, está evitando el mal de la materia.

»En un principio, pensé resolver el «*problema del fracaso*» sobre la base de admitir todavía la existencia de un DOROR inmaterial. Cabía elaborar la hipótesis de que existiera un DOROR espiritual, pero que la materia que conocemos tuviera *planos sutiles,* desconocidos para la mayoría de los seres humanos, y que, en esos planos *superiores* al nuestro, la materia del mismo estuviese configurada por el DOROR espiritual con mayor exactitud que en este plano, porque no tendría tanta capacidad de distorsión como en éste. *Allí el DOROR no habría fracasado, o no habría fracasado tanto como aquí.* Y, en efecto, me incliné a pensar que, en la materia ocasionada (no creada) por la existencia de Dios, *hay planos de materia sutil* que reflejan el DOROR espiritual con toda la exactitud que su naturaleza les permite alcanzar. Es decir, una materia más perfecta que la nuestra. Y también creí admisible pensar que, en el extremo superior de esta escala de planos de materia, existiese algo así como un DOROR material, de materia supersutil, perfecta del todo, y dotada, por tanto, de sustancia o consistencia. Sería una «*materia superior*» o «*super-materia*». El ser humano que en el plano denso intentase ajustarse al DOROR espiritual, no llegaría a él sino a estos últimos planos de materia sutil o DOROR material, distinto del espiritual.

»Una materia casi perfecta hemos de pensar que existe. Pues la influencia del DOROR espiritual sobre la materia, justificada por Plotino mediante el argumento metafísico de que «el No-ser va hacia el Ser», encontraría su complemento coherente en la existencia de una materia (menos densa que la nuestra) que estuviera «en camino» hacia el Ser y muy próxima a él. En suma: que ese «ir hacia el Ser» no tendría por qué ser instantáneo en la materia misma. Por el contrario; dada la naturaleza de ésta, lo más probable es que fuese gradual y que diese lugar a una especie de continua y lenta corriente material ascendente, en la que pudieran diferenciarse planos de materia cada vez más próximos al Ser. En cuanto al «ir hacia el Ser», no ya de la materia misma, sino de las formas o configuraciones materiales, vemos que en este mundo su «ir», cuando ocurre, casi nunca se realiza instantáneamente. Por tanto, o bien se produciría instantáneamente, pero en diversos grados en diferentes planos de materia, o bien se produciría gradualmente, por etapas, pasando sucesivamente por dichos planos. En todo caso, éstos existirían.

»Además, la multiplicidad de planos materiales sucesivos desde la materia densa hasta el DOROR material, sin solución de continuidad, haría posible el camino del «yo» a través de ellos en sentido ascendente, dejando su envoltura de imperfección, hasta llegar a planos de perfección en los que la muerte estaría excluida. Parece que muchos lo han hecho.

»Correlativamente, también haría posible otro fenómeno observado, como es el del camino del «yo» en sentido descendente. No me refiero aquí a la posibilidad de que el «yo» existiera ya previamente en el DOROR material y se hubiera realizado imperfectísimamente en el plano material denso o habitual (con lo que en cierto modo habría «descendido»), sino a los seres humanos que, habiendo alcanzado planos de perfección, descienden a éste para ayudar a sus seres queridos e incluso para manifestarse a ellos. También parece que muchos lo han hecho.

»En consecuencia, el mundo material tendría una complejidad inimaginable, porque entonces existirían en la materia una serie de planos sucesivos, en continua interacción mutua.

»Habría, desde el principio, una influencia recíproca entre todos esos planos y el DOROR espiritual, en dos sentidos contrapuestos. De una parte, «de arriba a abajo», de las determinaciones del DOROR hacia la materia, dirigidas a la futura configuración de la misma, que tendrían su reflejo más perfecto en los planos superiores de ella, y menos perfecto en los inferiores. De otra parte, «de abajo a arriba», en el sentido de que las vicisitudes de los planos inferiores ocasionarían otras determinaciones del DOROR y, por ende, de los planos superiores.

»La *fe devota,* muy conveniente para intentar una posible rectificación metafísica, se habría de extender, por tanto, a la existencia de la perfección en planos sutiles, tan materiales como el que nos es habitual, actuales y reales, pero que no percibimos.

»Como iba diciendo, en esta fase de mi pensamiento, la multiplicidad de planos materiales hasta llegar a un DOROR material se debía a la acomodación de la materia al DOROR espiritual, acomodación que era necesaria para resolver el «*problema del fracaso*». Por así decir, el plano denso (donde el DOROR espiritual se frustraba), se «estiraba» para acomodar sus formas al DOROR espiritual en otros planos sutiles que emanaban de aquél. Del plano material más denso emanarían sucesivos planos sutiles, y el último o los últimos de ellos, constitutivos del DOROR material, serían tan perfectos (por cercanos a la esencia divina) que en ellos serían ya posibles la eternidad y la perfección y felicidad totales.

»Pero la hipótesis anterior seguía sin resolver el «*problema de la desemejanza*» entre el espíritu y la materia. En efecto, seguía existiendo un DOROR espiritual como contrapuesto a la materia, aunque ésta fuese ya muy amplia de modo que llegase a formar parte de ella incluso un DOROR material. Y, por más que en ese DOROR material la materia llegase a alcanzar un altísimo grado de perfección, seguía siendo cualitativamente diferente del DOROR espiritual. De modo que el «*problema de la desemejanza*», es decir, de la imposibilidad del conocimiento, la comunicación y la influencia recíprocas entre el DOROR espiritual y la materia, subsistía.

»Por otra parte, me resultaba un tanto extraño que, directamente con ocasión de la existencia de Dios, se originase una materia grosera y densa, por así decir maligna, y que ésta gradualmente se fuese sutilizando hasta terminar siendo semejante o idéntica a un DOROR espiritual. No me parecía lógico que Dios hubiese dado primeramente ocasión de existir a lo peor. Por tanto, consideré una hipótesis no ya de acomodación, sino de creación. «*Cabe la posibilidad* —pensé— *de que Dios, por su mera existencia, haya dado ocasión a que aparezca no sólo la materia que conocemos, sino también una materia sutil, y, además, otra materia sutil, pero consistente, que sería el DOROR material. Aparte de todo ello, estaría el DOROR espiritual creado por Dios.*»

»Pero, con todo, si bien había quedado más o menos resuelto el *«problema del fracaso»*, subsistía, como he dicho antes, el *«problema de la desemejanza»*. Este problema, en el punto al que había llegado, podría haberlo resuelto de un plumazo, eliminando sin más, por ser ya metafísicamente innecesaria, la existencia de un DOROR puramente espiritual. Allí estaba la solución. Pero, curiosamente, ese paso, que era bastante lógico y aparentemente fácil de dar, no lo di enseguida. Y es que mis sentimientos habían sido y seguían siendo contrarios a un DOROR material. De modo que, en un principio, intenté resolver el *«problema de la desemejanza»* lo mismo que antes había intentado hacerlo Plotino: es decir, por la vía genética. Aunque no hubiera semejanza entre lo superior y lo inferior, el conocimiento y la influencia recíproca entre ambos serían posibles porque lo superior habría dado origen a lo inferior. Pensé, pues, lo siguiente: *«cabe que el DOROR sea espiritual, pero haya ocasionado por su propia existencia una materia perfecta, que sería el DOROR material y éste a su vez, también por su misma existencia, diferentes grados de materia sutil, hasta llegar al plano de materia densa que conocemos»*. Es decir, que podría haber ocurrido que lo primero que hubiera surgido con ocasión de la existencia de Dios fuese el DOROR espiritual y que, a su vez, con ocasión de la existencia de este DOROR, surgiera un plano de materia muy sutil (el DOROR material); de éste, por lo mismo, otro de materia menos sutil, y así sucesivamente hasta llegar a los planos densos, los más capaces de albergar el mal. De modo que, sin saberlo, estaríamos en uno de los planos más imperfectos de la materia; probablemente en el más imperfecto de todos.

»La posibilidad de la aparición de materia como consecuencia de la existencia del DOROR espiritual, no era nada ilógica dentro de los supuestos de que yo partía, elaborados por Plotino y Teófilo. Si la mera existencia de Dios era capaz, según ellos, de ocasionar la existencia de la materia, la existencia del DOROR, Hipóstasis divina, podría también ocasionar el surgimiento de otra materia, y así sucesivamente.

»El DOROR espiritual afectaría a todos los planos surgidos, densos o sutiles, pues crearía formas para todos ellos; y, dado que las formas del DOROR serían más dócilmente aceptadas por los planos sutiles que por los densos y que todos los planos materiales constituirían una unidad, en las formas imperfectas de los planos densos estarían también las formas más perfectas de los planos sutiles.

Aurelio nos había dejado asombrados. Y todavía tendríamos que asombrarnos más, pues siguió diciendo:

—Pero conservando la tesis de que yo había partido al principio, de que la materia que conocemos ha surgido con ocasión de la existencia de Dios y que precisamente para rectificarla ha creado Dios el DOROR, ocurriría que, de ser también cierta la última hipótesis, coexistirían dos materias densas de distinto origen: una ocasionada directamente por Dios y otra ocasionada por el DOROR. Lo cual parece absurdo. Además, no conocemos más que una sola clase de materia densa.

»En realidad, en este punto había ya «tirado la toalla»; es decir, que había desistido de mi intento de conocer lo que ocurre o es coherente que ocurra. «*Es imposible saber cuál es la hipótesis correcta* —me decía yo ya—, *porque alguna razón había de tener Kant. La hipótesis metafísica global es que existe una realidad perfecta y eterna, superior a aquella en que vivimos, que influye en esta última y en la que, si obramos bien, entraremos. No podemos saber más. Tenía razón Teófilo.*»

»Pero luego pensé que ocurre lo siguiente. Fuera de Dios hay una sola realidad holística (en la que el todo está en cada parte), a la que no calificaremos ni de material ni de espiritual, que espontáneamente habría surgido a la existencia con ocasión de la existencia de Dios. Podríamos llamarla «Realidad Espiritual-Material» o simplemente REM.

»Podemos pensar que, con ocasión de la existencia de Dios, surge la REM como el halo o aura de una llama, y que en ese halo hay una zona, la más «próxima» a la llama, el DOROR, que es más «cálida» (perfecta) que las más alejadas.

»En la REM habría formas o capacidad de recibirlas. El mundo del DOROR sería el más «alto» de los planos de la REM, pues sería la parte de ella más «cercana» a Dios, y poseería formas en su parte «inferior». Después habría sucesivos planos sutiles de REM,[44] fácilmente moldeables por las formas del mundo del DOROR, aunque también podrían resistirlas. Finalmente, sucesivos planos más densos, que incluso tenderían a resistirlas y serían más difícilmente moldeables por ellas. Toda la REM sería un *continuum* y estaría dotada de mente por influjo de Dios.

»Las formas del DOROR son perfectas, como lo es su materia, y en ellas no cabe la muerte; es decir, la impermanencia. Tardaría en producirse la muerte en los planos sutiles, tanto más cuanto más sutiles fueran. Y reinaría

[44] Tanto Kant como Fichte, según expone Julián Marías (ob. cit., págs. 285, 298 y 299), afirman la existencia de diferentes grados de realidad. Así, Kant contrapone el *yo puro* al *yo empírico* (sujeto psicofísico) del ser humano, y afirma que el *yo empírico* debe tender a ser el *yo puro* que esencial y últimamente es. En cuanto al *Llega a ser lo que eres* de Fichte, parte del mismo supuesto de que la materia humana admite grados de realidad; de que se puede ser hombre en diferentes grados, más o menos deficientes. Porque Fichte no le dice al ser humano «Llega a ser lo que debes ser», sino que le dice «Llega a ser (pues «debes ser») *lo que ya eres*: debes ser lo que (en otra esfera, pues, si no, el consejo no tendría sentido) ya eres. Parece que, para Aurelio, el kantiano *yo puro* (como también el *lo que ya eres* de Fichte) es el DOROR de cada ser humano.

por doquier en los planos densos. Pues, al ser su materia más imperfecta, son mudables e impermanentes las formas materiales que en ellos aparecen. Estos planos constituyen los dominios de *Mara,* el «Rey de la Muerte» de que hablaba Buda. Creo que nuestro plano es el más denso de todos los de la REM, y que los restantes, incluido el DOROR, constituyen para nosotros un *Universo invisible.*

»Ante la existencia de mal en las formas de los planos inferiores, ocurre que en el mundo del DOROR (la parte de la REM más perfecta como más semejante o «cercana» a Dios) aparecen formas más perfectas que las que surgen en aquellos planos, para inducir en ellos la perfección, como si hubiera una «visión de Dios» de esos planos o una «voluntad de Dios» respecto a ellos. Pero también, teniendo en cuenta que la materia del DOROR, como zona de la REM más «próxima» a Dios, es más consciente que la de los planos inferiores, y que toda la REM es un *continuum,* en el DOROR ha de darse un *intendere* orientado a influir sobre estos planos, *previamente* (desde el punto de vista de los mismos) a todo surgimiento o modificación de formas en ellos. Lo contrario sería tan absurdo como que el cerebro renunciase a dirigir a una mano que fuese menos consciente que él. Sería absurdo, en efecto, que, dentro del *continuum,* la influencia se diera en una sola dirección, y precisamente de la zona menos perfecta sobre la más perfecta.

»Si esto es así, en la REM hay un plan perfecto para cada uno de nosotros y, cuando se frustra por los obstáculos que presenta la materia de nuestro plano, hay otro plan perfecto para la rectificación de lo que está ocurriendo en él.

»Plotino estuvo a punto de ver esto; pero él sólo concebía una influencia no recíproca, sino unilateral, y precisamente de «arriba» a «abajo». Plotino admitía la acción de lo superior sobre lo inferior, pero no la acción de lo inferior sobre lo superior. Según él, el papel de la «materia» (plano denso) se limita a recibir las determinaciones (*Logoi*) del Alma y, en definitiva, de la Inteligencia (formas esenciales o «esencias-formas»). No pensó que, a su vez, las distorsiones producidas por la materia en esa recepción (que parecía pensar que no existían) pudieran a su vez ocasionar la existencia de determinaciones en el plano superior, dirigidas a corregir los efectos de esos fallos. No admitía un *continuum* entre Inteligencia, Alma, y Materia, ni que hubiera una recíproca interacción entre sus diferentes zonas, quizá por seguir a Platón y por una excesiva infravaloración de la Materia. Pero hoy día sabemos mucho más sobre ella, y, por cierto, que cada vez nos quedamos más admirados.

»La acción del mundo del DOROR sobre los planos inferiores (que a veces llamaré también, en sentido estricto, «materiales») tiene lugar mediante la conciencia de lo que ocurre u ocurrirá en éstos (aparición de formas o autoestructuración de la MM), pues pertenece, como ellos, a la REM, y se realiza mediante la pro-posición de formas perfectas, constitutivas de un orden en el que reinan el bien y la armonía. Estas formas y aquéllas, aunque difieran entre sí y aunque estén en planos distintos, están en la misma REM. Como dijo el poeta francés Paul Éluard, «*Hay otros mundos, pero están en éste*»; vale decir que éste y los demás son un solo mundo. Pues todos los planos pueden estar en el mismo «lugar» metafísico; en nuestro caso, en el plano denso.

»¿Por qué y cómo las formas de los planos inferiores pueden ajustarse a las formas del DOROR? En primer lugar, porque las formas del DOROR son sustanciales (es decir, perfectas y permanentes) y las de los planos inferiores no suelen serlo o suelen serlo menos. Pues, como la conciencia, la sustancia es gradual; la existencia de consistencia y el grado que ésta tenga dependen de la «proximidad» o «cercanía» a Dios. De la sustancia o consistencia, lo mismo que del bien y de la conciencia, sólo podemos decir que son consecuencias de la existencia de Dios. Dios no es sustancia, sino que la ocasiona. Pero Dios está por encima de la sustancia, igual que está por encima del Ser, de la conciencia, de la vida, y de la misma existencia. Como decía Plotino, «*por encima de la existencia, está el Uno*». Lo que está más «próximo» o «cercano» a Dios, no sólo es que sea más consciente y bueno, sino que además tiene más «existencia verdadera»; es decir, que tiene más sustancia que lo que está más «alejado» de Dios. Por eso las formas del DOROR están siempre «llenas» de sustancia (son «plenas»); las de mundos sutiles no siempre lo están, y las del mundo más denso, al ser más difícil aún su ajuste a las formas del DOROR, suelen estar «vacías» de ella; es decir, suelen ser vacuas e inanes.

»Por otra parte, la conciencia (por limitada que sea, pero han de tenerla como parte que son de la REM) de las formas de nuestro plano denso sobre su propia vacuidad y sobre la existencia de otras formas dotadas de mayor sustancia en planos superiores, promueve o induce su automodificación. Pues todo gravita hacia el Ser: hacia la sustancia. Como señaló Plotino, el No-ser tiende a ir hacia el Ser: *la vacuidad tiende a apoderarse de la plenitud, y para ello debe apropiarse de las formas que reviste la plenitud.*

»En definitiva, hay una interacción total entre los elementos de la totalidad integrada que es la REM; entre todos los planos de la REM y, por ende, entre las formas de todos esos planos. Al tratarse de un *continuum,* unas formas pueden influir sobre otras, y puede ser decisiva la influencia de las más sustanciales sobre las menos o nada sustanciales. Pues «todo está en todo». La REM es una realidad holística. Los antiguos persas pudieron decir de los griegos que *hasta la misma tierra peleaba por ellos,* porque efectivamente así era.

»El que acoge esta teoría metafísica, tiene en cuenta la existencia de todas las formas, y no sólo las del plano denso que ve. Su mundo está integrado por múltiples planos o capas, no sólo superpuestas sino además interrelacionadas, entrelazadas, entretejidas, entreveradas e imbricadas entre sí, de modo que en cada una de ellas están de algún modo todas las demás. Su conciencia habitual está en el plano o capa inferior, la de materia densa, pero tiene conciencia de que las demás existen. Cuando, por ejemplo, mira a una persona, sabe que hay un plan perfecto para ella, y que detrás de su forma de materia densa hay una multiplicidad de otras formas más perfectas de la misma persona, que se remontan hasta el plano del DOROR. Tiene una visión más ensanchada de la realidad. Más ensanchada hacia arriba. Tiene una visión amplia, total, holística («el todo está en cada parte»), de lo que está ocurriendo en cada momento, porque no se limita (autolimita) a nuestro plano denso sino que abarca toda la REM. No mira solamente «hacia delante» sino también, y a la vez, «hacia arriba» o, si se quiere, «detrás» o «dentro» de lo que está ocurriendo. No mira, en cambio, «hacia abajo», hacia planos más densos todavía, que es difícil que existan, ni se enfanga en las regiones caóticas y tenebrosas de nuestro propio plano. Esto le aleja de los planos superiores, y el camino hacia la felicidad y la inmortalidad es el camino hacia los planos superiores; en definitiva, hacia el mundo del DOROR.

DALMACIO: —Has hablado de «planos densos» y de «planos sutiles». Me gustaría saber qué entiendes por tales.

AURELIO: —Es sólo una forma de hablar. A menudo, para abreviar, me refiero al plano aludiendo a su contenido, y digo, por ejemplo, «DOROR» en vez de «plano del DOROR». Pero otras veces, inversamente, al hablar de un plano me refiero a su contenido (por ejemplo, «plano denso» en vez de «plano de materia densa» o «plano sutil» en vez de «plano de materia sutil»). De planos distintos del plano o mundo del DOROR, a veces digo que son consistentes en el sentido de que en ellos la consistencia suele darse con mayor frecuencia que la inconsistencia, y que son inconsistentes en el caso contrario. Lo mismo hago en ocasiones al calificar a la materia. Pero creo que en cada caso se entiende lo que quiero decir.

DALMACIO: —¿Y qué entiendes tú por «densidad» o por «sutilidad» en los planos de la REM, y por «cercanía» o «proximidad» de las formas de esos planos a Dios?

—Lo que he llamado «densidad» en la REM está en proporción inversa a la *facilidad* de obtener sustancia. Si tomamos simbólicamente el concepto de «luminosidad» como indicativo de facilidad para adquirir sustancia, así como el halo de una llama en su parte más cercana a ella es más luminoso en un aire más ligero, y en su parte más lejana a la llama es más oscuro en un aire más denso, así también la REM, en su zona más «luminosa», es más *propensa* a la sustancialidad que en la más densa. La palabra «densidad» no equivale aquí, por tanto, a sustancialidad, sino por el contrario a tosquedad metafísica; a la oscuridad, opacidad, pesadez e inercia de lo inconsistente.

En realidad, «densidad», en el sentido que le doy aquí, es *propensión* a la insustancialidad. He dicho que la sustancia o consistencia es gradual y variable, y depende de la mayor o menor «proximidad» o «cercanía» a Dios. En cuanto a estas últimas palabras, por las que también me preguntas, no deben tomarse, por supuesto, en un sentido espacial o físico, sino en un sentido equivalente a «semejanza» o, mejor dicho, «coherencia», «concordancia» o, mejor aún, «no discordancia» con Dios. Puede decirse, en definitiva, que la sustancia depende del mayor o menor ajuste al DOROR, y que el DOROR es la parte de la REM que menos se aparta o difiere de Dios.

—No me gustan mucho las metáforas —repuso Dalmacio, apretando un poco más las clavijas a Aurelio—, por lo que me gustaría que aclarases un poco más lo que has dicho sobre la «densidad», «opacidad», o «tosquedad metafísica».

—La mayor o menor sustancia o consistencia dependen de la mayor o menor semejanza con el «modo de ser» de Dios (o, en otras palabras, con el efecto primordial de su existencia) que es el Bien. A esta semejanza la he llamado, de una manera simbólica, «cercanía» o «proximidad» a Dios. Y la *facilidad* de la materia para lograr esa semejanza, constituye una cualidad de la misma, una perfección específica de la misma, que, cuanto más acusada es, mayor perfección general le proporciona. A esa cualidad la he llamado «sutilidad», y a la ausencia de la misma la he llamado «densidad». Más adelante, cuando hayamos profundizado más en el examen de la materia, comprenderás en qué consisten. Ahora es demasiado pronto para entrar en ello. La materia de todos los planos, incluida la del DOROR, es en principio No-ser; pero la aludida cualidad, y por ende la perfección general de la materia de los planos, no es igual en todos ellos. Por tanto, tampoco es igual en todos ellos el grado de semejanza con el «modo de ser» de Dios que suelen alcanzar sus formas, cuando existen. El plano del DOROR es consistente en grado máximo, porque su materia posee la expresada cualidad (y por tanto la perfección general) también en grado máximo, y en él se da necesariamente la consistencia y sólo la consistencia; de modo que la materia del DOROR, tenga formas o no, es un No-ser que ha pasado a convertirse en Ser; que ha logrado asumirlo; que ha «ido hacia él» como decía Plotino, y que además ya ha llegado a él; porque entiendo que todo lo que tiene sustancia o consistencia *propias,* y sólo lo que las tiene (luego explicaré por qué digo «propias»), pertenece al ámbito del Ser.[45] En

[45] El ente que verdaderamente pertenece al ámbito del Ser, no puede dejar de ser. Como señalaba Parménides, «el Ser es». El DOROR nunca deja de ser (como tampoco ha habido un momento en que no haya sido), porque, lo mismo que Dios, es ajeno a todo espacio-tiempo. Pero Dios es más que Ser. Como decía Plotino, Dios (el Uno-Bien) está «por encima de» el Ser.

planos distintos del DOROR, la citada cualidad, y por ende la perfección general, se dan en menor grado que en éste o no se dan en absoluto. Por eso suelo decir que son planos inferiores al DOROR o que son inconsistentes.

Resultaba que, al fin y al cabo, el DOROR era material, y por eso algunos habían podido contemplarlo. Pero quedaban a mi modesto entender, en la exposición de Aurelio, varias lagunas sin rellenar. Por ejemplo, la de cómo era posible que, si no era por mero azar, el DOROR se ajustase al bien, es decir, se asemejase al «modo de ser» de Dios («cercanía» a Dios), siendo distinto de Dios. Pero esto, como también otras cosas relacionadas con los temas tratados (por ejemplo, el origen o causa de la famosa «densidad» de la materia y el «lugar» donde un DOROR fuera del espacio-tiempo pro-ponía sus formas a la materia), lo aclararía varias sesiones después. En ésta siguió diciendo:

—La sustancia (en el sentido de «consistencia») es un concepto humano, pero su fundamento es divino. Sólo podemos decir de ella que, lo mismo que ocurre con el bien, o con la conciencia, o con la verdadera belleza, existe porque Dios existe. A semejanza de lo que dice la Biblia en Isaías 26,9: «*luego que hay juicios tuyos (de Yahveh) en la tierra, los moradores del mundo aprenden justicia*».

»La REM, en su conjunto, además de ser «receptora de formas» es «receptora de bien» y «receptora de sustancia». Pero en la REM hay zonas que no se ajustan al DOROR, y zonas que en mayor o menor medida se ajustan a él. Éstas son, por tal causa, más sustanciales que aquéllas, que están «vacías» de sustancia. O sea, que la discordancia con Dios priva de sustancia. Por tanto, lo malo está vacío de sustancia, mientras que lo bueno (aunque sea de materia densa) puede tener sustancia por su aproximación al DOROR, y estará lleno de sustancia por su concordancia plena con él. Pero la sustancia que se manifiesta en las diferentes zonas de la REM proviene del DOROR; en definitiva, de la «no discordancia» con Dios; no de ellas mismas. Ellas mismas adquieren puntualmente más o menos sustancia en cuanto que, en un momento dado, sus formas son reflejo, eco, o representación de las formas del DOROR; formas que en alguna medida asumen e incorporan. ***Pero su materia sigue siendo densa o sutil; es decir, con menor o mayor facilidad para ajustarse a estas formas. Porque, intrínsecamente, su naturaleza material no cambia***. De modo que los seres que, perteneciendo primariamente a planos materiales inferiores al DOROR se ajustan a éste en alguna medida, adquieren una sustancia que, sin dejar de ser verdadera, es en cierto modo *prestada*. Los que admiten la doctrina de la *transustanciación* de la hostia en el cuerpo de Jesús de Galilea después de haber sido consagrada, podrán entender esto mejor. Porque, al igual que la materia y la forma del pan siguen siendo las mismas que eran antes de la consagración, pero su sustancia (según ellos) ha variado,[46] sucede que, cuando en un plano imperfecto (es decir, de una materia imperfecta) un ente logra en mayor o menor grado una «cercanía a Dios», una semejanza con el «modo de ser de Dios» (o sea, un «ajuste al DOROR»), él sigue siendo (intrínsecamente; es decir, de por sí) tan inconsistente e inane como lo era antes; lo que ocurre es que su forma se ha asemejado o ha coincidido con la del DOROR, y éste sí es consistente. Él se ha adherido o acercado al DOROR y por eso ha adquirido más o menos sustancia; pero la sustancia o consistencia está en el DOROR; no en él; él sigue siendo intrínsecamente imperfecto. ***Esto conviene no olvidarlo cada vez que hablemos de consistencia o de inconsistencia de la materia y de sus formas en planos inferiores al DOROR***.

»La sustancia tiene un peso específico; una *vis attractiva* sobre la vacuidad. Por eso, aunque un violento remolino de vacuidad pueda ocasionar catástrofes terribles, en definitiva, pero sólo en conjunto, el bien predomina sobre el mal. Digo «en conjunto», porque el bien, y por ende la sustancia, pueden perderse en zonas de la REM distintas del DOROR, y sobre todo en las de materia más densa. Es característica de ellas la inestabilidad: la impermanencia no sólo en su forma, como advirtieron Buda y Heráclito, sino también en su ajuste al DOROR.

»Pero, entretanto, las zonas de REM que tengan «peso sustancial», ejercen un influjo benéfico a su alrededor. Por consiguiente, el ser humano que quiera intentar corregir con la mayor eficacia posible los males que le ro-

[46] Creo que la transustanciación, al menos la descrita por Aurelio, es admisible en el plano teórico. Pero las causas y efectos de la que oficialmente se suele afirmar de un pedazo de pan (o de una porción de vino) en el cuerpo (o la sangre) de Jesús de Galilea, me parecen muy discutibles. Todo egoísta, todo el que pretende dominar a otros, quiere atraerlos hacia sí, absorberlos, anular su personalidad y someterla a sus caprichos. Por el contrario, todo el que, como le ocurría a Jesús, está desbordante de amor por otros seres humanos, no sólo vivencia al máximo su unidad real con ellos, sino que además desea profundizar al máximo en esa unidad. En consecuencia, desea intensísimamente que su propia entidad psicofísica sea absorbida por esos seres humanos: que sea «deglutida» por ellos: que se incorpore a ellos. Al contrario que el egoísta, que lo que quiere es que otras personas se entreguen a él, lo que desea el que ama es entregarse totalmente a los seres amados, todo él y para siempre, como una madre buena se entrega a sus hijos. Esto es precisamente lo que Jesús de Galilea (que, identificado en muchas ocasiones con su DOROR, amaba inmensamente) expresó de una manera simbólica, con sus actos y palabras, en su última cena. Fue un deseo de transustanciación, manifestado por un ser humano (cuando presentía que estaba ya muy próximo el fin de su vida en este mundo) para hacer una *declaración de amor*, de un amor incondicional y total, diciendo: «como si este pan fuese mi cuerpo y este vino mi sangre, incorporadme a vosotros; y, así, siempre estaré con vosotros». Quien no haya comprendido esto y por consiguiente haya sacado conclusiones que vayan más allá de esto, es que no ha amado nunca de verdad. No sabe lo que es amar.

dean o afectan, lo primero que ha de hacer es ajustarse él mismo al DOROR lo más que pueda. Así, en la medida en que se haya aproximado al DOROR, tendrá más sustancia. Cuanto más bien haya incorporado a su existencia y cuanto más permanente sea esa incorporación, no sólo tendrá más conciencia, sino también más sustancia (y, por ende, más inmortalidad) y mayor influencia benéfica sobre el resto de la REM.

»Todos hemos observado que hay personas «portadoras de bendición», que expanden a su alrededor el bien y la armonía. Como dice el *Dhammapada* (algo así como el Evangelio budista) en su estrofa 98:

»*Dondequiera que los "arhants"* [santos, perfectos] *vivan, en una aldea o en el bosque, en el valle o en el monte, ése es un lugar maravilloso.*»

»Pero el fenómeno es más amplio. En general, hay zonas de la REM (a veces, en nuestro planeta, han abarcado países enteros) que de repente se «llenan de bendición». Luego la pierden; pero durante algún tiempo casi se pueden tocar en ellas el bien y la armonía. Y, a la vez, parece que esas zonas son más «sólidas» que las otras; que tienen más «entidad»; que son más «verdaderas» y «auténticas» que las zonas no invadidas por el bien, es decir, no ajustadas al DOROR. Como las luces rodantes de una discoteca, así el DOROR se refleja de repente en zonas de la REM que luego parece abandonar; pero no es eso lo que ocurre, sino que esas zonas son incapaces de conservar el reflejo por mucho tiempo.

»También el ser humano individual está sujeto a estas variaciones, si bien su inteligencia y su voluntad pueden lograr, mediante un esfuerzo que no puede ser sino incesante, una incorporación del DOROR más o menos continua.

Dalmacio, al parecer muy interesado, le preguntó entonces si las formas de los planos superiores de materia sutil (concretamente las formas-ser humano) tenían autonomía respecto a las de los planos inferiores. Aurelio contestó que no era posible que los «dobles materiales» (luego oí que los llamaba «DOMA») de materia sutil de los planos superiores, tuviesen una vida autónoma; esto es, totalmente desligada de los acontecimientos de los planos inferiores de los que dependiesen. Serían, pues, «DOMA cautivos». Pero luego añadió que de este tema de la autonomía, íntimamente relacionado con el de la posibilidad de la existencia de planos de materia densa inferiores al nuestro, se trataría en otra sesión posterior, pues entonces lo consideraba prematuro. Por mi parte he de decir que otros temas abordados en esta misma reunión se volverían a contemplar más adelante desde una nueva perspectiva.

—Por tanto —prosiguió diciendo Aurelio—, si admitimos todo lo anterior, la REM es una realidad muy compleja, holística, en la que cabe distinguir una infinidad[47] de planos de existencia, que, junto con el DOROR,

---

[47] No dejó de llamarme la atención que, en diversas ocasiones, afirmase Aurelio la existencia de un número *infinito* de planos materiales distintos del DOROR; porque me

constituyen una totalidad integrada. Pero dichos planos y DOROR no se pueden distinguir más que conceptualmente. En la realidad no hay solución de continuidad entre ellos, y funcionan como una sola cosa, aunque la distinción entre sus elementos esté fundada teóricamente y tenga repercusiones prácticas. En nuestra mente, pero por razones objetivas, cada elemento constitutivo de la REM contrasta con los demás, lo mismo que la REM en su conjunto contrasta con Dios.

LUCIANO: —¿Me permites una observación? En la India, los invasores arios traían un sistema metafísico grandioso, plasmado en los *Vedas* (sobre todo en el *Rig-Veda*), cuya composición se inició (excepto el más tardío *Atharva-Veda*) hacia la misma época en que invadieron el subcontinente, entre el año 1500 y el 1000 a.C. Como dice Francisco Villar Liébana,[48] son considerados una revelación divina a los antiguos cantores, quienes transmitieron oralmente esa revelación. La formación de la colección rigvédica debió de concluirse hacia el 800 a.C., aunque la fijación definitiva del texto no debió de tener lugar hasta el 600 a.C. Aparte de los cuatro Vedas, la tradición védica comprende también una serie de obras que se agrupan en *Brahmanas, Aranyakas* y *Upanisades.*

»El politeísmo inicial del *Rig-Veda* va abriendo paso (con la aparición de dioses supremos, y sin perjuicio de la supervivencia de los diversos dioses,

---

pareció que, en tal caso, el DOROR nunca podría ser alcanzado desde dichos planos. Por lo cual pensé que quizá, con la palabra «infinitos», Aurelio había querido decir simplemente que esos planos son muchísimos; que son innumerables. Pero más tarde recordé las *aporías* o argumentos de Zenón de Elea en contra del movimiento, consistentes en afirmar que un ente (una flecha por ejemplo) no puede trasladarse desde un punto A hasta otro B, porque, para llegar al punto B y antes de alcanzarlo, habría que recorrer un número infinito de puntos intermedios, lo cual es imposible por ser infinitos, y caí en la cuenta de que en teoría esto parece cierto, pero que en la práctica las flechas llegan a su destino. El concepto matemático de «límite» parece resolver actualmente la dificultad teórica presentada por Zenón. Un amigo experto en Matemáticas (y, por añadidura, en Filosofía), me aseguró que el límite de la suma de una serie infinita de sumandos positivos puede ser un número positivo finito, como ya demostró Leibniz. De un modo análogo, el límite de una serie infinita de estados inmóviles podría ser un movimiento. Pero, a fin de cuentas, se trata solamente de determinaciones formales del pensamiento, que contrarrestan los resultados de otra determinación formal del pensamiento. Y Platón, a diferencia de los eleáticos, no confundió la realidad con aquellas determinaciones formales. Por eso pensé más bien en un posible «atajo» por el que, desde un plano de materia distinto del DOROR, se pudiese llegar a éste sin pasar por los demás. Pero, si bien se mira, ese «atajo» es innecesario considerando que el DOROR, además de estar «situado» en un hipotético «final» de los planos estrictamente materiales, también «está» *inmediatamente* «sobre» cada uno de ellos. Luego me enteré, además, de que en el «sustrato» de todas las formas, ya sea éste el DOROR o el resto de la materia, no existe el espacio-tiempo, lo cual facilita la comunicación entre las mismas. En cuanto a la infinitud (ausencia de límite) de los contenidos del DOROR, es total y absoluta, ya que en la eternidad, al no haber movimiento, no hay espacio-tiempo ni, por tanto, número que pueda ser finito o infinito.

[48] *Himnos védicos.* Editora Nacional. Madrid, 1975.

ya inferiores), a un monoteísmo que culmina en *Brahma,* el Principio primero. Pero los invasores arios se habían encontrado en el subcontinente con los pobladores drávidas, portadores de una tradición introspectiva que se remonta a la cultura de Mohenjo Daro, donde aparecen ya estatuillas de ascetas en postura de meditación. Esta tradición mística había llevado al descubrimento del *atman* o «yo» espiritual. Y los Upanisades identifican ese *atman* con *Brahma.* De la localización de *Brahma* en el interior de una parte del mundo material, como es el ser humano, se pasa a su identificación con todo lo material. Y de ahí, dada la maldad e impermanencia de la realidad material que percibimos, a la calificación de ésta como ilusoria o «*Maya*».

»Lo que desde hace rato estoy queriendo decir con todo esto, es que tu teoría de la REM se parece mucho al Hinduismo, según el cual hay una Realidad única en la que lo material es emanación de lo divino, o en la que lo material y lo divino se confunden.

—Ciertamente. Pero yo distingo cosas diferentes en esa Realidad, y pongo a Dios aparte, como Algo que está por encima de ella. Y a lo que de cuasi-divino (que no divino) hay en esa «masa» (aunque en vez de «cuasi-divino» me parece mejor llamarlo «***divinal***»), no lo llamo Dios sino DOROR. Tampoco digo que todo lo material sea ilusorio, visión errónea o «*Maya*», sino que lo material que no se ajusta al DOROR carece de sustancia o consistencia.

»No tengo inconveniente, sin embargo, en aceptar algunas expresiones del Hinduismo. ***Por ejemplo, yo llamaría «Gran Madre» a la parte de la REM que no es el DOROR; es decir, a lo que podríamos llamar materia en sentido estricto, aunque en todos sus planos y niveles.***

—Pero —objetó Félix—, al afirmar que existe realmente la REM como algo que está fuera de Dios, estás negando que Dios sea infinito.

—Dios puede ser infinito en la esfera de lo divino, y algo distinto de Dios puede ser infinito, o no serlo, en otra esfera —terció Luciano—. Para ti, la infinitud de Dios es un requisito *previo,* del cual no puedes prescindir psicológicamente. A mí eso no me asusta. Puede que Dios no sea infinito. ¿Y qué? Una urna griega es perfecta, aunque tenga límites, y precisamente porque los tiene. ¿Acaso tú no eres un límite para Dios? ¿Acaso tú eres Dios, por tanto?

—No es sólo eso —dijo Aurelio—, sino que además el concepto de infinitud (es decir, de carencia de «*límites*») es espacio-temporal, y Dios está fuera del espacio y del tiempo, lo mismo que el DOROR; de modo que de Dios no puede decirse ni que es infinito ni que no lo es. Sin embargo, ya en el ámbito espacio-temporal, la Gran Madre es infinita. ¿Te satisface esto, Félix? Creo que sí, pues pretender a toda costa que sea infinito un Dios bueno, con las características que tú quieres que tenga, sería demasiada contumacia por tu parte. Sería rechazar, en base a ideas preconcebidas, y con independencia de todo razonamiento, como ha señalado muy bien Luciano, algo que se ha obtenido mediante un razonamiento. Creo que estamos filosofando; no dogmatizando.

»Pero tu caso, Félix, no es el único, y es plenamente disculpable. Cuando se habla de Dios y su DOROR (o sus equivalentes en otros sistemas filosóficos o religiosos), a menudo se deja de tener en cuenta que ambos están fuera del espacio y del tiempo. Así por ejemplo, cuando Plotino habla de Dios como del «Uno» y de que la Inteligencia es «múltiple» (por más que diga que es «unimúltiple»), está empleando conceptos claramente pertenecientes al ámbito espacio-temporal, aunque, en su sistema, el espacio-tiempo sólo aparezca en el mundo sensible, o sea, en el mundo material. De algún modo hay que hablar. Pero Plotino no quiere decir que una cosa sea «múltiple» cuando está compuesta de partes (existiendo espacio entre las mismas) y que otra cosa sea «una» en el caso contrario (o sea, cuando en el espacio no hay otra cosa que ella), sino que, al hablar del Uno y de lo múltiple, Plotino se está refiriendo a la unidad o diversidad de características, de esencias, de modos de ser, o como se lo quiera llamar. En cuanto a nosotros, cuando decimos que los contenidos del DOROR son «infinitos», hasta cierto punto estamos incurriendo en la misma imprecisión; pero empleamos ese adjetivo para indicar que dichos contenidos son innumerables; que se dan en número infinito; no que se dan en un espacio infinito. Habrá ocurrido (y ocurrirá) muchas veces lo mismo. Y es que carecemos de lenguaje para hablar de lo que no pertenece como nosotros al espacio-tiempo. Seguramente por eso, los budistas prefieren no hablar en absoluto de Dios.

Finalizado este inciso, nuestro anfitrión siguió diciendo:

—Insisto en que la REM, el conjunto formado por el mundo del DOROR y la Gran Madre, es de una inimaginable complejidad. Cuando pienso en ella, me viene a la memoria el famoso pasaje de la *Bhagavad Gita* en el que Sri Krishna revela finalmente al aterrorizado Arjuna su verdadera e inmensa forma. En esta inmensurable complejidad, en los planos sutiles habría seres originarios de los mismos, y «dobles» más perfectos de los planos inferiores. Sería posible que algunas de estas realidades superiores tuvieran proyección (es decir, que produjeran efectos) en el plano denso y otras no. Como cabría también (aunque en principio no me parece posible) que en nuestro plano estuvieran proyectándose formas de algún otro plano más denso aún, que desconocemos. Podría haber influencia, comunicación, conciencia o trasvase entre planos de diferente densidad. Cabe formular muchas hipótesis.

»Como he señalado antes, formas de los distintos planos de la REM podrían tener autonomía dentro de la común interacción recíproca, y en algunas de ellas reinaría indiscutiblemente el mal, como eféctivamente ocurre. Todos hemos pensado alguna vez en la existencia de una especie de «demonio burlón»; pues, como dijo Dostoievski, la verdadera maldad es siempre burlona. A veces parece que alguien se ríe de nosotros. Algunos han confundido a Dios con esas formas de la REM, llegando a pensar que Dios es malo; que además se ríe de nosotros, y que parece disfrutar con ello. Muchos han pensado que el Dios celoso y cruel de muchos pasajes del Antiguo Testamento era un Demiurgo platónico de carácter maligno. En realidad, Dios no sólo no es malo, sino que es la fuente de todo bien y del concepto mismo de Bien.

Al llegar a este punto, Aurelio, que parecía un poco avergonzado de su larga perorata, pareció recogerse sobre sí mismo, abandonar trincheras por él ocupadas anteriormente, y hacer un resumen final que casi venía a coincidir con el escueto legado de su maestro Teófilo.

—Sea o no material el DOROR, lo único que podemos intuir sobre su origen es que, en virtud de la coexistencia de Dios y la Materia, surge con las características que tiene. Si es producto del conocimiento o de la voluntad de Dios, no lo podemos saber, pues tanto el conocimiento como la voluntad son conceptos que se refieren a realidades humanas. Las ideas de Plotino sobre el mecanismo por el que surge el DOROR («procesión» Uno-Inteligencia-Alma), tampoco son más que hipótesis ingeniosas. Sabemos que el DOROR existe, que tiene la virtualidad e intencionalidad de modificar la materia imperfecta hacia el bien, y nada más.

Octavo domingo

UN DIOS BUENO, POR SUPUESTO, PORQUE OTRO NO ME INTERESA

Al terminar la tertulia del domingo anterior, recalamos Dalmacio, Félix, Carlos y yo en la misma taberna de la otra vez. Estábamos agotados; de modo que no lo hicimos para comentar las incidencias de la reunión, sino para relajarnos un poco hablando de temas intranscendentes. No obstante, en algún momento parecieron coincidir mis tres compañeros en que Aurelio era un psicópata. Yo no estaba tan seguro.

Finalmente, quedamos también en vernos en el mismo establecimiento el sábado siguiente; pero esta vez la cita no era para preparar ningún ataque (en este sentido parece que estábamos algo desanimados), sino directamente para beber vino. Aquella tasca lo tenía muy bueno y barato, cosa rara ya en nuestra ciudad.

Ello es que lo hicimos abundantemente. En aquella época yo no tenía los problemas de salud que hoy me aquejan, y mis compañeros tampoco; de modo que, después de beber varias rondas en aquella simpática taberna, cogimos entre todos un taxi para visitar otros establecimientos similares en el centro de Madrid. El resultado fue una borrachera descomunal. De lo que ocurrió en aquel «*safari*» alcohólico sólo recuerdo que, en uno de los locales donde estuvimos, se nos acercó un hombrecillo contrahecho, insistente y molesto, con la estúpida pretensión de vendernos a cada uno, por un precio exorbitante («para nuestros hijos», decía él) un monito de peluche. Desde luego, ninguno de nosotros quería para nada ningún monito de peluche (a mayor abundamiento, yo no tengo hijos), pero era extraordinariamente difícil desprenderse de aquel condenado sujeto. Al fin, lo conseguimos de mala manera. En otro local, de tipo bar americano, gastamos sin tasa, muy por encima de nuestras posibilidades, invitando a copas (de té que parecía «*whisky*») a unas prostitutas. No sé cómo llegué a mi casa aquella noche.

A la mañana siguiente me desperté muy tarde, con un cuerpo espantoso y una mente llena de remordimientos y de reproches contra mí mismo. Los que alguna vez hayan sufrido una fuerte resaca después de una de estas «juergas» sabrán lo que quiero decir. Por tanto, estaba de muy mal humor cuando me acerqué por la tarde a casa de Aurelio; de tan mal humor, que incluso estuve pensando en no ir. Mi malestar, lejos de disiparse, había ido aumentando a lo largo del día. Por la mañana, al despertarme, había encontrado en mi cama, junto a mí, un monito de peluche. Al pensar en el mal cuerpo que tenía; en la tontería que supone beber tanto, sobre todo sabiendo lo mal que se siente uno después; en las estupideces que se dicen y hacen estando ebrio, que entonces no parecen estupideces; en que nunca, nunca, nunca, se saca nada bueno de todo ello; en el dineral que seguramente me habría sacado por aquel monito el fementido tipejo de la taberna (por lo visto, el maldito enano había terminado por salirse con la suya), y en otros episodios lamentables más, relacionados esta vez con prostitutas, me sentía cada vez peor.

Por añadidura, me acordaba entonces de mi madre, de mi infancia inocente, de lo que en ella me habían enseñado los buenos religiosos de mi colegio, y creo que hasta de mi primera comunión.

Pero, comoquiera que fuese, no falté aquel domingo a la tertulia. No ciertamente porque desease volver a ver a mis compañeros de la noche anterior, sino porque cada vez me interesaba más lo que allí se decía.

Invariablemente suelo llegar tarde a todas partes. No por descortesía (aunque objetivamente lo sea), sino porque los inicios de cualquier cosa me ponen nervioso. Aquella tarde, cuando llegué, los contertulios estaban hablando de Dios y del bien. Los «tres mosqueteros» jugaban este día con mucha ventaja, ya que Dalmacio, Félix y Carlos tenían una cara tan mala como la mía, lo que indicaba que, como yo, debían de tener un malestar corporal terrible. De hecho, debían de sentirse como si fueran a tener un hijo. No digo tener un hijo sus mujeres (a la sazón, Félix y Carlos eran todavía solteros), sino ellos mismos.

Al entrar yo, Aurelio estaba diciendo:

—De Dios no podemos decir absolutamente nada. En rigor, ni siquiera podemos atribuirle un determinado «modo de ser». Si hemos hablado (y seguiremos hablando) del «modo de ser» de Dios o de las «cualidades» de Dios, es porque hemos utilizado, como Plotino, las tres vías tradicionales, sobre todo la de la analogía. Recordad lo que él dijo: todo lo que sea añadir algo al Uno-Bien, es restarle. Sólo podemos hablar, igual que hizo Plotino, de lo que creemos que Dios produce.[49]

»En este sentido, creemos que produce existencia, en el sentido de cualidad primaria consistente en estar fuera de la nada. Que produce sustancia, en el sentido de «verdadera consistencia». Que produce bien. Que en un conjunto de partes produce armonía, en el sentido de que el bien producido es total, de modo que el bien de una parte no es el mal de otra, sino el bien de cada una, de todas, y de todo el conjunto. Que produce felicidad.

---

[49] Como dijo Maimónides, la esencia de Dios es inaccesible, pero no así sus efectos. (Julián Marías, ob. cit.)

También creemos que produce vida; pero ésta es reductible a inteligencia (movimiento inteligente autoproducido) y ésta, a su vez, a conciencia (porque la inteligencia es conciencia de lo que está oculto), de modo que lo que en definitiva produce es conciencia.

CARLOS: —¿Hí la belleza física?

—Que Dios la produzca también —respondió Aurelio— es menos seguro. El criterio de belleza física en sentido estricto (es decir, prescindiendo de la perfección funcional y la espiritualidad que muchas veces la determinan) es muy subjetivo e indefinido; cambia con frecuencia, y a menudo está en función de factores como la reproducción de la especie; es decir, que consiste en una autodisposición de la MM encaminada a su autofomento o perpetuación. Hay muchas clases de belleza.

DALMACIO: —Del bien, de la conciencia y de la felicidad, no has dicho lo que son.

—No puedo hacerlo. Es imposible. Porque, respecto al bien, no es que en este mundo veamos cosas que calificamos de buenas según determinados criterios, y luego atribuyamos a Dios esa cualidad. Lo que ocurre es exactamente lo contrario. O sea, que no es que algo sea divino porque es bueno, sino que es bueno porque es divinal. El bien es bien porque es divinal. Dios produce en este mundo algo que denominamos «bien», aunque no sepamos exactamente qué es el bien en sí. El bien es un efecto del «modo de ser» de Dios, de la existencia de Dios, y no hay manera de definirlo. El bien es como es, porque Dios es «como» es. Se dice en Levítico 19,2: «*Santos seréis, porque santo soy yo Yahveh vuestro Dios.*»

»De la sustancia, la conciencia y la felicidad, se puede afirmar lo mismo que del bien. Son efectos de la existencia de Dios, y en último término sólo pueden definirse con referencia a su origen divinal. Por ejemplo, respecto a la felicidad, pueden describirse el estado psicológico de una persona feliz y las manifestaciones fisiológicas de ese estado. Pero hay muchas clases de felicidad; y de esa felicidad íntima, profunda, de esa sensación de plenitud que contadas veces nos invade, sólo podemos decir que es algo que el DOROR produce en este mundo. El bien, la sustancia, la conciencia, la inteligencia y la felicidad, hasta cierto punto pueden describirse e incluso identificarse algunos de sus requisitos y efectos materiales. Pero de ellas mismas, de su esencia, sólo puede decirse que son efectos indirectos de Dios; que son efectos producidos en la materia (entendida *strictu sensu*) por la existencia del DOROR, el cual puede decirse que es obra de Dios en cuanto que refleja más exactamente que la materia las «cualidades» de Dios. Y de esto se puede deducir que en el DOROR hay un Bien que está por encima del bien y del mal que conocemos; una Vida (reductible en nuestro mundo a inteligencia en el movimiento) que está por encima de la vida y de la muerte que conocemos; una Conciencia que está por encima de la conciencia y de la inconsciencia que conocemos, y una Felicidad que está por encima de la felicidad y de la infelicidad que conocemos.

CARLOS: —Hay algunos que piensan que es bueno lo que beneficia a la sociedad humana, y malo lo que la perjudica. Así definen el bien.

—No estoy de acuerdo con esa definición, y te diré por qué. Ya sabemos que el hombre natural no existe, porque no sería hombre. El hombre (es decir, el ser humano en general), no ya es que sea un animal social (la famosa definición aristotélica del ser humano como *zoón politikón*), sino que es sociedad; es «una porción de sociedad que anda», aunque en ciertos casos y en cierta medida pueda modificarla. Por consiguiente, no se explica nada con decir que para el hombre es bueno lo que beneficia a la sociedad, porque es como decir que para el hombre es bueno lo que beneficia al hombre mismo. Es, en definitiva, una tautología. Doble además, porque «beneficiar» significa «producir el bien».

»Para el ser humano la sociedad es un bien, porque para él es un bien existir como tal ser humano, lo cual sin la sociedad es imposible. Y el bien de la sociedad es ciertamente un bien para el ser humano. Pero el bien del ser humano no se define en función de la sociedad (cuyo propio bien, por otra parte, quedaría sin definir), sino de algo muy distinto y superior. Hay que explicar qué son el bien y el mal en función de factores distintos de los sociales.

Luciano, que después de la sesión anterior volvía a estar en plena forma, intervino para decir:

—El bien ha de ser armónico. La armonía es la forma existencial de la multiplicidad en el mundo del bien: en el mundo del ser consistente. O, lo que es igual, la forma coexistencial de las distintas sustancias que puedan mostrarse en ese mundo. Es la disposición de un conjunto de sustancias, de modo que el bien de cada una sea compatible con el de todas y cada una de las demás. La justicia es una aplicación concreta de la armonía, y consiste en establecer la igualdad sustancial de los seres humanos, o en restablecer la que haya sido distorsionada...

Habría seguido por ese tortuoso y enrevesado camino jurídico, si Aurelio no le hubiera interrumpido resueltamente.

—Del mismo modo que podemos preguntarnos una y otra vez qué es en definitiva el bien sin encontrar respuesta, podemos preguntarnos una y otra vez qué es en definitiva el mal sin encontrar tampoco una respuesta convincente. Porque, de igual manera que la palabra «bien» no es un sustantivo verdadero, sino falso, elaborado en base a los aconteceres «hacer el bien», «hacer algo bien» o «sentirse bien», etc., el falso sustantivo «mal» se deriva de los aconteceres «hacer el mal», «sentirse mal» o «hacer algo mal». Ocurre que «el bien» y «el mal» son en realidad adverbios sustantivados. En latín, las nociones de bien y de mal estaban siempre incorporadas a adverbios (*«bene», «male»*) o a adjetivos (*«bonus», «malus»*) y nunca constituyeron sustantivos. En castellano las sustantivamos en falso, a partir de los adverbios. Y así como sentirse bien u obrar bien consiste en ajustarse al DOROR, en hacer las cosas «como Dios manda»; es decir, en parecerse de algún modo a Dios (en «imitar a Dios» como aconsejaba Pitágoras[50]), sentirse mal u obrar mal consiste en abismarse en la materia, en sumergirse en ella, en parecerse más a la materia abandonando al DOROR; es decir, alejándose de las determinaciones de éste, en asumir plenamente la condición, el No-ser, de la materia, que es el «sustrato» de nuestra MM.

»El «sentirse mal» o el «obrar mal», lo mismo que el no obrar, el no vivir, el no sentir o el estar como muerto en vida, es sumergirse en la materia, mientras que lo contrario de todo eso es ascender hacia Dios.

»Sentirse mal es sufrir. Hacer algo mal, o sea, hacerlo malamente, trae la desgracia. Y hacer el mal proporciona en contadas ocasiones un placer, siempre turbio y nunca duradero, que nos acerca a los abismos y siempre desemboca en dolor. Pero el que gusta alguna vez la felicidad que proporciona la práctica del bien, nunca la puede olvidar.

FÉLIX: —¿No crees que los juicios sobre el bien y el mal, sobre que algo sea bueno o malo, son algo subjetivo?

—Hay una manera especial de «ver» las cosas de este mundo, que consiste en aniquilar el «yo», de modo que el mal, al no haber un «yo» al que le afecte, parece diluirse. El mundo se presenta entonces como una máquina perfecta, que es perfecta porque es una máquina. Es lo que es, y funciona, y en cuanto que funciona es perfecta. El sujeto ya no califica a las cosas como buenas o malas. Ya no hace esas calificaciones. Desde esta posición, hay muchos que confunden lo que «ven» de ese modo con el mayor bien posible, y, el tener esa manera de ver, con la máxima sabiduría. Quizá a esta visión responde el *«todo está bien»* de Kirilov, el personaje de Dostoievski en *Endemoniados.*

»Ésa es también la visión que se consigue en la escuela *Rinzai* del Budismo Zen cuando su práctica desemboca en la destrucción del «yo» sin que se caiga por ello en la demencia, si es que esa visión no es ya una forma de demencia. En cambio, la escuela budista de la *Tierra Pura* lo que pretende alcanzar es el DOROR, en el que tiene una fe devota.

---

[50] En lo mismo (que luego se llamó *Imitatio Dei*) insistió Platón (en realidad un pitagórico) al decir que la «huida» o subida del alma consiste en *asemejarse a Dios* por la virtud (*Teeteto* 176 b). Pero la regla de la imitación de Dios es mucho más antigua, pues, que sepamos, aparece ya en la Biblia, en uno de los primeros libros del Antiguo Testamento: *«Sed santos porque santo soy yo, Yahveh, vuestro Dios»* (Levítico 11,44-45 y 19,2). Es expresamente citada por San Pedro en su primera Epístola 1, 15-16, y utilizada por San Pablo en su primera Epístola a los tesalonicenses 1,6. Además, en el mismo San Pablo (Efesios 5,1), «Sed, pues, imitadores de Dios como hijos amados. Y andad en amor... etc.». Claro está que no faltan quienes piensan que imitar a Dios no consiste precisamente en amar (como hace Dios) a todo lo que existe, sino en perfeccionarse a uno mismo al máximo de otras maneras, o en actuar en la vida como si se tuviese la sabiduría o el poder de Dios.

»Pues lo cierto es que en la realidad de las cosas existe nuestro «yo» (se ha producido en la Naturaleza, igual que se ha producido una piedra) y que el sujeto califica como malas muchas cosas, porque lo son. Prescindiremos, si se quiere, de muchos males. Pero ¿qué decir del dolor o de la muerte de un niño? ¿Qué decir de la muerte en general? Los sentimientos humanos ¿es que no forman parte del mundo?

»Si forman parte del mundo, entran en la problemática del mundo y no se pueden ignorar. Hay que actuar para eliminar el mal en lo posible. Lo que no me parece correcto es erigirse en sabio, o en santo, y decir que el mal es un espejismo y un error. Ante este eterno problema, caben esas dos posturas básicas.

—Hay una tercera —dijo Luciano con una risita—, que es la de muchas Iglesias cristianas: creer que Dios quiere o permite el dolor, que el dolor debe ser soportado con resignación y ofrecido a Dios, porque es una prueba que Dios nos pone.

CARLOS: —Sí; pero eso es muy difícil de creer. De hecho, ya no se lo cree nadie. A eso hay que decir, con Ortega, que *«las pruebas, con gaseosa»*.

AURELIO: —Volvamos a nuestro tema. Estábamos en la que llamaremos visión del *«todo está bien»,* que supone una amputación de la Gran Madre, puesto que elimina de ésta el «yo», de modo que no hay nada que le pueda afectar. Indiscutiblemente, el «yo» y los *juicios* del sujeto sobre el bien y el mal forman parte de la Gran Madre, y, sin embargo, en esta visión no aparecen. Los elimina. Pero además supone una amputación de la REM, porque de ella elimina también al DOROR. Cuando una persona afirma que algo es injusto, o que es intrínsecamente malo, lo está haciendo en función del DOROR. Sin el DOROR, no podría saber que algo es malo o injusto. Recordad la cita de Ionesco que nos proporcionó Dalmacio en cierta ocasión: *«Creo en Dios, porque creo en el mal. Si hay mal, hay también Dios.»* El mal sólo puede definirse en función del bien: es la ausencia de bien; y el bien, a su vez, sólo puede definirse en función del DOROR: es algo que tiene el DOROR, y lo tiene porque antes lo tiene Dios. De modo que, una persona que no percibiera el mal (como les ocurre a algunos delicuentes), no tendría ninguna intuición del DOROR, ni siquiera lejana. El DOROR es «lo que debe ser» y casi siempre es distinto a «lo que es». Cuando alguien afirma sinceramente que «todo está bien», está diciendo que el DOROR no existe. Porque en cuanto lo intuyese, aun confusamente, sabría enseguida que en este mundo material «casi nada está bien». Todo está bien en cuanto que no puede ser de otro modo; pero, en realidad, es decir, en relación al DOROR, casi nada está bien.

CARLOS: —Entonces, la visión del *«todo está bien»* ¿es una visión del mundo sin «yo» (o al menos sin los juicios del sujeto) y sin DOROR?

—Así es. Comprenderás, por tanto, que no puedo estar de acuerdo con ella; porque al negar el mal está negando el DOROR; al negar el DOROR está negando a Dios, y yo he apostado por la existencia de Dios. Un Dios bueno, por supuesto, porque otro no me interesa.

FÉLIX: —Lo que yo quería decir es que los conceptos de bien y de mal son relativos.

AURELIO: —¿Qué quieres decir con «relativos»? ¿Que el bien y el mal hay que considerarlos siempre en relación a un ser concreto? ¿O que el bien de una parte del mundo puede ser el mal de otra?

—Eso también. Pero sobre todo me refiero a que el bien hay que considerarlo siempre en relación con el mal; que el bien sólo puede definirse por el mal, y viceversa. Ésta es, por ejemplo, la posición de Alan Watts, que tanto escribió sobre el Zen.

—En cuanto a lo primero —terció Luciano—, el error está en creer que el bien de un ser existe siempre a costa del bien de otro. Es una manera indirecta de afirmar que el bien necesita del mal para existir. Pero el bien puede recaer sobre dos seres con intereses contrapuestos, sin que necesariamente el bien de uno haya de ser el mal del otro. Puede parecer que cuando se realiza la justicia ocurre tal cosa, pero en este caso no hay verdadero mal para nadie.

»En cuanto a lo segundo; o sea, la afirmación directa de que el bien necesita del mal para existir, el error viene de confundir la esencia del bien, es decir, su definición, con su percepción. Pero una cosa es el bien, y otra su percepción. La percepción del bien puede no existir sin la percepción del mal; pero el bien es bien, independientemente de que se perciba o no. Por eso, si no percibe el bien el mismo que lo tiene, siempre puede percibirlo otro.

»*Sabemos* del bien por su contraposición con el mal, y viceversa. Pero ambos *no resultan* de una oposición entre ellos (ni por tanto hay entre ellos una causación recíproca), porque ambos no son partes o aspectos de lo mismo. Aquí es donde el dualismo gnóstico difiere del monismo panteísta. Y hay razones para que difiera.

AURELIO: —Yo ni siquiera creo, Luciano, que la percepción del bien dependa de la del mal ni ésta de la del bien, y te diré por qué. Ken Wilber insiste,[51] igual que Alan Watts, en que el bien resulta de su opuesto el mal, y viceversa. Lo que no explica es de dónde resulta la oposición misma. Pues una oposición sin términos es imposible, mientras que son posibles términos sin oposición. La oposición requiere de los términos, mientras que los términos no requieren de la oposición. Por tanto, cuando ésta aparece, ¿de dónde viene? Lo que quiero decir es que la oposición resulta de que los términos son realmente opuestos, y no a la inversa. Y son realmente opuestos por razones distintas de la oposición. Concretamente, la oposición bueno-malo resulta de que uno de los términos es bueno por razones distintas

---

[51] *No Boundary*. Trad. esp. *La conciencia sin fronteras*. Ed. Kairós. Barcelona, 1985.

de su oposición al malo, y de que el otro es malo por razones distintas de su oposición al bueno. La oposición de ambos es un juicio *a posteriori*. Y es que la «demarcación» que el ser humano establece entre lo bueno y lo malo no es meramente «convencional», lo mismo que la tan criticada función de poner «etiquetas» o nombres a las cosas no es arbitraria. Si no todas, la mayoría de las «demarcaciones» (dicho sea de paso) no suelen serlo, sino que tienen un fundamento más o menos asentado en la realidad.

«La calificación que hace el ser humano es fruto de una vivencia muy clara: unas veces hay armonía, bienestar y, más aún, felicidad, y otras veces hay discordancia, malestar y dolor. A lo primero lo llama bueno, y a lo segundo, que es su contrario y no sólo su opuesto, lo llama malo. Pero decir que lo primero no se puede percibir sin lo segundo, y viceversa, es eludir la cuestión del origen de lo primero y de lo segundo. Ahora percibimos muchas cosas de las que puede que no conozcamos su opuesto; pero las percibimos y, más aún, vivimos en ellas. En las afirmaciones de Watts, Wilber y tantos otros, sobre la oposición entre el bien y el mal, hay algo que suena a falso.

FÉLIX: —¿Y qué opinas sobre la esencia de ambos, sobre su definición conceptual?

—Ya lo he dicho un montón de veces. Creo que no es posible saber lo que es el bien, y que de él sólo podemos decir que es el reflejo en este mundo del «modo de ser» de Dios.[52] Realmente, no podemos calificar a Dios de bueno, porque no podemos decir nada de él; ni siquiera eso. Pero lo indudable para nosotros es que, en su coexistencia con el mundo material, en éste se produce el bien, y que el mal es fruto de una resistencia del mundo material (MM) al bien que Dios proyecta invariablemente sobre él a través del DOROR. El mal, para nosotros, no tiene entidad propia en el sentido de autónoma, y es sólo la ausencia de bien; lo mismo que, correlativamente, el No-ser es la ausencia de Ser. Lo cual no quiere decir que lo malo, o lo que carece de Ser, no existan realmente.

»En resumen —terminó diciendo Aurelio—: según la conocida teoría sobre el bien y el mal, tan acepta al Budismo, el Hinduismo, y los adláteres de ambos, el bien se aprecia en contraste con su opuesto el mal, y además se define en función del mal, y viceversa, y no hay otra manera de apreciarlos ni de definirlos. Los que sostienen esta teoría hablan del bien y del mal dentro del mundo material. Yo no. Prescindiendo por un momento de mi teoría del DOROR como parte de la REM, y separando convencionalmente Materia y DOROR, yo sostengo que el bien radica (dejando a un lado, de momento, a Dios) exclusivamente en el DOROR, fuera del mundo material, y que el mal radica exclusivamente en la Materia, fuera del mundo del DOROR. Es más,

[52] Como acertadamente detectó el filósofo alemán Johann Friedrich Herbart, el bien no se define ni se inventa: se reconoce, se acepta, se estima o aprueba (Julián Marías, ob. cit.).

con Plotino, sostengo que la materia es el mal radical, porque es la raíz de todos los males. Detectamos el bien que ocasionalmente refulge en la materia, así como el mal que ordinariamente aparece en ella; pero ese bien procede de fuera de la materia, mientras que el mal procede de la materia misma. Y se podría intentar definir el bien de la materia en función del mal de la materia; me da igual que se intente o no. Pero el bien de la materia no procede de ella, sino del DOROR. De modo que tendríamos ***dos maneras (no una sola) de definir el bien de la materia: como lo contrario al mal de la materia, y como lo semejante al DOROR.***

»***El bien que se da en la materia es debido exclusivamente al DOROR, y se caracterizaría como bien en contraposición al mal que es propio de la materia. Por su parte, el mal de la materia, que es lo propio de ella, se caracterizaría como mal en contraposición al bien que se da en la materia por influjo del DOROR. Con esta matización, no tendría inconveniente en admitir la teoría del del Hinduismo, del Budismo, y de todos sus seguidores.***

»Pero sin que hubiera causación recíproca, ni siquiera de lejos. Porque ni el mal de la materia es causa del bien del DOROR, ni éste lo es del mal de la materia. Ni siquiera lo es Dios, porque él no es causa material, formal, eficiente ni final, de la materia. Y digo que no es causa eficiente, porque la materia surge espontáneamente a la existencia con ocasión de la existencia de Dios, pero él no la crea voluntariamente. En cuanto a que la materia inferior a la del DOROR (a la que por comodidad solemos llamar simplemente «materia») sea el mal radical, lo afirmo porque en ella puede ocurrir que su tendencia a resistir o contradecir la influencia del DOROR (tendencia al mal, la injusticia y el caos) predomine y prevalezca sobre su propensión a ajustarse a él (tendencia al bien, la justicia y el orden); luego es la fuente o raíz de todo mal. En este sentido, la capacidad de mal de la materia densa es máxima o ilimitada, mientras que la del DOROR es inexistente.

Argimiro: —Quizá una prueba de que lo que dices es cierto, es que la bondad suele ir unida a otra cosa que también procede del DOROR, como es la inteligencia. El mal no requiere inteligencia, pero el bien sí. Cualquier cenutrio, cualquier zamborotudo, cualquier estúpido, puede odiar de verdad y hacer el mal (es más, es muy probable que lo haga), pues la materia es radicalmente mala: es la raíz del mal y yo diría que incluso proclive a él. De modo que, para hacer el mal, no hay que hacer sino «dejarse llevar» por la materia. Pero para hacer el bien, para ser verdaderamente bueno y amar de verdad, hay que ser inteligente. Y todo el que es bueno, todo el que ama de verdad, es inteligente aunque no lo parezca. Tiene lo que Dostoievski llamó «*la inteligencia verdadera*»[53].

---

[53] En *El idiota.*

»No todas las personas inteligentes son buenas; pero las buenas siempre tienen la inteligencia verdadera, la de lo más importante, la de la mejor parte *«que no les será quitada»*. La verdadera inteligencia y la bondad son, pues, como las dos caras de una misma moneda.

»Cuando a una persona buena (es decir, sabia) se le sugiere que haga el mal, su reacción no suele ser de indignación, sino más bien de desdén. La indignación podría revelar un deseo reprimido de hacer el mal, mientras que el desdén es la reacción natural del que *sabe* hacia el que intenta torpemente engañarle.

CARLOS: —¿Hí los males? No digo el mal, sino los males, las desventuras. ¿También provienen de una materia refractaria al DOROR?

—Por supuesto. Cuando por obra del azar se acumulan varias desgracias sobre nosotros en poco tiempo, de modo que «se nos junta todo» y un infortunio viene sobre otro, nos sentimos más desdichados de lo que sería normal en tal situación, porque la persistente acumulación de adversidades, reveses y desventuras nos hace pensar que la materia es lo único que existe o lo único que cuenta; que es consistente y «sólida» de por sí, y que el DOROR no existe o no opera en ella. Sería mejor sentirnos perseguidos por un ser maligno y poderoso, como a veces nos ocurre también, que agobiados por este opresivo y ominoso sentimiento de desesperación que se apodera de nosotros. Porque, cuando las desgracias nos vienen juntas, nos sentimos no sólo desgraciados, sino, propiamente hablando, «des-esperados»; es decir, sin esperanza.

»En tales casos, hemos perdido de vista a Dios y al universo divino. Nos sentimos «dejados de la mano de Dios»; no sintonizados con él; «fuera de onda»; fuera del correcto camino; fuera del *Tao*. Y es verdad, porque en esos momentos la materia (propia o ajena) no se ajusta al DOROR. Pero, además, al hacernos sufrir, la materia consigue que creamos en ella, en su consistencia, lo que nos priva de toda esperanza.

AURELIO: —¿No te parece un poco melodramático todo eso? ¿No será una resonancia de tu tierra gallega? Esas aprensiones, esos temores, esos fantasmas aterradores, se disipan cuando se piensa que Dios es bueno, que mediante su DOROR opera siempre sobre la materia, que siempre está presente en ella, y que intrínsecamente ésta no tiene consistencia.

ARGIMIRO (sin hacer caso de la interrupción): —En cambio, cuando al fin las cosas se «enderezan» y empiezan a «salirnos bien», a salirnos «divinamente», nos sentimos más alegres de lo que sería normal. Nos sentimos «en plena forma»; es decir, en o como la forma del DOROR. Sentimos entonces una alegría que no se explica solamente por los resultados materiales obtenidos. Experimentamos un alivio profundo, porque lo ocurrido confirma la intuición que teníamos, oscura y soterrada, de que el DOROR existe. Vemos que opera; que se ha realizado en la materia; nos sentimos otra vez en el «sendero correcto»; que estamos de nuevo «de la mano de Dios»; en el *Tao*. Y eso hace que demos menos importancia a la materia; que intuyamos que no es la materia lo que importa, aunque no seamos muy conscientes de que tenemos esa intuición.

»El bienestar que a veces sentimos a pesar de circunstancias desfavorables; esa sensación indescriptible de gozo profundo, fuerte y sosegado, motivado por el solo hecho de existir, que a veces nos ilumina, lo tenemos porque estamos asidos «de la mano de Dios». Por muchos bienes materiales que tuviéramos, no podríamos tener ese gozo si no estuviéramos «de la mano de Dios». Es un gozo acompañado de una seguridad extraña, indescriptible, injustificada por las condiciones objetivas, pero cierta. Y es que, más que «bienestar», lo que tenemos es «bienser».

—Cuando nos sentimos «dejados de la mano de Dios» —dijo Aurelio—, hemos de pensar que detrás de las nubes sigue estando el sol. Nuestra vereda está bordeada de árboles y, al recorrerla, unas veces veremos el sol y otras no; pero no hay que temer. Si la indiferencia nos está vedada, tenemos temor o confianza: no hay ninguna otra posibilidad en nuestra mente. Tengamos, por tanto, confianza. Y si no podemos tener confianza (porque a veces no es nada fácil tenerla), refugiémonos en el DOROR; instalémonos en él y gocémonos en él; pero nunca temamos. En estos casos, el temor es lo que nos termina de hundir del todo.

A continuación del tema del bien, y como llevados de la mano, los contertulios volvieron a tratar de Dios mismo, cuya existencia fue puesta en duda por Dalmacio. A esto le replicó Aurelio diciendo:

—Que vivimos contando con que hay algo más que la materia ciega, me parece evidente. Una cosa es lo que digamos, otra lo que pensemos, otra lo que sintamos, y otra lo que sintamos de verdad; es decir, allá en el fondo más recóndito de nuestro ser. Hasta el ateo más convencido se horrorizaría, y no podría vivir ni un instante más en este mundo, si por un momento se considerase inmerso en un mundo de materia movida mecánicamente por un conjunto de fuerzas ciegas e implacables; es decir, agitadas caóticamente por el puro azar.

»Pero no podemos decir nada de Dios. *«No sabemos cómo él es»,* como dice San Juan. Ni siquiera podemos decir de él que es espíritu; de Dios mismo no podemos decir absolutamente nada. Y, desde luego, no podemos percibirlo. Como mínimo, es la materia la que nos lo impide, si es que no nos lo impide algo más.

Luciano: —La materia es como un velo que impide ver a Dios. Puede decirse que Dios es «el Velado». Pero ¿lo ve quizá nuestro DOROR?

Después de una pausa, Aurelio prosiguió:

—Quizá los que a su muerte se incorporen plenamente al DOROR puedan ver a Dios, como prometió Jesús de Galilea a los *«limpios de corazón»* en su sermón de la montaña; pero mientras seamos una realidad compuesta (compuesta de *razón* y *forzosidad;* de DOROR y Materia), no podemos verlo. *«Nadie puede ver a Dios y vivir.»* Por eso, *«a Dios nadie le vió jamás».* Ayunando hasta caer enfermos, mirándonos el ombligo con asiduidad, conteniendo la respiración, repitiendo *mantras* durante horas, haciendo «sentadas» Zen durante días, girando como peonzas, o rezando o meditando *ad nauseam,* lo único que quizá podremos conseguir es ver a nuestro DOROR o ver la MM básica, general o primigenia; es decir, uno de los dos componentes de nuestra realidad. Pero no a Dios. Y lo más probable, por más fácil, es que nos pongamos en contacto bruscamente con la MM total, con consecuencias imprevisibles.

»Mediante la intuición emotiva de Dios (pues forzosamente ha de ser emotiva), solamente podemos percibir que existe y que nos ama. No podemos percibir ni su esencia, ni el conocimiento que tiene de nosotros y de los demás aconteceres materiales; sólo tener la certeza de que Dios existe, es bueno, y ***crea el DOROR,*** ya sea en el sentido de extraerlo de la nada como algo radicalmente distinto de la materia, ***ya sea en el sentido de hacer buena a una parte de la materia que, a su vez, pueda influir en el resto.*** Pero eso es suficiente para que nos sintamos llenos de paz y de felicidad o, al menos, no tan desgraciados.

LUCIANO: —La intuición de Dios no tiene por qué ser sólo emotiva. Creo que podemos intuir su existencia de tres maneras conjuntamente:

»Mediante una intuición volitiva, sobre la base de la acción, tanto nuestra como de todo el resto del mundo material, se puede intuir una Voluntad dirigida hacia el bien, la cual, llegado el caso, contradice a aquella acción. Hay una Voluntad dirigida a nuestro bien, que a veces se opone a la nuestra o a la de otros; y entonces es cuando podemos intuir la existencia real de esa Voluntad.[54]

»Además, mediante una intuición intelectual, se puede intuir la vacuidad o inconsistencia de la materia y que su aparente consistencia aumenta en función de nuestra creencia en ella. Y de ahí se puede inferir que sólo afirmándose mediante la creencia en su propia consistencia y mediante la voluntad de afirmarse, de mantenerse, de perpetuarse, en una palabra, de adquirir sustancia (*«El mundo como voluntad y representación»* es el título de la más famosa obra de Schopenhauer), la materia puede resistir a aquella Voluntad benéfica que se ha intuido. Otra intuición intelectual, secuela de la anterior, es la de que, si esa creencia y esa voluntad cesan, cesará toda resistencia a la «Voluntad Que Nos Ama». Algo así (o quizá eso mismo) es lo que intuyó el Buda.

»Y mediante una Intuición emotiva, se puede intuir que hay un Amor que nos envuelve y afecta. Se experimenta un bienestar psíquico que es consecuencia de un Amor que se intuye.

AURELIO: —Lo de la «intuición volitiva» no deja de ser un poco ficticio. Si nosotros ejercitamos nuestra voluntad, no es fácil que percibamos la voluntad divinal, porque con nuestra voluntad y con la creencia previa en la consistencia de la materia estamos fortaleciendo a ésta, la cual, por tanto, pue-

---

[54] La realidad ha sido definida como *resistencia* por Maine de Biran y por Dilthey (Julián Marías, ob. cit).

de resistir a la voluntad de Dios sin problemas. El bien está en que, a pesar de todo, haya surgido el ser humano sobre la Tierra y en que el ser humano pueda ser bueno. Sólo en esto puede intuirse la voluntad de Dios; pero no es una intuición demasiado fuerte o, al menos, no la considero lo suficientemente irrebatible y demoledora.

«En cuanto a tu «intuición intelectual», no creo que lo sea. Prefiero apoyarme primordialmente en la razón pura.[55] Pero no le doy el rango de intui-

[55] Tan pura, por cierto —me comentó luego Aurelio— como la que, entre otros muchos usos que hizo de ella, empleó Kant para negarla como fundamento de la Metafísica, incurriendo así en una solapada contradicción. La aportación válida de Kant fue descubrir que, en el conocimiento sensible, el sujeto aplica al objeto ciertas condiciones *a priori*, de modo que se trata de una síntesis objeto-sujeto; pero eso no está en la experiencia y fue la razón pura quien se lo dijo. También le dijo (pues Kant lo dio por sentado, aunque desde sus propios parámetros no es posible saberlo) que, aunque las cosas «en sí» no puedan conocerse, existen realmente fuera del sujeto. Pero otros no habían creído lo mismo. También dio por sentado que el sujeto existe con su razón, su espacio y tiempo, sus «categorías», etc., sin incluirlo entre lo que «en sí» no se puede conocer. Pero debería haberlo incluido. En la negación de la razón pura como fundamento de la Metafísica, empleó esa razón en operar sobre sí misma, cuando es así que, con arreglo a su propia tesis, no pudo considerarla un objeto de conocimiento, ya que la había colocado aparte de la naturaleza; y tampoco habría podido hacerlo si la hubiera colocado dentro. La teoría kantiana es el fruto de una pura especulación de la razón pura; y siempre se ha sospechado que, en el fondo de sus planteamientos, hay algo que falla. ¿Por qué Kant sólo reputa lícita una síntesis entre el dato empírico y las condiciones del sujeto? ¿Es que la Física parte siempre del dato sensible, y no ha progresado desde Newton operando desde síntesis anteriores e incluso desde «hipótesis de trabajo», es decir, desde hipótesis de síntesis? Que no sea lícito salirse de los límites de la experiencia es, en realidad, una opción «cientificista» elegida por Kant, desde la que excluye a todas las demás. Pero en su bello edificio se observan grietas como las «ideas regulativas», o como las «ideas estéticas», su teoría del arte, la «finalidad objetiva de la naturaleza», y la armonía natural universal afirmada en su *Crítica del juicio*, que le aproxima mucho a Rousseau, de quien era un gran admirador. Podría decirse que la obra de Kant se funda en dos fascinaciones: las que sintió por Newton y por Rousseau. Kant leyó la obra de Swedenborg; pero rechazó sus teorías metafísicas, y, sin más, decidió ignorar los datos empíricos paranormales en que aquéllas se habían basado, excluyéndolos arbitrariamente del campo de actuación de la razón pura. Pero hoy se conocen muchos más. Y la Física subatómica, la Astrofísica, la Biología, y la Historia, han aportado datos «normales» que tan sólo Metafísicas basadas en la razón pura pueden explicar. Por otra parte, en la evolución de la Física experimental (que en la época de Kant apenas acababa de nacer) se han dado y se siguen dando «antinomias» tan flagrantes o más que las señaladas por él en la razón pura (banales, por cierto, las dos primeras, y justificables las dos últimas). Quizá por todo esto, en la práctica no se ha hecho demasiado caso del reduccionismo kantiano, del que ya Friedrich Heinrich Jacobi hizo una crítica demoledora. Desde luego, prescindieron del tal reduccionismo filósofos de la talla de Fichte, Schelling, Hegel o Heidegger. Y es que la razón pura es tan vital para el ser humano (lo mismo que la empíricamente condicionada), que es ilusorio renunciar a ella, o ponerle otros límites que los que de por sí, intrínsecamente, ella misma ya tiene. Por todo lo cual, no es cierto en absoluto que, como a veces se ha dicho, Kant haya acabado para siempre con la Metafísica tradicional, o que la haya dejado solamente en manos de visionarios o indocumentados. Pero es que, además,

ción, porque no lo es. Yo prefiero «la apuesta» a todos los intentos de demostrar racionalmente la existencia de Dios; desde los de Aristóteles y Santo Tomás de Aquino hasta los de San Anselmo, Duns Escoto, Descartes, Leibniz, etc. Lo que más me seduce es «la apuesta»; es decir, intentar explicar de un modo coherente todo lo que ocurre en este mundo, sobre la hipótesis de la existencia de un Dios bueno por la cual he apostado.

ARGIMIRO: —Cuando se tiene un atisbo de la grandeza de Dios (no de Dios mismo), a través del bien que de él dimana, sobreviene un *anonadamiento* ante Algo que *«sobrepasa todo entendimiento»,* con anulación de uno mismo; quiero decir del propio «yo». Uno queda reducido a un espejo anonadado, embelesado, que ama a Dios sin más. Pero anonadado, porque el espejo no es nada que sea intrínsecamente consistente. Y así, estando uno anonadado, el Bien de Dios se hace más perceptible todavía.

»No sé las mujeres; pero cuando un hombre, a cualquier edad (y no es infrecuente que le ocurra después de llevar muchos años en este mundo, e incluso, a veces, a una edad ya muy avanzada) encuentra por fin a la «mujer de su vida» (que a veces resulta ser muy distinta de la que se había imaginado siempre) y la ama, y es correspondido, se siente inmensamente feliz. Se siente con una felicidad nueva; una felicidad intensísima, indescriptible, transparente y radiante. Se siente transformado. Le parece que su existencia se llena de alegría y de fuerza, de luz, de seguridad y de calor. Ha desaparecido por completo la continua angustia existencial que siempre había padecido (y que en contacto con otras mujeres de las que creyó estar enamorado nunca se había disipado del todo), y ésta es la mejor prueba de que finalmente ha encontrado a la «mujer de su vida». Le parece que su vida, en adelante, es otra distinta. Y en verdad que lo es. Más aún; le parece que su vida, en adelante, es verdadera vida, y que la anterior no lo era.

él mismo elaboró una Metafísica tradicional mediante la *razón pura práctica,* a la que (muy curiosamente, pues no opera sobre datos de los sentidos) no sólo admitió, sino que atribuyó primacía sobre la razón pura teorética. Y, aunque esto no hubiera ocurrido (que sí ocurrió), de todos modos Kant habría construido una verdadera Metafísica, aunque no basada en el conocimiento; es decir, no ya identificada con la mera Ontología o «Decir algo» (*Logía*) «del Ser» (*Ontos*), sino entendida más ampliamente como un «saber a qué atenerse sobre la realidad radical y universal» según la visión de Ortega, de Zubiri, y de Marías. Porque, aunque haya sistemas filosóficos que rechacen la existencia de la realidad como tal, o que afirmen que la realidad «en sí» no es cognoscible, o que sólo es cognoscible según una determinada perspectiva de la vida humana, de todos modos versan sobre la realidad (y por ende sobre la realidad radical y total), aunque sea para negarla o matizarla. Por otra parte (y esta opinión ya no es de Aurelio sino mía), creo que, partiendo de una mera «apuesta», las aserciones ontológicas de Teófilo y de sus discípulos deberían considerarse como plausibles hipótesis explicativas.

»Pues bien: cuando un ser humano encuentra a Dios (mejor dicho, cuando llega a «acercarse» a él; cuando llega a rozar la «túnica de Dios»), le ocurre exactamente lo mismo. Pero, para ello, primero hay que reconocer la existencia de Dios con la mente, y luego buscarle con el corazón. No con la cabeza (es huero, fatuo, arrogante y estúpido, además de ilusorio, pretender buscarle con la cabeza), sino con el corazón. Como se dice en Jeremías 29,13: «*Me buscaréis y me hallaréis, porque me buscaréis de todo vuestro corazón.*»

AURELIO: —Dios es una lluvia de amor: una permanente, densa, y mansa lluvia de amor que nos envuelve y empapa continuamente.

»El que no lo viva así, no sabe nada de él aunque sepa mucho de él; aunque haya dedicado cuarenta años de su vida a estudiar Teología. Pues vivirlo de cualquier otra manera, por correcta y adecuada que sea, no sirve para acercarse a él ni para conocer lo importante de él, y prácticamente es como no creer en él.

»Bien entendido que su amor consiste en su DOROR. O sea, que decimos que nos ama porque ha creado el DOROR.

»Decimos que el DOROR es fruto (o quizá expresión) del Amor divino, porque es un regalo de Dios; un regalo que Dios hace a la materia; un don gratuito; una gracia. Es algo que se nos da gratis, o sea, sin contraprestación alguna; porque, a cambio, Dios no recibe nada de la materia ni necesita nada de ella. Y si entre nosotros los humanos el amor se demuestra con dones gratuitos, si de alguien que nos hace un valioso regalo pensamos que nos ama, podemos decir que la existencia del DOROR es fruto del Amor divino, o que indica que en Dios existe algo que hemos de llamar Amor divino. El mundo del DOROR es el mundo del Amor.

Anita intervino ahora. Hacía mucho tiempo que no hablaba.

—Jesús de Galilea nos dijo: «*A ninguno llaméis padre sobre la tierra; porque uno es vuestro Padre: el que está en los cielos*» (Mateo 23,9). Sin duda, lo que quería decir con esto es lo siguiente: «*Ninguno de los padres de este mundo os ama como vuestro Padre que está en los cielos. Por tanto, a ninguno de ellos llaméis padre.*» Pero no dijo lo mismo de las madres de este mundo. Pues, seguramente, el amor de una madre de este mundo, a diferencia del amor de un padre de este mundo, es lo más parecido que hay al amor de Dios.

»Si hubiéramos de buscar analogías, habría que considerar a Dios, no como a nuestro padre, sino como a nuestra madre, ya que su amor hacia nosotros (¿no dijo algo de esto el profeta Isaías?) es como el de una madre; es decir, invulnerable hagamos lo que hagamos, incondicional por tanto, invariable, inmensurable, permanente, continuo, y pleno. Dios sólo nos desea el bien y siempre nos desea el bien, el máximo bien, sin límite alguno.

AURELIO: —Lo que has dicho es cierto, Anita. Estoy totalmente de acuerdo contigo. Es lo que yo he pensado siempre, a pesar de lo que me enseñaron de pequeño.

»Conviene que sepamos, además, que el bien que Dios nos desea existe; que es real, y que es lo único verdaderamente consistente que existe. Pues ese bien es precisamente el DOROR.

—Yo también estoy de acuerdo con Anita —dijo Argimiro—. En alguna parte se ha escrito que es nuestra madre la que nos ama de verdad, la que se lo juega todo por nosotros, y no Dios. Pero es Dios quien nos ha dado a la madre. *Dios es la Madre que nos ha dado a la madre.*[56]

[56] Francisco María López Melús, en su libro *Desierto: una experiencia de gracia* (Ediciones Sígueme. Salamanca, 1994, 2.ª edición, págs. 116 y ss.), escribe: «En el Antiguo Testamento se nombra a Dios con el término extraño y singular de *rajum* (misericordioso), hasta 13 veces. Es significativo comprobar que las 13 veces en que aparece este adjetivo de significado tierno y fuerte se aplica siempre a Dios (Ex 34,6; Dt 4,31; Jl 2,13; Jon 4,6; Sal 78,38; 86,15; 103,8; 111,4; 112,4; 145,8; Neh 9,17.31; 2 Cron 30,9). Este adjetivo viene del sustantivo *rejem* que significa seno materno, la sede del amor en la madre (Jer 1,5). Los verbos formados por este término y especialmente el sustantivo *rajamim* expresan en primer lugar esa reacción materna: «¿Acaso olvida una mujer al niño que ha dado a luz, sin compadecerse del hijo de sus entrañas?» (Is 49,14.15). [...] Al aplicar estos términos casi exclusivamente a Dios, el hombre bíblico quiere hacernos saber que Dios es misericordioso, que Dios [...] es Amor. Al decir que Dios es *rajum*, quiere decirnos que es misericordioso, tierno como una madre [...]. Una madre tiene un seno materno, uno solo. Sant 5,11 [se refiere a la Epístola de Santiago] acuña la palabra griega compuesta *poli-splagjnos*, expresando que Dios tiene muchas entrañas de madre. Es una manera de decir que el Padre celestial tiene la ternura de muchas madres. [...] el Padre de los cielos es infinitamente tierno, tiene amor de madre en grado infinito. [...] *Rajamin* significa entrañas, y de ahí ternura y amor instintivo. El vocablo [repite el autor] tiene su raíz en la palabra *rejem* (el seno materno) en el que el hijo es concebido y gestado. Para los semitas, la ternura maternal tiene su sede y su origen en el seno materno. Como dice el Papa [Juan Pablo II] [...] se puede decir que este amor es totalmente gratuito y sin ningún merecimiento. [...] Dios es, por consiguiente, la fuente también de ese amor sin freno, más allá de lo razonable, que brota de las entrañas y que solemos atribuir más a la madre, porque en ella es más característico y se manifiesta sin rebozo alguno. Así las entrañas maternales resultan ser una revelación necesaria de Dios, sin la cual su figura quedaría mutilada. [...] En la plenitud de la revelación, se da la más entrañable definición de lo que es Dios: «Dios es amor» (1.ª Juan 4,8.16). Con esto basta. [...] San Agustín reconoce aquí el culmen de la revelación y del pensamiento de Juan [con esta frase]: «Aunque no se dijera absolutamente nada más en las páginas de la Sagrada Escritura y solamente oyéramos de la boca del Espíritu Santo que Dios es amor, nos bastaría.»

Dado el cercano parentesco existente entre las lenguas hebrea y árabe, me gustaría que alguien que las conociese me dijera si, como sospecho, las palabras hebreas antes citadas tienen algo que ver con la invocación en árabe que precede a todas las *Suras* del Corán: «Bismillah al-*rahman* al-*rahim*» (*rahman* y *rahim* muy probablemente pronunciadas con «h» aspirada; es decir, *rajman* y *rajim* respectivamente), que significa: «En el nombre de Dios, el misericordioso, el compasivo.»

»Las desgracias que nos ocurren, muchas veces nos dan la oportunidad de acercarnos a Dios o de intuir su DOROR. Pero Dios nunca quiere nuestro mal; ni «para probarnos», ni para «darnos una oportunidad» de acercarnos a él, ni para nada. Esto debería estar bien claro para todos.

Aurelio: —Dios es siempre y continuamente Amor, en cuanto creador del DOROR. Dios es Amor omnipresente y omnisciente, porque así es el bien que nos proporciona; es decir, el DOROR. Y si, por la razón que aduje en alguna ocasión, no podemos decir que Dios sea infinito ni que no lo sea, sí que podemos decir que es Amor infinito, en cuanto que el DOROR que ha creado no tiene límites cualitativos ni cuantitativos.

»Todos los que nos hemos educado bajo religiones bíblicas (judíos, cristianos y musulmanes) tenemos la noción de que Dios es bueno y poderoso. Pero nos falta saber dos cosas.

»Respecto a la bondad de Dios, nos falta la idea de la *invariabilidad* de la bondad de Dios: del carácter *incondicional* de su amor. Creemos (porque así nos lo han enseñado) que si nos «portamos mal» con Dios por haber infringido sus normas, él dejará de ser bueno con nosotros e incluso nos castigará, respondiendo a nuestros actos como lo haría una persona humana. Pero Dios siempre ama; es la MM la que castiga, unas veces sin motivo alguno y otras porque, el mal realizado por nosotros, contra nosotros se acaba volviendo. Dios nunca castiga, porque no es una persona humana, sino el Bien mismo, y es siempre bueno e igual de bueno con nosotros, hagamos lo que hagamos. Como dice la Epístola de Santiago (1,17): «Toda buena dádiva y todo don perfecto descienden de lo alto; del *Padre de las luces, en el cual no hay mudanza ni sombra de variación.*» Y como se dice en Malaquías 3,6: «*Porque yo, Yahveh, no cambio, por esto, hijos de Jacob, no habéis sido consumidos.*» El amor de Dios es incondicional como el de una madre. No discrimina. «*Dios hace salir el sol (el DOROR) sobre justos y pecadores*» (Mateo 5,45). «Bueno es Yahveh *para con todos,* y sus misericordias sobre *todas* sus obras. Abres tu mano, y *colmas de bendición a todo ser viviente*» (Salmo 145,9,16). No solemos creer esto. En cambio, parece como si la sonrisa de felicidad y de alegría embelesada que se observa en muchas estatuas de Buda, fuese la de quien ha llegado a saber que Dios existe y nos ama a todos por igual, incondicionalmente, con amor de madre.

»Sí; Dios siempre ama; es la MM la que castiga. El «temor de Dios» que continuamente aconsejan tanto la Biblia como el Corán, ha de entenderse como temor a las consecuencias negativas que *automáticamente* se producen para nosotros si nos apartamos del DOROR de Dios, ya tengan lugar en este mismo mundo en que vivimos o consistan, al salir de él, en no ascender a planos superiores de existencia.

»La invariabilidad es una nota esencial (no accidental) del amor de Dios (es decir, del bien que él produce) y, por tanto, del bien que hemos de hacer para «imitar a Dios». El bien más semejante al que produce Dios (aparte, naturalmente, de lógicas diferencias cualitativas y cuantitativas) es el bien invariable. Por eso, sólo es *verdaderamente* bueno el que es bueno siempre, como Dios es bueno siempre; no aquel que voluntaria o involuntariamente alterna el bien con el mal. De ahí que yo crea que lo que realmente nos salva de la muerte no es el bien sino la bondad: la firme, invariable, e infalible predisposición a desear siempre el bien, consolidada en base a un pasado nutrido de actos siempre bienintencionados. Esto coincide con lo que en su momento dijimos sobre la continuidad de nuestra personalidad material recogida en el DOROR.

»Y respecto al poder de Dios, nos falta la idea de que *no hay otro poder frente al suyo,* porque lo que no es Dios ni divinal (o acorde con lo divinal) es inconsistente. Dios es el más poderoso, porque nadie aparte de él es verdaderamente poderoso; y es todopoderoso, porque nada verdaderamente consistente existe fuera de él y de su DOROR. Por eso es realmente todopoderoso y su poder no tiene límites. Podemos decir que el poder de Dios es el poder de lo único sustancial.

»En téminos estrictos, Dios no es todopoderoso, sino único. Se dice que alguien tiene poder cuando es capaz de doblegar a su voluntad a algo o a alguien extraño a él que se le opone; pero Dios está solo; fuera de él (o de lo divinal y de lo demás regido por él), no hay nada ni nadie consistente a quien pueda querer doblegar. No sabemos lo que ocurriría si, además de Dios, hubiera otra Entidad consistente que se le opusiera. Puede que entonces no fuera todopoderoso. Pero ocurre que él (y también lo que ya está regido por él) es lo único consistente. Por tanto, es el único Poder, porque es la única Presencia en el ámbito del Ser. Su poder es el poder del solitario; el poder del que, junto con su reflejo, está solo en el terreno de la consistencia. Démonos cuenta bien de esto.

Pedro, en este punto (ya casi nos habíamos olvidado de él, de lo poco que hablaba), preguntó:

—Decís que Dios nos ama. Pero nosotros, ¿debemos amar a Dios?

—Dios ha producido la vida a través de la permanente operación del DOROR sobre la Materia —le respondió alegremente Argimiro—; intenta mejorar continuamente nuestra vida mediante el DOROR, y nos da la oportunidad de que sea eterna en él. ¿Cómo no amarle, entonces? ¿Cómo no confiar en él? Amar a Dios, más que una obligación, es un hecho natural; es el resultado lógico de una determinada visión metafísica, como lo sería de una visión física si pudiéramos ver el DOROR. Debemos amor y gratitud a Dios, porque, por existir Dios y ser como es, el DOROR existe y es como es; y, por existir el DOROR, existimos nosotros.

»Al DOROR no lo vemos, pero existe. Si no lo vemos nunca, es porque está demasiado cerca de nosotros; presente en cada momento en los más íntimos entresijos de nuestra textura material intentando que no se disuelva;

intentando que sea mejor; intentando que sea feliz. ¡Claro que debemos amar a Dios! Y además debemos amarle, igual que él nos ama, con ternura (*«tendresse»*), según aconsejaba Leibniz. Lo cual demuestra que, contra lo que es habitual en quienes no lo son, los verdaderos filósofos suelen saber mucho más de lo que dicen.

AURELIO: —Dar gracias a Dios es importante, porque completa y perfecciona nuestra relación con él. Una relación unilateral, sólo «de arriba a abajo», nunca es perfecta; es sólo «lación» y no «re-lación»: resultado de un *ferre* y no de un *referre*. Para que exista una auténtica relación, no sólo debe haber un movimiento «de arriba a abajo» sino que también debe haber otro movimiento, otra corriente, «de abajo a arriba». Pero ¿qué clase de corriente puede dimanar de nosotros hacia Dios? No puede consistir en darle a conocer algo o en pedirle algo, porque Dios ya sabe lo que nos ocurre y lo que necesitamos. Puede consistir en fe. En cuanto a que pueda consistir también en amor, hasta ahora hemos empleado esta palabra en el sentido de desear el bien de otro; en desearle un bien del que carece; y Dios, el autor de todo bien, no carece de ninguno. Sólo podemos reconocer el bien que él nos ha hecho y nos hace mediante su DOROR, y reconocer que nos lo ha hecho y nos lo hace gratuitamente, gratis; es decir, sin contraprestación de ninguna especie. Esto es *agere gratias:* dar las gracias: reconocer y proclamar que hemos recibido un bien sin ninguna contraprestación; que hemos recibido una gracia. Eso es lo que podemos hacer respecto a Dios: en eso puede consistir el *referre* que nos vincule mejor con él, con su obra benéfica y con todos los Cristos que él ha producido, incluido el nuestro.

»El agradecimiento a Dios (agradecimiento que muchas veces se olvida y que no debe ser como el que se expresa a una persona con el propósito de obtener nuevos favores) sirve, además, para aumentar y consolidar la conciencia de nuestra verdadera identidad y de lo que verdaderamente ocurre. Fortalece nuestra débil capacidad de rectificación, y contribuye a preservarnos del mal y de los males; porque aumenta nuestra conciencia del amor divino y del DOROR en que se muestra.

PEDRO: —Entonces, además de sentir gratitud, ¿no podemos amar a Dios?

—Dentro del uso que hasta ahora hemos dado a la palabra «amor», no. Pero en un uso (que no «sentido») alternativo, desde luego que podemos.

Me pareció al principio que Aurelio decía esto por amor, al ver la consternación de Pedro por no poder amar a Dios «en un sentido técnico». Pero luego me pareció que lo había dicho de veras, cuando prosiguió:

—Amar consiste en desear el bien de otro. Pero, hasta ahora, sólo hemos contemplado el caso de que el otro no posea ese bien. Cuando es así, el amor consiste en desear que lo tenga y en procurar dárselo. Pero cuando el otro ya lo tiene (o cuando ya tiene y «es» el máximo bien, como en el caso de Dios), entonces puede consistir en deseárselo como si no lo tuviera; pero sobre todo en gozarse en ese bien; en alegrarse profundamente de su existencia, y en celebrar de todo corazón que el otro lo tenga. En este sentido, es evidente que podemos amar a Dios, y todas las religiones nos aconsejan que lo hagamos.

»Creo, eso sí, que el amor a Dios debe estar muy impregnado de gratitud; que debe ser un amor-gratitud o más bien una gratitud amorosa; pero es cierto que hay que amar a Dios. Sin embargo, el amor a Dios no puede asentarse sobre bases falsas, porque entonces ese amor será siempre ficticio, y mejor es no sentir amor alguno que sentir un amor ficticio. La mentira es lo peor de todo.

»Para ser verdadero, el amor a Dios tiene que fundarse sobre el convencimiento de que, por existir él, existe la materia; de que, gracias a él (mediante su DOROR), la materia tiene forma y vida; de que, gracias a esa vida material, hemos surgido nosotros a la existencia material, y de que todo lo que de bueno y noble haya en la porción de materia que nos constituye, lo tenemos gracias a él. Asimismo, el verdadero amor a Dios ha de fundarse en el reconocimiento de que nuestro ser verdaderamente consistente existe eternamente, perfecto y feliz, en un universo espiritual que a él es debido. Y, más aún, en que nuestra entidad material puede tener acceso a ese mismo universo espiritual y eterno, en la medida en que se aproxime a nuestro ser verdaderamente consistente.

»Que ese universo de felicidad se exprese o no en la materia, y la medida en que lo haga, es algo que no depende de Dios, sino de la materia misma, y así hemos de reconocerlo también.

»Pero si creemos que Dios puede intervenir en el mundo material y que, a pesar de ello, de alguna manera o con algún pretexto consiente los males de este mundo, no podremos amarle verdaderamente. Pues no se puede amar verdaderamente a alguien a quien se teme o de quien se desconfía. Y el que diga lo contrario, o miente o no sabe lo que es el amor.

»Si alguien dice amar a un Dios que consiente los males de este mundo, es que, o no ha sufrido él ninguno, o le gusta sufrir, o no se ha preocupado nunca por los males de los demás. Es decir, que no los ama. Y, como decía San Pablo, si no ama a sus hermanos, a quienes ve, ¿cómo puede amar a Dios, a quien no ve?

»Lo mismo que sin DOROR no puede haber Amor divino, sin un panorama metafísico correcto el amor a Dios tiene que ser falso.

PEDRO: —¿Debemos intentar hablar con Dios para expresarle nuestra gratitud y nuestro amor?

ARGIMIRO: —El agradecimiento a Dios por amarnos; por promover siempre e incondicionalmente nuestro bien, y nuestro mayor bien, debe ser humilde, sencillo e inocente como el de un niño. Algo así como el reconocimiento que expresa la cara de Adán en la Capilla Sixtina. No creo que sea necesario, ni conveniente, ni posible, expresarlo con palabras.

—No estoy enteramente de acuerdo contigo —repuso Aurelio, y nuevamente me pareció que hablaba por amor—. Dios es mucho más que personal, y por eso la «Ciencia Cristiana» lo llama «Principio». Pero este concepto abstracto e impersonal (como también el de Plotino, que lo llama el «Uno» o el «Bien») quita calor a nuestra relación con Dios. Al fin y al cabo, aunque sea mucho más que personal, Dios también es personal; y no creo que debamos renunciar, por principio, a tener con él una relación directa y cordial.

»En este sentido, se puede intentar «conversar» con él. Ello tiene evidentes peligros, como el de imaginar respuestas de Dios que no proceden sino de uno mismo. Pero conociendo esos peligros quizá se puedan evitar, y reconozco que, para muchos, «conversar» con Dios como con un amigo es una fuente caudalosa de felicidad, y una ayuda para lograr un ajuste al DOROR al que siempre debemos tender.

»Muchos, muchas más personas de lo que se suele pensar, hablan con Dios como con un padre bondadoso, comentándole sus experiencias, contándole no sólo lo malo sino también lo bueno que les ocurre, y dándole gracias a menudo, incluso por cosas poco importantes. Muchos ateos reales se asombrarían de lo mucho que ciertos ateos «oficiales» hablan con Dios. Lo digo porque yo conozco a unos cuantos.

»No obstante, el enfoque abstracto tiene algunas ventajas. Dios no es una imagen del hombre. Si «humanizamos» a Dios, nos entrará la duda de si Dios actuará o no con amor, o si mantendrá o no su amor, porque lo imaginaremos como un ser humano con sus fallos y variaciones. Dios no es así. Es un Amor impersonal (pero, esto, porque es más que personal), continuo y eterno. Es como una roca inamovible de la que mana amor continua, incondicional y eternamente. Y el considerar a Dios como personal puede llevarnos con facilidad a atribuirle ciertas características negativas de los seres humanos, como la variabilidad, el desvío y hasta el enojo. Aquellos que tienen o han tenido un padre material tiránico, arbitrario, neurótico, inestable, caprichoso e incluso malévolo, castrador en suma, al que lógicamente han temido, pueden encontrar un obstáculo importante en su relación con Dios si se dirigen a él como «padre».

»Por otra parte, una relación personal cálida con Dios es difícil de conservar, porque con frecuencia parece que Dios se «vela»: se «oculta» como el sol tras las nubes. No es así, ya que somos nosotros los que no somos capaces de conservar por mucho tiempo esa relación, pero el efecto es el mismo. «*¡No me escondas tu rostro!*», clamaba el salmista. En estos casos, lo mejor es actuar como el que viajase a diario en un tren de cercanías y en alguna ocasión encontrase que la ventana de su compartimento tiene las cortinillas bajadas. Si no puede levantarlas, ha de pensar que, aunque esta vez no pueda ver el paisaje, sin embargo allí está el mismo paisaje de siempre; que allí siguen los montes y prados que ha visto tantas otras veces. Ya los verá otro día. Las nubes que no dejan ver el sol se desvanecerán tarde o temprano. Y entretanto, dado que en el trabajo metafísico es fundamental la persistencia, aquel que no pueda mantener una relación cálida con Dios con la suficiente continuidad, es mejor que en los intervalos opte por la consideración impersonal de Dios como «Principio» que siempre produce el bien y sólo el bien; que es, por tanto, Amor y, además, Vida y Poder, continua e incondicionalmente; que es la única Presencia y el único Poder verdaderos.

»La señora Eddy, en muchas ocasiones, califica a Dios de «Padre-Madre». Sin duda, de ese modo, intentaba restituir a Dios la ternura, la delicadeza y el amor total e incondicional propios de la madre, que una concepción patriarcal de la divinidad (y la propia señora Eddy, al designarle como «Principio» en muchas otras partes de su libro) le habían arrebatado. Pero en realidad nuestra madre es la materia densa. Incluso la palabra «materia» procede de *mater,* que, como sabéis, en latín significa «madre». No ha surgido de Dios, sino con ocasión de Dios. Vitalizada y animada por la mente material, su propia mente, a menudo crea formas caprichosas, desordenadas e inarmónicas, y Dios no cesa de influir en ella para establecer el orden, la armonía, la conciencia y el bien. En cierto modo, el DOROR es un esperma que Dios arroja incesantemente sobre la materia, y en ese sentido puede decirse que Dios es nuestro Padre. Pero debe de poseer una ternura infinita, cuando, por obra de su DOROR, ha hecho posible la existencia de las madres de este mundo.[57] No es descabellado, por tanto, ni mucho menos, llamarle también «Madre».

ANITA: —¿Y qué quiere decir la señora Eddy cuando afirma que *«Dios es todo en todo»?*

FÉLIX: —Puesto que ella rechaza expresamente el Panteísmo (que explicaría muy bien esa frase), el primer «todo» indica con claridad que está confundiendo a Dios con alguna otra cosa. Porque Dios es el Uno, pero no es ningún «todo»; no es ningún conjunto de partes. Está claro como la luz del día que tú, por ejemplo, aunque formas parte de «todo», no eres Dios; que tampoco lo soy yo, ni lo es un inspector de Hacienda, ni tampoco Felipe González, como en su día no lo fueron Nerón, Hitler o Stalin. La señora Eddy debe de confundir a Dios con el DOROR o con la MM. Puesto que el DOROR es único, todo él está en todos y cada uno de los DOROR particulares. Es decir, que todo lo consistente está en todo lo consistente. Proba-

[57] Como bien se dice en el *Florilegio* de Estobeo (79,13), «Dios se nos revela en la madre más que en ninguna otra cosa».

blemente, la frase quiere expresar la intuición que tuvo la señora Eddy del Reino de Dios como realidad holística; pero confundió a Dios con el Reino de Dios. Además, dado que el DOROR también está en todo lo inconsistente, pues está en todo lo material intentando configurarlo, puede también decirse que todo el DOROR está en todo lo material. En cuanto a la MM, también es una realidad holística. La señora Eddy era una gran intuitiva.[58] También pudo haber confundido a Dios con la MM.

Pedro: —A todo esto, sigo sin saber si podemos o no hablar con Dios. ¿Qué haces tú, Aurelio? ¿Qué haces tú en tu vida privada?

—En general, salvo en contadas ocasiones, yo prefiero tener con Dios una relación no verbal. No obstante, puedo sentirlo como si lo estuviera tocando. Lo vivo como un Padre-Madre poderosísimo y lleno de bondad, que me ama tiernamente sin condiciones, y que continuamente, desde antes de mi nacimiento, me está ayudando a vadear un turbulento río caudaloso o a atravesar un árido desierto lleno de peligros. Ésta es mi actitud personal. Sin embargo, rezo con frecuencia el «Padrenuestro». Podría decirse, por tanto, que desconfío de las «conversaciones libres» con Dios o no me considero digno de tenerlas, pues soy muy pecador —hubo risas aquí[59]— y prefiero utilizar cauces fijos, preestablecidos, que lleven a mis pensamientos, y sobre todo a mis sentimientos (que nunca dejo de agregar a mis palabras), por un camino seguro del que no puedan extraviarse. Por eso, incluso cuando no empleo el «Padrenuestro» para dirigirme a Dios (o antes o después de haber rezado esta oración), acudo al cauce preestablecido de alguna otra que yo me haya inventado. Por ejemplo, la siguiente:

«*Bendito seas, Padre-Madre Dios,*
ternura y poder infinitos.
En tus manos me pongo. (A veces añado *En el Cielo me pongo.*)
Gracias, Padre. (A veces digo *Gracias, Padre-Madre.*)

—Quitando del «Padrenuestro» todo lo que dices que es falso y le han añadido subrepticiamente, ¿te parece una buena «oración», no en el sentido

---

[58] Sin embargo, también pudo haber tomado esta idea de San Pablo, primera a los Corintios, 15,28 («Pero luego que todas las cosas le estén sujetas, entonces también el Hijo mismo se sujetará al que le sujetó a él todas las cosas, *para que Dios sea todo en todos*»).

[59] Preciso es señalar que, como se oye en la cinta, Aurelio pronunció humorísticamente la palabra «pecador» del modo engolado, arrogante y amanerado que emplea en sus homilías el clero del *Opus Dei* o el sometido a su influencia; o sea, marcando exageradamente la pronunciación de todas las letras de cada palabra, sobre todo las vocales, prolongando su duración, cambiando a veces el acento, y moviendo exageradamente boca, labios y lengua, de modo que las palabras adolecen de una hiperclaridad enfática que, para una mente no sometida con anterioridad, llega a ser cómica.

de «petición» (que ya sé que rechazas), sino en el sentido que tú le das de «discurso», «recitación», «parlamento» o «plática»?

—Sí. Eliminando sus aditamentos espurios, me parece la mejor oración de todas. No en vano procede del Maestro de los Maestros. Aunque, respetando su sentido auténtico, yo también falsificaría su texto, aunque sólo un poquito y de otra manera. En vez de añadirle toda una segunda parte como han hecho otros, yo le añadiría sólo unas pocas palabras al principio, al medio, y al final.

—¿Qué le añadirías al principio?

—Como buen español, le añadiría algo que la individualizase más; que la hiciera más «propia», más «cercana» del que habla.

—¿Cómo sería, pues, tu «Padrenuestro»?

—No pretendo, ni mucho menos, dirigir a nadie. No tengo la menor autoridad para ello, ni tampoco santidad. Ya lo he reconocido antes.

—Pero, de todos modos, ¿cómo sería?

—Ya que insistes, te diré algunas formas de recitarlo; pues no hay una sola. En una u otra forma, yo lo recito a diario, e incluso varias veces al día, para darme cuenta de quién soy, de dónde estoy, y de lo que ocurre:

»Hay una manera de recitarlo lenta, meditada, analítica y profunda, haciendo pausas entre las diversas fases de la oración:

»Padre mío.»

»Esto es lo que añado al principio. Después, hago una pausa para vivir que Dios, a través de su DOROR, es el que hizo que la materia densa llegase a adquirir existencia, luego forma, y luego conciencia en la forma del ser humano; que Dios es el que me ha estado protegiendo siempre, desde que nací y desde antes de que naciera, a mí, a Aurelio C..., inundándome de bien en su DOROR, e incluso, a través de su DOROR, en la materia configurada *que lo haya permitido*. De modo que Dios es padre (mi padre) y mucho más que padre. Es, como ya señaló Jesús, el padre verdadero.

«Padre nuestro.»

«Aquí, hago otra pausa para vivir que Dios es también el padre de todos los demás seres humanos y, en general, de todas las formas materiales, de la clase que sean. Y debo confesar que muy a menudo cambio el orden, y digo «Padre nuestro» antes que «Padre mío».

»Que estás en el Cielo (antes se decía «en los Cielos») y en la Tierra.»

»Aquí me detengo para vivir que Dios no sólo «está» de algún modo en el «Cielo» (el DOROR) a través de su reflejo en éste, sino también en la «Tierra» (la materia en sentido estricto), aunque sin estar contaminado por ella. Es decir, que de alguna manera está presente no sólo «más allá» de la materia y del DOROR, en una transcendencia y allendidad absolutas, sino también en el DOROR y en la materia; y que por estar en ella está también «aquí mismo». Está, y a la vez no está. Recordad lo que en cierta ocasión se leyó en esta misma salita sobre la doctrina de Plotino: «El Primer Principio plotiniano está en todas partes y no está en ninguna; está en todas las cosas y no está en ninguna. Según Plotino, los antecedentes contienen a sus consecuentes sin estar contenidos por éstos; así pues, el primer principio está en todas las cosas porque las contiene todas; pero no está en ninguna porque no está contenido por ninguna; *presente en todas, pero sin mezclarse con ninguna.* Está dondequiera, porque él mismo es el «*dondequiera*» de todas las cosas.» En este sentido, recordad asimismo la frase que en otra ocasión citamos literalmente de la *Enéada* sexta, 4,6: «*el Ser universal está presente todo él en cada una de las cosas de las que no puede encontrarse lejos ni cerca.*» Esto, que Plotino predica de lo equivalente a nuestro DOROR, sería absurdo que no pudiera decirse también de Dios, que es el autor del DOROR. En efecto lo dice, según acabamos de ver. Y no olvidemos los argumentos esgrimidos por Argimiro para fundamentar su teoría de que nada escapa al conocimiento de Dios. Como se dice en Deuteronomio 4,39: «*Aprende pues, hoy, y reflexiona en tu corazón que Yahveh es Dios arriba en el cielo y abajo en la tierra, y no hay otro.*»

»Santificado sea tu nombre.»

»Es una salutación, pero con un contenido específico que se debe considerar. Aquí, pues, me detengo para desear que se reconozca por todos los seres humanos la existencia de Dios. En las culturas antiguas, el nombre de algo (o de alguien) se identificaba con lo nombrado; así que «Santificado sea tu nombre» quiere decir «Santificado seas» o, en otras palabras, «Que se reconozca como santo a ti, que eres santo»; lo que equivale a decir «*Que se reconozcan tu existencia y tu bondad*», y no sólo «Alabado seas».

»Es el deseo fundamental: el más importante de los expresados en esta oración (que no petición, la cual es innecesaria); a saber: que, a pesar de lo que aquí ocurre, a pesar de los muchos males de este mundo material, todos los seres conscientes reconozcamos la existencia de un Dios bueno. Pues lo bueno que hay en este mundo se debe en último término a Dios, y lo malo a la parte de materia que rechaza el proyecto divino.

»Lo contrario de reconocer la existencia del DOROR (vale decir la del Amor divino y, por ende, la de Dios) es el «pecado contra el Espíritu» que tan duramente condenó Jesús de Galilea. En realidad, el único pecado que condenó sin remisión.

»Podemos ponernos a un lado de la raya, o al otro. Inmersos como estamos en la materia densa, cuya posible maldad no tiene límites, este mundo nos aterroriza y a menudo parece que no hay Dios.[60] Pero si a

[60] La *duda* sobre la existencia de un Dios pletórico de bondad hacia nosotros es un enemigo formidable. Pues dificulta (aunque no la impida del todo) la conciencia o la intuición del DOROR, con lo cual no facilita la operatividad de éste sobre la materia, y por ello es más probable que aumenten nuestras desgracias, y por ende nuestra duda, en una espiral que suele acabar en el ateísmo.

pesar de todo admitimos la existencia real de un Padre bondadoso que intenta influir constantemente sobre la materia para bien, y vemos a ésta como nadal y vacía, y única responsable de todo lo malo que en ella sucede, ocurre que, de repente, en las mismas circunstancias, el mundo se hace más cálido, seguro y amable. Todo consiste en dar ese salto.

»En todo caso, sin admitir previamente (*aunque tan sólo sea en forma provisional e hipotética, vale decir a título de apuesta*) la existencia y asistencia de un Dios bueno, nada de lo que viene después tendrá sentido, y para nada servirá recitar esta oración.

»Venga tu Reino. Hágase tu voluntad en la Tierra como en el Cielo.»

»Aquí, hago una pausa para vivir el deseo de que el DOROR se realice en el mundo material y, desde luego, de no impedir su realización. (Pero sin tratar de imaginar su contenido concreto. Pues obsérvese que Jesús dice «*tu*» voluntad. Y en Lucas 22,42 insiste: «*no se haga mi voluntad, sino la tuya*». Por tanto, el sentido de la frase es «*Hágase tu voluntad [no la mía, ni lo que yo creo que es tu voluntad] en la Tierra, así como se hace en el Cielo.*») La segunda frase es una aclaración de la primera y por eso las recito juntas. Aunque puede pensarse que el «*Reino*» se refiere más bien al conjunto de los DOROR ya nacidos, mientras que el «*Hágase tu voluntad en la Tierra como en el Cielo*» alude especialmente a los DOROR cautivos, yo no lo creo. Jesús no dijo «Vayamos a tu Reino», sino «Venga tu Reino» (a este mundo). Por tanto, se refería también aquí al DOROR cautivo. Creo que «Reino» indica simplemente que el DOROR está verdaderamente regido por Dios.

»Con lo anterior finaliza lo que se dice a Dios en la oración, y ésta podría terminar. Pero inmediatamente después viene una frase cuyo contenido está más bien destinado a ser aceptado, meditado y vivido por la persona que está orando.

»Porque tuyo es el Reino, el Poder y la Gloria.»

»La frase parece ser, a su vez y en principio, una explicación de las dos inmediatamente anteriores; pues el deseo de que la voluntad de Dios, el Reino de Dios, se realice en este mundo, está justificado precisamente porque ese Reino existe y porque la materia se siente atraída por él. Pero en realidad *es el soporte de algo mucho más importante que una mera explicación:* es en verdad el núcleo central del «Padrenuestro» y, más aún, de toda la enseñanza de Jesús, ya que sirve para expresar la fe-apertura, devota y gozosa, en la existencia real del DOROR. Ésta es precisamente la fe que conviene tener para todo intento de rectificación metafísica, y lo que el «Padrenuestro» pretende esencialmente es facilitar el logro de dicha rectificación. Por eso la frase declara la previa fe en la existencia y realidad del Reino de Dios, del Reino de los Cielos, del mundo inefable del DOROR. Aquí, por tanto, hago una pausa para vivir la existencia y realidad del DOROR eterno (aunque sin imaginar su contenido), sin dejarme desorientar por el mundo material, que da la impresión, a los que pertenecemos a él, de que es el único que existe. Trato de no olvidar que este mundo material no está solo, sino que siempre existe otro (perfecto y de verdad consistente) con él. Dentro de este otro, nuevamente cabe plantearse si el texto autoriza a distinguir entre el conjunto de los DOROR ya nacidos (el Reino) y los todavía cautivos (el Poder), todos ellos llenos de Gloria. Otras veces creo que Jesús, cuando habla de «el Reino» y «el Poder», está aludiendo al DOROR cautivo, regido por Dios y lleno de poder, y que cuando dice «la Gloria» está refiriéndose al DOROR nacido. Pero otras veces pienso (y finalmente he acogido esta interpretación) que, simplemente, lo que está diciendo es que lo regido por Dios (el Reino) tiene Poder y es glorioso; que lo que está haciendo Jesús con la frase «Porque tuyo es el Reino, el Poder y la Gloria» (o sea, sin una «y» entre el «el Reino» y «el Poder») es tratar de explicarnos sucintamente cómo es el Reino de Dios, el DOROR, destacando sus notas más esenciales; a saber: el Poder (es decir, la consistencia), y la Gloria (o sea, una grandiosidad, perfección, y felicidad supremas y radiantes, para nosotros desconocidas y que no podemos imaginar). Creo que el significado de la frase de Jesús es, por tanto, «tuyo es el Reino; es decir (o donde están), el Poder y la Gloria».

»Gracias, Padre; bendito seas.»

»Esto es lo que añado al final. Termino con esta invocación, procurando impregnarla de ternura, gratitud y amor.

»Y así, en esta forma detenida y analítica, es como rezo yo a veces el «Padrenuestro», ya que tanto insistes en saberlo. Te diré que, para mí, es una fuente inagotable de bendiciones.

»Además, hago diversos usos y aplicaciones parciales de esta oración, de las que te diré algunas.

»A veces me limito a recordar la penúltima frase (*«Porque tuyo es el Reino, el Poder y la Gloria»*), que expresa mi fe en la existencia y realidad del DOROR.

»En ocasiones, para intentar propiciar alguna rectificación concreta evocando el amor divino, uso la última parte (*«Venga tu Reino. Hágase tu voluntad en la Tierra como en el Cielo. Porque tuyo es el Reino, etc.»*) o, de manera más sintética, digo simplemente *«En la Tierra como en el Cielo»*; es decir, *«Del mismo modo que tu voluntad se hace en el Cielo (en el DOROR), así también se haga en la Tierra»*.

»Cuando me encuentro ante las fuerzas del mal actuando como sin trabas; cuando me encuentro ante sucesos injustos o absurdos, terribles, que hacen dudar de la existencia de Dios, repito varias veces, obstinadamente, la frase *«Santificado sea tu nombre»*, reconociendo así la existencia y la bondad de Dios a pesar de todo, y deseando que los demás también las reconozcan. Otras veces, en esas mismas ocasiones aplastantes y descorazonadoras, empleo una fórmula extraída del «Padrenuestro», que consiste en decir varias veces «*Santificado sea tu nombre*» y después «*Porque tuyo es el Reino, el Poder y la Gloria*».

»Pero la frase «*Santificado sea tu nombre*» no sólo la repito ante algún acontecimiento desgraciado. En algunas ocasiones la repito varias veces al llegar a ella en el curso de la misma oración, simplemente para agradecer a Dios su existencia y su Amor.

»Tengo otra manera de rezar el Padrenuestro más rápida, más «para uso diario», un poco más emotiva que la anterior. Se realiza en cuatro fases:

»A) ***«Padre mío bueno. Padre nuestro bueno*** (aunque a veces cambio el orden y digo «Padre nuestro bueno. Padre mío bueno») ***que estás en el Cielo y en la Tierra. Santificado sea tu nombre.»*** Es decir, mi invocación y salutación (buenos deseos) al Padre bueno.

»Esta invocación no debe hacerse con temor, ni con la solemnidad de quien está cumpliendo un deber, sino con naturalidad y, sobre todo, con ternura y con alegría; pues ¿a quién acudiremos sino a Dios? Como dicen los Salmos, él es la Roca en que nos asentamos, nuestro Castillo y nuestro Refugio. En cuanto a la salutación, aunque no siempre, en muchas ocasiones repito varias veces el «Santificado sea tu nombre».

«B) ***«Venga tu Reino; hágase tu voluntad en la Tierra como en el Cielo.»*** Es decir, mi deseo de que no se impida la rectificación de este mundo material; mi deseo, además, de colaborar en ella; mi deseo de que el Reino de los Cielos «baje» a este mundo (a la parte de este mundo que está rezando, y a todas las demás), realizándose en él. No dirigimos nada. Pero cumplimos los designios de Dios (los suyos) respecto a nosotros en este plano de existencia, si en nuestra conducta diaria nos dejamos guiar por lo divinal y no impedimos con nuestro «yo aferrado» la realización del DOROR. Es así como ocurren las cosas en este mundo.

»C) ***«Porque tuyo es el Reino, el Poder y la Gloria.»*** Es decir, elevación de la mente hacia el DOROR, el Reino de los Cielos, fruto y expresión del Amor de Dios. Toma de conciencia, embelesada e impregnada de gratitud, de la existencia real de ese Reino de Dios, donde todo es perfecto; donde todos somos felices y eternos; donde (y aquí pienso ya solamente en el DOROR nacido) viven eternamente felices, y están lo más cerca de Dios que es posible estar, nuestros seres queridos que partieron de este mundo y fueron buenos. Yo pienso en ellos al mentar este aspecto del Reino. E incluso añado a continuación de la frase esta aclaración: «*El Reino donde está (o están) contigo...* (y nombro entonces a quienes yo creo que están allí; a quien yo sé que está allí).

»En ciertas ocasiones, en este mismo pasaje, se puede vivir que la voluntad del Padre bueno se realizará en este mundo con toda seguridad, indefectiblemente, *«en la Tierra como en el Cielo»;* que el Padre no permitirá que el mal triunfe, y que, a pesar de todas las apariencias amenazadoras, el mal no triunfará en definitiva, porque del Padre es el Reino, es decir, el *Poder* (la Consistencia, la Fuerza) y la Gloria.

D) ***«Gracias, Padre. Bendito seas.»*** O «Gracias, Señor («Señor» como muestra de respeto). Bendito seas, Padre bueno» o «Gracias, Padre bueno. Bendito seas, Señor», o «Gracias, Padre bueno. Bendito seas», o simplemente «Gracias Padre bueno», o «Gracias, Padre-Madre», o alguna invocación que exprese de otro modo un agradecimiento profundo. Le doy las gracias a Dios por existir, por haber hecho que supiéramos de su existencia, por haber ocasionado la materia, por el bien que ya ha hecho en ella, por amarnos, por ser bueno como es. Incluso porque, según a veces creo, su Reino se realizará en la materia, quizá por caminos para mí inescrutables en el presente. A menudo, le doy las gracias además por algún bien concreto.

»Éste es todo el «Padrenuestro». Esta es toda su esencia. Dentro de ella, creo que todos podemos introducir las variaciones que se nos ocurran.

»En esta forma rápida de rezar el Padrenuestro (que en el fondo es la que prefiero y, con mucho, la que más utilizo), se toma conciencia de la inmensa, inmensurable, entrañable e inalterable bondad del Señor. Se le llama bueno, porque, como dijo Jesús, *«ninguno hay bueno sino Dios»* (Marcos 10,18). Por tanto, se debe poner un énfasis especial en la palabra «bueno». Para rezar correctamente el Padrenuestro es necesario, en efecto, vivir muy intensamente que Dios es bueno; absolutamente bueno; perpetua y permanentemente bueno: puro amor y pura bondad; que sólo desea nuestro bien y nuestro máximo bien; que tiene la máxima bondad que podamos imaginar: una bondad infinitamente superior a la de cualquier madre por buena que sea: una bondad infinitamente cálida, intensa, viva, pero a la vez apacible y dulce, sin mezcla alguna de maldad, de animadversión o de indiferencia, ni asomo de ellas, ni posibilidad alguna, por mínima que sea, de que las tenga y por alguna circunstancia deje de ser tan bueno como es. Hemos de vivir que, por encima de los «Dioses» buenos y malos (o esencialmente buenos, pero que a veces pueden ser también indiferentes, malos, justicieros, o incluso vengativos) que hemos tenido en nuestra mente desde nuestra infancia, hay un Dios incondicionalmente bueno, siempre bueno y sólo bueno; nunca indiferente, ni justiciero, y menos aún vengativo. A éste y sólo a éste es a quien hemos de dirigirnos. Reconozco que admitir esta bondad de Dios es muy difícil (lo más difícil de todo) para los que vivimos en un mundo como el nuestro, que apenas si la permite materializarse en él; pero es fundamental.

»En consecuencia, cuando digamos «*hágase tu voluntad*», pensemos que esa voluntad es siempre una voluntad buena: una voluntad siempre dirigida a nuestro bien: a que se realice lo que es mejor para nosotros; y cuando mencionemos el Reino del Padre («*Venga tu Reino*» y «*porque tuyo es el Reino*»), pensemos que ese Reino es siempre un Reino bueno: un Reino de bondad.

»En algunas ocasiones, las anteriores fórmulas del «Padrenuestro», incluso la segunda que es más breve, me parecen todavía demasiado intelectuales, demasiado doctrinales; demasiado «autodidácticas», por así decir. Con un contenido más escueto que sólo dejase margen a la emoción, la fórmula del «Padrenuestro» podría quedar así:

> ***«¡Padre bueno que estás en el Cielo y en la Tierra! ¡Santificado sea tu nombre!***
> ***¡Venga tu Reino! ¡Hágase tu voluntad en la Tierra como en el Cielo!***
> ***Porque tuyo es el Reino: el Poder y la Gloria.***
> ***¡Gracias, Padre bueno! ¡Bendito seas!»***

»Y a medida que va comprendiendo uno más cosas, se da uno cuenta de que para dirigirse a Dios sobran las palabras, y de que, si acaso, bastaría con una sola: «*¡Padre!*», dicha con gratitud y confianza.[61]

»Puedes rezar el «Padrenuestro» cuantas veces quieras, tanto de día como de noche. Pero parece que el inicio de la jornada (la oración de la mañana[62]) y su final, son momentos especialmente apropiados. En todo caso, cuando lo reces, aunque haya gente cerca, aíslate mentalmente unos segundos para hacerlo bien, recogiéndote hacia el interior de ti mismo. Y, durante la oración, pon el centro de gravedad en Dios y no en ti, pues él es lo único importante. Más aún: al menos mientras la reces, procura abdicar totalmente de tu «yo», sintiéndolo como es en verdad: vacío y como nada: una de las muchas formas vacías de sustancia propia aparecidas en este mundo (uno de los infinitos que existen) por influjo remoto de Dios, y que desaparecerá muy pronto. Al menos entonces, procura no pensar en ti; procura no pensar que tienes méritos, problemas, o proyectos «propios». No hables a Dios desde tu «yo». Tu «yo» no tiene ninguna importancia. Menos aún debes aferrarte a él, lo

[61] Algo así viene a decir San Pablo en su epístola a los romanos, 8,15: sólo «¡*Abba*!» (Padre).

[62] Pero luego dijo Aurelio que, si en ese momento se estaba amodorrado, era mejor esperar.

cual debes evitar siempre y no sólo mientras reces el «Padrenuestro». Habrás observado que apenas se habla de uno mismo en el que yo rezo, a diferencia de lo que ocurre en el espurio que contiene toda una segunda parte añadida. En realidad, por difícil que sea, habría que vaciarse totalmente de uno mismo, hasta el punto de no pensar en ninguna «Tierra» (materia) *concreta* donde quisiéramos se realizase la voluntad del Señor. Ni siquiera en la nuestra. Actuando, pues, no exactamente como un *zombi*, pero sí, quizá, de un modo parecido, con los ojos de la mente «siempre hacia el Señor» como dice el Salmo 25, trata de ajustarte al DOROR, a la sencillez, al amor, y a las oportunidades e inspiraciones que provengan de lo alto, y confía en Dios, que actuará a través del DOROR. Es muy importante que esta actitud la mantengas siempre, porque el amor de Dios no puede nada contra la voluntad humana contraria, incluso aunque el ser humano crea que no es contraria o que no es voluntad.

»Sí; reconozco que es difícil; pero, al menos como regla general (aunque admita excepciones), mientras estés rezando el «Padrenuestro» procura no pensar en los problemas propios o ajenos; procura no desear que se solucionen. En todo caso, *nunca desees que ello ocurra de una manera determinada imaginando un contenido concreto del DOROR.* Todo esto que estoy diciendo parece contradictorio con la pretensión esencial del «Padrenuestro», que es la de facilitar la rectificación metafísica de males y problemas; pero no es así. *Aunque reces el «Padrenuestro» precisamente para intentar que se rectifique «eso», mientras lo estés rezando no pienses en «eso».* Piensa solamente en Dios, y desea solamente que se realice su voluntad en este mundo. Con eso basta. Pero que, allá en el fondo de tu alma, no deje de estar latente la seguridad absoluta de que la voluntad de Dios se dirige siempre hacia el bien de la materia, y, por tanto, a que tus problemas, como los de los demás seres materiales, se solucionen de la mejor manera posible. Si no ocurre, no es porque Dios lo quiera, sino porque no quiere destruir la materia.

»Pues, al pensar en Dios, no olvides nunca que por encima de su majestad, de su poder y de su gloria, siempre debe predominar en tu mente su bondad: su amor por nosotros, inmensurable, incondicional, permanente y total, como el de una madre buena. La conciencia de su tierna bondad debe predominar casi hasta el punto de anular a todo lo demás.

»En cuanto a tu actitud física al rezar el «Padrenuestro», rézalo mejor o peor vestido, e incluso desnudo si es necesario, y en cualquier postura; pero, si te es posible, hazlo de pie. Estás dirigiéndote al Señor, y ponerse en pie es una muestra de disponibilidad. Por eso, cuando una persona importante entra en una habitación, los que ya estaban en ella se ponen en pie, y los militares se ponen «firmes» ante un superior.

»Pero ante Dios no sólo debe tomarse una postura de «disponibilidad», sino, más aún, de entrega incondicional y, sobre todo, de «receptividad» al bien. Por ejemplo, los pies no deberían estar juntos, ni siquiera por los talones, sino separados con naturalidad, sin exageración alguna, como normalmente los tenemos cuando estamos de pie. Los brazos deberían estar caídos, relajados, y ligerísimamente separados del cuerpo; porque las manos, también relajadas, deberían estar con las palmas más o menos vueltas hacia adelante y abiertas con naturalidad, sin cerrar el puño ni tampoco tensar forzadamente los dedos para estirarlos. La cabeza debería estar levemente levantada. Los ojos, mirando hacia lo alto, pero mejor con los párpados cerrados para no distraerse con nada.

—¿Y no será mejor arrodillarse? Digo, si no hay nadie que nos pueda observar en ese momento.

—Cerca de los reyes, déspotas, tiranos, caudillos y emperadores antiguos, había que estar de rodillas. Se trataba de una medida de seguridad, porque desde esa postura es más difícil iniciar una agresión. Y, normalmente, el que manda sobre un grupo de personas se coloca en alto para que todos puedan verle y oírle; de modo que con las reverencias e inclinaciones se trata de proclamar una posición inferior o, quizá también, menos fuerza física (y por ende social) que el otro, al fingirse que se tiene menos estatura, aunque yo creo que es una forma atenuada de arrodillarse. En todo caso, tú no te arrodilles ante ningún ser humano ni tampoco ante Dios. No te arrodilles ante ningún ser humano, porque ninguno tiene un DOROR superior al tuyo (en rigor, ni siquiera distinto al tuyo); y no te arrodilles ante Dios, porque él es quien ha creado el DOROR de todos. Dios no es ningún déspota, sino tu Padre-Madre, y no hay que tenerle ningún miedo, sino respeto, gratitud y amor. O, si lo prefieres (porque te tranquiliza más y te da mayor confianza), puedes pensar que Dios es tu Amigo; un Amigo absolutamente fiel y seguro. En cuanto a las reverencias e inclinaciones, aunque más admisibles ante los seres humanos o ante lo que de ellos quede en este mundo, tampoco me parecen apropiadas ante Dios. Manifestar que se está más abajo que Dios es innecesario por absolutamente obvio. Incluso parece como si, antes de la reverencia, el que se inclina hubiese estado a la misma altura que el otro, y la inclinación fuese una deferencia, una concesión graciosa hecha por el que se inclina. Lo más propio del ser humano, lo que es característico de él, es estar de pie; no a cuatro patas como los animales, ni tampoco sentado, tumbado, inclinado, o de rodillas.

Yo aceptaba de buen grado que estar inclinado o arrodillado no es propio de ningún ser humano; pero, de acuerdo con mi propia experiencia y con el dicho popular «No estés de pie si puedes estar sentado, y no estés sentado si puedes estar tumbado», estuve a punto de decir que discrepaba de Aurelio en este punto, pero me callé.

La reunión no se prolongó más. Ese día, los «laicos» del grupo no fuimos a la taberna cuando terminó la tertulia. A mí me habría gustado echar un par de tragos, pero al parecer los demás no tenían ganas.

Noveno domingo

UNA VASTA SIMILITUD UNE TODAS LAS COSAS

Aunque con algún retraso, empezaba ya a refrescar. Los días eran más cortos, el sol ya no achicharraba, y ráfagas de aire frío recorrían de vez en cuando el luminoso cielo de Madrid, como la melancolía irrumpe a veces, por sorpresa, en una sinfonía de Mozart. Pero, por lo general, el aire era apacible y la temperatura suave. Los árboles eran testigos de este cambio apenas perceptible. Desde un cielo intensamente azul, un sol dorado iluminaba hojas de color verde pálido. Madrid no tiene apenas primavera, pero sí un otoño entrañable. Después de la insolente opulencia del verano, todo era menos sensual; más modesto, ligero y amable; más sencillo también, más sutil y, por decirlo así, más espiritual.

Cuando llegué a la tertulia, tarde como casi siempre, Félix se disponía a leer algo. A menudo nos sorprendía con estas cosas. Pero, antes, dijo dirigiéndose a los discípulos de Teófilo:

—La «*Materia Mentalizada*», o «*Materia-Mente*», o «*Mente Material*» o «*Mundo Material*», o abreviadamente «MM», como he oído que vosotros llamáis a la *Materia Configurada* o conjunto de *formas* materiales, es en el fondo una, porque la materia amorfa que en cierto modo es su sustrato (la «*Díada indiferenciada*» de los estoicos) es también una. Yo nunca lo he dudado; y, si me lo permitís, voy a leeros algunos textos literarios que confirman vuestro modo de pensar y el mío.

»John Donne, el poeta metafísico inglés, aludía a esa unidad con estas palabras: «*Nadie es una isla, completo en sí mismo; cada hombre es* [...] *una parte de la tierra;* [...] *la muerte de cualquier hombre me disminuye, porque estoy ligado a la Humanidad. Por consiguiente, nunca preguntes por quién doblan las campanas. Doblan por ti.*»

»Pero Walt Whitman dijo más y mejores cosas sobre la unidad, y también sobre la mente, del mundo material. Hoy nadie se acuerda de él, y en España casi no se le conoce, pero es uno de los diez o doce grandes poetas que ha tenido la Humanidad. Escribió cosas como éstas:

«*Todas las cosas son accesibles a todas las cosas.*

Yo equiparo mi espíritu con el vuestro, astros, árboles, montañas, animales.

Una vasta similitud une todas las cosas,
todas las esferas, las que han nacido, las que aún no han nacido,
las pequeñas, las grandes, los soles, las lunas, los planetas,
todas las distancias del espacio, aun las más vastas,
todas las distancias del tiempo, todas las formas inanimadas,
todas las almas, todos los cuerpos vivientes diversos y de mundos diversos,
todos los procesos gaseosos, líquidos, vegetales, minerales, los peces, los animales,
todas las naciones, colores, sociedades primitivas, civilizaciones, idiomas,
todas las identidades que han existido o pueden existir en este mundo o en cualquier otro,
todas las vidas y muertes, todas las cosas pasadas, presentes y futuras.
Esta vasta similitud las alcanza a todas y las ha alcanzado siempre,
y las alcanzará siempre, y las unirá y encerrará siempre.

Algunos cuatrillones de épocas, algunos octillones de leguas cúbicas
no significan nada para la expansión infinita, ni la exasperan.
No son sino partes. Todas las cosas no son sino una parte.
No haré poemas con referencia a las partes,
sino que haré poemas, canciones, pensamientos, con referencia al conjunto.

Y no haré ningún poema, ni la más pequeña parte de un poema,
que no tenga referencia al alma,
porque, habiendo mirado los objetos del universo, encuentro que no hay ninguno, ni parte alguna de ellos, que no tenga referencia al alma.

El alce del norte de afilados cascos, el gato que descansa en el alféizar, el pato, el perro de la pradera,
las crías de la marrana gruñidora, que tiran de sus ubres,
los polluelos de la pava, y la pava que extiende sus alas,
reconozco en ellos y en mí la misma antigua ley.

Y, sea bueno o malo ser parte de ellos, parte de ellos soy.

Soy de los jóvenes y de los viejos, soy de los necios y de los discretos,
soy de todas las razas y de todas las castas, de todos los linajes y de todas las religiones.
Agricultor, artesano, pintor, hidalgo, marinero, cuáquero,
presidiario, rufián, pendenciero, abogado, médico, sacerdote.

¿Imaginas que tengo algún propósito oculto?
Sí, lo tengo, porque los aguaceros de abril lo tienen, y la mica de las rocas lo tiene.

Me veo en todos los hombres.

Mar aullador, mar escultor de las tormentas, mar delicado y caprichoso,
formo parte de ti, soy uniforme y multiforme como tú.

Encuentro que en mí se incorporan el gneis, la hulla, el musgo de largos filamentos, las frutas, los granos, las raíces comestibles,
y que estoy estucado enteramente con cuadrúpedos y aves;
que he tenido motivos para alejarme de lo que he dejado atrás,
pero que puedo hacerlo volver a mí cuando yo quiera.

Soy el apogeo de las cosas logradas y contengo las cosas que serán.
Mis pies se asientan sobre el peldaño más alto de la escalera;
en cada peldaño hay racimos de épocas, y racimos mayores entre un peldaño y otro.

Somos la Naturaleza, hemos estado ausentes largo tiempo, pero hemos regresado.
Nos convertimos en plantas, en troncos de árboles, en follaje, en raíces, en corteza.
Estamos asentados en la tierra, somos rocas,
somos encinas; crecemos juntos en los claros del bosque.

Somos la nieve, la lluvia, el frío, las tinieblas, somos el producto y la influencia del globo.»

»Podría leeros también poemas españoles; por ejemplo uno de Leopoldo Panero, que es magnífico. Pero creo que con esto es suficiente.

Luciano: —Es una intuición que se ha tenido siempre. Y la Ciencia moderna ha comprobado experimentalmente la realidad de fenómenos que son inexplicables para ella, no sólo en Parapsicología, sino también en Zoología y en Física, los cuales sólo pueden explicarse dentro de una

Metafísica que afirme la condición mental y unitaria del mundo material. Así por ejemplo el caso, estudiado por el entomólogo J. H. Fabre, de la *Saturnia Pyri,* la extraña mariposa cuya hembra no se sabe todavía por qué medio material atrae a los machos desde distancias enormes. O el caso de los caracoles que, bastante tiempo antes de que llueva, suben por un arbusto hasta la distancia exacta que alcanzará el agua del río cuando varios días después se desborde por efecto de la lluvia. O el de los animales de cierta isla del Pacífico que, después de haber sido trabajosamente entrenados, aceptan tomar determinados alimentos que antes rechazaban... y entonces los aceptan también otros animales de su misma especie, que no sólo no habían sido entrenados, sino que estaban en otra isla muy distante de la primera y sin comunicación alguna con ella. O el de determinados insectos que se protegen posándose en un tallo de modo que entre todos toman la forma de una flor con unos pétalos de bello colorido. Sin embargo, un insecto es sólo un poco de agua con azúcar; no posee un sistema nervioso como el nuestro que le permita predecir el futuro ni coordinar su actividad. En la Física cuántica, se observan fenómenos que parecen indicar que ciertas partículas se coordinan entre ellas de un modo inteligente, a distancia y sin comunicación alguna; sobre todo, sin medios de comunicación «adecuados». Sería casi interminable una lista de casos como éstos, que deberían provocar el asombro de los científicos.

»Sin embargo, los científicos no se ocupan de estos problemas. Los reseñan en sus libros y, si acaso, dicen que «todavía» no se han conseguido explicar, pero no se vuelven a ocupar de ellos. Esperan que algún día la solución se descubra por otro lado. Pero lo que ocurre en todos estos casos es que la unidad y la mente de la materia, afirmadas por determinados sistemas metafísicos, se manifiestan experimentalmente.

»Y es que, como me han dicho que dijo una vez Michele Federico Sciacca, la Metafísica no resulta de un laboratorio, sino de un cerebro humano, pero a veces una Metafísica concreta puede confirmarse o rebatirse en un laboratorio.

AURELIO: —Creemos que somos algo aparte de la MM restante, porque tenemos una piel que nos separa de ella. Pero la piel que nos envuelve no constituye ni mucho menos una barrera de separación, sino que, por el contrario, a través de la piel respiramos, transpiramos, y nos comunicamos con el resto de la MM. Es conocida la terrible historia del muchachito cuyo cuerpo fue recubierto totalmente de polvo o láminas de oro, en la época de la Roma imperial, para hacerle surgir después, representando a un pequeño dios (Cupido, creo recordar), del interior de un enorme pastel. Pero, aislado de ese modo del exterior, falleció en cuestión de minutos. Si aumentan o disminuyen la presión atmosférica, el campo magnético, la humedad, la temperatura del aire, o los iones que pululan por él y que continuamente nos están atravesando, inmediatamente lo notamos en el funcionamiento de nuestro cuerpo y en nuestro estado de ánimo. Y, desde luego, no podríamos vivir sin ingerir alimentos o sin respirar aire. Nuestra separación de la MM total es una completa ilusión de la mente, no menor que la de la existencia de libertad interna o la de la nada absoluta.

»Entre el ser humano y el resto del mundo material no hay diferencia *básica* de ningún género; todo es lo mismo: formas de una misma materia: formas de acontecer materiales. Si esas formas nos parecen consistentes, si no nos damos cuenta de su intrínseca inconsistencia (la cual dimana de su «sustrato»), es precisamente porque somos lo mismo que ellas; porque ellas y nosotros formamos parte de la misma realidad.

»Incluso la mente humana es una forma material, pues no es otra cosa que el funcionamiento de las formas cerebrales. El Budismo más antiguo ya dijo que la mente humana era el sexto de los sentidos corporales.

»El mundo material es una sucesión de aconteceres sin fin, que son en realidad un solo acontecer. Las divisiones-discriminaciones en «cosas» o «sucesos» y entre «cosas» o «sucesos» diferentes, aunque tengan alguna justificación para haberse producido, sólo se dan en nuestra mente. Lo intuyó la Filosofía griega antigua.

LUCIANO: —Así se explican muchas cosas: por ejemplo, algo tan frecuente como la envidia. El envidioso se irrita contra la persona envidiada porque no tiene el mismo bienestar, la misma salud, el mismo éxito social y, en definitiva, las mismas condiciones de felicidad que ésta, y ello le parece injusto porque, aunque oscuramente, intuye que, «en el fondo», él es lo mismo que la persona envidiada. La unidad de la MM explica también que una persona pueda solucionar a distancia los problemas de otra. No sólo es que un ser humano, al tener en la mente los problemas de otro, los haga suyos, sino que son verdaderamente suyos, aunque no los tenga en su mente, porque su mente y la del otro tienen una misma sustancia, en el sentido literal de «lo que está debajo» de algo. Pues «lo que está debajo» de ambas mentes es la misma cosa: es la materia amorfa. Alan Watts decía que el universo *«yoa»* (del nuevo verbo «yoar», producir «yoes», que él había inventado) y, en efecto, en la MM aparecen continuamente mentes individuales y luego desaparecen; pero todas esas mentes individuales son en el fondo una sola cosa.

»La toma de conciencia de esta unidad de la MM abre las puertas a la magia, como ya se vió en el Budismo Yogacarino (es decir, de la escuela *Yogacara,* dentro del Budismo Mahayana) y más aún en el Tántrico.

—¿En qué se diferencia la magia de lo que vosotros llamáis «rectificación metafísica» de la materia? —preguntó Carlos.

—La «rectificación metafísica» —respondió Luciano— consiste simplemente en intentar favorecer en lo posible la realizacion de DOROR en la materia, sin utilizar para ello formas materiales distintas de nuestra propia mente. A diferencia de la magia, nunca puede ir dirigida al mal. Cuando lo que hace la mente es apaciguarse y eliminar o reducir el «yo aferrado» de modo que no distorsione la realización del DOROR, no hay magia. Cuando lo que hace la mente es tomar conciencia de la distorsión que quizá esté produciendo ella misma en la materia (con lo cual, como en una suerte de psicoanálisis, puede dejar de producirla), tampoco hay magia. Cuando imagina de algún modo el amor divino derramándose sobre la materia, tampoco hay magia. Cuando tiene fe en la perfección y existencia real del DOROR, y es consciente de la «nadalidad» (que diría Aurelio) de la materia, tampoco hay magia. Pero cuando empieza a intentar *visualizar* un hipotético contenido *concreto* del DOROR, se coloca en el filo de la navaja que separa la rectificación metafísica de la magia (o del «*Mind Control*» de Silva, que es magia pura).

»En algunos supuestos (enfermedades o casos claros de injusticia), el contenido del DOROR nos parece unívoco e indubitable; pero siempre puede no ser el que pensamos, y puede haber magia si lo visualizado no coincide con el verdadero contenido del DOROR. En todo caso (es decir, coincida o no coincida), habrá magia cuando el sujeto, simultáneamente a la visualización, se coloque en un estado psicofísico de relajación o bien de tensión extrema.

AURELIO: —La rectificación metafísica se define de esta manera en relación con la magia: mientras que en la magia se trata de modificar, para bien *o para mal,* la materia densa utilizando la misma materia densa (aunque se utilice una forma mental de esta materia) como herramienta para que se cumplan los deseos del mago, en la rectificación metafísica se trata solamente de intentar conseguir que en este plano de materia densa aparezca la misma realidad que ya existe en otros planos más perfectos de la REM y que, de algún modo (puesto que la REM es una totalidad integrada), está también, aunque invisible para nosotros, en este mismo plano de materia densa. Lo que, desde luego, no es nada fácil de lograr. Se requiere para ello, fundamentalmente, tener *conciencia* de la existencia y realidad del *Universo invisible.*

»Pues me temo que todo lo que podemos hacer en este sentido los que no somos santos, los que no podemos hacer milagros, los que seguimos inmersos en este ínfimo mundo de materia densa, es tener desde ella una conciencia vívida, lo más vívida que nos sea posible, de su propia nadalidad, y también de la existencia de esas otras Realidades más perfectas; de esas influencias benéficas que desde los planos superiores de la REM están incidiendo constantemente sobre el nuestro; una fe inconmovible en su existencia real, y en que existen porque Dios es bueno y desea nuestro bien. Y luego, quizá, tener una compasión desapasionada, un amor *more divino* (o sea, a la manera divina) del que nosotros mismos no debemos quedar excluidos; desear sinceramente que esas Realidades modifiquen hacia el bien la realidad de por sí inconsistente que podemos ver. Con todo esto, es posible que, de algún modo y en alguna medida, resulte potenciada la acción benéfica de esas Realidades misteriosas que indudablemente, sin que nos demos cuenta de ello, están haciendo continuamente pequeños milagros en este pequeño mundo en que vivimos, aunque en muchas otras ocasiones no lo consigan.

CARLOS: —Me parece muy interesante lo que estás diciendo. Amplíalo un poco, por favor. Aparte de la fe en el DOROR desde la materia densa, de la magia practicada desde esta misma materia y, por supuesto, de nuestra actuación normal (o sea, empleando formas materiales distintas de nuestra mente), ¿existe algún otro modo de operar sobre esa materia?

—La materia densa es una banda muy estrecha; muy delgada. Podría compararse a una longitud de onda en la radio. Somos como un receptor de radio que puede captar muchas longitudes de onda. Nuestro dial está captando en este momento la longitud de onda de la materia densa. En una emisión de radio, la voz del locutor puede hablarnos de montañas, de mares, de espacios y de tiempos diversos; de todo un mundo, en definitiva. Pero la emisión se hace en una banda muy estrecha.

»En algunas ocasiones, nos salimos ligeramente de esa longitud de onda. Desplazamos ligeramente el dial y, sin abandonar del todo la longitud de onda de la materia densa, captamos también una onda diferente; nos ponemos en contacto con otra dimensión, con la materia sutil, y desde esa otra dimensión podemos tomar conciencia más fácilmente de nuestra unidad con el resto de la materia densa, y operar sobre ella de una manera no habitual.

»Cuando alguien está en ondas cerebrales *alfa;* cuando está relajado, en duermevela, pero consciente, se puede a veces poner en contacto con esa otra dimensión (planos de materia sutil). Entonces pueden darse fenómenos como la adivinación (incluso de la próxima trayectoria de la espada del adversario o del lugar donde está la diana en la oscuridad) y, en general, los que se han descrito como consecuencia de la práctica del Zen (en el *Kendo* o arte de la espada, *Aikido, Kiudo* o tiro con arco, etc.).

»El «espíritu», como contrapuesto a la «materia», posiblemente no es otra cosa que una mayor salida o desbordamiento de la banda de la materia densa. Posiblemente, si se gira aún más el dial en dirección a la materia sutil, se pone uno en contacto con el DOROR.

»Desbordándose de ella, la materia densa no afecta tanto al ser humano, que escapa a muchas de sus leyes y puede modificarla. Desde el DOROR, Jesús de Galilea anduvo sobre las olas, calmó tempestades, sanó enfermos y resucitó muertos. Cosas semejantes hicieron Krishna, Buda y otros, y hoy las hace Sai Babá. Desde la misma materia densa poco puede hacerse, salvo tener la conciencia y la actitud de que antes he hablado. Ni tampoco la materia densa nos facilita los medios para salir de ella misma (alcohol, drogas, peyote, mescalina, LSD, etc.). Hay que mover el dial desde fuera. Lo que puede ser una prueba de que no somos solamente materia densa. Porque si podemos mover el dial desde fuera, es porque en parte, y en alguna manera, estamos ya fuera.

»El Budismo Zen, eliminando el pensar, es decir, la voz del locutor que nos habla de personas, de acontecimientos, de montañas, de mares y, en general, del mundo de materia densa, consigue anular el mensaje de la emisión de radio para que sólo quede su soporte habitual, una mera longitud de onda, y así se pueda salir más fácilmente de ésta. El Hinduismo lo consigue moviendo directamente el dial desde fuera, después de un duro entrenamiento para colocarse muy afuera.

»Pero el hecho de que salgamos de la longitud de onda de la materia que habitualmente percibimos (y lo hacemos más frecuentemente de lo que creemos, sobre todo durante el sueño), no implica necesariamente que salgamos de toda la materia. Hay diversos grados de densidad en ella, y el «salirse» de la materia densa suele consistir en llegar a los bordes extremos de la banda en que consiste, o en llegar a planos de materia sutil; pero no en salirse verdaderamente de la materia; no en llegar al DOROR. Por ejemplo, creo que muchas veces Sai Babá no llega al DOROR.

—¿En qué consiste el Zen? Háblanos un poco de él, ya que sabemos que lo has practicado durante algunos años.

—En la práctica del Zen se pueden distinguir dos tomas de conciencia: la física y la metafísica. No digo que yo las haya conseguido, pero sí que es posible obtenerlas.

»Para la toma de conciencia física, el practicante, sentado enteramente inmóvil y con la espalda erguida, comienza por concentrar la atención de su mente en la propia respiración, según ésta ocurre espontáneamente; es decir, según le viene dada. No pretende dirigirla, sino observar lo que hace su vientre (la respiración ha de ser exclusivamente abdominal), cuando la respiración se produce natural y espontáneamente.

»Desde luego que podemos controlar voluntariamente la respiración durante algún tiempo; pero si lo hiciéramos continuamente no podríamos hacer otra cosa en nuestra vida, que además sería muy corta porque no podríamos dormir y moriríamos muy pronto, probablemente en estado de demencia. Los seres humanos normales no controlamos en absoluto las funciones fisiológicas más importantes, tales como la digestión, el funcionamiento de los riñones o del hígado, o los latidos del corazón. Sólo algunos faquires consiguen hacerlo después de un laborioso entrenamiento, y no pueden mantener ese control durante mucho tiempo por las mismas razones antes indicadas. Y aunque nos parece que tenemos libre albedrío, tampoco podemos controlar (esto, ni siquiera los faquires) el funcionamiento de nuestra mente: nuestros sentimientos, nuestros pensamientos, nuestra memoria, nuestras decisiones, nuestra voluntad, etc. Nos parece que podemos, pero no podemos. Ahora bien: la respiración espontánea es una función muy apropiada para tomar conciencia de que no la producimos nosotros (sino que la produce Algo), porque podemos percibirla y apreciar con toda claridad nuestra falta de control sobre ella. En cambio, aunque podemos percibir nuestros pensamientos o nuestros actos de voluntad (aunque, nótese bien, sólo después de que han ocurrido), no podemos percibir a primera vista nuestra falta de control sobre ellos. Y, en cuanto a los movimientos peristálticos de nuestro tubo digestivo, no podemos percibirlos a ellos mismos.

»Observando con toda atención cómo tiene lugar espontáneamente su propia respiración, el practicante de Zen se da cuenta de que su «yo aferrado» no controla casi nada, aunque crea controlarlo casi todo o quiera controlarlo todo. El sujeto se da cuenta de que él no respira, sino que Algo le hace respirar o respira a través de él. O que, como algunos han llegado a decir, Algo «le respira». De igual modo, ese mismo Algo le hace digerir los alimentos, pensar, querer y decidir. En definitiva, toma conciencia de la existencia de la MM. Se acaba dando cuenta de que Algo le hace respirar, lo mismo que le hace digerir, filtrar la sangre, pensar, querer cosas y tomar decisiones; o de que Algo respira a través de él, lo mismo que digiere, filtra, piensa, quiere, y toma decisiones a través de él. Las mujeres, durante su embarazo, suelen intuir esto espontáneamente. Y los hombres, durante su erección, también.

»Posteriormente, la atención a la respiración se extiende a todo el cuerpo («*shikantazá*»). El practicante siente todo su cuerpo. Lo mismo que antes su mente se había hecho una con su respiración, ahora se hace una con todo su cuerpo; vale decir que ha tomado posesión de todo su cuerpo. De ese modo lo hace más «mental» en el sentido de más consciente y más sensible; de suerte que, mayormente si el sujeto tiene algún atisbo del DOROR, puede que se rectifique automáticamente. Por tanto, en esta fase no es muy infrecuente que el sujeto se cure espontáneamente de algunas enfermedades de las llamadas «incurables».

»En la fase siguiente, la conciencia del sujeto se extiende progresivamente a la habitación donde está practicando, a todo el edificio, a toda la ciudad, al planeta entero, y a todo el universo material. Ha tomado conciencia no sólo de la existencia de la MM sino, además, de que la pequeña porción de materia densa que él parece encerrar es sólo una ínfima parte de aquélla. Se da cuenta, en definitiva, de que no es un ente autónomo que pueda controlar nada, sino una pequeña parte o manifestación de Algo que es mucho más grande que él. Pues incluso el DOROR es nuestro porque lo es de toda la MM. El sujeto se ha unificado con el resto de la MM; mejor dicho, ha tomado conciencia de la unidad de la MM. A esta clase de conciencia se la suele llamar «*conciencia cósmica*».

»En esta fase, el sujeto adquiere con frecuencia poderes paranormales. Adivina lo que está ocurriendo o ha ocurrido en otras partes de la MM e incluso, con notable grado de seguridad, lo que *probablemente* ocurrirá, y llega a tener conciencia de su propia mente inconsciente, en primer lugar a través de sus sueños (que empieza a tener con más frecuencia que antes), y quizá también mediante alucinaciones muy concretas (a veces muy desagradables) que le sobrevienen durante la «sentada» Zen.

»El practicante de la «sentada» Zen puede percibir que alguien está abriendo una puerta a sus espaldas aunque no haga ningún ruido, y, si de repente una persona irrumpe gritando en la habitación, no se sorprende lo más mínimo. Si practica el *Aikido* o el *Kendo,* responde adecuadamente a la acción del adversario de modo instantáneo, como si supiera con antelación que se va a producir, porque en realidad lo sabe. Y responde sin pensar, porque en realidad se ha hecho uno con el adversario, y su movimiento es el mismo movimiento del adversario, que se vuelve contra éste. Si practica el *Kiudo,* acierta «a la primera» en la diana, sin mirarla o sin poder verla. Lo que en realidad ocurre es que se ha hecho uno con todo lo demás, incluso con el adversario, con alguien mucho más fuerte que él que quiera levantarle en vilo o doblar su brazo (y podrá impedirle que lo consiga), y con el arco, la flecha, y la diana.

»El sujeto vive con claridad que sólo es parte de Algo inmenso que se despliega, la MM de materia densa, que vive y actúa a través de él y de otros muchos como él. Pues continuamente aparecen en ese Algo focos de conciencia, que lucen durante algún tiempo, parpadean, y luego se desvanecen para dar lugar a otros nuevos. El sujeto vive que no es libre, que nunca lo ha sido, que no lo es nadie; que la libertad interna o «libre albedrío» es una ilusión, no menos que el control que pretendía ejercer sobre sí mismo o sobre lo que erróneamente consideraba externo a él. En consecuencia, «arroja la toalla» y se sosiega. Deja de hacer lo que hacía antes, que era algo así como pretender dar mayor o menor velocidad (o mayor o menor altura, o imponerle una determinada dirección) al avión en el que iba, y que él no pilotaba, tirando del cinturón de seguridad de su asiento. Ahora tampoco lleva los mandos, pero deja de tirar del cinturón.

»Aquí acaba el camino de muchos, encantados de su nuevo y profundo sosiego, de tener esos poderes extraordinarios, y orgullosos de haberlos adquirido. Pero, además de esta toma de conciencia «física», en el Zen cabe también una toma de conciencia metafísica.

»Porque, desde la primera fase «física», el sujeto ha procurado erradicar de la mente todos sus pensamientos, que son los portadores del *Maya,* de la ilusión de que el mundo material es consistente y está compuesto de partes diferenciadas y autónomas (en realidad, etiquetas que pone la mente humana a las variadas manifestaciones del mundo material para intentar controlarlas). Con ello, está apartando el *velo de Maya* que le oculta la Otra Realidad, aunque todavía no sepa que ésta o aquél existen. Su maestro Zen le ha enseñado a erradicar sus pensamientos, no luchando contra ellos (lo que sería darles «beligerancia», vale decir importancia) ni apartándolos de sí, sino, por el contrario, apartándose él de ellos cada vez que «le vienen» (pues el sujeto no los crea de la nada, sino que proceden de toda la MM), para concentrar su atención en otro objeto, que es primero su respiración, luego todo su cuerpo, y luego, gradualmente, toda la MM. Desde el principio aprende, pues, cada vez que le vienen pensamientos, a volver una y otra vez a concentrar su atención en ese otro objeto, enganchando su mente a él y procurando con todas sus fuerzas que no se desprenda. Después aprende a simultanear sus pensamientos con la atención a ese objeto, ya consolidada, sin hacerles ningún caso; sin darles importancia. Pasan por su mente como pasa una nube por la cumbre de una montaña. Él los deja pasar. Finalmente, no sólo el contenido de los pensamientos, sino el hecho mismo de pensar pierde importancia para él. En consecuencia, los pensamientos del sujeto acaban por desaparecer, y sólo atiende a la MM misma; no a los pensamientos que ella produce en su cerebro.

»Pero el maestro le enseña a evitar otra corruptela, que es el adormecimiento. La práctica Zen ha de evitar no sólo el Escila de los pensamientos, sino también el Caribdis del sueño, sencillamente porque en otro caso no constituye ninguna práctica. Sólo estando plenamente despierto, el sujeto puede absorber instantáneamente todas las manifestaciones y movimientos de la MM según se van produciendo. El sujeto ha de mantenerse, pues, sin pensamiento alguno, pero en un estado de plena (e incluso agudizada) lucidez.

»Y en ese estado de lucidez sin pensamientos puede sobrevenir no sólo la percepción de la MM de materia densa e incluso de planos más perfectos de materia sutil, sino también la Iluminación; es decir, la percepción de la Otra Realidad, el DOROR, que está detrás, por encima, o (como nosotros creemos) entreverada con la MM y en toda ella. La forma repentina o gradual en que la Iluminación sobrevenga, o haya de sobrevenir, es tema de discusión entre las escuelas *Soto* y *Rinzai* del Budismo Zen.

»Pero es lógico que sea muy fácil confundir esta Gran Iluminación con la otra más pequeña de la adquisición de la mera «*conciencia cósmica*» e incluso de la percepción de planos de materia sutil. De hecho, muchos las confunden. Concretamente, muchos de los que han obtenido la iluminación más pequeña y todavía no han logrado la mayor.

»La Gran Iluminación no tiene por qué seguir necesariamente a la menor, sino que los senderos de ambas se entrecruzan. Ambas son posibles en el camino del Zen, y la Gran Iluminación puede tener lugar después de la toma de conciencia «física», o paralelamente a ella, o con independencia de ella, puesto que la «lucidez sin pensamientos» es una constante en toda la práctica Zen. Se trata de un principio básico que está presente en toda ella, desde los primeros pasos hasta los últimos.

»De todo lo anterior se desprende que la práctica del Zen, y más concretamente del «*zazen*» o «sentada» Zen, no tiene absolutamente nada que ver con la relajación, ya sea muscular o mental. La «sentada» se practica relajadamente, pero no es relajante. Es un Trabajo; aunque un trabajo que no desgasta, sino que potencia; porque, como ocurre con la digestión de los alimentos, mediante él se acumula mucha más energía de la que se consume. Se consume del propio cuerpo, y se absorbe de toda la MM.

CARLOS: —Muy interesante. Lo es de verdad.

—Pero en algún momento —dijo entonces Félix— has mencionado que en el Zen se puede producir la aniquilación del «yo», y que eso constituye una especie de locura.

—Por lo que yo sé —respondió Aurelio—, ello sólo puede ocurrir en la práctica de extrema dureza que preconiza la escuela *Rinzai*. Y no digo que suceda siempre, sino que puede suceder, pues no es nada fácil conseguir la total destrucción del «yo». Pero, si se consigue, lo que yo creo que ocurre es que el sujeto queda privado del sedimento de todas sus experiencias pasadas. Con lo cual, como mínimo, deja de percibir la diferencia entre el bien y el mal. Y, como yo creo que existen realmente, para mí eso es una forma de demencia.

—¿El adepto se coloca entonces «más allá del bien y del mal»?

—Sí; pero no para situarse por encima del bien y del mal, sino, a mi modo de ver, por debajo.

»Antes he dicho «como mínimo», porque, si el sujeto pierde ese sedimento, yo creo que pierde también su personalidad individual; por ende, todas las experiencias y todos los conocimientos que haya acumulado durante su vida y, muy probablemente, también su capacidad de adquirir otros nuevos. Se convierte, pues, en algo peor que en un niño recién nacido o recién concebido. Sin duda, más adelante tendremos ocasión de hablar extensamente del «yo», y entonces comprenderás perfectamente lo que acabo de decir sobre su posible aniquilación.

—Háblanos también un poco del Taoísmo chino. Pues, según Alan Watts, es fundamental en la génesis del Zen, hasta el punto de que en algún lugar de su obra dice que el Zen es en realidad más chino que indio.

—Eso no es cierto. Alan Watts no entendió nada. Puede decirse, *grosso modo,* que el Budismo se ocupa primordialmente de la materia y llega finalmente al DOROR (al que llama «*Nirvana*», pero no describe ni analiza), mientras que el Taoísmo es directamente la religión del DOROR.

—Tanto mayor motivo para que nos hables de él.

—Pues bien: utilizaré la exposición de Carmelo Elorduy.[63] Según este documentadísimo autor, en China, antes de la aparición del Taoísmo, existía la escuela de los *Ju,* guardiana de la sabiduría popular tradicional, que se basaba en una sencilla fe patriarcal en el dios *Shang Ti* (Supremo Soberano, también llamado, en la tercera dinastía, *T'ien,* Cielo), solícito gobernador de los hombres, y en la supervivencia de los difuntos, quienes, asociados a él, participaban en el cuidado de sus descendientes y eran asimismo objeto de veneración (culto a los antepasados).

»El Taoísmo, con su concepto del *Tao* (casi equivalente al de DOROR, como veremos), viene a llenar el hueco que en el panorama metafísico tradicional chino faltaba por cubrir, ya que el bien de Dios sobre la materia, así como la supervivencia de los difuntos bienhechores, se realizan precisamente a través del DOROR y no por otras vías.

»Sería erróneo afirmar que el concepto de Tao es exactamente el mismo que el de DOROR. Ciertamente, ya desde el propio Lao tse se atribuyen al Tao características que no coinciden con las de nuestro DOROR. Pero en conjunto se aproximan bastante, y en lo esencial coinciden. Veámoslo.

»Lao tse llama al Tao «*Bondad Suprema*» (capítulo 8 del *Tao te ching*) y «*Amor Alto*» (cap. 38). Y distingue entre «Tao» y su «Te». Esta última es la virtud o virtualidad práctica del Tao (lo que nosotros llamamos la intencionalidad, solicitud, y operatividad del DOROR respecto a la materia), y parece estar unida a la forma.

»Pues Lao tse distingue dos estadios diferentes del Tao: un primer estadio en el cual el Tao «*no tiene nombre*» (caps. 1 y 32), y otro estadio en el que lo tiene. Dado que en las culturas antiguas el nombre equivale a la misma realidad nombrada, lo que pretende decir Lao tse es que hay un DOROR superior indeterminado y sin formas, y otro inferior que es concreto y posee formas («*Hsiang*»).

»En este segundo estadio, en efecto, el Tao es luminoso «*porque en su interior están las formas*» (cap. 21). Pero él mismo es una «*Forma sin forma y Figura sin figura*» (cap. 14) o «*la Gran Forma sin figura*» (cap. 41). Y ello porque el mismo Tao es, a la vez, Tao con forma y Tao sin forma.

»*Con nombre* [es decir, con formas], *el Tao es la Madre de todos los seres*» (cap.1) [en el cap. 21 se le llama también «*Padre de todos los seres*»]. Y ello porque (cap. 35) «***el mundo corre a tomar la Gran Forma***». La iniciativa del ajuste a las formas del Tao la pone Lao tse en la materia, en el mundo material, y no en el Tao, lo mismo que Plotino pone en el No-ser la iniciativa del «ir» hacia el Ser.

»*Así, de todos lo seres, no hay ninguno que no venere al Tao y aprecie el Te. Su veneración al Tao y su aprecio al Te no les vienen por decreto de otro,*

[63] *Dos grandes maestros del Taoísmo*. Editora Nacional. Madrid, 1977.

sino que los tienen perpetuamente de sí mismos. Pues el Tao les da vida; el Te los cría, los hace crecer, los nutre, los perfecciona, los madura, los sustenta, los cubre. Les da vida, pero no se adueña de ellos; los hace, pero no se apoya en ellos; los hace crecer, ***pero no los señorea*»** (cap. 51). Destaca aquí Lao tse que el Tao es omnipresente, y que la materia le debe su vida, sus formas, y se siente atraída por él, aunque también puede resistirlo.

»*El hombre tiene por norma a la Tierra, la Tierra al Cielo, el Cielo al Tao, y el Tao a su propia conducta*» (cap. 25). Yo diría que aquí la Tierra es la materia densa, el Cielo es la materia sutil, y el Tao es el DOROR, el cual tiene por norma la semejanza con el «modo de ser» de Dios.

»Las acciones del Cielo y de la Tierra se combinan y se completan, como señala Elorduy (comentarios al cap. 32), quien aclara que el Te actúa mediante el Cielo y la Tierra.[64] Es el funcionamiento de la REM en versión china.

»En cuanto a la eternidad, Lao tse dice por una parte que el Tao tiene transformaciones (caps. 25 y 40) y, por otra, que es estable e inmutable (caps. 4, 21 y 25). Esto sólo se concilia mediante la noción de eternidad; es decir, si todas las transformaciones se realizan en el mismo presente eterno, sin desaparición de ninguna de las formas. Así es como puede decirse que hay transformaciones y que, a la vez, no las hay.

»Y, en efecto, dice Lao tse (cap. 1) que el estado propio del Tao es la eternidad (*Ch'ang*) y que, en consecuencia, los que entran en posesión del Tao (haciendo el bien y no dejándose atrapar por la materia) pueden lograr la inmortalidad. «*Todos los seres están hechos por él, y los vemos volver a él. Pululan, y luego cada uno vuelve a su raíz. Volver a su raíz es su reposo. Su reposo es la vuelta a su destino y su destino es la inmortalidad. Conocer la inmortalidad es iluminación; no conocerla es obrar insensatamente el mal*» (cap. 16). También dice que la «*posesión del Tao*» es fuente de salud y de buena ventura en este mundo. «*Al origen del mundo se le tiene por la* ***Madre del mundo*** (Tao). *Lograr la* ***Madre*** *es conocer al hijo y conocer al hijo es tener a la* ***Madre*** *y* [asegurar] *la vida, de tal modo que aun sumergido en el agua no hay peligro. Tapa agujeros* [los sentidos] *y cierra puertas. En nada te empeñes afanosamente. Abrirlos y dedicarse a arreglar asuntos es no solucionar toda tu vida. Aprovecharse de su luz* [la del Tao] *para volver a su claridad y no dejar enfermar el cuerpo, es vestirse de inmortalidad*» (cap. 52).

»Nótese de paso (dice Elorduy) que Lao tse pasa del orden moral de las virtudes al orden biológico del vigor vital. Para él todo es uno y no hay más que una virtud, la del Tao, participada en mayor o menor grado por las criaturas».[65] Y yo, también de paso, me permito hacer notar que la expresión «*vestirse de inmortalidad*» está también en San Pablo.

---

[64] Ibíd., pág. 33.
[65] Ibíd., pág. 37.

»¿Y cómo es el verdadero sabio? Lao tse dice muchas cosas sobre él, pero ahora sólo se me ocurren éstas: El sabio *conoce sin viajar, distingue las cosas sin mirar [...],* pues, *sin salir de la propia casa, se conoce el mundo. Sin mirar por la ventana, se conoce el Dao* [Tao] *del cielo. Cuanto más lejos se va, menos se sabe* (cap. 47). Por otra parte, *el sabio [...] con el bueno obra bien; con el malo obra bien, y así alcanza el Bien. Con el justo es justo; también lo es con el injusto, y así alcanza la Justicia. El sabio vive en paz y reina en la simplicidad. Considera a todas las criaturas* ***como una madre a sus propios hijos*** (cap. 49).[66]

»Creo que con esto que he dicho del Taoísmo, ya es suficiente.

Aurelio nos había dejado a todos con la boca abierta. Carlos le preguntó si su maestro Teófilo no se habría inspirado en la doctrina de Lao tse y de los demás filósofos chinos seguidores del Taoísmo, y si el propio Aurelio no se habría limitado sencillamente a copiarla. Pero éste, sin enfadarse, le aseguró que no era así; que Teófilo no había sabido nada del Taoísmo en toda su vida, y que, en cuanto a él, Aurelio, sólo lo había conocido muy recientemente. Con lo cual, nuestro asombro fue mayor todavía. Ello es que, con relación a las sospechas de Carlos, tan cruda y desabridamente expresadas, se suscitó una pequeña controversia.

Pero, por lo demás, aquél fue un domingo tan tranquilo y apacible como el principio del otoño. O, quizá, como el propio Tao. Sí; tan feliz y apacible como los discípulos de Teófilo dicen que es el DOROR.

[66] El texto del capítulo 47 es de la traducción de Ignacio Preciado Ydoeta (*Lao Zi.* Eds. Alfaguara. Madrid, 1978), que emplea «Dao» en vez de «Tao». Y el texto del capítulo 49 es de la traducción de Ch'u Ta-Kao (*Tao Te Ching.* Eds. Morata. Madrid, 1972).

Décimo domingo

SI DIOS EXISTE, LA NADA ABSOLUTA NO PUEDE EXISTIR

En ocasiones me planteaba si debía volver o no a la tertulia, por parecerme que en ella siempre se repetían las mismas cosas una y otra vez. Pero también es verdad que allí se decía siempre algo nuevo, y que lo ya dicho se repetía de otra manera distinta, o en un contexto diferente, con otras resonancias, o con ciertos matices inéditos que hacían que lo ya sabido se entendiera mejor. O, quizá, lo que ayudaba a esa mejor comprensión era lo nuevo que entretanto se había ido añadiendo. La décima tertulia comenzó bajo el mismo ambiente apacible que había presidido la anterior, aunque al final hubo una importante discrepancia entre Aurelio y Argimiro. Los contertulios hablaron de la génesis de la materia, y fue Luciano quien abordó el tema.

—Si Dios creó la materia voluntariamente, como afirman casi todas las religiones conocidas, no se ha cubierto de gloria precisamente; pues creó nada menos que el mal radical, o sea, la fuente de todo mal concreto. Por tanto, después de haber creado la materia, Dios habría dejado de ser perfecto; luego habría dejado de ser Dios. Pero además, si creyó conveniente crearla, es porque antes de crear la materia le faltaba algo; vale decir que no era perfecto; y entonces, ¿cómo podía ser Dios?

»El problema es mayor todavía, porque Dios está fuera del espacio-tiempo y, por tanto, para él no puede haber un «antes» ni un «después». Por otra parte, el espacio-tiempo parece inherente a la materia (o inconcebible fuera de ella), de modo que, por esta otra razón, tampoco es posible un «antes» ni un «después» en la creación de la materia.

»Esto ya lo advirtió San Agustín, pero no sacó la conclusión correcta. Pues la única conclusión correcta, la única salida lógica de este laberinto, es que Dios es eternamente coexistente con la materia. Según unos, como Numenio de Apamea (y el Mazdeísmo primero y el Zoroastrismo después), ambos están en un plano de igualdad metafísica. Según otros, como Plotino, no existe dicha igualdad. Pero el neoplatónico no dice que Dios sea el creador de la materia, pues, dado que la materia es el mal radical, no es lógico que un Dios perfecto, última referencia de toda perfección posible, la cree por un acto de su libre voluntad. Lo que ocurre, según Plotino, es que la materia «surge» como consecuencia o con ocasión de la existencia de Dios, pero no es «creada» por Dios. La teoría judeo-cristiana no se alcanza a comprender, al afirmar, de una parte, que Dios es bueno; de otra, que es distinto de la materia; y de otra, que la ha creado voluntariamente.

ARGIMIRO: —Muchas Iglesias cristianas, además de afirmar tajantemente que Dios creó la materia, dicen que al crearla le dio unas leyes y luego se retiró, no volviendo a intervenir en ella sino de un modo esporádico y extraordinario en el caso de los «milagros». Pero tal afirmación no parece congruente con lo que el mismo DOROR, hablando a través de Jesús de Galilea (cuyo nombre simbólico era *«Emmanuel»*, que significa *«Dios con nosotros»*), dijo con toda claridad según el final del Evangelio de Mateo: *«yo estoy con vosotros todos los días, hasta el fin del mundo»*. Se refería, claro está, al fin del planeta Tierra; pero lo mismo pasará en otros planetas habitados, porque no se ve razón para que en ellos no ocurra.

»Esta concepción propició que en Occidente se tratase de averiguar cuáles eran esas leyes que Dios había dado a la materia, y así nació y creció la Ciencia occidental. Pero de ahí a eliminar a Dios (cuya presencia no es necesaria en este esquema, puesto que, dentro del mismo, Dios no opera, al menos normalmente, sobre la materia) no había más que un paso que, con el auge y los espectaculares logros de la Ciencia, se dio con toda facilidad. Es así como *ese* Cristianismo puede facilitar (y ha facilitado de hecho) la caída en el ateísmo materialista.

»Los misioneros cristianos han sido, en efecto, la vanguardia del Materialismo. Dentro de éste, no hay duda de que la filosofía más adecuada es el Marxismo. De modo que, en muchos territorios de religión no cristiana, el proceso ha sido el siguiente: primero (si lograba arraigar), el Cristianismo llevado allá por los misioneros; después el Materialismo, y finalmente el Marxismo.

»El camino fue muy distinto en Oriente, que siempre consideró, de un modo o de otro, que Dios intervenía continuamente en la materia, ya fuese porque nunca se separaba de ella o porque formaba parte de la misma. Sobre esta base, sin el método científico de Occidente y por vías fundamentalmente intuitivas, fue como los chinos, por ejemplo, descubrieron o inventaron cosas muy importantes. Tan importantes como la brújula, la seda, la pólvora (que dio lugar a las armas de fuego y a los cohetes), el papel, y la imprenta.

AURELIO: —Me parece que Luciano ha confundido dos aspectos diferentes de la materia: de una parte las formas materiales (es decir, lo que hemos venido llamando «MM»), y de otra parte la materia virgen (o amorfa) que en cierto sentido puede decirse que es el «sustrato» de aquéllas. En mi opinión, *el espacio-tiempo sólo puede ser inherente a la MM; es decir, a las formas que adopta o reviste la materia,* las cuales son también el único objeto de los «milagros», como también de los descubrimientos e inventos que antes habéis mencionado. *En cambio, el espacio-tiempo no puede ser inherente a la materia misma (es decir, virgen o amorfa).* De ésta puede decirse que es eterna, en cuanto que esté o se considere fuera del espacio-tiempo, el cual es consecuencia directa de unas formas de las que por definición carece, ya que carece de toda forma. Por eso la materia virgen no puede tener principio ni fin, ni en ella puede haber trans-formaciones. En el DOROR, materia supersutil y perfecta donde sí puede haber formas (aunque éstas no producen espacio-tiempo), las transformaciones (sin la desaparición de ninguna forma) se producen todas a la vez en un eterno presente, porque en él tampoco hay espacio-tiempo ni, por tanto, principio ni fin.

»*Por eso el DOROR puede pro-ponerse a la materia aunque él esté fuera de todo espacio-tiempo; porque lo mismo le ocurre a la materia no configurada en formas; es decir, a la materia amorfa.*

»La Materia puede tener formas y, por ende, espacio-tiempo (que hace posible la fragmentación), pero no «es» espacio-tiempo. Si no tiene formas es materia preconfigurada, y, si las tiene, configurada. Pero sustancialmente (en el sentido escolástico de *sub-stantia:* «lo que está debajo») no las tiene. Sólo las tiene accidentalmente. Por eso, cuando hablo de la *unidad* de la MM, me refiero a que cualquier parte espacio-temporal de la materia configurada *en el fondo «es» la misma* que otra, por distantes que ambas estén en el espacio-tiempo. Como Plotino decía del Alma inferior, la materia configurada «se divide *indivisamente*». De ahí el carácter *holístico* de la MM: el todo está en cada parte; es decir, que todas y cada una de las partes del todo están en cada parte. De ahí también algunos extraños fenómenos que estudia la Mecánica Cuántica; y otros de los que se ocupa la Parapsicología, como la telerradiestesia (quizá también la radiestesia), la telepatía, y la sincronicidad entre partes de la materia configurada, así como la influencia y el conocimiento paranormal que una parte puede tener sobre el pasado o el presente de otra. Para ello basta con que aquélla asuma, se retrotraiga o, al menos, se aproxime a su vertiente o sustrato de materia preconfigurada. Lo cual se parece mucho a una esquizofrenia, por así decir, «vertical». Y si los OVNIS se debieran a seres extraterrestres semejantes a nosotros, el «atajo» utilizado para que ciertas formas se trasladasen a distancias enormes, sin tardar para ello millones de años, podría tener también su fundamento en esta condición de la materia virgen.

«La eternidad se da en Dios, en el DOROR, y en la Materia preconfigurada. No así, desde luego, en las formas que asume la materia en los planos de materia sutil, y menos todavía en las que reviste en este plano de materia densa en que estamos. De cada forma concreta que en él existe puede decirse todo menos que sea eterna; y de la *aparición* de formas en él (formas que surgen, se modifican y desaparecen) podrá decirse analógicamente que es eterna en el sentido de que lo más probable es que no tenga fin ni tampoco haya tenido principio. Pero que en este sentido analógico sea o no eterna dicha aparición, es algo que nunca se podrá deducir racionalmente de los datos de la MM, por muy claros que parezcan en un momento dado, sino de las coordenadas de un determinado sistema metafísico.

»Según el *principio de la degradación progresiva* formulado por Plotino, lo generado es siempre más imperfecto que lo generante. El avance a partir del Uno-Bien es un descenso continuo que arranca del Supra-ser (Uno-Bien), pasa por grados cada vez menos perfectos de Ser, y se esfuma en el No-ser de la materia, fronterizo entre el Ser y la nada. Dicho de otro modo, y según la imagen favorita de Plotino, es un movimiento de expansión que, partiendo de un centro, se dilata en círculos concéntricos cada vez más débiles hasta desvanecerse en una última circunferencia. Ya se dijo que, según Jesús Igal, en Plotino esta imagen del centro se combina a veces con la del foco luminoso. Pues bien: según se suele afirmar ahora, la aparición y despliegue de la materia densa se parece mucho al mecanismo total de la procesión plotiniana: un foco inicial que emite productos materiales cada vez menos densos, los cuales acaban por desvanecerse en la frontera de la nada. Pero, con ello, se está confundiendo un proceso metafísico (suponiendo que sea conocido por los que lo confunden) con un proceso físico, como también se está confundiendo la materia con sus formas más simples. Los intérpretes y teólogos cristianos, judíos y musulmanes (los únicos que creen en una creación lineal de la materia), consideran la teoría del «*Big Bang*» como una prueba de que su tesis es verdadera. No es así. Suponiendo que dicha teoría nunca llegue a ser rebatida, es de notar que no es de aplicación a la materia misma (a la materia preconfigurada) sino solamente a sus formas más elementales. A mí no me cabe duda de que el proceso de producción de esas formas se repetirá una y otra vez (y ello, tanto si en nuestro universo las formas vuelven a contraerse como si no), puesto que la materia (preconfigurada, virgen o amorfa) es eterna.

»Es el caso que Halton Arp, un astrónomo excelente pero sumamente ingenuo, todavía en 1992 (año en que se publicó la edición española de su libro, para la que escribió un capítulo de actualización[67]) se extrañaba de la implacable y persistente hostilidad que en el *establishment* científico encontraba la teoría del «estado estacionario» (también llamada de la «creación continua»), según la cual, además de que constantemente se formen en el universo nuevas galaxias, estrellas, y otros cuerpos o masas siderales, aparece también materia nueva. Pero, dado que tan sólo la forma de la materia es perceptible (se ha dicho que la forma es lo perceptible de la materia), es claro que lo que en realidad afirma esta teoría, sin expresarlo adecuadamente (los astrofísicos no tienen por qué saber Filosofía, a la que los científicos en general suelen despreciar), es que en el universo apare-

[67] *Controversias sobre las distancias cósmicas y los cuasares.* Ed. Tusquets. Barcelona, 1992.

cen nuevas partículas (formas) materiales elementales, que no proceden de un hipotético *Big Bang* sino que son originadas en virtud de una «creación continua». Unas formas elementales desaparecen; pero otras nuevas aparecen, y lo que finalmente resulta es un «estado estacionario» del universo. Según relata Halton Arp, se expulsa de los observatorios (acabaron expulsándole a él) a los astrónomos que pretenden realizar observaciones que confirmen los abundantes indicios, ya existentes, de que esta teoría es verdadera; no se inician nuevas observaciones al respecto; en las revistas especializadas se rechazan siempre los artículos que exponen argumentos favorables a esta teoría; los datos favorables o confirmatorios de la misma, que de vez en cuando aparecen de un modo accidental, se ocultan sistemáticamente, etc., etc. El buen hombre atribuye todo ello a causas generales, derivadas de la naturaleza humana y de las estructuras burocráticas, y se alarma sinceramente por el porvenir de la Ciencia. Si hubiera sabido un poco menos de Astronomía y un poco más de Metafísica, habría adivinado enseguida la verdadera causa de esa, más que simple actitud obstruccionista, encarnizada persecución propia de la Inquisición. En la teoría del *Big Bang,* no sólo los judíos (cuya influencia política, económica, artística y científica en todo el mundo es difícil de ignorar), sino también los cristianos y quizá los musulmanes, han encontrado al fin lo que tanto buscaban: la confirmación «científica» de que la materia tuvo un principio y tendrá un fin; de que Dios creó la materia de la nada; de que, en definitiva, lo que dice la Biblia es sustancialmente cierto. Por tanto, no van a abandonar tan fácilmente el *Big Bang* en beneficio de las Cosmogonías india (tanto hinduista como budista) y griega, que postulan la materia eterna. Si de algo debe asombrarse nuestro buen astrónomo, no es de que se destruyan pruebas, no se publiquen las que ya no es posible destruir, no se busquen otras, y se expulse de los observatorios a los científicos recalcitrantes. Para que la teoría del *Big Bang* siga en pie (sin una alternancia eterna con un *Big Crunch),* hay muchas personas dispuestas a todo. Por consiguiente, en vez de criticarlas, Halton Arp, cuya cabeza huele a pólvora lo mismo que las de Fred Hoyle, Burbidge, Sulentic, Narlikar y algunos más, debería estarles agradecido por su alto grado de civilización. De todos modos, yo, en su lugar, tendría mucho cuidado con lo que como.

»Lo más probable —terminó diciendo Aurelio—, es que la teoría del *Big Bang* resulte a la larga no ser cierta. Pero, aunque lo fuera, no sería incompatible con la teoría metafísica de Plotino. En primer lugar, porque pueden existir otros universos sin contacto alguno con el nuestro. Pero además puede ocurrir que formas materiales aparezcan en planos de materia sutil (de hecho, sería el caso de los *devas,* «dioses», ángeles, *efrits,* «espíritus», *djinns* o «genios», «demonios», *asuras,* etc.) y no densa, o que la materia no adopte forma alguna y permanezca como mera pre-configuración o sustrato amorfo de una MM que no llegue a aparecer. Finalmente, lo mismo que ha surgido la materia como consecuencia ontológica de la existencia de Dios, podrían surgir otras entidades distintas de ella. Quizá existan ya, aunque no lo creo.

En este momento intervino Dalmacio. A estas alturas, todos sabíamos ya que Dalmacio no creía en Dios. Yo, que le conocía de más tiempo, sabía que, desde que era pequeño, se había negado terminantemente a ir a la iglesia (algunas veces sus padres intentaron llevarle a rastras), y que nunca había ido a misa; ni siquiera al hacer su primera comunión, que no hizo. Que yo sepa, sólo fue a misa cuando le tocó hacer el servicio militar en las Milicias Universitarias; y eso porque era obligatorio, y siempre que no se las hubiera arreglado para estar arrestado ese día.[68]

Sin embargo, he aquí que fue precisamente Dalmacio quien trajo a colación a Dios. Dirigiéndose a Luciano, Argimiro y Aurelio, les preguntó de qué modo intervenía Dios en la aparición de la materia y del DOROR. Empezó diciendo bonachonamente: «*Bueno; pero vamos a ver,...*», y depositó la pregunta en sus interlocutores como quien deposita en el suelo, con todo cuidado, una granada de mano con la espoleta quitada.

Fue Luciano el que primero contestó.

—Sobre la base de la existencia de Dios como Sustancia primaria, imagínate que, como consecuencia de ella, pero sin que ella la cree, sino más bien con ocasión de su existencia, como contraste, surge la materia como No-sustancia, pero con apariencia de Sustancia por la inmensurable potencia de ésta. E imagínate también que, como consecuencia de la coexistencia de Dios y de la materia, surge junto a ésta un halo, de origen divino, que contiene la ideal perfección de la materia; es decir, las determinaciones de origen divino acerca de la materia. Son lo que Platón llama «Formas», «Visiones» o *Ideas,* Numenio llama «Dios segundo», Plotino llama Formas o *Logoi,* Lao Tsé llama *Tao,* los budistas llaman, unos, «*Paraísos, Campos (o Tierras) de Buda*» y otros «*naturaleza búdica*» o «*budeidad*», y nosotros llamamos DOROR. Como son de origen divino tienen consistencia, porque «debajo de ellas está» una Sustancia («*Hypóstasis*») que tiene consistencia. El DOROR es originado por Dios con ocasión de su coexistencia con la materia; o sea, originado por Dios y ocasionado por la coexistencia de Dios con la materia.

»En conjunto, el proceso (atemporal y eterno, por supuesto), es parecido a lo que la doctrina escolástica dice de la Santísima Trinidad. El Padre sería Dios. El Hijo sería la materia. El Espíritu Santo sería el DOROR. El Padre engendra (nosotros decimos «ocasiona») al Hijo. Y el Padre, junto con el Hijo, ocasionan al Espíritu Santo.

»En nuestro mundo material, un proceso de esta índole requeriría un «medio», «entorno» o «ambiente» en el que se dieran los tres elementos, que

[68] Tampoco fue confirmado. En cuanto a su bautismo, era demasiado pequeño para oponerse.

actuase como catalizador y posibilitador de todo el proceso. Habría de existir, pues, una sede; un cuarto elemento, ambiental esta vez, que contuviese a los otros tres. Pero, por supuesto, no estamos hablando de un proceso material. La materia es sólo uno de los tres elementos, y su naturaleza no se puede extrapolar a los otros dos, y menos aún al proceso en que concurren los tres.

—¿Qué quieres decir con eso de que, «como contraste, surge la materia como No-sustancia, pero con apariencia de Sustancia por la inmensurable potencia de ésta»? —preguntó Dalmacio.

—El surgimiento de la materia es consecuencia de la existencia de Dios, y en cierto modo la prueba. En el terreno de los conceptos, si existe el concepto «A», existe un concepto «No-A» que lo delimita. Y en el terreno de la realidad, hemos de pensar que la Sustancia ha originado la No-sustancia, y el Ser ha originado el No-ser.

»En el terreno de la realidad, el No-ser debería ser la nada. Pero el Ser de Dios (que es más que Ser) es tan poderoso, existe en Dios tal sobreabundancia de Ser, que el No-ser que ocasiona en el terreno de la realidad (No-ser que es la materia) no es equivalente a la nada, sino que tiene una apariencia de Ser. El expansivo Ser de Dios (que está por encima del Ser) no permite que haya sino Ser o apariencia de Ser. La pura nada está excluida por la existencia de Dios. Si Dios existe, la pura nada no existe sino como una fantasía de nuestra mente.

»Por tanto, el No-ser de la materia debe entenderse como alteridad al Ser, como contrapuesto al Ser verdadero, y no como nada. No es verdadero Ser, aunque tiene una apariencia de Ser ocasionada por el excepcional poderío e inmensurable (y, para la mente humana, incomprensible) intensidad del Ser de Dios que le dio origen. Él ha dado ocasión al surgimiento espontáneo de la materia como apariencia de Ser, pero no la ha creado voluntariamente. Por eso, los males de la materia no deben achacársele a él, sino a la materia misma.

ARGIMIRO: —En aplicación del principio lógico de que el concepto de «algo» implica la noción de «no-algo», los materialistas entienden que el «algo» es la materia y el «no-algo» es la nada pura y simple. ¿Por qué no piensan que el «algo» es Dios y el «no-algo» es la materia? Los descubrimientos de la Física moderna, por los cuales se ha llegado a decir que la materia no es más que *«nada con forma»,* abonan esta segunda posibilidad que, por otra parte, concuerda con lo que algunas religiones (y bastantes doctrinas filosóficas) han afirmado en todas las épocas. El empeño de los materialistas en sostener lo contrario es bastante extraño, y parece obedecer a causas extrafilosóficas y extracientíficas.

Pero, volviendo al meollo del asunto, Dalmacio miró a Luciano, y le dijo:

—Precisa un poco más tu tesis, por favor. Y no quisiera que te perdieras en vaguedades ni arabescos, pues prefiero los enunciados escuetos, lisos, y precisos.

—Con mucho gusto —respondió Luciano—. Así lo haré si lo deseas. Escucha, pues, lo siguiente:

»El Uno de Plotino es indefinible e inefable. Pero, por su sola supraexistencia, ocasiona el surgimiento de la materia como No-ser (no como equivalente a la nada, sino como contrapuesto al Ser).

»Por la supraexistencia del Uno y la existencia de la materia, se produce a su vez el DOROR. El DOROR es la segunda Hipóstasis, después del Uno y en vez de la Inteligencia y el Alma (superior e inferior) de Plotino. La noción de Ser es una noción *a posteriori,* y surge como predicado del DOROR, por contraste con la nadalidad (que no «nadidad») de la materia. El Ser, por tanto, no es en rigor predicable del Uno, sino del DOROR. El Uno es la fuente del Ser, pero está por encima del Ser.

»En el DOROR hay Conciencia y hay Felicidad; hay Bien con Armonía. Por tanto, el Bien tampoco es predicable del Uno, como decía Plotino, sino del DOROR. El Uno es la fuente del Bien, pero está por encima del Bien.

»El Uno, Dios, está por encima del Bien, por encima de la Existencia, y por encima del Ser.

»La materia no ha surgido del Uno, sino con ocasión del Uno. El DOROR ha surgido del Uno con ocasión de la materia y del Uno. Pero su surgimiento es tan necesario y espontáneo como el de la materia. Simultáneamente, el Uno ocasiona la materia (No-ser) y produce el DOROR (Ser).

»El DOROR es eterno, y en él no hay muerte, porque es perfecto y porque está fuera del espacio-tiempo.

»La materia también es eterna como tal, aunque no en sus formas, que son impermanentes (Buda) o «mortales» (Mary Baker Eddy).

»El DOROR puede decirse que es una función del Uno en relación a la materia, o que es el Uno actuando en relación a la materia. Es el «Dios Segundo» de Numenio. En este aspecto, es distinto del Uno. Pero, a la vez, es una manifestación, expresión o «creación» del Uno. Al contrario que la materia, ha surgido del Uno. Pero no como emanación, con pérdida de sustancia, sino como producción o «procesión» desde el Uno.

»¿Estás satisfecho?

Dalmacio no le contestó, y a continuación preguntó a Aurelio:

—¿Y tú qué dices a esto, Aurelio?

—Un problema metafísico capital —empezó diciendo Aurelio, que al parecer se esperaba esta pregunta desde hacía bastante tiempo— es el de saber si, aparte de Dios, puede existir algo más. El Hinduismo dice que no. El Budismo dice que sí, que existe algo más, pero que está vacío de sustancia, de modo que, en cuanto al Ser, es como no existente. Y algo muy parecido viene a decir Plotino. Lo que yo opino, ya que quieres saberlo, es lo siguiente:

»*Si en alguna medida es cierto lo que afirmó Nicolás de Cusa, seguramente con base en Aristóteles*[69]*, de que Dios, al pensar, da existencia a lo pensado por él, ocurre que si Dios (fuente de toda conciencia), por ser consciente de sí mismo es consciente de la nada como lo contrapuesto a él; es decir, como lo que no es él o como lo que hipotéticamente está fuera de él, la alteridad lógica que se da en el pensamiento divino se convierte en alteridad real. Pero no es que Dios, al pensar en la nada, la convierta en algo dejando la nada de ser nada, sino que de algún modo Dios «alguiza» la nada misma; es decir, que le da una apariencia de Ser; la reviste de alguna clase de «enseimiento» y la convierte en algo, pero sin que por ello deje de ser también, a la vez y en el fondo, nada. Y esa nada de algún modo «alguizada» sería la materia. Porque, si existe Dios, la nada absoluta no puede existir. Sin embargo, la aparición de la materia no se debería a lo que entendemos por un acto de creación (en el sentido de acto voluntario), sino que sería un resultado necesario de la Conciencia divina, vale decir de la existencia de Dios.* [70]

»*Siempre que hayamos dicho o digamos que la materia es algo, habrá que entenderlo con esta matización.* Es algo, sí, aunque en el fondo nada. Y acabamos de afirmar que no ha sido creada voluntariamente por Dios.

»Pero cabe preguntarse por qué Dios no ha creado la materia, y en cambio sí ha creado el DOROR. Porque, siguiendo esta misma idea de que Dios

---

[69] Que dice, por ejemplo: «Y tiene vida, pues el acto del entendimiento es vida, y él [el Motor Inmóvil, Dios] es el acto. Y el acto por sí de él es vida [...]» (*Metafísica*, XII, 9 y 7).

[70] No deja de llamar la atención la extraña semejanza, que noté mucho después (cuando a raíz de las tertulias del extrarradio me aficioné a la Filosofía), entre la tesis de Aurelio y la del místico y filósofo alemán Jakob Boehme (1575-1624) sobre la génesis de la materia. Boehme (según expone Felipe Martínez Marzoa en su *Historia de la Filosofía*. Ediciones Istmo. Madrid, 1973, tomo II, pág. 26) *considera que toda posición es contraposición; que, por lo tanto, el Espíritu, al afirmarse como Espíritu, pone a la vez lo otro: la naturaleza.* Sin embargo, también pueden observarse importantes diferencias entre ambas tesis. Pues Aurelio, aunque al igual que Boehme atribuye a Dios la génesis de la materia, no reduce a Dios (al contrario que Boehme) a la condición de mero Espíritu. Para Aurelio, siguiendo en esto a Plotino, Dios está «por encima de» todo, y por tanto incluso «por encima del Espíritu»; y por consiguiente *el Espíritu no es Dios*, sino tan sólo el DOROR, que en definitiva forma parte de lo material. *Sostiene además que lo material en general no es Algo por así decir «nuevo», sino «Nada alguizada».* Pero dice que, *dentro de lo material, debe distinguirse entre lo que tiene la máxima «alguidad», la máxima perfección intrínseca (y por ende consistencia, y de ahí la permanencia de sus formas), el DOROR, del que puede decirse que está dotado de Ser en el sentido de que tiene más existencia; de que «ha salido más de la nada» que el resto de lo material, y lo distinto del DOROR, lo cual no tiene Ser sino apariencia de Ser, y es un No-ser, pero en el sentido platónico-plotiniano de «contrapuesto al Ser» aunque distinto de una nada no alguizada.*

no convierte la nada en algo que sea, por decirlo así, «nuevo», sino que «alguiza» la nada misma, podría pensarse en general que Dios nunca crea nada (no necesita hacerlo, porque si lo necesitase no sería perfecto y, por tanto, como ya se ha dicho, no sería Dios); de modo que tampoco crea el DOROR. ***En efecto, éste no sería más que una especie de materia alguizada al máximo; es decir, revestida al máximo de los efectos de la divinidad, como son la perfección, el Ser, el bien, la conciencia, la felicidad, y la eternidad.***

»Como el Alma de Plotino, el DOROR está vuelto hacia su Origen para reflejar las cualidades de éste; y está vuelto también hacia la materia menos alguizada (a la que a veces hemos llamado, y seguiremos llamando, simplemente «materia» en sentido estricto), contemplándola y deseando mejorarla.

»Esta materia está como iluminada por el DOROR divinal; pero la materia más densa, como si fuera de color blanco, rechaza en gran parte la luz que recibe del DOROR.

No pude por menos de observar que aquellos discípulos de Teófilo para quienes el DOROR es creación voluntaria de Dios y distinto de la materia lo calificaban de «divino», mientras que Aurelio, que creía que es la parte de la *materia* que mejor refleja la esencia o cualidades divinas (por tanto, a lo sumo, mera «obra» de Dios o de sus cualidades) lo llamaba simplemente «divinal». Con ello debilitaba el calificativo de «divino», como antes había debilitado el de «nada» con el de «nadal», y Kant había debilitado el de «transcendente» con el de «transcendental».

—¿Cómo has llegado a esa conclusión? ¿Por una intuición, un pálpito? ¿O quizás hay algún cauce filosófico que te haya conducido a ella?

—Hay un cauce filosófico, pues he partido de Plotino. Él dice que la actividad resultante de la esencia del Uno-Bien, es decir, su actividad «liberada», es una intelección. Yo entiendo que se trata de una intelección de la nada como lo contrapuesto a él; como lo que no es él; como lo que hipotéticamente está fuera de él. Y también entiendo que esa intelección, en virtud de la «sobreabundancia» de la esencia del Uno-Bien (otra idea de Plotino), es alguizadora.

»Al principio apliqué este mecanismo a las génesis de la Inteligencia, el Alma, y la Materia. Porque ello tenía la ventaja, respecto al sistema plotiniano, de ser el mismo en todos los casos. Es decir, que, a diferencia de lo que ocurría en el sistema plotiniano, no se rompía la uniformidad entre las génesis de la Inteligencia y del Alma por una parte y la génesis de la materia por otra.

»De modo que consideré que, al alguizar la nada, a la nada alguizada se le habría conferido, junto con la alguidad, una capacidad intelectiva semejante a la de la esencia generante, aunque menor. De este modo, el Uno-

Bien (Dios) habría producido la Inteligencia, la Inteligencia habría producido el Alma superior, ésta la inferior, y ésta la materia. El último eslabón de la cadena sería la materia, incapaz ya de alguizar nada por su ínfimo nivel intelectivo. He dicho «ínfimo» y no «inexistente» nivel intelectivo, porque la materia, como ya dijo Plotino (y yo estoy de acuerdo con él), está dotada de algún grado de intelección.

»Pero esto planteaba serios problemas. El proceso podría repetirse indefinidamente: no tener fin. ¿Pues por qué habría de ser la materia el último eslabón de la cadena? ¿Quedaría todavía una pura nada sin alguizar, a pesar de la existencia de Dios? *Por otra parte, yo no detecto en el ser humano (cabeza del mundo material) ninguna actividad alguizadora de nada. Lo siento, Anita, por tu querida «Ciencia Cristiana» (que así lo viene a afirmar), pero no la detecto.* Por más que me rompía la cabeza, no conseguía resolver estos problemas.

»Hasta que pensé que lo que probablemente había ocurrido es que la única alguización de la nada había sido producida por Dios, el Uno-Bien, el único que poseía una esencia lo suficientemente sobreabundante y poderosa para ello, y que esa alguización había sido total y producida de una vez por todas. La Inteligencia, el Alma superior, y el Alma inferior, probablemente no eran sino las «zonas» de esa nada alguizada más semejantes o «próximas» a la esencia divina. Cuanto más semejantes a esa esencia eran, es decir, cuanto más bien albergaban, tanto más Ser, más eternidad, más conciencia y más felicidad adquirían, sin dejar por eso de ser, en su origen, una nada alguizada por Dios.

»De ahí a considerar artificiosa e innecesaria la diferenciación entre Inteligencia, Alma superior, y Alma inferior, y sustituir a todas esas Hipóstasis por un DOROR único con diferentes grados de semejanza con Dios (en rigor, infinidad de grados), no había más que un paso, que di casi inmediatamente. El paso siguiente, consecuencia lógica del anterior, consistió en contemplar también, a continuación del DOROR y antes de la materia densa que conocemos, infinidad de grados de materia sutil.

»Todo esto avalaba mi hipótesis sobre la naturaleza del DOROR que expuse hace tiempo, de modo que también de todo esto surgió mi concepción de la REM; pues todo coincidía: todo encajaba perfectamente.

»Creo sinceramente que no hay nada por alguizar; que todo lo que no es Dios es DOROR o materia ya alguizada por Dios.

—Pero ¿en qué consiste la densidad o la sutileza de la materia?

—Al final he llegado a opinar —respondió Aurelio—, que no es que la semejanza con Dios produzca la sutilidad de la materia, sino que, a la inversa, es la sutilidad lo que da lugar a que se produzca la semejanza, y la densidad lo que la dificulta.

—Sigues sin contestar a mi pregunta.

—Porque no es nada fácil hacerlo. Pero, si insistes, te diré que, a mi juicio, la densidad de la materia es una imperfección *adquirida* que le hace difícil reflejar las cualidades divinas. La materia densa ha de tener una estructura diferente de la sutil; aunque no sepamos concretamente en qué consiste la diferencia, ya que la materia sutil escapa a nuestra percepción ordinaria. Sin duda que la alguización ha sido igual para toda la materia. La imperfección adquirida por la materia densa, esa diferencia esencial sobrevenida, podría venir dada por una especie de ambición, que sería consecuencia de una debilidad fundamental de la materia, debida a su carácter no divino; a su condición de No-ser. ***La diferenciación posterior entre materia densa y sutil podría provenir del «pecado original» de unas «partes» de la materia, que se habrían aferrado a la existencia, a la alguidad, más que otras. Aquellas «partes» de la materia habrían incurrido en la «rebelión angélica» de querer parecerse a Dios, de ser consistentes como él, y el medio elegido habría sido aferrarse a la aparente consistencia dimanante de su alguización. Una vez que, en un estado de existencia anterior a toda configuración, hubiesen obtenido una apariencia primigenia de consistencia, esas «partes» de la materia se habrían aferrado a esa apariencia, y ello las habría convertido en materia densa. Otras «partes» no se habrían aferrado a esa misma apariencia, o no se habrían aferrado tanto, y por eso habrían conservado su sutilidad. En todo caso, la materia densa es, a mi juicio, una materia por algún motivo degradada.***

»Profundizando más en mis ideas, te diré que, en mi opinión, la debilidad fundamental de la materia que ha dado lugar a la ambición antes referida, consiste en una diferenciación de la nada alguizada en varias categorías, según su mayor o menor conciencia. Las de mayor conciencia reconocen su nadalidad (y así adquieren, entre otras cosas, más conciencia todavía), mientras que las de menor conciencia se apegan a su aparente consistencia, creyendo en ella.

»Y el apego a su aparente consistencia, produce en la materia un efecto parecido a la rigidez de las formas materiales, rigidez que puede asimilarse a la densidad.

La cabeza me daba vueltas. No entendía nada. Menos mal que Argimiro rebajó un poco el nivel de las elucubraciones.

—Tenemos una tendencia a pensar que la materia está «aquí abajo», en «este mundo», y que Dios y las dos siguientes Hipóstasis plotinianas (o el DOROR que las sustituye) están «allá arriba», en el «cielo», «separados», «aparte» y «por encima» de la materia. Por tanto, la génesis de la materia en la visión plotiniana es representada por nosotros (espacialmente e incluso gráficamente) en forma lineal. En una línea imaginaria, Dios llegaría hasta un punto, las dos siguientes Hipóstasis (o el DOROR) hasta otro, y después empezaría la materia. Ésta es una figuración humana muy natural y espontánea. Pero seguramente no es así como ocurren las cosas. Si al DOROR se le pudiera ubicar espacialmente (lo que, desde luego, no es posible), estaría más bien «detrás» de la materia, «dentro» de ella, o incluso «en el mismo lugar» que la materia parece «ocupar». Pero no en la ubicación convencional que solemos imaginar.

»Lo digo porque, si no nos gusta vivir el DOROR de un modo «vertical» (él arriba y nosotros abajo) como se suele hacer («Cielo y Tierra»), podemos intentar vivirlo de un modo «horizontal», procurando intuir la parte nuestra que nunca enferma, ni muere, ni sufre, ni yerra, ni peca; la parte nuestra que es y siempre ha sido y será perfecta y feliz.

Tampoco entendí lo que había dicho Argimiro. En realidad, para mí, quedaba incluso más oscuro que lo que antes había oído a los otros. Aunque no hacía calor, me abaniqué con un periódico que alguien había dejado encima de la mesa, pues me estaba ahogando. Era extraño que, con lo inteligente que parecía, Argimiro no se diera cuenta de lo «plomo» que a veces resultaba. Tratando, pues, de animar un poco la reunión, le dije:

—Antes has criticado a algunas Iglesias cristianas. Pero supongo que te referías a las Iglesias tradicionales; porque ahora, en la Iglesia Católica por ejemplo, además de la jerarquía oficial hay movimientos de base y, en general, tendencias muy interesantes. ¿Qué opinas, por ejemplo, de «los carismáticos»; es decir, de la llamada *«Renovación Carismática»,* esa corriente sanadora dentro del Catolicismo?

—Que tienen cosas muy buenas, cosas buenas, cosas peligrosas y, a veces, cosas muy malas. Creen firmemente en el Amor divino, pero no creen en el DOROR. Por lo que les he oído decir, para ellos, en la práctica (y subrayo «en la práctica»), el «Espíritu Santo» es una especie de Energía o Entidad energética inmaterial, vivificante, energizante, sanadora, y portadora de toda clase de dones, gracias y bendiciones para los seres humanos que la reciben. Esta idea del «Espíritu Santo» se aproxima bastante a la nuestra de DOROR. Pero no es la misma, ya que ellos piden cosas a Dios, y si se las piden es porque creen que Dios todavía no se las ha dado; lo que indica que ignoran la existencia de un mundo espiritual perfecto, ya existente, paralelo a éste, y obra de Dios. Y es que, forzados como están (para mantener su adscripción oficial a la Iglesia Católica) a afirmar que el «Espíritu Santo» es Dios (concretamente, nada menos que la Tercera Persona de la «Santísima Trinidad»), no pueden admitir que ese Espíritu sea solamente (como afirmamos nosotros) una Realidad de origen divino, paralela a la material. En definitiva, no comprendo muy bien lo que ellos entienden por «Espíritu Santo». La ausencia de claridad creo que es una de sus características, por lo que la desconfianza con que son mirados por los católicos tradicionales me parece bastante justificada. Sin embargo, la Jerarquía católica, deslumbrada por las ingentes masas que atraen, en gran parte les apoya.

»Los discípulos de Teófilo creemos que la existencia real del DOROR es un *indicio* de algo que podemos llamar Amor divino o, si se quiere expresarlo de otro modo, que la misma existencia real del DOROR es precisamente el *fruto* del Amor divino hacia nosotros. Ellos afirman también que el Amor divino les *envía* al Espíritu Santo; es decir, que casi tocan la verdad (o lo que nosotros creemos que es la verdad) con la punta de los dedos. Pero al afirmar, por otra parte, que el Espíritu Santo es Dios, incurren en el absurdo de que el Amor divino les envíe a Dios mismo. Aunque, en cuanto a este problema, la teoría de la «Santísima Trinidad» les sirve para afirmar que no es Dios sin más, sino concretamente el Padre, quien les envía el Espíritu Santo (otras veces dicen que les envía a Jesús mismo, o sea al Hijo), el cual también es Dios.

»Intentan vivir la unidad de cada ser humano con los demás, aunque, al parecer, sólo con los que en un momento dado están en el mismo recinto (no con todos los seres humanos ni con todo el resto del mundo material), y lo intentan de un modo no intelectual, sino emocional y afectivo, anulando o debilitando la percepción de su «yo» mediante cánticos, bailes, efusiones fraternales, etc. Pero lo mejor de su modo de vivir la religión; lo que tienen de bueno y hasta de muy bueno, es que creen firmemente en el Amor divino (total e incondicional, y derramándose continuamente sobre el mundo material; es decir, tal como realmente es), y además pretenden vivirlo. Y es viviendo ese Amor y anulando o debilitando la percepción de su «yo», como intentan obtener (lo mismo que se pueden intentar obtener en cualquier otra religión) las curaciones físicas y psíquicas.

»Percibiendo claramente el Amor divino que se derrama y extiende sobre todo el mundo material y sabiendo que el mundo material es inane, en cualquier religión se puede intentar obtener la rectificación de toda clase de enfermedades y situaciones, máxime sumando la conciencia de varias personas simultáneamente. Ellos tienen esa vívida conciencia del Amor divino y, aunque no la tienen de la inanidad del mundo material, o sea, de la materia configurada, tampoco se aferran a ella o a su «yo», sino que prescinden de ella y casi de todo lo demás, incluso de un «yo» cuya percepción han debilitado.

»Lo que tienen de peligroso los «carismáticos» es que no pretenden obtener esa anulación de la percepción del «yo» (y del aferramiento al mismo) y esa vivencia del Amor divino individualmente, ni en base a un panorama metafísico racional, sino colectivamente y mediante técnicas psicológicas de tipo emocional alienante. Los sufíes islámicos saben mucho de esto, porque, *mutatis mutandis,* emplean desde hace siglos una técnica parecida. Con esto, desde luego, no quiero insinuar que «los carismáticos» se la hayan copiado, aunque tampoco lo excluyo. Por lo que yo sé, algunas preferencias parecen tener por la lengua árabe.

»De modo que las reuniones de «los carismáticos» son siempre largas, muy largas, de varias horas de duración (yo estuve en una que duró cinco), con el fin de cansar al sujeto, y en todo ese tiempo alternan o mezclan actividades cuya finalidad es simplemente cansar al sujeto todavía más, cansarlo *ad nauseam* hasta agotar por completo su energía psicofísica, su capacidad crítica, y su percepción del propio «yo». Emplean, por ejemplo, el rezo del rosario completo, la «letanía lauretana», y una misa extraordinariamente larga y continuamente interrumpida y demorada con cánticos, gritos, gestos corporales simbólicos y espectaculares, exclamaciones, bailes, y ceremonias de alta tensión emotiva (que va *in crescendo*) en relación al Amor divino, a Jesús de Galilea (que afirman con razón que está vivo y presente), y al «Espíritu Santo». Con todo ello, consiguen que la percepción del «yo» individual se debilite o se anule del todo o casi del todo; o sea, que el sujeto pierda conciencia de su individualidad, y se fusione emocionalmente con los demás en una masa agotada y a la vez excitada al máximo.

»Cuando los fieles han alcanzado ese estado de trance colectivo, los directores de escena (que nunca han perdido la cabeza) provocan la «efusión del Espíritu Santo», diciendo que la misma se está produciendo y simbolizándola mediante la imposición de manos. Lo cual es sumamente emocionante. En ese estado de éxtasis colectivo, de delirio masivo, a veces ocurre que algunos se curan de sus enfermedades, sin duda porque, habiendo eliminado su «yo aferrado» y su conciencia de separatidad, viven intensamente la existencia y realidad del Amor divino. Pero otros (bastantes más numerosos que los anteriores) se desmayan, y otros muchos pierden el control de su garganta y de su boca y empiezan a proferir gritos o sonidos inarticulados. A esto último lo llaman ellos poseer el *«don de lenguas»* o bien *«orar en lenguas»,* aunque por lo general consiste solamente en hacer ruido con la lengua o la garganta. El sonido producido y (hay que decirlo, pues es cierto) conscientemente fomentado (más parecido al de los *mantras* hindúes que al del *dhikr* islámico, ya que en este último hay palabras y frases con sentido), así como el tono que emplean, evocador de algo extraño y misterioso, contribuyen decisivamente a aumentar el «clímax» ya existente y a dar la sensación de que se está viviendo un momento transcendente y maravilloso, donde todo es posible. Hay que señalar que, dada la unidad de la MM, puede ocurrir que, en un estado cerebral anómalo, un sujeto de cualquier religión o sin religión alguna empiece a hablar en una lengua que su mente consciente desconocía por completo. Casos así no son tan raros como parece y han sido estudiados en Parapsicología.

»En la primera reunión a la que yo asistí, de repente un sujeto empezó a hablar muy alto en árabe. En la tercera, en el momento de la eucaristía se oyó un estridente grito femenino (no provenía de la parte de la iglesia donde se coloca el publico llano, sino del coro de arriba), enloquecedor, siniestro, completamente histérico y descontrolado. Y a continuación otro sujeto, desde el mismo lugar, empezó a hablar también en árabe. Al parecer, en esos días, no disponían más que de árabes.

»Ahora ya en serio, lo cierto es que los «carismáticos», con sus llamativas y clamorosas prácticas, intentan abrir en el mundo material una brecha por donde pueda entrar más fácilmente el Espíritu o DOROR; es decir, que intentan volver este mundo más permeable al Espíritu. Con este fin, incluso dan a la eucaristía un sentido especial, quizá no demasiado ortodoxo, pues intentan persuadir a los fieles de que lo que viene a ellos en la sagrada forma es la sanación enviada por Dios.

»El peligro al que me refería es que, en esos estados de trance colectivo, se movilizan inmensas e incontrolables fuerzas psíquicas materiales. La MM se desencadena, se desenfrena, se aleja de una parte esencial del contenido del DOROR (la razón, el orden), se descontrola, y el sujeto puede abismarse en ella cayendo en la inconsciencia y el delirio. No puede saberse, por tanto, si ha sido Dios quien ha producido las curaciones o si ha sido la misma MM en una especie de espasmo. Y, tan fácilmente o más que las curaciones, junto con ellas o en vez de ellas, pueden producirse otros efectos psicofísicos, esta vez muy desagradables y totalmente imprevisibles. Tal es mi opinión.

»Antes he dicho que los «carismáticos», en algunas ocasiones (no digo que siempre) tienen cosas muy malas. Y ahora me refiero exclusivamente a sus dirigentes. Pues, como era de esperar, siempre hay personas desaprensivas que intentan aprovechar ese estado de trance inducido, en que el sujeto tiene su capacidad crítica casi del todo anulada y sus defensas psíquicas muy debilitadas (de modo que absorbe sin resistencia cualquier sugestión que entonces se le haga, que inmediatamente pasa a grabarse en su inconsciente), para introducir en su mente determinadas sugestiones, consignas y programaciones, muy concretas y sumamente interesadas. Esto no lo he soñado. En el momento culminante de la tercera ceremonia en la que yo participé (dirigida por la propia fundadora del Movimiento, procedente de Norteamérica), una agraciada joven del equipo animador, que estaba a su lado, ordenaba a los asistentes que *«se sometieran a los sacerdotes, a sus orientaciones y a sus opiniones, sin criticarles nunca»*. Esto no lo decía la fundadora (que a pesar de tener el «don de lenguas» no hablaba nuestro idioma), sino una jovencita española, y en perfecto castellano; pero lo estaba *leyendo*. Es decir, que no se lo estaba inspirando precisamente el Espíritu Santo.

»La verdad; aunque te parezca increíble, en ese momento eché mucho de menos a la Iglesia Católica tradicional, desviada a mi juicio (creo que casi desde el principio tomó un camino equivocado), pero en lo esencial, y a nivel básico, sencilla, seria, sobria, y honrada. Sin embargo, en ella o fuera de ella, auguro al «*Movimiento Carismático*» un gran porvenir. En realidad, creo que tiene un porvenir arrollador.

—Antes has aludido a los sufíes islámicos. ¿Qué me dices de ellos? Y, en general, ¿qué opinas del Islam?

—El Islam (una derivación directa del Paleocristianismo judío; no del helenizante de San Pablo) tiene aciertos verdaderamente asombrosos. La primera «*Sura*» o capítulo del Corán, la «*Fatiha*», hace a Dios la petición correcta, la más importante de todas para el ser humano: la verdad: la liberación del error. Y la segunda, titulada «La Vaca», contiene el planteamiento correcto. Los judíos y los cristianos se han enzarzado en disputas teológicas (como también los cristianos entre sí, y en menor medida los judíos entre sí), y han olvidado lo fundamental: hacer lo que Dios quiere que hagamos: la «vaca» que quiere que le sacrifiquemos, que es la práctica del bien. De este modo, el Islam se presentó como superador del Judaísmo y del Cristianismo de su época, y en verdad lo fue.

»Su famoso dicho «*No hay más Dios que Alá*» se ha interpretado erróneamente por los cristianos, y también por los judíos, como si quisiera enfrentar a «Alá» con «Dios» o con «Yahveh». En realidad, «Alá» significa «Dios»; de modo que el significado real de esa frase es «*No hay más dios que Dios*». En la práctica, tenemos muchos dioses o ídolos: las riquezas, la fama, el bienestar material, otros seres humanos a quienes servimos o que nos sirven, etc. Lo que dicen los musulmanes es lo mismo que dijo Yahveh a Moisés: «*No tendrás otros dioses delante* [o aparte] *de mí*». Porque «*No hay más dios que Dios*».

»Dios no tiene esposa ni engendra hijos, porque no es como los seres humanos. Por tanto, es único: «*No hay más dios que Dios*».

»La doctrina islámica oficial no ha desarrollado, que yo sepa, la noción del DOROR, pero sí lo han hecho, y con todo acierto y profundidad, los sufíes; es decir, los magníficos, los estupendos, los impresionantes, los grandiosos místicos del Islam. Y lo han hecho desde la semilla del propio Corán, que, desde el principio y sin cesar, afirma tajantemente la existencia del Amor divino: «*Dios es compasivo y misericordioso*».

»En el Islam no hay «sacramentos». Por tanto, no hay casta sacerdotal que los administre en exclusiva; no hay nadie que pretenda llevar a Dios como por la nariz; no hay intermediarios entre Dios y el ser humano; no hay «concesionarios oficiales autorizados» de la «marca» divina. Cada ser humano tiene el derecho y el deber de relacionarse directamente con la

Divinidad. En el Islam hay ciertamente eruditos, doctores, maestros y santos; pero no hay párrocos, obispos, cardenales, ni papas.

»No cabe, por tanto, que un hipotético representante de Dios en la tierra utilice sus presuntos poderes para legislar contra la esencia misma de la doctrina de quien supuestamente le confirió esos poderes.

»Gracias al Islam, centenares de millones de seres humanos veneran hoy sinceramente (practicando el bien), y sencillamente (sin sacerdotes ni «sacramentos»), a un Dios único y bondadoso.

»Esta religión, muy fácil de entender y verdadera en lo fundamental, arrastra sin embargo algunos fallos, no imputables a ella misma sino a sus fuentes judías y cristianas. Por ejemplo, la idea del infierno. Pero su problema fundamental es que incorpora en su libro sagrado elementos jurídicos (por ejemplo, algunos que se refieren a la condición de la mujer) y morales, relacionados directamente con el lugar y la época concreta en que fue escrito, que en la misma constituyeron un progreso indudable (incluso extraordinario), pero que en la actual, después de tantos siglos, han quedado obsoletos. Hasta ahora, que sepamos, sus principales doctores no parece que hayan podido separar esos elementos obsoletos (al menos entre el pueblo llano) de lo que el Corán contiene de mensaje inespacial e intemporal, vale decir eterno. Paradójicamente, el hecho de que en esta grande y sublime religión ningún ser humano pueda atribuirse la representación de Dios en la tierra, ha dificultado, sin duda, las necesarias actualizaciones del Mensaje transmitido por el Profeta.

»Inevitablemente, muchas aportaciones del Islam saldrán a relucir en estas reuniones. Y, por su gran luminosidad, efectivamente relucirán.

Ya al final de la reunión, Dalmacio hizo a Aurelio una pregunta incisiva y «peligrosa», como solían ser todas las suyas.

—Os he oído afirmar varias veces que la materia no es obra de Dios, mientras que el DOROR sí lo es. Pero me gustaría saber qué entendéis por obra de Dios. ¿Por qué el DOROR sí es obra de Dios y la materia no?

—Cuando afirmamos eso —respondió Aurelio— nos estamos refiriendo (al menos yo) al contenido del DOROR. Porque su contenido es como es porque Dios es como es. El contenido del DOROR refleja siempre la esencia y cualidades divinas (el «modo de ser de Dios»), y por eso decimos que es obra de Dios, mientras que la materia no las refleja necesariamente.

—Acláramelo más, por favor, si es que puedes.

—Con mucho gusto. Igual que se hace en el Taoísmo, yo creo que cabría distinguir entre el *Tao* (casi equivalente al DOROR) y su *Te*. El DOROR refleja el Bien, el Amor, la Perfección, la Conciencia, la Felicidad y, en general, todo lo que resulta de cualidades divinas que hemos de suponer supracualidades; es decir, análogas a las cualidades pero superiores a éstas. A su vez, el DOROR, materia supersutil, una vez que está impregnada de los reflejos del Bien y del Amor divinos, como consecuencia de esos reflejos crea formas destinadas a promover el bien en los restantes ámbitos materiales, que ama ardientemente y desea mejorar. Es la intencionalidad del DOROR, su virtud o virtualidad práctica, su solicitud y operatividad; en definitiva, el *Te* que tiene el *Tao*. Ahora bien: es evidente que dichas formas no se habrían producido en el divinal DOROR sin el reflejo del Amor divino en él, reflejo que a su vez no podría haberse producido si no existiera ese Amor divino, el cual presupone a su vez la existencia (o más bien supraexistencia) de Dios. Luego, en definitiva, el contenido del DOROR es obra de Dios.

—Pero por muy moldeable, por sutil que sea la materia de que está hecho el DOROR, ¿cómo es posible que se ajuste al bien; es decir, al «modo de ser» de Dios, si es diferente de Dios? ¿Acaso has olvidado ya el «*problema de la desemejanza*» que en cierta ocasión tú mismo sacaste a relucir? ¿Acaso es que el Hinduismo está en lo cierto y entre Dios y la REM hay una continuidad, de modo que el DOROR, la materia sutil, y la materia densa son manifestaciones de Dios? ¿O quizá es por mero azar como el DOROR ha llegado a ser semejante a Dios, y todas las formas de una materia extremadamente sutil (como es la del mundo del DOROR) que no son semejantes a él desaparecen inmediatamente?

—Más bien es que no llegan a surgir. La semejanza con Dios del contenido del DOROR dimana de una relación genética: de la autoría de Dios, de la paternidad de Dios, de la aparición de una materia extremadamente sutil, sede del contenido del DOROR (materia que, a diferencia de las menos sutiles, o de la densa, no puede rechazar el reflejo de las cualidades divinas), como consecuencia de la existencia de Dios; no de la de algo distinto. Además, ten en cuenta que, lo mismo que el No-ser se define en relación al Ser como lo existente que es distinto del Ser, la REM se define en relación a Dios como lo existente que es distinto de Dios. Son términos distintos, pero oponibles, y esa oponibilidad constituye ya una suerte de semejanza; una semejanza que en cierto modo dimana de la distinción. La intercomunicación sólo deja de ser posible entre términos que ni siquiera son oponibles. Pero, si hay oponibilidad, hay relación; y si hay relación, hay posibilidad de comunicación. Para que ésta exista, la identidad o semejanza de naturaleza no es en modo alguno necesaria, sino que basta la oponibilidad. Algo así intuyó parcialmente Platón al afirmar que los verdaderos opuestos se encuentran dentro del mismo género[71]. Existe, pues, un Todo

---

[71] *Filebo* 12 e. En cuanto a Aristóteles, según afirma Julián Marías al exponer la doctrina de Hegel (ob. cit., pág. 312), tiene una opinión semejante a la de Platón, pero más extremada (incurriendo en una evidente exageración), ya que habla de *unidad* («La contrariedad transcurre en una unidad, decía Aristóteles»).

continuo en el que están Dios y la REM, de una manera en cierto modo (sólo en cierto modo) semejante a como se integran, dentro de la REM, el DOROR y la Materia.

—Si a ese «Todo continuo» lo llamases Dios, estarías en pleno Hinduismo.

—Pero no lo hago; querido; no lo hago, porque no creo que Dios sea el Todo, sino que ocupa un lugar, si bien el principal, en el Todo.

La intervención de Aurelio habría terminado con esta extraña declaración, para mí bastante inquietante, si no hubiera añadido luego:

—Pero sobre todo ocurre que Dios está, a la vez, en el Todo y fuera de él. Como decía Plotino: «*Por encima de la existencia* [lo mismo que del Ser, de la sustancia y de cualquier otra cosa], *está el Uno*». En cuanto que tiene existencia, Dios es oponible a la REM; pero tiene más que existencia (ya que está «por encima de» ella), y en este otro aspecto no es oponible a nada, sino que está «por encima de» toda oponibilidad.

Aquí habría terminado la reunión si Luciano, que no podía estar callado nunca, y menos en un tema tan importante, no hubiera dicho después:

—El contenido del DOROR no rompe el principio de la semejanza que debe existir entre el conocedor y lo conocido. El DOROR no conoce a Dios, sino que se limita a reflejar algunas de sus cualidades o «características». Decimos que «refleja» las características de Dios lo que en alguna medida es sede de los *efectos de su existencia (a los que atribuimos un tanto arbitrariamente la condición de «características» divinas),* y a lo que es sede en grado máximo lo llamamos «DOROR». Éste puede reflejar las características divinas porque Dios está presente en todo lo que no es él: tanto en el Cielo (DOROR) como en la Tierra (planos de materia). Y además porque, como ha indicado Aurelio, entre él y lo que no es él hay una relación genética: lo que no es él ha surgido porque él existe. Pero aquí quiero resaltar una cosa que Aurelio ha olvidado señalar. Los planos de materia (entre ellos el DOROR, según él) no son creación voluntaria de Dios, sino efectos automáticos de su existencia. La existencia de aquéllos es un *efecto* de la existencia de Dios. Por tanto, no tiene nada de extraño que puedan acoger otros *efectos* menos contundentes de la misma existencia de Dios, que no consistan ya en la propia existencia.

Pero el remate lo puso Argimiro con este alegato «antiaureliano», creo que bastante digno de consideración:

—No sé Luciano; pero, en cuanto a mí, lo expresado por Aurelio en esta reunión me reafirma en mi vieja idea de que el DOROR es distinto de la materia (sobre la que influye mediante la pro-posición de sus formas fuera del espacio-tiempo), y además creo que ha sido creado voluntariamente por Dios. Dios tiene amor o, como dice San Juan, es amor. Tú mismo, Aurelio, has reconocido que existe el Amor divino. Pero amar es desear el bien ajeno; y ¿hay algo ajeno a Dios? Sí. Eternamente ha ocasionado Dios la materia como algo ajeno a él, y por eso eternamente la ha amado. Es cierto que Dios no *necesita* crear nada, ya que si tuviera alguna necesidad no sería perfecto y por ende no sería Dios. Pero, sin necesidad de hacerlo, opino que Dios ha creado el DOROR voluntariamente, y lo ha hecho por amor a la materia, para lograr el bien y la felicidad de la misma. Y ello desde que la materia existe; es decir, eternamente.

»No, Aurelio; en esto no estoy de acuerdo contigo. No hay dos, sino tres. Dios no existe. Dios coexiste. Coexiste eternamente con la materia ocasionada por él, a la que ama, y con el DOROR creado por él para mejorarla. Por eso se ha podido decir, con toda justicia, que Dios es amor.

»Poco más podemos decir de él; en realidad, casi nada o nada; pero, al menos para mí, como para San Agustín, con eso es suficiente.

XI

Undécimo domingo

SANGRE CANINA

El undécimo domingo (no sólo Dalmacio: yo mismo estaba asombrado de que hubiera podido aguantar once domingos asistiendo a las tertulias), el cielo estaba cubierto de nubes bastante oscuras; el viento agitaba intermitentemente las ramas de los árboles, que ya empezaban a desnudarse de hojas, y a veces se oía un trueno lejano. Hacía ya frío, y amenazaba lluvia. Pero esa tarde, además de la cerveza habitual, Aurelio había colocado un par de botellas de vino tinto en la mesita de las bebidas, y, lo mismo que la cerveza, el vino era de excelente calidad. Con alivio me serví inmediatamente un vaso, y escuché lo siguiente:

—Podemos dejar sentado que la materia no es creada voluntariamente por nadie —peroraba Argimiro—, sino que aparece espontáneamente en virtud de la existencia de Dios. Y, una vez surgida, refleja globalmente de un modo vago, oscuro, e imperfecto la presencia divina o, en mi opinión, recibe la influencia del DOROR, y en consecuencia adquiere alguna forma de mente; por lo que puede pasar a llamarse «Materia mentalizada», «Materia mental» o incluso «Mente material». Esta Mente material no es una Mente autónoma, distinta de la materia inerte, sino que es la misma materia, pero dotada de mente; una mente desviada, desde luego, de la inducida y programada por el DOROR. Desviada no sólo en el sentido de mala o «maleada», sino también de simplemente torpe, «retrasada», llena de inercia, e incapaz de lograr que la materia refleje adecuadamente el DOROR. Es una Mente, pero una mente material; es decir, de baja calidad o, si se quiere, degradada por su naturaleza material, lo mismo que (en expresión de Plotino) unos manjares exquisitos, devorados por un perro, se convierten en sangre, pero en «*sangre canina*». Aun así, con ella se inicia todo el proceso, influido por el DOROR, que termina (por ahora) en la formación del cuerpo humano, animado por la mente humana, la mente pensante, la cual es sólo un resultado del funcionamiento del cerebro humano. Pues, a partir de su mente primigenia, la materia evoluciona en algunas de sus zonas hacia una mente cada vez más perfecta en cuanto que cada vez se asemeja más a Aquella de la que es defectuoso reflejo. Y finalmente llega un momento, con el ser humano, en que la mente adquirida por la materia es ya capaz de dirigir la evolución futura de la misma; o sea, que es capaz de tomar en sus manos las riendas de la Evolución, como dijera Teilhard de Chardin.

»Todo lo material, incluida la mente humana, es Mente, como afirmaba la escuela budista *Yogacara*. Y, al mismo tiempo, también es verdad que es Vacío, como afirmaba la escuela budista *Madhyamika,* porque es materia. Las dos cosas son ciertas. El Budismo nunca se equivocó.

—Estoy de acuerdo con vosotros —dijo Félix—, porque así lo confirma la Física moderna. Creo que la Mente Material o, como abreviadamente la llamáis vosotros a veces, la «MM», abarca desde el estrato más bajo de la Materia Configurada (partícula elemental o comportamiento de la energía física) hasta el más alto, que, que sepamos, y al menos en la materia que Aurelio califica como densa, es la mente humana.

»Hablamos de seres animados y de seres inanimados; pero en realidad todos los seres materiales están animados por la Mente material, por lo cual, en vez de «seres animados», deberíamos llamar a los «animales» y a los vegetales «seres vivos» o «seres vivientes».

»Las inmensas potencialidades del ser humano; sus facultades no aprovechadas que Gurdieff pretendía despertar, incluyendo las facultades psíquicas paranormales, se fundan en la existencia de la Mente Material. Con el concepto de MM se explican muchas cosas, como la interacción de las mentes humanas individuales. El «*Inconsciente colectivo*» de Jung, pertenece también a la MM. Los fenómenos de «impregnación psíquica» (objetos que captan y conservan impresiones de vivencias psíquicas de unas personas, que luego otras son capaces de revivir), no se explican sin la MM. Lo mismo ocurre con otros fenómenos paranormales;[72] que no se explican sin la

[72] La mayor parte de los fenómenos paranormales suelen ser intermitentes, sin que puedan ser provocados deliberadamente, y, por lo general, sólo *a posteriori* puede saberse cuándo se están produciendo. Por tanto, en la mayoría de los casos, la actividad de los parapsicólogos ha de limitarse (lo que no es poco) a desenmascarar los posibles fraudes, comprobar la existencia y realidad de los fenómenos paranormales verdaderos, analizarlos, describirlos, clasificarlos, y elaborar estadísticas. Es decir, que la Parapsicología, por las especiales condiciones del objeto de que se ocupa, no puede ser una Ciencia experimental. Pero puede ser una verdadera Ciencia, aunque no sea experimental (como no lo son, por ejemplo, la Historia, la Lingüística o la Paleontología), si tiene rigor en la observación de los hechos y coherencia lógica en la formulación de las hipótesis (o incluso, como suele hacerse en las Ciencias experimentales, de «hipótesis de trabajo», que en realidad son hipótesis sobre hipótesis) que puedan *dar razón* de ellos. Las Ciencias, tanto las naturales como las humanas o sociales y las exactas, no tienen como requisito esencial la experimentación, sino el rigor lógico. La Parapsicología estudia fenómenos que dentro de la Física (entendida en el sentido amplio utilizado por Kant y, por tanto, comprendiendo también dentro de ella a la Psicología) carecen de una explicación lógica, o ni siquiera son posibles, pero que sin embargo existen y son reales; no meramente imaginados. Por ello, sólo pueden encontrar una explicación lógica dentro de un sistema meta-físico (es decir, que llegue «más allá de la Física»). De hecho, tales fenómenos son y han sido siempre una fuente inagotable de teorías metafísicas, incorporadas o no a religiones. En definitiva, la Parapsicología, enfocada como Ciencia, desemboca necesariamente en la Metafísica.

existencia de una Entidad total e interpersonal que es a la vez Mente y Materia o, si se quiere, Materia con mente propia, de la que la mente humana es sólo una manifestación parcial, aunque sobresaliente. La MM es, casi con toda seguridad, mucho más amplia y grandiosa de lo que nos podemos imaginar. En realidad, no sabemos lo que somos. Probablemente el «*Alaya Vijñana*» de los budistas de la escuela Yogacara, es decir, el «depósito de la experiencia» (más que «de la conciencia»), especie de memoria donde se conservan registradas todas las impresiones, vivencias y aconteceres experimentados en el pasado por todos los seres del Universo, y sin la cual no se pueden explicar muchas cosas (sin ir más lejos, la Evolución de las formas materiales), es la Mente Material. A este archivo o depósito mnémico se referían los teósofos con la denominación plural de «*Registros Akâshicos*», y fue experimentado también por Aurobindo cuando observaba que sus pensamientos «venían de afuera».

ANITA: —La maravillosa inteligencia de la MM de estratos inferiores, que siempre nos asombra, nos hace pensar en lo que será la inteligencia del DOROR, de la que es sólo un debilísimo reflejo. Y cuando hablo de inteligencia (con minúscula), no estoy empleando ya esta palabra en el sentido del *Nous* plotiniano, sino en el sentido castellano vulgar de «capacidad de entender o comprender», la cual depende, desde luego, de que exista una mente y de que ésta tenga conciencia.

No dejó de llamarme la atención que Anita hablase ya de «MM» y, sobre todo, de DOROR, y no, como antes, de «las ideas de Dios», de «vuestro DOROR», o de «lo que vosotros denomináis DOROR».

—Pero es indudable —observó Aurelio—, que la Evolución de la MM densa está llena de crueldad. Se puede pensar que esa crueldad era necesaria para lograr después la perfección de la materia, lo que, desde luego, no creo que la justifique, o que esa crueldad no es tal crueldad; o sea, que los animales no sufren en realidad, lo que, al menos en los animales superiores, debe descartarse. La tercera posibilidad es que ya desde el principio se produjo una resistencia de la materia densa al DOROR, y que esa resistencia se cristalizó y esclerotizó muy tempranamente en forma de leyes sobre las secuencias de los acontecimientos materiales (vale decir leyes materiales de conducta y de evolución), que dicha materia ha conservado hasta hoy. La diferencia es que hoy esa actitud es susceptible de rectificación por la propia materia (la del ser humano), cosa que antes no era posible. Lo terrible de épocas anteriores no era tanto la crueldad en la materia como la imposibilidad de que esa distorsión del DOROR se rectificase en la materia por la materia misma.

ARGIMIRO: —La MM, lo mismo que el mal que hay en ella, es impersonal en el sentido de que transciende lo personal, ya sea hacia arriba o hacia abajo. Y más vale que lo creamos así, porque en muchas ocasiones nosotros mismos habremos participado activamente en ese mal. Pero un tema que no tengo yo mismo muy claro, y que deberíamos intentar aclarar, es el del origen de esa Mente (a la que en esta ocasión podríamos llamar también «inteligencia») en la materia. Me gustaría saber lo que quería decir Teófilo al hablar de «reflejo», ya que expresiones metafóricas como ésta nunca me han parecido satisfactorias.

Lo que no sospechaba Argimiro es que, las distintas concepciones sobre el origen de la materia, iban a tener su «reflejo» también en las opiniones sobre el origen de la Mente Material.

Fue Luciano (que unas veces se aferraba a sus opiniones y otras parecía acoger las de Aurelio) el que primero habló.

—La materia es una, como el DOROR es uno. Y, dado que la forma no se puede separar de su sustrato (pues en mi opinión es lo perceptible de su sustrato), ocurre que, lo mismo que el DOROR entero está en cada una de las formas del DOROR, la materia entera está en cada una de sus formas. Y al reflejar la materia (aunque sea imperfectamente) formas del DOROR, algo de la mente del DOROR, de la inteligencia creadora de sus formas, es reflejada también por la materia, y no sólo por la que ha sido configurada por el DOROR, sino por toda ella. De modo que la materia entera tiene cierta clase de inteligencia o de «habilidad», incluso en zonas que no han reflejado las formas del DOROR.

»Quiere esto decir que la inteligencia de la materia elabora sus propias determinaciones previas a la acción, lo mismo que la Inteligencia Suprema del DOROR elabora las suyas.

»Pero la mente que la materia ha adquirido del DOROR reflejando sus formas, no es ni mucho menos la misma mente del DOROR. Primero, porque el reflejo no es igual a lo reflejado, sino inferior. Segundo, porque la materia es, como decía Plotino, incorporal; ni siquiera es cuerpo. Recibe toda clase de formas, pero no asume ninguna de ellas en el sentido de que no se las apropia verdaderamente. Es como un espejo defectuoso, que atrapa formas, pero las atrapa mal atrapadas. Y tercero, porque además las atrapa defectuosamente, distorsionándolas; y, lo mismo que distorsiona en ella las formas del DOROR (formas que no ha atrapado verdaderamente), distorsiona también la inteligencia que ha creado esas formas. Y distorsiona esa inteligencia más todavía que las formas, porque para él es más fácil reflejar las formas que el modo de elaborarse éstas, de surgir a la existencia y de relacionarse luego entre sí, en lo que se manifiesta operativamente la inteligencia.

ARGIMIRO: —Perdona, pero sigo sin entender cómo la materia asume la inteligencia a través de las formas.

—Es muy difícil de comprender; pero hay que reconocer que la materia tiene inteligencia, y hay que entender que la ha asumido del DOROR a través de las formas de éste. Date cuenta de que las formas materiales se trans-forman (en realidad son aconteceres), y de que las trans-formaciones que se dan en el DOROR son inteligentes. La materia aprehende inteligencia del DOROR como los niños la aprenden de sus padres, observando el modo de actuar de éstos. Sólo que la materia no es un niño fisiológicamente igual que sus padres, sino que, comparada con el DOROR, es algo así como un pobre retrasado mental.

»El problema de la inteligencia de las formas es reductible al de las formas de la inteligencia. Desde Aristóteles se sabe que la inteligencia se revela en formas. Puede haber formas sin inteligencia, pero, si hay inteligencia, se revela en formas producidas intencionalmente con una determinada *finalidad.* La materia refleja imperfectamente las formas del DOROR y, una vez que lo hace, refleja asimismo, aunque imperfectamente también, la inteligencia del DOROR. Las formas reflejadas en la materia tienen la inteligencia que admite la materia reflejante y no la que está en las formas del DOROR reflejadas; pero sólo puede existir esa inteligencia en la materia si en ella existen formas reflejadas. *La materia no ha reflejado formas sin inteligencia, sino formas inteligentes (mejor dicho, portadoras de inteligencia), con inteligencia que dimana de su Autor, y por eso ha reflejado también la inteligencia de esas formas, aunque la haya reflejado imperfectamente. Ahora bien: ese «reflejo de inteligencia», comunicado a toda la materia, puede crear nuevas formas como una inteligencia verdadera lo hace.*

»En este orden de cosas, una prueba de la dualidad de los mundos es que, según es relativamente fácil de observar, algunas de las formas de la materia han sido inducidas por una inteligencia transcendente a la materia con un fin bueno, mientras que otras han sido producidas por una inteligencia inmanente a la materia con un fin bastardo o sin ningún fin «lógico». La existencia de dos inteligencias diferentes es consecuencia de que existen dos mundos distintos.

»Si no hubiera un mundo material (o sea, si no existiera más que el DOROR), no habría más que una inteligencia creadora de formas y unas formas perfectas creadas por esa inteligencia. Es lo que dice, por ejemplo, la «Ciencia Cristiana». Pero la materia existe realmente, y existe con todas sus consecuencias. No se limita, por tanto, como cree Plotino, a reflejar pasivamente formas proyectadas desde fuera de ella, sino que además produce nuevas formas y distorsiona las recibidas de fuera. Es lo que nosotros llamamos ***«autoestructuración»*** de la materia.

»Por eso, la distorsión se mantendrá indefinidamente en la materia; porque en ella hay formas cuyo origen remoto es la inteligencia del DOROR, junto con otras formas (o deformaciones de las primeras) originadas por la propia inteligencia de la materia. Si sólo existieran las primeras, aunque fuesen reflejos imperfectos como seguramente lo son, el mismo DOROR acabaría tarde o temprano por rectificar sus distorsiones; pero continuamente surgen también las segundas, que hacen efímera toda rectificación. Por tanto, la distorsión que la materia produce en las formas del DOROR se debe a causas más complejas que su maldad radical. La materia es No-ser; y por tanto No-buena; No-perfecta; por ese motivo no refleja correctamente las formas del DOROR, y por el mismo motivo tampoco refleja correctamente su inteligencia. Pero esa inteligencia reflejada e imperfecta que posee, inevitablemente origina formas no procedentes del DOROR y distorsiona las que proceden de él.

Al fin había «cantado la gallina» de Luciano (para mí, la gallina que era Luciano), y lo cierto es que Argimiro pareció estar satisfecho con ese canto. Pero entonces intervino Aurelio:

—Dices que las formas del DOROR confieren conciencia a la materia; pero ¿no crees que cabe plantearse si, a su vez, la materia asume esas formas porque antes tuvo conciencia de ellas?

LUCIANO: —El proceso «Forma-Conciencia» es un proceso en espiral, que no podemos saber cómo empezó. Dios dio ocasión a que surgiera la materia e, inmediatamente de aparecida, le propuso formas a través del DOROR. Es posible que la primera asunción de formas del DOROR por parte de la materia se realizase por azar, aunque las probabilidades de que esto haya ocurrido son casi inexistentes. Probablemente, esa primera asunción de formas se realizó de un modo automático, por aquel espontáneo «ir» del No-ser hacia el Ser que menciona Plotino. Pero, apenas la materia hubo asumido (imperfectamente) algunas de las formas del DOROR, asumió también (y también imperfectamente) un reflejo de la inteligencia inherente a esas formas. Ese reflejo de inteligencia fue asumido por toda la materia, y facilitó nuevas aproximaciones al Ser desde su No-ser; es decir, que facilitó la asunción por la materia de nuevas formas del DOROR. Pero, además, esa misma inteligencia reflejada, usurpada y bastarda, hizo posible la resistencia de la materia a asumir aquellas formas. Y, finalmente, hizo también posible una autoestructuración de la materia en formas no inducidas por el DOROR.

»La «Materia Configurada» (es decir, con formas), a la que también hemos llamado «Mente Material» o «Materia Mentalizada» («MM»), puede, por tanto, revestir formas que no son reflejo (ni imperfecto siquiera) del DOROR. Pero sólo la asunción de formas procedentes del DOROR aumenta la inteligencia de la materia; no la de formas procedentes de ella misma. Esto vale también para nosotros en este momento.

Realmente, la lúcida exposición de Luciano nos había encantado a todos. Incluso a mí me pareció espléndida. Pero Carlos, el botarate, el zascandil de Carlos, que no había abierto la boca en todo el tiempo, intervino ahora como para apoyar a Aurelio, volviendo a abrir la brecha que tan brillantemente había cerrado Luciano.

—¿Y no podría ser que Dios, al dar ocasión a la aparición de la materia, le diera también cierta inteligencia? ¿Que, como dice Aurelio, al alguizar la nada le hubiera conferido, junto con la alguidad, cierta capacidad intelectiva? Es decir: ¿no podría haber ocurrido que Dios diera ocasión no al surgimiento de cualquier clase de materia, sino al de una materia con un mínimo de conciencia, y que esa conciencia primigenia facilitase la primera asunción de formas del DOROR por parte de la materia?

LUCIANO: —No lo creo. Ten en cuenta que la materia es No-ser, y el No-ser no puede tener ninguna cualidad. Sólo puede recibir, y de modo imperfecto como ya destacó Plotino, algo que provenga de fuera de ella misma. La materia refleja imperfectamente las formas del DOROR junto con la inteligencia inmanente a esas formas. Plotino dice que la materia refleja esas formas sin apropiárselas. Y yo digo, modestamente y sin pretender compararme con Plotino —la palabra «modestamente» la pronunció con un engolamiento insufrible, revelador de todo lo contrario—, que también refleja esa inteligencia sin apropiársela. Y también digo que, aunque la inteligencia, la conciencia bastarda que posee la materia, le es venida del DOROR (obra de Dios) a través de la forma, después esa inteligencia puede crear otras formas.

AURELIO: —Yo, por el contrario, sí lo creo. ***Sin tener conciencia del DOROR, la materia no podría aproximarse a él. Sin conciencia del Ser, el No-ser no podría ir hacia el Ser.*** La conciencia de algo puede ser clara o, por el contrario, puede ser confusa, oscura, difusa, débil, borrosa o desvaída, pero de alguna manera ha de existir para que se produzca la aproximación al DOROR; es decir, para que se inicie el camino hacia él. Por eso decía Plotino (en la *Enéada* III 8,1) que hasta las plantas y la tierra contemplan. ***Para que exista la tendencia hacia el DOROR, basta una conciencia débil y borrosa, aunque sea inconsciente de sí misma; pero ha de existir.***

»Por tanto, la preconfiguración de la materia requiere una ***protoconciencia***, mejor dicho, *es* una protoconciencia. ¿Cómo la adquiere la materia? No tanto por reflejo, o porque Dios conozca a la materia, o se vuelva hacia ella o la «mire» (como decía Numenio de Apamea), o porque Dios quiera que tenga esa protoconciencia, como por razón de la aparición de la materia misma como consecuencia de la existencia de Dios. ***Lo mismo que esta intervención divina en la generación de la materia hace que la nada se «alguice» y deje de ser mera nada, por la misma razón deja de ser totalmente inconsciente. La materia, como No-ser distinto de la nada, nace siendo ya protoconsciente. Es protoconsciente «ab ovo».***[73] Esto es lo que ***preconfigura*** la materia; es decir, lo que la convierte en configurable y lo que le permite que de ahí en adelante pueda ir adquiriendo mayor conciencia, borrosa y débil al principio y cada vez más clara y fuerte después, hasta llegar a poder recaer sobre sí misma. Por el mero hecho de la existencia de Dios, la nada no existe y sólo es un producto de la imaginación del ser humano; una ficción de su mente; un «razonamiento bastardo» como el aludi-

[73] En latín, «desde el huevo»; o sea, desde su origen.

do por Platón en el *Timeo*. Pero, por la misma razón, tampoco existe una materia totalmente inconsciente. La materia, desde su aparición, está por tanto preconfigurada.

»Hasta ahora se ha venido utilizando aquí la abreviatura «MM» como indicativa de la materia configurada en formas, y no tengo inconveniente en seguir refiriéndome a ella de este mismo modo porque es cierto que toda la materia configurada está dotada de mente; pero ahora creo llegado el momento de decir que, a mi juicio, *también lo está la materia amorfa.* Al menos en este plano de materia densa, creo que la realidad material se articula en una serie de *campos de conciencia* sucesivos. Hay un nivel primario en la materia preconfigurada, otro secundario que radica en la MM primigenia, y más niveles de «campos de conciencia material» superpuestos, cada vez más amplios (en cuanto a la cantidad de formas materiales sometidas unitariamente a un mismo centro o núcleo de conciencia, sin perjuicio de la suya individual), que abarcan el átomo, la molécula, la célula, el órgano, el conjunto de órganos que realiza una determinada función, y el sujeto que realiza una totalidad de funciones. Aquí me detendré, por detenerme en algún sitio; pero, de hecho, existen campos de conciencia cada vez más amplios, que se extienden, como *campo unificado de conciencia material,* hasta abarcar a toda la materia configurada existente. Por eso me gusta utilizar la expresión de «Mente Material» y no sólo la de «Materia Mentalizada».

»Debo añadir que esos campos de conciencia, intermedios entre la MM primigenia y la MM global, pueden fallar y de hecho fallan a menudo. Y, en estos casos, como la vida requiere conciencia, suele fallar también la vida. Os pondré un ejemplo muy claro para todos nosotros. Hay países, cuyos ciudadanos, además de sus cinco sentidos ordinarios y de su mente (campo de conciencia que unifica a los cinco sentidos y que para el Budismo es un sentido más: el sexto), tienen otro sentido que se podría llamar «*sentido de la colectividad*». Consiste en que, de alguna manera, cada miembro de la colectividad sabe lo que piensan y hacen todos los demás, de modo que todos son capaces de actuar concertadamente. Pero lo que en realidad ocurre no es que cada ciudadano tenga conciencia de la colectividad, sino que la colectividad tiene conciencia de sí misma o, en otras palabras, que existe un campo de conciencia que abarca a toda la colectividad. Ese sentido existe claramente, por poner un ejemplo paradigmático, en Alemania. También se da entre las hormigas y entre las abejas, que, por cierto, son tan trabajadoras como los alemanes; pero no va unido necesariamente al trabajo (como lo indica el caso de los ingleses, que también poseen ese sentido, muy acusadamente por cierto —seguramente más aún que los alemanes— y sin embargo no parecen «dar golpe»), sino cuando éste es necesario para la supervivencia de la colectividad como tal. Y, para citar un caso exactamente opuesto, es evidente que ese sentido falta por completo en España, donde cada uno actúa a su aire y según su conveniencia personal, en un individualismo feroz que es funesto para la supervivencia de la colectividad. Los españoles, salvo quizá en situaciones-límite, es decir, extraordinariamente traumáticas, no parece que tengamos sensibilidad alguna para lo que ocurre más allá de nuestro pellejo. En España existe un campo unificado de poder político; pero, por falta de justicia, no se ha propiciado la aparición de un campo de conciencia de la colectividad.[74] Lo que quiere decir que, en mi opinión, la unidad de poder va a durar muy poco. Seguiría por este camino si no fuera salirse del tema.

—¿No exageras un poco? —observó Dalmacio.

—En lo más mínimo. Además hay un baremo, un medio infalible para medir el sentido de la colectividad de los ciudadanos, y es su actitud ante los bienes que, por su naturaleza o condición jurídica, son de carácter público. Donde hay sentido de la colectividad, cada ciudadano considera que lo público es colectivo y, por tanto, también es propio en una parte alícuota por pequeña que sea. En cambio, donde no hay sentido de la colectividad, considera que *lo público no es de nadie*. Y esto es precisamente lo que ocurre en España. Si se trata de dinero público, se malgasta, se derrocha sin tasa, se despilfarra de mala manera, y al final se lo lleva uno a su casa; directamente si son «fondos reservados» o de muchas otras maneras si no lo son. Si no se trata de dinero sino de otro bien público, por ejemplo una calle, un parque, una playa o un río, se hacen cosas igualmente reveladoras de la misma convicción de que aquello no es de nadie, pues allí se escupe, se orina, se defeca, se arrojan papeles, basura, latas y botellas vacías, inmundicias, productos contaminantes, y cosas por el estilo. No es por alabar a mis compatriotas, pero me atrevo a afirmar que ninguno de ellos haría ni permitiría que se hiciera nada de esto en su casa. Lo que ocurre es que no se reconocen como condueños de lo que no es su casa. Para ellos, lo que no es su casa es tan ajeno como las selvas de África.[75] No tienes más que ver las calles de Madrid. La gente destroza las baldosas, las papeleras, los teléfonos, los árboles, las plantas; en resumen, todo lo que puede ser des-

[74] En una ocasión el autor acudió a un magistrado amigo suyo (que hoy lo es del Tribunal Supremo) para pedirle que interviniera ante sus compañeros de otro Tribunal, tan sólo para que éstos prestasen atención a algo que se decía en determinado folio de determinados autos, y que podía pasar fácilmente desapercibido dado que los autos no suelen leerse sino superficialmente y con gran rapidez. El magistrado se negó, diciendo: «Cuando se trata de un asunto penal, estas gestiones pueden hacerse porque se puede favorecer al acusado sin perjudicar a nadie. Pero, en los asuntos civiles, si se favorece a uno se está perjudicando a otro.» Es decir, que en España, si injustamente se atenúa la condena de un delincuente o incluso si se le pone indebidamente en libertad, nadie resulta perjudicado. ¡Y esto lo decía un juez! Pero esta mentalidad es característica de los españoles. En España, el bien de la colectividad como tal no se procura, porque no se tiene conciencia de ella.

[75] Pues lo que se acaba de decir sobre los bienes de carácter público es igualmente aplicable a todos los que, en general, no sean privativos de un individuo sino de propiedad privada pero comunal, tales como los de las comunidades de propietarios, o los pertenecientes a agrupaciones o personas jurídicas, aunque el individuo sea condueño, miembro, o partícipe de ellas.

truido. Y hay que ir mirando al suelo constantemente para no llevarse a casa excrementos de perro o escupitajos y orines humanos. Es imposible que en el mundo haya una ciudad con más excrementos de perro en las calles.[76] Y de escupitajos, más vale no hablar. Rara será la vez que salgas a la calle sin que te caiga algo encima, y te podrás dar por satisfecho si sólo se trata de agua sucia. Naturalmente, el que no se baja del coche oficial y vive en La Moraleja, no puede darse cuenta de esto.

»Semáforos cubiertos por ramas de árboles que nadie se ocupa de podar; papeleras o árboles colocados en las calles de un modo tan irracional que impiden a los peatones transitar por las aceras; señales de tráfico, tanto en ciudad como en carretera, tan estúpidas y equivocadas, que parecen puestas allí a propósito para provocar accidentes, y de hecho los provocan. Es normal encontrar, en muchos pueblos, pozos sin brocal y sin señalizar, y, en las calles de muchos pueblos y ciudades, incluso en Madrid, agujeros en el suelo, o cornisas y trozos de fachada a punto de caerse de los edificios, sin reparar y también sin señalizar;[77] bocas de servicios (teléfono, agua, gas, electricidad o alcantarillado) con su tapa mal colocada o que carecen de ella, etc. Así está todo en España. Por todas partes, acciones y omisiones absurdas. Torpeza se llama eso; total ausencia de cuidado. Pero, para los asuntos propios, los españoles son los individuos más avispados y cuidadosos del mundo. Su torpeza es para el bien común. Es una incapacidad total de ponerse en el lugar del otro. Es una ausencia completa de sentido de la colectividad.

»Por ejemplo, el español es el peor conductor de automóviles del mundo, porque no respeta las reglas establecidas para el bien común. Según una estadística reciente, el 60% conduce por encima de los límites legales

---

[76] Pero, además de los excrementos de perro, está el problema de los perros mismos. Porque, aunque sean grandes o peligrosos, la mayoría de sus dueños los pasea sin correa ni bozal, por lo que todos los años producen heridas graves, y a menudo la muerte, a niños (y a veces también a adultos) ante la desidia de los Ayuntamientos. Se denuncian por este motivo unos 3.000 casos al año; y muchos casos más (por ejemplo, los de los tremendos sustos y las desaladas carreras) quedan sin denunciar. La verdad es que, muchas veces y por muchas cosas, España parece un país de salvajes.

[77] Relataré un caso que me toca muy de cerca. De un edificio de la calle madrileña donde vivo, que es corta y estrecha, con frecuencia se desprenden grandes losas del revestimiento de la fachada, con evidente peligro para la vida o la integridad física de los peatones. Para impedir el paso a las posibles víctimas, el Ayuntamiento colocó en la acera unas barras metálicas. Allí estuvieron varios años, dado que los propietarios del edificio no querían hacer las necesarias obras de aseguramiento. Mas luego la acera de enfrente, justo enfrente, fue ocupada para la construcción de un nuevo edificio. En consecuencia, los peatones teníamos que circular por la calzada sorteando coches en marcha. ¿Cuál fue entonces la reacción del Ayuntamiento? Simplemente, quitar las barras que antes había puesto en la otra acera. En tres ocasiones, a lo largo de varios meses, me he dirigido a las autoridades municipales denunciando el peligro. Pero ni me han contestado, ni han tomado medida alguna.

de velocidad; el 14% lo hace sin seguro y el 9,2% sin permiso de conducir; el 57% no se detiene en los pasos de peatones, el 22% no respeta los semáforos en rojo, el 77% los pasa cuando están en ámbar, y el 43% conduce bajo los efectos del alcohol. Y no hablemos de los accidentes de trabajo, de los que España posee el *récord* mundial.

Mientras Aurelio hablaba, y en la pausa que se produjo después de su intervención, estuve pensando en lo que ocurre en España con los funcionarios públicos, que, instituidos como tales para servir a la colectividad, es frecuente que no vayan a la oficina, que cuando vayan estén en ella el menor tiempo posible,[78] que no trabajen, y que cuando trabajen lo hagan con un descuido y una negligencia verdaderamente incomprensibles. No digo yo (sería injusto) que todos los funcionarios tengan esa manera de proceder, pero la mayoría sí la tiene. Puede que actúen de ese modo por torpeza (de ellos mismos, o de quien los ha colocado allí, o de quien debe controlarlos, si es que existe), pero más bien creo que lo hacen porque, a ellos y a todos los demás que he dicho, la colectividad no les importa nada en absoluto. Lo digo porque, como había dicho Aurelio, para sus propios asuntos no son nada torpes. Precisamente ese día había cogido un taxi para acudir a la tertulia, y no pude saber lo que marcaba el taxímetro (de modo que tuve que fiarme de lo que me dijo el conductor), en primer lugar porque no pude verlo, ya que había un cabezal oportunamente colocado delante de mí, pero además porque en la

[78] Por poner algunos ejemplos, yo conocí a un funcionario del Estado que, el día que acudía a su despacho, lo hacía a la una de la tarde; inmediatamente recogía a varios compañeros, y se iban todos juntos a tomar el aperitivo a un «bar» cercano, hasta que, a la una y media, se iban todos a sus casas para no volver a la oficina ese día, pues sólo «trabajaban» por las mañanas. Otro funcionario que conocí, y que además era amigo mío, aparecía tan pocas veces por su despacho, que se olvidaron de él. Por consiguiente, con el tiempo acabaron por asignar el despacho a otro funcionario, y él se encontró con que ya no tenía dónde estar. En consecuencia, dejó de acudir al Ministerio definitivamente; pero, con toda puntualidad, el Estado le abonaba su sueldo todos los meses en una cuenta bancaria. Esta situación se mantuvo hasta que, al cabo de muchos años, mi amigo falleció. A otro amigo funcionario, éste del Ayuntamiento de Madrid, le ocurre algo parecido. Casi desde que ingresó en la «administración» municipal, sólo va a la oficina cada quince días para hacer allí «acto de presencia» durante diez minutos. Pero éste sigue muy vivo. Próximo ya a cumplir los 65 años de edad, se ha acogido a la posibilidad legal de continuar «trabajando» hasta los 70. Hace años fui en busca de cierta información al Ministerio de Hacienda, entonces instalado en la calle de Alcalá, cerca ya de la Puerta del Sol, en un vetusto y enorme edificio de piedra. En la entrada estaba la Guardia Civil para controlar la identidad de los visitantes; pero, al parecer, en el resto del edificio no había nadie. Recorrí los despachos (bastante lujosos) de varios pisos, y al fin, en uno de ellos encontré a un modesto funcionario que no pudo aclararme nada. Puesto que estaba allí, debía de ser un novato. Hay un viejo chiste español que refleja todo esto: un ciudadano acude por la tarde a una oficina pública y, al encontrarla cerrada, exclama: «¡Vaya! No me he acordadado de que en las oficinas públicas no se trabaja por las tardes.» Pero un vigilante le rectifica: «No señor; cuando no se trabaja es por las mañanas, por las tardes es que no se viene.»

pantalla del aparato no podían distinguirse los números. La mayoría de los taxímetros de Madrid son así: con números negros sobre una pantalla verdinegra. Después, me las vi y me las deseé para no pagar de más o de menos, ya que muchas de las monedas en circulación parecen hechas a propósito para que no puedan distinguirse unas de otras. Además, hay algunas que no tienen número. Las antiguas de veinticinco pesetas se confunden con las de cien y las de doscientas; las de cinco con las de diez; las de peseta antiguas con las de cinco, y todo por el estilo.

Recuerdo que me pregunté cómo podían ser tan cretinos los que fabricaban taxímetros así, pero sobre todo los funcionarios que desde el Ayuntamiento no controlaban el asunto de los cabezales y de los taxímetros,[79] y los que desde el Estado habían ordenado o permitido la acuñación de ese tipo de monedas. Los mismos cretinos siguen en su puesto muchos años después, porque acaban de lanzar unos billetes de cinco mil pesetas que se parecen a los de dos mil como un huevo a otro huevo. Llegué a la conclusión de que cada uno iba a lo suyo: a cobrar, como mínimo, su sueldo (y algunos, además, los extras que se terciasen), y que la colectividad no existía para ellos. En efecto: como había dicho Aurelio, así está todo en España. Pues de esa disposición mental, de esa actitud, no pueden resultar sino desidia o actos torpes y estúpidos. Y finalmente, dado que algo hay que hacer en la oficina (por poco tiempo que se esté en ella), y que no puede haber deseos de servir a una colectividad de la que no se tiene conciencia, la acción funcionarial, forzada por tanto, en la mayoría de los funcionarios a que antes he aludido se tiñe normalmente de animadversión hacia el ciudadano. El resultado global es que la Administración pública, en España, sólo actúa y existe para fastidiar al ciudadano. En España, los enemigos del hombre son tres: el Estado, la Comuni-

[79] La desidia y la estupidez municipales llegan a extremos increíbles respecto al servicio de taxis de Madrid. En cuanto a que los coches estén sucios, o sean pequeños o incómodos, o su taxímetro esté descarada e impunemente manipulado, hay que reconocer que en los últimos tiempos la situación parece haber mejorado bastante. Pero hace ya años que muchos taxistas (hoy son la mayoría) prohibieron fumar en sus vehículos. Lo que se le habría ocurrido a cualquiera, aunque fuese un retrasado mental, habría sido obligarles a poner un aviso bien visible, en la parte *delantera* del *techo* del automóvil, señalando claramente dicha circunstancia para que, quien desde lejos viese acercarse el taxi y fuese fumador, se abstuviese de levantar la mano para llamarle. Pues bien: el Ayuntamiento sólo les obligó a poner una pegatina en el cristal de la *puerta trasera* del vehículo; es decir, en un sitio donde el aviso no podía ser visto sino cuando el taxi ya hubiese pasado o estuviese a punto de pasar de largo. Además, la pegatina era muy pequeña: un cuadrado de unos diez centímetros de lado. Y además era casi idéntica a otra, igualmente obligatoria, en la que no figuraba la prohibición de fumar. Ya era bastante difícil (y tardío) verla y distinguirla de esta última. Pero recientemente ha sido reglamentariamente sustituida por otra, del mismo tamaño, en la que la prohibición de fumar se señala con un pequeño círculo de tan sólo unos dos centímetros de diámetro.

dad autónoma, y el Municipio. Continuamente hay que estarse defendiendo de ellos (a menudo de los tres a la vez), y no quedan energías para casi ninguna otra cosa.[80]

[80] Del Estado ya he dicho algo, y la Comunidad autónoma se limita, por lo general, a asumir algunas competencias de aquél, actuando de la misma manera que él. En cuanto al Municipio, aparte de temas como el valor catastral asignado arbitrariamente a edificios y solares, la duplicación de recibos (hay que pagar los dos y reclamar después la devolución del importe del segundo, que tarda muchísimo en producirse), constantes obras innecesarias y costosas (reveladoras de una corrupción galopante), perturbadoras en su ejecución y en sus resultados, etc., me limitaré a exponer un solo ejemplo. A la sazón, el Ayuntamiento me acababa de poner una multa por dejar el coche estacionado en un lugar prohibido. Era mentira, pues mi coche nunca había estado allí, y tampoco lo había prestado ni me lo habían robado. Para demostrar que la denuncia era falsa, yo tenía que practicar una prueba *negativa*: tenía que probar que mi coche *no* había estado allí: una *probatio diabolica* imposible de realizar, sobre todo veinticinco días después. Pero, aun así, dejándome engañar por la reiterada proclamación a los cuatro vientos de que «España es un Estado de Derecho» (no en el falso y raquítico sentido de una Administración *teóricamente* sometida al Derecho sin que paralelamente existan unos buenos y enérgicos jueces que rápida y eficazmente se lo impongan, sino en el sentido de una Administración que, voluntariamente, procura siempre cumplir de buena fe las normas jurídicas, existiendo, si por equivocación no lo hace, unos jueces intelectual y económicamente bien dotados que rectifiquen enseguida el error cometido), presenté un primer escrito contra la sanción, que fue desestimado. Aún no se ha resuelto sobre el segundo. Más barato me habría salido pagar la multa inmediatamente. Casos como éste se dan por sistema en Madrid. Casi todos los días me enteraba de un caso igual. En una ocasión se trataba de un viejísimo vehículo, inmovilizado en una urbanización de Las Rozas desde hacía más de cinco años, que ya habían querido comprar varios chatarreros puesto que le faltaban muchas piezas del motor, dentro de su carrocería había telarañas y nidos de animalejos del campo, y sus cuatro ruedas estaban rotas. Pues bien: este oxidado amasijo de metal semipodrido había sido denunciado dos veces consecutivas, hacía muy poco tiempo, por estaciomiento indebido en Madrid-capital. Observé que en todos los casos de denuncias falsas se trataba de vehículos de matrícula muy antigua; es decir, pertenecientes a personas de las que fundadamente se podía presumir una muy escasa capacidad económica (y por ende nula influencia social), dado que, o no habían cambiado de coche en muchos años, o lo habían adquirido de segunda o de tercera mano. Sin duda, muchos de los injustamente denunciados habrían pagado la multa para ahorrarse molestias inútiles; pero me constaba que otros muchos se habían quejado como debían. Sin embargo, ni el Ayuntamiento, ni los jueces, ni la Fiscalía Anticorrupción, ni el Defensor del Pueblo, ni los Partidos políticos, ni la Prensa, habían hecho nada, aunque se había creado un estado de cosas parecido al de la capital de Méjico, pero mucho peor todavía. Porque, al fin y al cabo, la actuación de los agentes mejicanos podía eludirse evitando circular por las calles donde éstos solían saquear a los automovilistas mediante denuncias falsas, o dejando el coche encerrado en un garaje, como yo hacía, sin utilizarlo prácticamente nunca. Pero con el sistema utilizado por el Ayuntamiento de Madrid, nuevas denuncias igualmente falsas podían producirse indefinidamente, ya fuese de un modo deliberado o por falta de coordinación. Y entonces ¿qué sería de mi vida? ¿Qué sería de mi estado psíquico y de mi situación económica? Seriamente pensé regalar mi coche al Ayuntamiento, igual que la tía de Aurelio había pensado regalar su piso al Estado, y por análogas razones. Muy poco tiempo después de la ominosa denuncia, el Concejal Delegado de Tráfico se había

Aunque, desde luego, yo no podía quejarme. Había cosas mucho peores. Precisamente ese día publicaba el periódico[81] que la Fiscalía de Granada había solicitado siete años de prisión para el jefe de la Demarcación de Carreteras de Andalucía Oriental. Por culpa suya, en seis años se habían producido, en un tramo de veinte kilómetros de la carretera nacional 323 entre Bailén y Motril (la llamada por los aldeanos «carretera de la muerte»), 250 accidentes de tráfico con el trágico balance de 60 muertos y 450 heridos, de ellos 165 graves o muy graves. Según una asociación de damnificados constituida por familiares de las víctimas (que anunciaba su intención de ampliar la imputación a los técnicos del Ministerio responsables de la señalización), los fallecidos habían superado la cifra de 200. El fiscal señalaba, entre otras deficiencias, pavimento deslizante, curvas sin visibilidad en las que, a pesar de ello, la señalización permitía los adelantamientos, firme en mal estado, peraltes incorrectos (es decir, al revés) en las curvas, una señalización de todo punto disparatada, velocidades expresamente permitidas que llevaban directamente a la muerte, arcenes no transitables y con anchura insuficiente, etc. Según el fiscal, esta situación se mantuvo «por la inactividad del acusado», ya que, a pesar de que habían llegado a su despacho numerosos escritos denunciando las deficiencias de la vía y reclamando que se tomasen las medidas necesarias, el funcionario acusado no sólo mantuvo durante seis años la misma situación, sino que amplió la señalización incorrecta a otros tramos de la carretera. Sólo cuando en 1992 se inició el procedimiento judicial contra él, dicho funcionario ordenó realizar obras de mejora, además de modificar una señalización que ya había sido calificada en muchas ocasiones de «asesina»; y desde entonces apenas si se habían producido accidentes en ese tramo. En España, para que algo se corrija, hace falta que antes se hayan producido muchas muertes. El procedimiento judicial no se inició, por supuesto, a instancias de la Administración pública, sino de don José Luis Hernández Carrillo, modesto y valiente juez de paz de Iznalloz, un pueblecito del tramo, «harto ya de levantar cadáveres» en su término municipal. La enorme cantidad de accidentes con víctimas mortales en la «carretera de la muerte» hizo florecer en la zona los negocios de pompas fúnebres. Las empresas funerarias llegaron incluso a constituir entre ellas una cooperativa, ante la falta de medios suficientes para atender individualmente la macabra demanda de sus servicios.

---

cubierto de gloria (la Prensa le había elogiado sin reservas) triplicando el importe de las multas. En conclusión, que para estar al abrigo de las agresiones municipales no basta con pagar religiosamente los impuestos ni con cumplir meticulosamente las normas legales. De todos modos, el Ayuntamiento se mete contra ti, te ataca y te saquea sin consideración alguna. Siempre está pensando en cómo sacarte el dinero, legal o ilegalmente. Pues bien: ¿no es ésta la conducta de un verdadero enemigo?

[81] *El Mundo* del día 11 de abril de 1996.

En mis viajes por España yo me he encontrado muchos tramos de carretera así. Sin ir más lejos, la autovía M-30, que circunda Madrid, está igualmente trazada y señalizada de un modo asesino. Hace pocos años, por la negligencia de otros funcionarios, se produjo en España un envenenamiento masivo (el asunto del «aceite de colza») que ocasionó varios miles de muertos, uno de ellos amigo personal mío. Fueron absueltos en un juicio malcelebrado muchos años después. Continuamente se están produciendo hechos como éstos en España. Se podrían escribir muchos libros, infinidad de libros, sobre la «chapuza nacional», que no sólo prolifera con abundancia en la Administración pública, sino en todos los demás ámbitos del país. Pero la chapuza es mucho más nociva en la esfera pública que en la privada. Es frecuente que no se sea de verdad funcionario, sino que sólo se juegue a ser funcionario. Y una nación que permite que esto ocurra, no tiene un Estado de verdad sino que sólo está jugando a tener un Estado de verdad. Pero seguiré con mi relato.

Todos estábamos impresionados por lo que había dicho Aurelio, pues sabíamos que tenía razón. Había dado en el clavo. Eso era lo que nos pasaba a los españoles. No teníamos sentido de la colectividad. Pero se me ocurrió entonces mirar a Luciano, y me quedé más impresionado todavía.

Luciano parecía amoscado; amostazado; consternado; chafado más bien; completamente hundido; casi se diría que aplastado. Desde luego, yo no atribuía su estado de ánimo al hecho de que fuese uno de los muchos funcionarios incumplidores que hay en España. Aurelio había tenido la delicadeza de no hablar específicamente de ellos (y yo la de no exteriorizar mis pensamientos), y, aunque lo hubiera hecho, es sabido que los funcionarios negligentes niegan por sistema cualquier imputación negativa y, en todo caso, los reproches de los ciudadanos que les mantienen les traen sin cuidado. Por tanto, al principio creí que la consternación de Luciano era debida a la posible solución que sobre el problema de la aparición de mente en la materia había salido a relucir, y jamás creí que estas elucubraciones metafísicas, tan abstractas y alejadas de la vida real (y que a mí me servían de entretenimiento en las aburridas tardes de los domingos), pudieran afectarle tanto. Pero después comprendí que se trataba de algo más que de meras elucubraciones: se trataba de su prestigio personal, que había sufrido un duro batacazo cuando estaba en lo más alto. Se trataba de su individualismo. Luciano había sido herido en su amor propio. La intervención de Aurelio había sido más brillante que la suya. Comoquiera que fuese, su abatimiento era tan patente (y hasta patético), que Argimiro intervino inmediatamente para llevar el debate a otro terreno diferente, aunque conexo con el anterior y al que en realidad acababa de aludir Aurelio. Dijo, pues, Argimiro:

—La inteligencia puede manifestarse en vida. En este mundo, la vida es la cualidad de un cuerpo que consiste en moverse de un modo inteligente. Puede no tener una estructura estable; puede no alimentarse del medio; pero ha de tener algún movimiento propio, no inducido exteriormente, que, entre varias posibilidades, vaya dirigido a una finalidad inteligente, generalmente (pero no necesariamente) en relación al medio.

»Parece, pues, que en este mundo la vida se reduce a inteligencia. Es inteligencia demostrada en el movimiento, aunque éste sólo sea intracerebral. Por eso en la materia configurada puede haber verdadera vida, y no sólo en el DOROR, puesto que en ella hay inteligencia.

AURELIO: —Estoy de acuerdo, Argimiro, en que la vida podría definirse como *«movimiento autónomo inteligente»;* pero me gustaría precisar algo más el concepto de «vida», refiriéndolo a una parcela determinada de la realidad material, a un determinado «campo de conciencia» material. La vida de un ser requiere que tenga un movimiento que se genere en él mismo y no provenga de fuera de él; pero además es necesario que ese movimiento responda de un modo inteligente o hábil a la situación del medio; que interaccione con el medio de un modo inteligente o hábil. Así que, en definitiva, la vida se reduce a una manifestación de inteligencia que, *si no está en el propio ser, radique en algo que de algún modo englobe a ese ser y a su medio.* De hecho, la inteligencia es reductible a una específica aplicación de la conciencia. Por eso yo creo que la vida debe atribuirse, más que a un cuerpo concreto, a un campo de conciencia, que podrá coincidir o no con un cuerpo concreto.

Argimiro admitió la matización de Aurelio, y acto seguido, como si le hubieran dado cuerda, se lanzó a hablar de la vida de un modo incontenible; realmente de un modo muy vital. Aunque yo diría más bien que, siendo como era un hombre muy sensible, estaba extraordinariamente nervioso a causa del ambiente, pues todavía no había empezado a llover.

—La vida es movimiento autoproducido; pero además es movimiento inteligente, y esto quiere decir que está encaminado a obtener, con la mayor probabilidad, una finalidad que generalmente es la conservación de la propia vida en el ser individual que la tiene y, conjuntamente con ello, la perpetuación de la vida en abstracto a través de la vida de la especie. La vida busca más vida. Lo que busca, en fin, la materia, es la vida; y, una vez que la tiene, busca como puede la inmortalidad, aunque sólo pueda lograr, si acaso, la de la especie. Esto es así por regla general, aunque a veces la finalidad a obtener es la muerte.

»La inteligencia del ser que vive y quiere la vida, ha de tener en cuenta tanto la realidad material exterior a él como la interior. Porque todo movimiento o ausencia de movimiento afecta, a la vez, al exterior y al interior.»

Por eso la conducta inteligente consiste en no hacer movimientos que puedan dañar ese interior, o en hacer movimientos cuya ausencia podría dañar ese mismo interior, el cual va recogiendo y conservando en el «yo» todas las experiencias del pasado, ya sean de acción o de omisión. No hemos de hacer, por tanto, algo de lo que siempre nos arrepentiremos, ni dejar de hacer algo que siempre lamentaremos no haber hecho en su momento.

»Paralelamente, la inteligencia del ser vivo que quiere vivir ha de tener en cuenta el entorno exterior. Parece que sobre esto, dado que es obvio, no habría que decir nada, pero en los tiempos que corren hay que decir mucho. Pues, hoy día, la técnica ha puesto a nuestra disposición tales medios de distracción y diversión, tantos medios de evitar el esfuerzo, tales comodidades para todo, que el ser humano se olvida con facilidad de la dura realidad exterior y, por ende, del esfuerzo que es necesario realizar en la vida para conservar y propagar la vida. El adolescente o el joven al que no le falta de nada, que tiene un techo, una cama, buena ropa de cama y de vestir, comida, agua y electricidad en abundancia, que vive rodeado de ordenadores, de juegos electrónicos, de aparatos de televisión, de lavadoras, de friegaplatos, de cocinas automáticas, de alimentos precocinados, de automóviles, de motocicletas, de cajuelas de cintas magnéticas reproductoras de sonido y de imágenes, ese joven no se siente impulsado a estudiar y trabajar para labrarse un futuro. Porque, falsamente y de un modo ficticio, ya lo tiene. ¿Qué más puede desear, en efecto? No toma conciencia de que todo ello lo tiene porque sus padres se lo dan; de que sus padres no vivirán siempre o no siempre podrán dárselo; de que, en el exterior, la vida es fría y dura (cada vez más fría y más dura) y nadie hace regalos; de que la situación económica es cada vez peor y la competencia cada vez mayor. Es el esfuerzo, el sacrificio, lo que esa situación le oculta: el que era necesario realizar antes de que esa situación existiera (ir al bosque a cortar leña, llevarla a casa, hacerla arder para guisar y para calentarse, acarrear agua para lavar y lavarse, etc.), el que fue necesario para conseguirla, y el que sigue siendo necesario para mantenerla. No se da cuenta de nada de eso y, con frecuencia, muy pronto, antes de lo que podía imaginar, sin estar preparado para ello, se ve arrojado fuera de ese falso Edén, a las «tinieblas exteriores» donde sólo hay frío y hambre; al lugar tenebroso donde siempre estuvieron el frío y el hambre, aunque él no los viera y por eso no luchase a tiempo para evitarlos. ¿Cómo conseguir ese Edén otra vez? ¿Delinquiendo quizá?

Todos sospechábamos que Argimiro decía todo esto pensando en sus propios hijos. Tenía tres, todos varones, y le daban bastantes quebraderos de cabeza. A pesar de que ya eran muy mayores, ninguno de ellos trabajaba ni estudiaba. Seguían todos en casa de su padre (que se mataba a trabajar), viviendo a su costa y pidiéndole dinero continuamente. Yo estaba ya acostumbrado a oír estas quejas de los padres, que, por ser siempre parecidas, me aburrían soberanamente. Sin embargo, la perorata de Argimiro iba a tener un final inesperado, pues continuó diciendo:

—Pero la realidad material, interior y exterior, no agota el campo de la inteligencia del ser vivo que quiere vivir. Hay otra realidad, además de la material, que ha de tener en cuenta, y es la de Dios y su DOROR. Esta otra realidad no es visible, no puede percibirla con sus sentidos materiales, porque no es una realidad material. Los sentidos materiales sólo pueden percibir lo material. Pero tomar conciencia de esa otra realidad es lo que permitirá al ser humano conservar y prolongar su vida ***de verdad.*** Pues es lo que le permitirá, ajustándose al DOROR, obtener la vida eterna, y quizá vivir mejor en este mundo. En eso estamos los discípulos de Teófilo: en procurar que el ser humano tome conciencia de esa otra Realidad.

»La inteligencia es lo más importante del ser humano. Se suele decir que *«el hombre es su cabeza».* ***Y el ser humano verdaderamente inteligente es aquel que, en su movimiento (físico o mental) o ausencia de movimiento, no se limita a tener en cuenta sólo una parte de la realidad, sino que tiene en cuenta toda la realidad o, por decirlo de otro modo, que tiene en cuenta las tres realidades, y las tiene en cuenta por este orden: la superior (DOROR), la inferior interior (MM interna), y la inferior exterior (MM externa).***

»Si la inteligencia va dirigida a conservar la vida, tener en cuenta las realidades inferiores, interior y exterior, puede ayudarnos a conseguirla por algún tiempo. Pero tener en cuenta la realidad superior, quiero decir obtener el ajuste al DOROR, la bondad, es lo único que conserva la vida para siempre. ***Por eso decía Dostoievski***[82] ***que la bondad es la «verdadera inteligencia».***

Aurelio, que era soltero y no tenía hijos, le había escuchado distraídamente al principio y con más atención después. Al final puso una apostilla que daba un nuevo giro a la cuestión.

—La gente suele decir que la relajación es muerte —dijo— y la excitación es vida; lo que no es exacto, ya que, aunque la vida sea movimiento inteligente, puede haber un movimiento inteligente relajado. Pero, si la opinión vulgar fuera cierta, y dado que la excitación enturbia la MM y la hace refractaria al DOROR, ocurriría que, si viviéramos agitadamente la vida de este mundo (no sólo por problemas materiales concretos, sino incluso movidos por la atracción que sobre nosotros ejerce el movimiento mismo), no podríamos reflejar las formas del DOROR; y si quisiéramos reflejar las formas del DOROR, de algún modo tendríamos que renunciar a la agitada

[82] En *El idiota*.

vida de este mundo, confirmando así la opinión de Platón de que el filósofo debe «vivir muriendo».

Y he aquí que, de repente, Argimiro se atufó. A pesar de su carácter bondadoso y apacible, había comenzado también a amostazarse con Aurelio, quizá porque en aquel momento envidiaba su holgada y apacible vida de soltero. Aurelio vivía sobriamente, pero sin agobios, con su modesto sueldo de empleado medio, en tanto que Argimiro, con una mujer enfermiza y tres hijos conflictivos, se las veía y se las deseaba para llegar a fin de mes, aunque además de desarrollar su función docente en el Conservatorio diese clases particulares, e incluso, en algunas ocasiones, participase en orquestinas para amenizar bodas y bautizos. Así que, inesperadamente, trajo de nuevo a colación el tema del origen de la inteligencia de la materia, de la materia misma, y del DOROR, para criticar acerbamente la teoría de la REM elaborada por Aurelio.

—Te diré, Aurelio, que tu teoría de la REM no me satisface en el terreno afectivo. Sí me satisface, en cambio, la visión según la cual el DOROR es distinto de la materia, y lo ha creado Dios por amor, para beneficiar a la materia, o bien es expresión de un amor que resulta precisamente de su creación. Pero el pensar, como haces tú, que el DOROR no es otra cosa que una materia más semejante a Dios que la materia ordinaria; que por tanto no ha sido creado por Dios sino que es un resultado necesario de la existencia de Dios, lo mismo que la materia ordinaria; y que el bien del DOROR recae sobre ésta de un modo por así decir automático y no porque Dios lo quiera, todo eso me parece que introduce una sequedad tremenda en el panorama de nuestra vida y en nuestras relaciones con Dios; que elimina el amor personal de Dios hacia nosotros, que sin embargo yo percibo continuamente. En resumidas cuentas, tu visión me parece muy árida en el aspecto afectivo y muy castradora en el aspecto psicológico. Hace mucho tiempo que quería decírtelo. Realmente, no sé por qué no lo he hecho antes. Quizá porque no soy como tú, que pareces disfrutar llevando la contraria a todo el mundo.

Se produjo un silencio muy tenso, sin que Aurelio respondiera a esta mordaz acusación. Sorprendentemente, fue Dalmacio quien lo hizo, acudiendo así en ayuda de su antiguo y, por así decir, tradicional adversario, con una nobleza que no carecía de mérito.

—Si en el aspecto afectivo te satisface más tu visión que la de Aurelio, tienes perfecto derecho, Argimiro, a aceptar la primera y a rechazar la segunda. Todo es opinable en Metafísica. Y, como en algún momento has dicho tú mismo, en Metafísica la satisfacción afectiva es un criterio válido de veracidad. Te diré, sin embargo, que yo creo que tu visión no es un «ver», sino un «modo de ver»; un modo, distinto del de Aurelio, de ver lo mismo que ve Aurelio.

»Personalmente yo he tomado así vuestras teorías, pues con ellas sé que ambos tratáis de expresar lo que es inexpresable e incluso inapresable.

A mí me da lo mismo pensar que Dios, con su bondad, nos cubre de bien y de inmortalidad, que pensar que, a causa de la bondad de Dios, estamos cubiertos de bien y de inmortalidad. No veo diferencia alguna entre estos dos modos de ver, porque en definitiva ambas cosas, bien e inmortalidad, se deben siempre a Dios. Entre que él quiera derramar su bien, o sepa que su bien se derrama y no quiera impedirlo, ¿qué diferencia práctica hay? Creo que ninguna. Por cierto, que Aurelio todavía no nos ha explicado cómo Dios nos da la inmortalidad; y es un tema que me interesa mucho —dijo sonriendo—, por la cuenta que me tiene. Aunque, conociendo su modo de pensar —y en sus palabras se traslucía un afecto evidente—, sospecho que nos dirá que Dios no nos «da» la inmortalidad, sino que ésta «ocurre», o de algún modo la podemos obtener cumpliendo determinados requisitos, automáticamente.

Antes de que Aurelio contestara, y dado que la declaración de mi amigo Dalmacio me había sabido a poco, le rogué que me la ampliase, y lo hizo.

—Según Aurelio, es Dios quien ha hecho el DOROR (quiero decir su contenido) tal como es. ¿Qué más da que para eso haya utilizado materia en vez de espíritu? A ambos los ha sacado de la nada. Dios es lo que está detrás del DOROR. ¿Qué más da que éste sea material o espiritual? Como dice San Juan en 5,19 (también yo conozco los Evangelios), «*No puede el Hijo* (y ya estoy convencido de que hablaba del DOROR) *hacer nada por sí mismo, sino lo que ve hacer al Padre*». El DOROR, el Bien, es como es, porque Dios es como es; a saber: el origen mismo del Bien. De un modo más sencillo, se podría decir que, si Dios no fuera bueno, el DOROR tampoco lo sería. Lo único que Argimiro echa a faltar en este esquema de Aurelio, es que Dios haya creado el DOROR voluntariamente, para rectificar una materia que no ha creado voluntariamente. Pero, al menos para mí, esto no es importante. En primer lugar, porque, si existe Dios, no se puede pensar que carezca de voluntad, y si él quisiera haría desaparecer en cualquier momento el DOROR, lo mismo que cualquiera de nosotros puede romper un espejo donde se refleja su imagen. De modo que, si Dios no lo destruye, es porque quiere que el DOROR exista y sea bueno y eficiente. Incluso, quizá, podría considerarse que la visión de Aurelio es más acorde que la de Argimiro con la allendidad de Dios, en el sentido plotiniano de que él nos contiene a todos pero no está contenido por ninguno; pues en la visión de Argimiro me parece sentir que Dios está, por así decir, a la vista de todos, mientras que en la de Aurelio está como detrás de las cortinas del DOROR. Pero, en cualquier caso, si Argimiro quiere tener una relación personal, humana, con Alguien sobrehumano, grandioso y lleno de bondad, puede perfectamente tenerla con Dios (que entiendo es lo que hace), ya que él nos contiene a todos, lo mismo que puede tenerla solamente con el DOROR, manteniendo entonces respecto a Dios una veneración llena de gratitud.

»Que yo sepa, Aurelio nunca ha negado que Dios conozca la maldad de la materia, ni tampoco que Dios quiera rectificar esa maldad. En definitiva, en la visión de Aurelio, lo que objetivamente ocurre es que Dios, que es inmensurablemente bueno, ejerce su bondad a través de un DOROR material. No creo que la cosa sea tan grave.

La intervención de Dalmacio fue agradecida por todos sin excepción. Argimiro, además, parecía claramente avergonzado de su actitud anterior. La tensión se había disuelto en la lucidez de Dalmacio y también, por qué no decirlo, en su bondad, aunque no creyera en Dios. En cuanto a Aurelio, que había palidecido ligeramente bajo la tarascada de Argimiro (alteración que me había sorprendido tanto como antes la de Luciano) y ahora recobraba sus colores, dijo, contestando a la anterior insinuación de Aurelio, que éste reiteró, que no era todavía el momento de tratar de la inmortalidad; que todavía quedaban muchas cosas por aclarar antes de entrar en ese tema. Pero todos estuvimos de acuerdo en que tenía que decir algo, sólo algo, aunque fuera una leve pincelada. Insistimos en lo mismo una y otra vez. Y, pensando sin duda que aquello terminaría de expulsar del ambiente todo rastro de tensión, finalmente accedió. Lo que sí nos pidió es que después no le preguntásemos nada, dado lo avanzado de la hora y que el tema no era para tratarlo a la ligera como si fuera una cosa trivial, prometiéndonos que lo trataría en profundidad, y muy extensamente, más adelante. Nosotros accedimos a nuestra vez, y entonces él dijo:

—A grandes rasgos, y desde determinado punto de vista, podría deciros, ya que me obligáis, lo siguiente: ***En todos los planos de la REM inferiores al DOROR, se dan dos efectos: el primario o primigenio, y el secundario, «efecto-lente», o «fotográfico», o de absorción o recogida. Un acontecer que tenga lugar en esta esfera de materia densa se da en ella primariamente, pero, además, es «visto», «fotografiado», recogido o absorbido por la REM hasta aquel plano de la misma con cuyo grado de cercanía al DOROR coincida.***

»Desaparecido un ser en la esfera de su acontecer primario, su personalidad, como acontecer resultante de todas sus obras y experiencias, subsiste en la REM en esferas de más larga vida, en cuanto que haya sido «fotografiada» o recogida en ellas. Y, dado que en la REM no hay solución de continuidad entre sus distintos planos o esferas, la personalidad subsistirá como única en la esfera más «alta» de aquéllas, vale decir en la dotada de mayor conciencia, de modo semejante a como la materia más «alta» (por más cercana al DOROR) del ser humano, el cerebro donde residen su conciencia intelectiva y su personalidad, rige

todo el resto de un cuerpo con el que no tiene solución de continuidad y en el que radican conciencias inferiores como la vegetativa y la sensitiva.

»Si el ser no se ha ajustado en absoluto al DOROR en esta esfera de actuación primigenia en que vivimos, su personalidad desaparecerá para siempre. Pues la muerte, y no el infierno, es el castigo del malvado.

»Si se ha ajustado al DOROR en un grado ínfimo, su personalidad subsistirá solamente en el plano de la REM inmediatamente contiguo y de características casi idénticas a esta esfera en que vivimos, en el que habrá sido recogida la personalidad dimanante de su actuación en ella. Su vida en ese plano durará algún tiempo, y en él tendrá la oportunidad de desarrollar una personalidad (actuación primaria) que se recoja en niveles más altos; aunque, dada la inercia de la MM, no le será nada fácil conseguirlo y lo más probable es que no lo consiga. Es el «Ba» de los antiguos egipcios, sufriente y (con frecuencia, aunque no siempre) malévolo. A veces, sin aceptar su muerte y todavía apegado a este mundo, intenta volver a él, incluso invadiendo cuerpos ajenos.

»Si el ser se ha ajustado al DOROR en un grado intermedio, su personalidad habrá sido recogida o «fotografiada» por la REM hasta un nivel también intermedio, en el que podrá desarrollar por más tiempo una actividad que sea recogida en niveles superiores. Es el «Ba» de los antiguos egipcios relativamente dichoso y benévolo.

»Si el ser se ha ajustado al DOROR en un grado suficiente de aproximación al mismo, su personalidad habrá sido recogida por él, en cuyo caso su vida es eterna y absolutamente dichosa. Es el «Ka» de los antiguos egipcios, fuente inagotable de beneficencia para los seres de este mundo, y que goza de una eterna felicidad en el seno del «Gran Dios» (esta expresión también es de ellos).

»En resumen, yo creo que, después de su muerte en este plano, los seres que no han sido «recogidos» en el DOROR, o perecen para siempre o continúan existiendo en planos superiores de materia sutil; y allí tienen la oportunidad de ajustarse al DOROR de su nueva existencia, bajo la misma alternativa. Finalmente, al cabo de muchos o de pocos períodos de existencia en planos diferentes, acaban siendo recogidas en el DOROR todas las formas materiales que no hayan muerto definitivamente. Pues creo que no hay descenso a infierno alguno; sólo hay ascenso o muerte definitiva. Así es como la materia en su totalidad, a través de sus formas y sólo en cuanto a ellas, acaba siendo recogida en el DOROR si se ajusta a él o, si se aparta de él, desaparece definitivamente.

»Lo que parece ocurrir es un proceso eterno por el que Dios, en algún sentido, «invade» una materia inagotable, dándole formas para luego en cierto modo deificarlas. Un proceso por el cual la materia pasa de no ser nada a ser una «nada alguizada» que sin embargo continúa siendo No-ser, y después ese No-ser, sólo en cuanto a las formas que reviste, puede pasar a convertirse en un No-ser teñido de Ser, impregnado de Ser; no exactamente «entificado» (porque ya existía antes, aunque vacío de sustancia o Ser), sino más bien «enseído»; un No-ser cuya «nadalidad» ha sido en cierto modo deificada. Algo así es lo que creo que ocurre. Y de este modo, mediante innumerables ajustes particulares al DOROR, que con frecuencia tardan mucho tiempo en producirse, es como yo creo que el plotiniano No-ser va hacia el Ser.

A todo esto, Aurelio había traído a colación el tema de las formas de la materia, y se acordó por unanimidad tratar de él el domingo siguiente. Pero los contertulios, extraordinariamente animados, le instaron a que dijera todavía algo más sobre la inmortalidad. Aurelio dijo lo mismo que había dicho antes; o sea, que le parecía prematuro y que se hablaría extensamente de ella en tertulias posteriores. Sólo añadió lo siguiente, cuando ya nos estábamos poniendo los chubasqueros para marcharnos:

—Jesús de Galilea dijo (Mateo 22,11-13) que para ser admitido en el Reino de los Cielos era preciso estar *vestido de boda*. Un vestido de boda es más hermoso y pulcro que un vestido ordinario. Estar «vestido de boda» es estar «vestido de DOROR»; es tener una personalidad ajustada al DOROR. Eso es lo que es necesario para ser «recogido» en el DOROR; es decir, para entrar en el Reino de Dios. El que no está «vestido de DOROR» será echado *«en las tinieblas de afuera»*, donde, si no desaparece, experimentará *«el llanto y el crujir de dientes»*, porque habrá de empezar otra vez a intentar ser recogido en el Reino de Dios.

»Desde el punto de vista de la inmortalidad, la diferencia no está entre ricos y pobres, entre guapos y feos, entre sanos y enfermos, entre creyentes en Dios y ateos, entre jóvenes y viejos, o entre triunfadores y perdedores de este mundo, sino entre los que en este mundo han desarrollado su bondad y los que todavía no han desarrollado su bondad. Porque vistiéndose de DOR es precisamente como uno se viste de DOROR.

»El mismo Jesús de Galilea dijo también: *«El que guarda mi palabra nunca verá la muerte»* (Juan 8,51). Fijaos en que, en vez de *«no»* verá la muerte, dijo *«nunca»* verá la muerte, dando así a entender que el que no se ajuste al DOROR en este mundo puede que vea la muerte más de una vez. Es lo que afirma claramente el Budismo cuando habla del *«ciclo de sucesivos nacimientos y muertes»* del que es preciso escapar, aunque omite decir que esos ulteriores nacimientos y muertes no se dan en nuestro mundo sino en otros. En cuanto a la Iglesia católica, al hablar del *Purgatorio* sí que lo sitúa en un mundo distinto al nuestro, pero omite decir es posible que desde allí no se llegue al Paraíso, sino a la muerte definitiva o a otro u otros Purgatorios sucesivos.

Y, ya cerrando la puerta:

—***En muchos aparatos reproductores de música, existe un ecualizador con una pantalla en la que unas bandas luminosas se estiran instantáneamente hacia arriba, hasta mayor o menor altura, según el tono de cada nota. Con la visión de la REM, en lugar de contemplar solamente la materia densa como roma, lisa, dura y solitaria, es decir, como consistente y única, contemplamos la realidad material como un inmenso abanico que, desde la materia densa que podemos ver con nuestros ojos hechos de esa misma materia (que sabemos es intrínsecamente inane), se abre y ensancha hacia arriba hasta planos de materia sutil (de mayor perfección) que insensiblemente van adquiriendo la calidad de DOROR. Desde allí, desde el DOROR, nos llega en cada momento el bien, y hasta allí, donde hay eternidad, podemos llegar en cada momento (en virtud del «efecto fotográfico»), si hacemos el bien, de un modo semejante al de las bandas del ecualizador.***

XII

Duodécimo domingo

ALGO QUE «ACONTECEA»

Cuando finalizó la sesión anterior y salimos a la calle, estaba empezando a llover. Falta hacía. Me despedí de los demás (al parecer nadie tenía ganas de tomar copas esa noche), me introduje pensativo en el «Metro» y, tan absorto estaba en mis pensamientos, que, de no estar ya acostumbrado a hacer siempre el mismo recorrido, a buen seguro que me habría equivocado de andén. Ahora habría tenido ya algo que hacer los domingos por la tarde, pues estaba saliendo con una bella viuda de unos cuarenta años que cada vez me interesaba más. Pero seguía asistiendo a las tertulias. Llegué a la de este domingo relativamente pronto, a tiempo de oír que Aurelio estaba diciendo lo siguiente:

—«MM» no sólo significa para nosotros «Mente Material» o «Materia Mental», sino también «*Mundo Material*» o «Realidad Material», es decir, materia estructurada; *Materia Configurada;* materia con formas: materia coagulada en formas.

»Como recurso expresivo y en términos de representación gráfica hemos dicho hasta ahora (y puede que sigamos diciendo más adelante) que la materia es el «sustrato» de las formas materiales. *De momento,* y provisionalmente, podemos decir que las formas de la materia no son nada distinto de ella que se le añada, sino algo así como coagulaciones de la materia misma, que la hacen perceptible por nosotros; en definitiva, que son lo perceptible de ella. Por tanto, no es que debajo de las formas materiales podamos descubrir la materia amorfa (esta concepción es sumamente simplista), sino que debajo de las formas materiales descubriremos otras, debajo de éstas otras y así sucesivamente, ya sea *ad infinitum,* ya sea hasta que lleguemos a lo que nos parezca que es la pura nada. Esto último es lo que los mejores físicos del mundo, los llamados «*gnósticos de Princeton*», han creído que acabaría por ocurrir, al afirmar que la materia es simplemente «*nada con forma*». Pero las formas de la materia no son formas de la nada, porque la materia tiene existencia: Dios la ha sacado de la nada. Lo que sucede es que la materia amorfa es inaprensible por nosotros, los seres humanos corrientes, no menos que el DOROR.

»Y ello es así porque nosotros (lo mismo que nuestros aparatos de observación) estamos en el espacio-tiempo, y la materia está fuera del espacio y del tiempo mientras no posea forma. Por tanto, todo lo que percibamos de la materia habrá de tener ya forma. Puede que en un momento dado nos parezca que hemos llegado a percibir la forma más simple, más elemental, la forma ínfima de la materia; pero si perfeccionásemos aún más nuestros medios de observación, nunca sería la materia amorfa lo que percibiéramos, sino otra forma. Los «gnósticos de Princeton» han pronosticado algo que nunca ocurrirá.

«Pues bien: como ya dije en alguna ocasión, las formas de la materia (me refiero a la *densa*) son *formas o maneras de acontecer.* Los entes materiales de nuestro mundo no son seres estáticos, sino aconteceres: aconteceres parciales dentro de un acontecer total o, si se prefiere expresar así, consideraciones parciales de un acontecer único.

»Y aunque puede decirse, *grosso modo,* que la materia densa es el receptáculo del acontecer, es más exacto decir que es algo que *«acontecea».* No que acontece, sino que «acontecea». La materia (la cual, no lo olvidemos, es protoconsciente desde su inicio, o sea, que está de algún modo preconfigurada) es aquello que es capaz de «acontecear» y que con frecuencia lo hace, aunque no siempre. Es como un lienzo de seda que unas veces está terso y en el que otras veces aparecen pliegues o arrugas. El pliegue es el acontecer, que reviste determinada forma o modalidad, y eso es lo que acontece: cada ser o ente material; pero lo que se arruga, lo que «acontecea», es el lienzo, o sea, la materia preconfigurada.

»El ser humano es solamente un acontecer material más. Incluso su mente específica, que con frecuencia nos parece inmaterial, está constituida por las formas de su acontecer cerebral, por las formas de la materia cerebral, por la forma de sus engramas y de su actividad, que son complejísimas. Pues no hay otra cosa en el cerebro. No creáis que la hay. El «alma» no existe.

»Y como la materia densa configurada es un acontecer, no cabe distinguir entre las formas de esa materia y las leyes del acontecer material. Toda forma material de nuestro mundo es una «forma de acontecer» en el sentido de «manera de acontecer». De modo que «materia configurada» y «leyes de la materia configurada» son la misma cosa. Es muy importante darse cuenta de esto.

PEDRO: —Te he oído decir varias veces, y también ahora, que no sólo los hechos, acciones y sucesos, sino que también las personas, animales, vegetales y cosas inanimadas son aconteceres. ¿Cómo es esto posible?

—Es lo que dice la Física moderna. Hace veintiséis siglos, Heráclito afirmó que «todo fluye»: *«panta rei».* Pues bien, ahora se ha descubierto que no es sólo que todo fluya, sino que todo es un fluir y sólo un fluir, que todo lo material es un mero acontecer.

LUCIANO: —Por un vicio de la mente muy arraigado en nosotros, solemos relacionar la palabra «forma» con la configuración que tiene un ser estático, mientras que lo que hay en la materia no son formas de ser, sino modos de acontecer. Por eso yo personalmente prefiero emplear la palabra *«determinaciones»,* como al parecer hacía Numenio de Apamea, mejor que las expresiones «formas», «ideas» o «visiones», «formas esenciales» o «esencias-formas» de Platón, Plotino, y tantos otros.

—¿La forma consiste en una especie de espasmo o vibración energética de la materia? —preguntó Carlos.

—No exactamente —respondió Aurelio—. *Concretándome en adelante a nuestro plano de materia densa* y dejando a un lado, por consiguiente, lo que ocurre en planos de materia sutil, *parece* que, tanto la aparición de las formas de la materia como la impermanencia de esas formas son debidas a la variación de un *movimiento*. Cuando se da tal variación, puede haber diferencia entre lo que ha variado y lo que no ha variado, o ha variado menos, o ha variado más, o ha variado de otra manera; y por consiguiente hay límite, hay línea divisoria, y eso constituye la forma. *De momento* puede decirse que la MM es un movimiento en la materia (tomada en sentido estricto) que produce formas. No he dicho «*de*» la materia sino «*en*» la materia, y podría decir también «*de en*» la materia o «*desde*» ella. Pero con ninguna de estas fórmulas acertaría a expresar lo que quiero decir. Más tarde explicaré lo que creo que ocurre.[83]

[83] Sólo lo hizo en el domingo decimosexto. Por cierto que más tarde, en una entrevista particular que tuve con él, me dijo que era muy difícil explicar con palabras los temas relacionados con el movimiento, aduciendo lo siguiente: «como señala Felipe Martínez Marzoa en su *Historia de la Filosofía* (ob. cit., vol I, pág. 51), para Parménides, el Ser, «*semejante* al *volumen* de una esfera bien redondeada» (no afirma, pues, que el Ser tenga la forma de una esfera), es acabado y completo; no tiene un comienzo ni un final, ni necesita de nada (no tiene prolongación posible en ninguna dirección), y precisamente por todo eso es finito, acabado, cerrado en sí mismo. Es decir, que es inmóvil no sólo externamente (pues no tendría a dónde ir), sino también internamente. Nosotros, los discípulos de Teófilo, atribuimos esas mismas cualidades al mundo del DOROR y a cada DOROR individual. Pero el mundo de la materia densa es movimiento: todo en él es movimiento incesante. Por eso no tiene verdadero Ser (*Logos*) y, en consecuencia, su movimiento, lo mismo que su tiempo (el cual es un efecto del movimiento), son *lógicamente* inexplicables. Así por ejemplo, el filósofo alemán Georg Simmel decía que, como el pasado ya no es y el futuro no es todavía, la realidad sólo se da en el presente; pero el presente es un momento inextenso: no es tiempo, como el punto no es espacio. Por tanto, la realidad no es nada temporal: «el tiempo no existe en la realidad, y la realidad no es tiempo» (Julián Marías, ob. cit, pág. 374). Y del mismo modo que no hay explicación lógica para el tiempo presente, tampoco la hay para el movimiento que se da en el tiempo presente; es decir, para los instantes de inmovilidad que hemos de pensar que integran todo movimiento. Recuerda, a este respecto, las famosas *aporías* de Zenón de Elea. El concepto matemático de «límite» nos permite pensar que del límite de una serie infinita de estados inmóviles resulta el movimiento; pero esto no deja de ser una audaz acrobacia mental. Es más lógico y natural pensar, por el contrario, como hizo el eleático, que en el límite del movimiento hay inmovilidad. En definitiva ocurre que por mentes extraordinariamente preclaras se ha dicho (Simmel), o indirectamente se ha venido a decir (Zenón), que son irreales, respectivamente, tanto el presente como la inmovilidad en el presente. Y en efecto lo son en este mundo material, porque pertenecen a la esfera de la eternidad. No son propios de nuestro mundo, y por eso no pueden explicarse en o desde él. Quizá lo que se pretende con

»La Materia, como también el DOROR inferior, es una y, a la vez, múltiple, por la existencia de formas. Lo mismo en el caso de la Materia que en el caso del DOROR, la forma es la causa de toda diferenciación y, por tanto, de toda multiplicidad. Si existe una forma, hay algo que no es esa forma; luego ya hay dos cosas en vez de una. Ello es así aunque la forma, como ocurre en el caso de la materia, no sea sino un acontecer, porque, si existe un acontecer, hay algo que está fuera de ese acontecer.

—Con independencia del problema de su conocimiento por el ser humano, ¿las formas son algo real? Es decir, ¿tienen algún fundamento exterior al sujeto que las percibe? Porque tengo entendido que para el realismo metafísico existen el propio sujeto y las cosas exteriores a él.

—Según Platón —respondió Aurelio—, las formas o *ideas* no sólo son reales, sino además consistentes, transcendentes a la materia, y eternas. Según él, radican en el «lugar celeste» o mundo de las ideas, y según Plotino en la Inteligencia producida por el Uno-Bien. Posteriormente se tiñen de aristotelismo (hablándose de «formas esenciales» y entendiéndose por tales, más que las delimitaciones exteriores de un objeto material, la expresión unitaria de su esencia) y se atribuyen a Dios. Afirma Titus Burckhardt que esto último era lo que se hacía en la concepción metafísica medieval,[84] y que esta concepción sigue siendo la del Islam.

»Según ella, las «formas esenciales» son reales y consistentes. Están en Dios y no en la materia, pero configuran (conforman) o «in-forman» la materia.

»Sin embargo, creo que tú no preguntas por estas «formas esenciales» o esencias-formas, sino por las formas que están en la materia.

—Así es —reconoció Carlos—. Lo que está más allá de este mundo no me interesa.

—Pues bien: aparte de la teoría de que las formas de la materia son reales y consistentes por residir en un sustrato consistente; teoría en la que ni

---

la «meditación» Zen es precisamente, deteniendo todo lo posible el propio movimiento físico y mental, percibir el mundo de la eternidad (el DOROR) por el «agujero del tiempo» que es el presente. Pero, sin necesidad de practicar esta clase de «meditación», cualquier ser humano, viviendo tranquilo y feliz (pase lo que pase) en lo que se suele llamar el presente; es decir, sin estar permanentemente asomado al futuro y preocupado por él, o volcado en buscar una felicidad futura en fuentes externas, ni añorando el pasado, puede lograr, si no un conocimiento del mundo del DOROR, al menos una intuición del mismo. Y, aunque no viva tranquilo ni feliz en lo que se suele llamar el presente, ni logre percibir el Reino de los Cielos, puede obtener, si continuamente hace el bien, nunca el mal, y así adquiere con el tiempo la virtud de la bondad, el ajuste de su personalidad al DOROR y con ello la inmortalidad.»

[84] Pero, ya antes de la Edad Media, San Agustín afirmaba (siguiendo probablemente a Filón de Alejandría y a otros filósofos platónicos anteriores a éste), que las ideas están en la mente de Dios, que las está pensando eternamente. La influencia platónica y agustiniana predominó en la Edad Media europea hasta la divulgación del aristotelismo en el siglo XIII por San Alberto Magno. (Véase Julián Marías, ob. cit.)

siquiera merece la pena detenerse, pues, en expresión de Numenio de Apamea, es «*opinión que no corresponde ni a gente modestamente instruida*», las dos restantes son: la primera, que las formas de la materia son irreales, como mera creación de la mente humana; y la segunda, que son formas reales de un sustrato radicalmente inconsistente.

»La primera teoría creo que debe desecharse, por dos razones: una es que en ella la existencia de las formas dependería exclusivamente de la existencia de la mente humana (individual o no), cuando es así que a muchas de las formas ésta no las conoció antes de existir ni las conoce ahora; sin embargo, existieron antes que existiera la mente humana, y existen ahora aunque ésta no las conozca, y la mayoría de las veces la mente humana se limita a *descubrir a posteriori* su existencia. La segunda razón es que, una vez modificada *ad hoc* la mente humana para rechazar la existencia de las formas, las mismas deberían desaparecer *de un modo instantáneo;* lo que no suele ocurrir, aunque sea una sola la mente que ha conocido las formas y, por tanto, sólo ella pueda hipotéticamente haber contribuido a su creación.

»Sin embargo, es la teoría que sostiene la «Ciencia Cristiana». Para ésta, la materia no tiene realidad alguna y sus formas engañosas tienen su origen en la llamada «mente mortal». Dice que la «mente mortal» es la que crea las apariencias materiales, distorsionando las formas de origen divino. La «Ciencia Cristiana» sólo cree en la existencia y realidad de estas últimas. La llamada «mente mortal», que es material, no se localiza expresamente en ningún sitio; incluso se dice que no existe, lo cual es sumamente extraño, porque si no existe no podría producir efecto alguno: *Quod nullum est nullum producit effectum.*

»Según la «Ciencia Cristiana», las formas de origen divino no conforman la materia, y mal podrían hacerlo puesto que la materia, para esta doctrina, no tiene existencia real. Pero cuando el ser humano (que en su ser verdadero es imagen de Dios, es decir, *forma* o *idea* de Dios) las conoce o reconoce, entonces puede modificar la materia ajustándola a esas formas, porque en este caso las ha hecho suyas.

»Para esta religión tan (involuntariamente) interesante, el ser humano crea o asume las formas materiales. Y cuando se da cuenta de esto, y en vez de ello asume, reproduce y hace suyas las formas divinas, se restablece la *armonía del ser.* La enfermedad y los problemas están en la mente humana o, más ampliamente, en la «mente mortal», y son una creación de esa mente. Ésta es la que crea las formas materiales, entre ellas las que distorsionan las formas divinas. Para resolver los problemas, basta con deshacer esa ilusión con la verdad. Y la verdad son las formas creadas por Dios.

»Cómo puede hacer algo una «mente mortal» inexistente, y cómo puede equivocarse el ser humano verdadero, la idea perfecta que del ser humano tiene Dios, la «Ciencia Cristiana» no lo dice.

»Nosotros sostenemos la realidad de las formas materiales, pero también la *inconsistencia* intrínseca de la materia y, por ende, la *impermanencia* de sus formas. Lo mismo dijo, por supuesto, el Budismo.

—¿Y cómo aparecen las formas en la materia? —siguió preguntando Carlos.

LUCIANO: —Según el hinduista Coomaraswamy,[85] *«En la noche de Brahman, la naturaleza está inerte, y no puede danzar hasta que Shiva lo desea. Él sale de su éxtasis y danzando envía a través de la materia inerte* ***ondas pulsantes*** *de sonido despertador y ¡ahí está!, la materia también danza, apareciendo como un círculo de gloria a Su alrededor. Danzando, Él sostiene sus múltiples fenómenos.»*

»Es una manera pintoresca, colorista y metafórica (o más bien fantasiosa), de expresar la idea de que la primera MM, la MM primigenia, es un «reflejo primario» del DOROR, y que si posteriormente los aconteceres se ordenan en procesos coherentes, es también mediante el *Logos* o DOROR. Según la metáfora utilizada hace poco por Aurelio, el DOROR sería como una brisa que, al soplar sobre el lienzo de seda, provocaría la aparición en él de sus pliegues o arrugas. En esto consistiría el formidable milagro de «la Creación».

»En una primera fase, el DOROR provoca en la materia la aparición de un movimiento que da lugar a una forma de acontecer. Es la MM primigenia. La Vida que abunda en el DOROR se refleja en la materia, en primer lugar, como una apariencia de vida; un puro movimiento, animador de algo muy parecido a la nada.

»Por supuesto, esa MM primigenia no refleja las determinaciones del DOROR, ni en su totalidad ni exactamente. Por tanto, el proceso vuelve a repetirse, y el DOROR vuelve a influir sobre la materia. Y así sucesivamente, provocando la aparición de aconteceres cada vez más complejos.

»La realidad material es *compuesta,* porque se compone de la Materia y del DOROR que continuamente está operando sobre ella; pero no es que la forma que reviste la materia en cada momento (materia que entonces se ha convertido en MM) sea el DOROR (como quizá diría Aristóteles), y lo habitual es que tampoco esa forma se ajuste a él. La MM es una superposición de sucesivas frustraciones del DOROR en la materia: *formaciones sobre formaciones* en capas o en etapas sucesivas. Cada estrato o cada estado de la MM es una formacion defectuosa resultante de la operación de un DOROR anterior. Y en cada momento el DOROR recae sobre el último de los estratos o estados existentes. El contenido del DOROR está en función del estado de la materia, o sea, en función de la configuración que ya se haya produ-

[85] Citado por Fritjof Capra en *El Tao de la Física.* Ed. L. Cárcamo. Madrid, 1984, págs. 275 y 276.

cido en ella; pero no es menos cierto que posee determinaciones *a priori* de ese estado.

»*Básicamente* podría decirse que *Dios, a través del DOROR, no ha creado la materia, sino las formas de la materia; es decir, lo que llamamos la realidad material o el mundo material. Sólo en este sentido podría decirse que el mundo es una creación de Dios. Pero hay que decir que la distorsión del DOROR hecha por la materia, así como la autoestructuración de la propia materia, enturbian esa creación*. Es cierto que la autoestructuración de la materia es debida a la inteligencia implantada en ella por el DOROR junto con las primeras formas; pero, aunque la capacidad de autoestructuración de la materia sea una consecuencia (indirecta) de la asunción por ella de formas de origen divino, *las formas creadas por la materia en virtud de su actividad autoestructuradora no son obra de Dios, como tampoco lo son las procedentes del DOROR distorsionadas por ella*.

ARGIMIRO: —Dios, a través del DOROR, opera sobre la materia promoviendo primero la aparición de la MM primigenia, y después la evolución de las formas materiales en la dirección de una progresivamente mayor complejidad y conciencia. La MM primigenia, por sí misma, no está orientada en ningún sentido determinado. Se presenta, por tanto, como una especie de vibración de la materia, una energía, que no es ni buena ni mala y que puede resultar buena o mala de un modo totalmente aleatorio. Por eso decía Luciano que la Creación es un milagro formidable, es decir, que infunde a la vez asombro y miedo. El culto a Diónisos-Shiva como dios a la vez bueno y malo, alternativamente compasivo y terrible, amante y sanguinario, creador y destructor, tiene este fundamento. Pero el DOROR opera sobre la MM, sea o no primigenia, dirigiéndola en todo momento hacia el bien y sólo hacia el bien.

»Muchas personas y no pocas religiones creen que Dios y la materia constituyen una unidad. Tal es el caso del Hinduismo. En una primera fase, afirma como sustrato divino del ser humano material (compuesto, a su vez, de un cuerpo de materia densa o *«prakriti»* y de un intelecto constituido por materia sutil o *«buddhi»*) la existencia de un *«atman»* al que concibe como desprovisto totalmente de referencias materiales. Es el «Yo» superior y verdadero: el *«purusha»;* algo así como el alma individual de Plotino. Y, en una fase posterior, identifica a ese *«atman»* con el Absoluto; con *«Brahman»;* con Dios (*«atman-Brahman»*). Para el Hinduismo, como para otras religiones, no existe más que una sola Realidad unitaria. Estas religiones nunca podrán dar una explicación satisfactoria al problema del mal (el eterno problema), por más que traten de anular (pretendiendo vanamente «transcenderla») la dualidad entre el bien y el mal, o afirmen que todo mal es en realidad un bien.

—En mi opinión —repuso Luciano—, el Materialismo, según el cual la materia (y más concretamente la que Aurelio llama materia densa) es lo único que existe, es el único sistema monista. Todos los que creen en algo distinto y más elevado que esa materia son, con diversos matices, dualistas; pues aunque afirmen que esa materia no existe (como hacen por ejemplo los «científicos cristianos»), de hecho hablan de ella, pues tienen que contar con ella para vivir y en efecto lo hacen. Y los que afirman que esa materia es divina, tienen que contar con algo superior a la misma, y en efecto también lo hacen. Son, por tanto, dualistas, no sólo Platón, Plotino, Numenio de Apamea, los Gnósticos, los Paulicianos, los Bogomilos y los Cátaros, que lo dijeron, sino también, de hecho, los «científicos cristianos» y los hinduistas.

»Los discípulos de Teófilo (aunque Aurelio introduce algunas matizaciones importantes) seguimos en esencia la visión de Numenio de Apamea, pues admitimos dos Principios de realidad, que son Dios y la Materia, y también dos Realidades, que son el DOROR y la MM (ambas verdaderas; no una verdadera y otra falsa, como dice la «Ciencia Cristiana»). Pero cada una de ellas no está producida respectivamente por cada uno de los dos Principios, sino que de la conjunción de Dios con la Materia surge el DOROR, de la conjunción del DOROR con la Materia surge la MM y de la conjunción de Dios con la MM surge también, y de nuevo, el DOROR. Es decir, que uno de los Principios (Dios) genera la primera Realidad (DOROR), en conjunción con el otro Principio (Materia) o en conjunción con el resultado de la conjunción de la esa primera Realidad (DOROR) con el otro Principio (Materia); resultado que es la segunda Realidad (MM). De modo que la primera de las Realidades (DOROR) está formada por la conjunción de los dos Principios (Dios y Materia) o por la conjunción del primero de los Principios (Dios) con la segunda Realidad (MM); y esta segunda Realidad (MM) está formada por la conjunción de la primera Realidad (DOROR) con el segundo de los dos Principios (Materia). Para no complicar demasiado las cosas, en este sencillo esquema no he tenido en cuenta la autoestructuración de la MM.

Yo no entendía nada y sospecho que a otros les ocurría lo mismo. Sin duda, el majadero de Luciano lo hacía a propósito.

—En todo este grandioso proceso, que da lugar a los universos —siguió diciendo el majadero—, puede observarse que Dios o su creación el DOROR son siempre el elemento activo, y que la Materia o su estructuración la MM son el elemento pasivo. Pero que un elemento sea «pasivo» no quiere decir que también sea «dócil». Y ya hemos dicho que la MM puede, además, estructurarse a sí misma.

»Nosotros vivimos en la segunda Realidad, la MM, Mundo Material o Materia Configurada, formada, en última instancia, por la conjunción del DOROR con la Materia. Según Numenio de Apamea, esta segunda Realidad es divina.

»Numenio, en su teoría de los tres «Reyes» o «Dioses»,[86] llama *«Dios (o Rey) Primero»* a Dios sin más: al primer Principio, en cuanto no contaminado por la Materia *ni relacionado* con ella. Llama *«Dios (o Rey) Segundo»* a la primera Realidad (DOROR); es decir, a las determinaciones o predeterminaciones divinas que surgen de Dios cuando éste «se vuelve» a mirar o considerar a la materia; o sea, cuando de algún modo se relaciona con ella o es «respectivo» a ella. Y llama *«Dios (o Rey) Tercero»* a la segunda Realidad (MM); es decir, al resultado de la conjunción del DOROR con la Materia: a la mezcla de «razón» (*Logos,* DOROR) y «forzosidad» (*Ananké,* Fatalidad, Necesidad, Materia) que según Platón constituye el mundo material. La Materia es el segundo Principio; pero Numenio no la llama Dios porque no tiene nada de divino.

»En resumen, que el *«Dios Primero»* de Numenio es nuestro Dios, y la Materia de Numenio es nuestra materia. El *«Dios Segundo»* de Numenio es nuestro DOROR. Y el *«Dios Tercero»* es nuestra MM o materia configurada: nuestro mundo material.[87]

»No es extraño, por tanto, que, a lo largo de los siglos, muchos hayan adorado y rezado a la MM como a un dios. Tampoco debe extrañarnos que todavía ahora haya muchos que adoren y recen a la MM.

Dalmacio: —Pero, desde luego, no es ésa la visión de Aurelio, de la que debo decir que resulta un proceso no menos grandioso. Me parece que él introduce en vuestra teoría (la tuya y la de Argimiro) unos matices que la modifican bastante, aunque que no de modo sustancial. Para Aurelio, si no he entendido mal su pensamiento, el primero de los Principios (Dios) produce el segundo (Materia). De la conjunción de Dios con la materia más *sutil* surge el DOROR, como una parte diferenciada de ella a la que se le

---

[86] Interpretando la escueta alusión a tres reyes o principios que se hace en la Epístola II de Platón, y quizá utilizando también sus «doctrinas no escritas». Probablemente, más que en triadas egipcias e indias, el origen del dogma cristiano de la «Santísima Trinidad» esté en fuentes platónicas y neoplatónicas (Plotino con sus tres Hipóstasis, etc.).

[87] De Numenio de Apamea se supone fundadamente que nació hacia el año 120 d.C., y que elaboró su obra hacia el 160. Fue, por tanto, algo anterior a Plotino (204-270 d.C.). Era pitagórico (mejor dicho, neopitagórico), «aunque dentro de la transmisión de esta corriente filosófica a través de Platón. Gentiliano Amelio, el asistente de Plotino, había copiado la casi totalidad de los escritos de Numenio. Plotino, por su parte, solía hacerlo en el comienzo de sus clases, junto con [los escritos de] otros autores [...]. Además, llegó hasta rumorearse que el gran Neoplatónico [Plotino] plagiaba las enseñanzas de Numenio, y Amelio se encargó de demostrar las diferencias que existían entre ambos autores en un libro titulado *Sobre la diferencia de doctrina entre Plotino y Numenio,* dedicado a Porfirio [todo esto lo relata Porfirio en su *Vida de Plotino*]. No obstante, Amelio acariciaba algunas divergencias de doctrina con Plotino, y sus puntos de vista eran [más bien] concordantes con Numenio [...]». De la obra de Numenio sólo se conservan algunos fragmentos, citados por otros autores. Junto con los *Oráculos caldeos,* han sido publicados en un solo volumen por la Editorial Gredos (Madrid, 1991). En ambos textos, la traducción, la introducción general y las notas se deben a Francisco García Bazán, a quien pertenecen las líneas anteriormente entrecomilladas.

puede dar un nombre distinto. De la conjunción del DOROR con el resto de la materia surge la MM. Y, en función de los avatares de la MM, se va modificando el contenido del DOROR (que además tiene un contenido *a priori* de esos avatares), contribuyendo de ese modo a que se modifiquen las formas de la MM. ¿No es así, Aurelio?

Aurelio no contestó nada. Tenía una mirada extraña, como perdida en el vacío, y sonreía muy levemente de una manera que no supe interpretar. Pero lo cierto es que no desmintió a Dalmacio.

—De un modo simbólico —continuó Luciano, embalado y embaulado, como si, encerrado en sí mismo, no hubiera oído a Dalmacio—, puede decirse que Dios es el Padre, la Materia es la Madre, el DOROR es el Espíritu Santo, y la MM, el mundo material, es el Hijo.

»Pero no es que la idea de que Dios como padre y la Materia como madre fecundada por él sea una derivación metafórica y *a posteriori* de la existencia de padres y madres en la Naturaleza. Más bien es lo contrario. Más bien es que la existencia de machos y hembras, de padres y madres, que se da en los estadios más avanzados y perfectos de la evolución de la Naturaleza, es el reflejo en ella de la existencia *a priori* de una materia pasiva o casi pasiva, en todo caso receptora, y de un Dios activo, padre fecundador mediante su DOROR.

—Según Aurelio —insistió Dalmacio actuando de nuevo como portavoz de éste—, Dios sería el Padre, la Materia sería el Hijo y a la vez la Madre *(«mater»)* nuestra, y el DOROR, como la parte más perfecta de la Materia, sería el Espíritu Santo.

—En ese caso —bromeó Carlos—, Dios sería en realidad nuestro abuelo.

La payasada de Carlos no venía a cuento, y fue muy mal acogida por todos. También por Dalmacio, quien sin hacerle caso continuó diciendo:

—Tus ideas, Luciano, no son enteramente nuevas. Para Xenócrates, la «*Mónada*» es masculina, tiene el carácter de Padre, y reina en el Cielo. Se llama también «Zeus», «Impar», e «*Intellecto*». Es el «Primer Dios». Por el contrario, la Materia, también llamada «*Díada*» porque en ella reina la dualidad, es femenina y tiene el carácter de Madre.[88]

»Y, según Plutarco, «*La naturaleza más excelente y divina consta de tres: lo Inteligible* (lo que se contempla con la mente; es decir, lo que en vuestra terminología sería el DOROR), *la Materia, y el compuesto de ambos, que es el Mundo, al que los griegos llaman* «***Cosmos***». *Platón llama* «***Idea***», «***Ejemplar***» *y* «***Padre***» *a lo primero;* «***Madre Nutricia***», «***Sede***» *y* «***Capacidad de nacimiento***» *a la Materia, y al compuesto de ambos* «***Prole***» *y* «***Engendrado***».[89]

[88] Citado por Carmelo Elorduy: *Dos grandes maestros del Taoísmo* (Editora Nacional. Madrid, 1977, págs. 48-49).

[89] Ibídem.

»En cuanto a Lao tse, llama indistintamente «Padre» y «Madre» al Tao, es decir, al DOROR (lo mismo que hace la «Ciencia Cristiana» respecto a Dios), e «Hijo» al mundo.[90]

Aquello me parecía francamente bonito. Yo estaba encantado con aquel ambiente tan relacionado con la familia. Cada vez me alegraba más de haber ido a la tertulia aquella tarde en vez de haber salido con la viuda.

Aurelio, volviendo a tomar la palabra, que no usaba desde hacía rato, dijo varias cosas heterogéneas e inconexas que tenía guardadas como en un saco. Yo esperaba de él que dijera algo interesante, pero se limitó a repetir algunas cosas que ya había dicho antes. Las repitió mecánicamente y con la mirada fija en el vacío, como obnubilado. En aquel momento, parecía un psicópata.

—La «*Díada indefinida*» (la materia de los estoicos) es una contradicción, porque, aunque en potencia sea «Díada», sólo puede ser dual cuando deja de estar indefinida, es decir, cuando en ella hay formas y por tanto límites. La materia simplemente preconfigurada, la materia «virgen», la materia amorfa, está, como lo están Dios y el DOROR, fuera del espacio-tiempo. El espacio y el tiempo son ajenos tanto a Dios y al DOROR como a la materia no configurada en formas.

»La primera cualidad de la materia extraída de la nada, antes de que en ella aparezca la primera forma (o sea, antes de que aparezca la MM primigenia), es una conciencia elemental; vale decir una especie de «*pre-configuración*», algo indefinible, que es el *sustrato protoconsciente* de toda la MM. Por tanto, para que haya mente en la materia (y también, cuando las tenga, para que haya intercomunicación entre sus diversas formas: sugestión, magia, influencia recíproca, fenómenos paranormales, etc., etc.,), basta con que la materia exista o, más exactamente, basta con que exista materia preconfigurada. Pero el espacio-tiempo sólo aparecerá en la materia con el movimiento, vale decir con la forma. Por eso aquellos fenómenos se originan fuera del espacio-tiempo, aunque puedan manifestarse dentro de él. Y es también «allí», fuera del espacio-tiempo, donde el DOROR pro-pone sus formas a la materia.

»El DOROR sólo puede influir sobre la materia protoconsciente a grandes rasgos, en líneas generales, o de modo global; y lo hace, inequívocamente, en dirección a la progresiva aparición de la forma, y después, de la conciencia inteligente. Cuando ésta surge en la materia es cuando se hace ya posible (y cada vez más posible a medida que aumenta la conciencia) que el DOROR rija a la MM con la colaboración de la propia MM inteligente, o que por el contrario ésta lo resista con más fuerza que antes e incluso pueda contradecirlo.

[90] Ibídem.

—Aclara eso un poco más, por favor —pidió Dalmacio.

—La MM primigenia —contestó Aurelio, ya en estado normal— es muy inerte, de modo que tarda mucho tiempo en ser influida por el DOROR y, posteriormente, en adaptarse a sus modificaciones. A medida que la MM va evolucionando por influjo del DOROR, va teniendo menos inercia, de modo que es capaz de ajustarse más rápidamente a éste; y, paralelamente, es más capaz de resistirlo y aun de contradecirlo. La disminución de la inercia es producida por un aumento de conciencia y, por tanto, de lo que llamamos vida. En definitiva, puede intuirse que el influjo del DOROR sobre la materia es una lucha contra la inercia, la muerte y la inconsciencia, y consiste en lograr que la MM sea cada vez menos inerte por más consciente y más viva. Hemos de pensar, por tanto, que en el DOROR residen la mayor conciencia, la mayor vida y, por ende, la mayor agilidad y ligereza; el mayor dinamismo inteligente que podamos concebir. En cuanto al bien de este mundo, es el resultado objetivo del ajuste al DOROR, donde el bien reside, lo mismo que la felicidad es su resultado subjetivo. Luego también hemos de pensar que en el DOROR residen el máximo bien y la máxima felicidad.

—Pero ¿por qué una mayor conciencia de la MM puede dar lugar a una mayor resistencia al DOROR? —insistió Dalmacio.

—El mejor de los seres materiales —contestó Aurelio— puede ser también el peor, y viceversa. Ésta es una ley eterna. Imaginemos que el DOROR propiciase un aumento en la capacidad de unas vasijas para que se pudieran llenar de mucho oro. Que una vasija hubiese llegado a tener mucha capacidad en vez de poca, sería obra del DOROR; pero si una vasija grande puede llenarse de mucho oro, también es capaz de llenarse de mucho barro, como también todas las demás vasijas. La mayor capacidad de la vasija no es una garantía de que no lo haga.

»Toda la MM en su conjunto posee mente; pero, no sólo en determinadas zonas de la misma, sino también en sus diferentes niveles de complejidad, hay diversos grados de conciencia. Por tanto, no todas las formas materiales tienen la misma capacidad de resistencia al DOROR. Las formas materiales más complejas (en las que hay diversificación en partes y coordinación entre las diversas partes, con especialización de cada una), que son las que suelen alcanzar un mayor grado de conciencia, es más fácil que se ajusten al DOROR por su conciencia del mismo, pero también es más fácil que puedan resistirlo e incluso contradecirlo. Es más fácil que haya distorsión en una célula que en un átomo, porque la célula es más compleja. La célula puede enfermar más fácilmente que el átomo. Pero también puede rectificarse a sí misma mucho más fácilmente que el átomo, porque ha tardado en surgir más tiempo, es más compleja, y está dotada de mayor conciencia que el átomo.

»Lo más complejo y consciente puede facilitar la realización del DOROR y reflejarlo mejor, pero también puede resistirlo con más éxito. En cambio, lo menos complejo y consciente no puede oponerle tanta resistencia. Un mineral puede oponer menos resistencia al DOROR que un vegetal, éste que un animal, y éste que un ser humano. Pero un ser humano puede facilitar la realización del DOROR, y un mineral no.

»Ahora bien: hay que distinguir entre capacidad de resistencia al DOROR y lentitud en el ajuste al mismo. Determinadas formas materiales (la «MM cristalizada») presentan más resistencia al DOROR que otras más fluidas, no porque tengan mayor capacidad de resistencia por efecto de una mayor conciencia, sino porque, precisamente por poseer una conciencia mucho más débil, necesitan mucho más tiempo para ajustarse a él. Un mineral (y, en general, una forma material inanimada), aunque pueda oponerle menos resistencia que una forma material animada, puede tardar muchos miles de millones de años en ajustarse al DOROR.

Entonces hice yo una pregunta tonta:

—¿A cada ser sólo se le exige el grado de ajuste al DOROR que materialmente sea capaz de lograr?

—No; Luis; no lo has entendido bien. Lo que ocurre es que cada ser tiene el DOROR que le corresponde según su capacidad.

Dalmacio hizo una pregunta más inteligente:

—¿Por qué has hablado de «todas las demás vasijas»?

—Porque la MM, por efecto de su naturaleza espacio-temporal y consiguiente fragmentación —respondió Aurelio—, es una y a la vez múltiple. Siendo múltiple, algunas de sus zonas tendrán más conciencia que otras, y muchas no tendrán prácticamente ninguna o casi ninguna. Y, siendo a la vez única la MM, en cada una de sus zonas repercutirá la conciencia o la falta de conciencia de las demás. De modo que el exacto reflejo del DOROR en la MM depende en realidad de una tarea *colectiva* de todas sus partes, aunque esta dependencia pueda atenuarse momentáneamente alrededor de algunas especialmente conscientes. En el mundo (en el mundo unitario que yo veo) no hay azar sino causalidad; lo que ocurre es que en cada fenómeno intervienen tantos factores cualitativa y cuantitativamente distintos, que es imposible toda predicción de lo que ocurrirá en la realidad espiritual-material de este mundo.

—A veces —terció Argimiro—, una persona o un grupo de personas introducen el mal en una zona de la MM, ya sea una familia, una comunidad de propietarios, un cuartel, un convento, una ciudad, una nación, e incluso el planeta entero. Inmediatamente, toda la zona se contagia. Sufre un malestar difuso, y por todas partes aparecen brotes de temor, depresión, agobio, mala conciencia, mal humor, violencia y maldad. Los malos presagios se multiplican, y todos se realizan. Nada sale bien, incluso en el orden natural, pues no es infrecuente que por esto sobrevengan sequías, inundaciones, incendios y otras calamidades naturales, ya que la MM es una. Toda la zona se resiente como un cuerpo humano al que se le hubiera inoculado un virus. Se nota enseguida y en todas sus partes. En estos casos, o se acaba con ese virus rápidamente, o pronto se extenderá por todo el cuerpo y se multiplicará en todo el cuerpo.

—¿Y qué es eso de la «MM cristalizada»? —pregunté yo.

—Ya he dicho —respondió Aurelio— que la materia protoconsciente y la MM primigenia son muy inertes, de modo que son mucho más lentas en ser influidas por el DOROR (y, posteriormente, en adaptarse a sus modificaciones) que la MM ulterior, más consciente. El mismo hecho se vuelve a repetir en cada grado de conciencia, cuando ésta es todavía escasa. Así pues, la MM ha adquirido, en sus estratos menos conscientes, formas de comportamiento ya cristalizadas, en el sentido de fijas, que ofrecen una seria resistencia a todo cambio.

»***La MM cristalizada es la base de la Evolución. Ésta se asienta sobre ella. La perfección de la MM se asienta sobre su imperfección, como no podía por menos de ser.*** *La Evolución de la MM es como una escalinata cuyos peldaños superiores se apoyan en los inferiores. Cuanto más abajo está el peldaño, más cristalizada está en él la MM.*

—¿Y hacia dónde va esa Evolución? —preguntó entonces Pedro.

—***Sin la menor duda, hacia una mayor conciencia, como medio de adquirir una mayor bondad.*** Todo en la Evolución va dirigido a que la materia tenga una mayor conciencia. Y en el ser humano, punta de lanza de la Evolución, puede observarse que lo más importante de él, aquello en función de lo cual está todo lo demás, es el cerebro, sede de su conciencia. El ser humano es su cabeza. Su cerebro acapara gran parte de su sangre, de su energía, y, dejando a un lado los órganos cuya función es la reproducción de la especie, todo el resto de su cuerpo sirve fundamentalmente para que el cerebro viva, funcione, y opere.

—Especialmente —interrumpió Luciano—, los órganos de nutrición. Las formas de la materia perecen continuamente, pero muchas de ellas, las en algún grado conscientes, desean que su existencia se conserve para siempre (aunque sólo puedan conseguirlo por algún tiempo), y para ello necesitan nutrirse; es decir, absorber del exterior energía configuradora, o sea, que contribuya a mantener su forma. Ahora bien: no pueden obtenerla sino del mismo mundo material, es decir, que no tienen más remedio que tomar sus nutrientes de otras formas igualmente materiales, a las que o ellas o sus progenitores aniquilan prematuramente con ese fin. El mundo de materia viva es, por tanto y por esencia, no sólo un conjunto de muertes, sino además una cadena de crímenes perpetrados para retrasar la muerte. Digo por esencia, porque este canibalismo está ya incorporado a las mismas formas materiales. Son formas aptas para nutrirse de otras; es decir, que dentro de su esencia está ya el nutrirse de otras para crecer y conservarse. Los órganos que hacen posible la conciencia (la responsable del deseo de supervivencia), junto con los destinados a la nutrición (intento de supervivencia) y a la reproducción (otro intento fallido de supervivencia o, si se quiere, un remedio vicario para la frustración de la supervivencia individual), son los órganos esenciales de estas formas. Los demás son meramente auxiliares.

»La especie que posee un órgano de conciencia, posee también los otros dos; y cuanto más perfecto es el primero, más perfectos son, por ende, los segundos. Es absurdo afirmar, como han hecho algunos (por ejemplo Faustino Cordón), que el desarrollo del órgano de conciencia es un mero efecto de la evolución de los órganos de nutrición. En mi opinión, ha de haber ocurrido justamente lo contrario. En este mundo, el ser humano es la forma más consciente de todas y por eso es la más capaz de alimentarse de otras y también la que tiene mayor tendencia a la reproducción. De todos los animales desarrollados, el ser humano es el más consciente y, por ello, el más depredador y también el más sexual.

—En su incesante camino, perpetuamente iniciado y recorrido, hacia una conciencia cada vez mayor —dijo Aurelio, retomando la palabra—, la MM, en una primera fase, se coagula en galaxias, se forman los sistemas solares, y en algunos planetas surge la vida, que evoluciona desde lo inerte. En una segunda fase, la MM va teniendo cada vez más «mente» cerebral, y también su capacidad de resistencia al DOROR va aumentando cada vez más. En una tercera fase, la mente material adquiere ya la capacidad de conocer la verdad; aparece la Filosofía, y en esta fase es ya posible que la resistencia al DOROR (resistencia que, por su propia maldad radical, la materia no puede dejar de ofrecer) se reduzca al mínimo, y es posible también que se produzca el ajuste consciente al DOROR y la colaboración consciente con él en la evolución ulterior de la conciencia.

»Pero, en nuestro planeta, la última fase es muy reciente, si es que puede decirse que ha comenzado, y su duración es insignificante comparada con la de los períodos anteriores. En realidad, creo que, una fase de auténtica toma de conciencia, todavía no ha empezado. Y, dada la inercia de la materia, es de prever que la actual forma de actuar de la MM se prolongue durante mucho tiempo después de que empiece la fase de toma de conciencia. Lo que será un peligro para la subsistencia de las formas materiales inteligentes que ya existen, las cuales, entretanto, han adquirido la capacidad técnica suficiente para destruirse a sí mismas y a todo el planeta donde residen.

»Por otra parte, la escasa conciencia que hasta ahora ha adquirido la Humanidad no es en modo alguno sempiterna. Puede retrocederse en el camino de la Evolución. Es muy posible que el género humano deje de ser humano. Para ello bastará con que baje los peldaños que ha subido, y bajarlos es mucho más fácil que subirlos. Muchísimo más fácil y rápido. Para bajar esos peldaños, basta con perder la memoria colectiva.

»Probablemente, todo empieza por el idioma. No es que deje de usarse, pero se empobrece, se descompone; se diluye.

»Por poner un ejemplo, en España se está desintegrando el idioma a pasos agigantados. Aquí nadie se preocupa por el idioma, que es algo que se usa como unas zapatillas, para andar por casa. Pero lo peor es que los responsables de los medios de comunicación que más influyen en la gente, que son la televisión y la radio, designan y mantienen como locutores a personas indocumentadas e ignaras, a horteras cuyo ridículo y estúpido esnobismo está destrozando nuestra hermosa lengua. Pues estos locutores y locutoras se dedican a hacer alarde de que ellos o ellas hablan inglés perfectamente, correctamente, sin acento; de que lo hablan con mucha frecuencia y lo dominan hasta el punto de que incluso piensan en ese idioma. O quizá incluso quieran fingir que no son españoles, sino anglosajones (nuestros enemigos más constantes) que hablan castellano. Para hacer que los demás saquemos alguna de esas conclusiones, recurren a ingenuos trucos como el de poner el acento prosódico en la penúltima sílaba de las palabras, pronunciándolas como si fueran llanas aunque en castellano no lo sean. Si en castellano una palabra es aguda, prolongan su última vocal convirtiéndola en dos para así poder acentuar la penúltima al estilo inglés. Si en castellano una palabra es llana, entonces la pronuncian como esdrújula. Y si es esdrújula, la pronuncian como sobreesdrújula. El caso es poner el acento antes de donde deben. El caso es no parecer españoles. Además, en el colmo de la estupidez, dan a la frase la entonación y el ritmo de la inglesa; o sea, que en vez de pronunciar las frases hermosa y virilmente erizadas de acentos como se debe hacer en nuestra lengua, las pronuncian romas y lisas hasta llegar a su última palabra. Y entonces, al llegar a esta última palabra, dan a su acento prosódico un énfasis enorme, acentuando así no sólo la palabra sino también la frase entera. Las señoritas que hablaban por los altavoces de los aeropuertos, empezaron a hacer todo esto obedeciendo estúpidas órdenes superiores. Pero después lo hicieron voluntariamente bastantes locutores de televisión. Y todo esto quedará muy bien en la lengua de Shakespeare (autor que desde luego no creo que conozcan), pero en la nuestra es repugnante; resulta asquerosamente afectado y cursi, y los períodos suenan tan horriblemente mal y son tan insoportables, que más de una vez he tenido que cambiar de canal o apagar la televisión sólo por este motivo. Realmente, oír a estos cretinos me pone enfermo. Pero al parecer nadie protesta, o nadie hace caso de las protestas habidas, y a estos locutores y locutoras cada vez les suben más el sueldo.

»Otras veces, con el mismo fin (parecer angloparlantes habituales o anglosajones que han aprendido castellano), lo que hacen es utilizar pronombres innecesarios para presentar a alguien (diciendo «*él es...*» en vez de simplemente «es»), o suprimir el artículo determinado plural de los nombres colectivos y gentilicios; así que dicen, por ejemplo: «*La mayoría de niños subnormales españoles* están ya integrados en escuelas, etc.», en vez de decir «La mayoría de *los* niños subnormales españoles están ya integrados en escuelas, etc.». Con lo cual están dando por supuesto que los niños españoles subnormales son una mayoría, o sea, que la mayoría de los niños españoles son subnormales, cosa que afortunadamente aún no ocurre. Dicen: «el resto de periodistas no pudo entrar», o sea, que lo que quedaba de unos periodistas (después de haber sido despedazados, según parece), no pudo entrar. Siguiendo por este camino, lo que hacen otras veces es suprimir el artículo singular: «los miembros de Cruz Roja eran insuficientes»; es decir, que los miembros (no dicen de qué) que tienen en algún sitio una cruz roja, eran insuficientes. Por citar otros ejemplos, estos horteras indocumentados, en vez de «estamos aquí con ustedes como todos los sábados», dicen muy ufanos «estamos aquí con ustedes como *cada* («*every*») sábado», lo que en castellano implica correspondencia distributiva. En vez de presentar a un artista diciendo «con ustedes, Fulanito de Tal», dicen «con *todos* ustedes, Fulanito de Tal», lo que en nuestro idioma resulta estomagante por innecesario.[91] En vez de decir «dentro de quince minutos les daremos a conocer el nombre del vencedor», dicen «*en* quince minutos les daremos a conocer el nombre del vencedor». ¡Largo tiene que ser ese nombre para que su pronunciación dure quince minutos! En vez de «al parecer» (opinión del sujeto, con alguna reserva), dicen «aparentemente» (aspecto exterior del objeto), traduciendo mal del inglés. La lista de sus horteradas es muy larga, y crece sin cesar. Un pavoroso desastre.

»El vocabulario usado disminuye cada vez más. Se confunde el modo subjuntivo con el condicional. Otro fenómeno alarmante es el «dequeísmo».[92] Se ha perdido el instinto del lenguaje por el que se distingue espontánemente entre los múltiples usos que tiene en nuestro idioma la preposición «de»; así por ejemplo, no se distingue entre el «de» que indica procedencia, el que indica pertenencia, el identificativo, el comparativo, el que se usa para enlazar dos palabras sin artículo intermedio para formar un concepto nuevo, sintético, con ambas (cosa que ocurre también a veces con la preposición «a»), etc. Por tanto, se usa el «de» sin venir a cuento, o se

[91] No lo es en inglés, donde no hay más que un solo pronombre (*you*) para indicar tanto el singular como el plural de la segunda persona, y por eso, cuando se trata del plural, a veces esto se debe aclarar añadiendo *all* (todos): *you all* o bien *all of you*. Pero es totalmente innecesario en nuestro idioma. Por supuesto que en castellano es posible decir «todos ustedes» en vez de simplemente «ustedes». Pero es para destacar enfáticamente, cuando quepa alguna duda, que nadie queda excluido. Así por ejemplo, cuando groseramente dice alguien a un grupo de personas: «me c... en todos ustedes».

[92] El cual va acompañado de un correlativo «queísmo». Porque el «de» se pone donde sobra (diciendo, por ejemplo, «comprendí de que había venido» en vez de «comprendí que había venido»), pero otras veces se quita de donde tiene que estar, diciendo, verbigracia, «me di cuenta que había venido» en vez de «me di cuenta de que había venido», o «no hay duda que es así» en vez de «no hay duda de que es así» (¿se acabará diciendo también «no dudo el buen éxito» en vez de «no dudo del buen éxito»?). El idioma se está descomponiendo.

deja de usar. En general, se ha perdido el instinto del uso correcto de la preposiciones «a» y «de», que son los pilares del idioma que crearon nuestros padres, un idioma maravilloso, que ya no nos merecemos.

»Las palabras dejan de tener un significado preciso y se utilizan de cualquier manera. Por ejemplo, se dice «ansiedad» en lugar de «angustia». Y aunque alguien se despida para un día, una semana o todo un mes, dice «hasta *luego*». Realmente, cada uno ya no puede saber exactamente lo que dicen los demás. Es el medio que, según la Biblia, empleó Yahveh para aniquilar en los seres humanos la cohesión necesaria para una obra colectiva: la disparatada obra colectiva de la mítica torre de Babel. Como dijo Camus, «nombrar mal las cosas es agravar la desgracia del mundo».[93] Y el significado exacto de las palabras es lo primero que en China restauró Confucio en su labor reformadora de las costumbres.

»Porque, paralelamente, las buenas costumbres se relajan y acaban por desaparecer. Y entiendo aquí por buenas costumbres todo lo que diferencia al ser humano de los animales, como la autodisciplina, la cortesía, el buen gusto, los buenos modales, la decencia exterior, el orden personal, el aseo, y muchas cosas más.

»Otro peldaño importante que se desciende, es el de la lectura y la escritura. La gente deja de leer: no lee absolutamente nada, ni siquiera en el seno de las empresas mercantiles. Prefiere charlar, oír, examinar gráficos, o ver cosas que se mueven. En consecuencia, nadie escribe.

»La falta de lectura provoca la pérdida de la memoria colectiva de los peldaños anteriores; la memoria del esfuerzo realizado anteriormente por el género humano para llegar a donde ha llegado. Se arrinconan las enseñanzas de Historia (y con ellas las de los aciertos y errores del pasado y, por supuesto, la fuente principal del patriotismo[94]), en aras de la tecnología.[95] Otras veces la Historia se tergiversa deliberadamente.[96] Se olvidan las len-

[93] Citado por Bernard-Henri Levy en el diario *El Mundo* del 8 de febrero de 1998.

[94] Ya que el pasado es base de futuro, las enseñanzas de Historia pueden ser fuente, además, de cohesión supranacional, en naciones colindantes que hayan afrontado juntas las mismas empresas o desgracias y, sobre todo, hayan luchado juntas contra el mismo adversario.

[95] Como dice Ortega, el ser humano está «hecho de pasado»; de un pasado que conserva en la forma de «haberlo sido». Y añade que ello equivale a un «ensayo de eternidad», con el cual «nos asemejamos un poco a Dios, ya que *tener* en el presente el pasado es uno de los caracteres de lo eterno» (el otro es, según los discípulos de Teófilo, tener también el futuro). Por tanto, el dejar de estudiar la Historia del hacer, del padecer y del pensar humanos, no sólo es que, al privarnos del pasado, arranque de debajo de nuestros pies la escalera de la Evolución colocándonos súbitamente en una nueva Edad de Piedra (en la que, a diferencia de la anterior, tenemos a nuestra disposición horribles medios de control y de destrucción), sino que además, realmente, nos hace *menos humanos.*

[96] Con lo cual los tergiversadores reconocen tácitamente la verdad del pensamiento de Ortega mencionado en la nota anterior. Por eso precisamente tergiversan dolosamente el

guas clásicas; en nuestro país concretamente, se deja de estudiar latín, la lengua madre de donde la nuestra procede y de la que ha tomado y sigue tomando toda su fuerza. Se olvida la literatura antigua. Se desprecia la Filosofía. Son cosas que ya no interesan. Por lo mismo, en todas partes se desprecian la sabiduría y la experiencia de la edad y se valora exclusivamente la energía juvenil. Una energía que, por otra parte, ya no se emplea en servir ideas, sino en coger cosas.

»Pues, al mismo tiempo que todo eso ocurre, la Moral se hunde en los abismos de la inexistencia. La materia es lo único que importa. Se imponen sin trabas, primero el Materialismo absoluto, enseguida el Hedonismo materialista, y finalmente el Egoísmo más desenfrenado, elevado a la categoría de norma y principio. Se pierden virtudes como la austeridad, la laboriosidad, la honradez, la lealtad, la valentía, la solidaridad, la generosidad, la gratitud, el deseo de saber, y el respeto a los mayores. Todo el mundo «va a lo suyo». Casi nadie se sacrifica por nada (por algún ideal, por modesto que sea) ni por nadie: ni siquiera por los propios padres: ni siquiera por el propio futuro. Y es que el deterioro de la conciencia intelectiva produce, como es lógico, la degradación de la conciencia moral. Aunque, con mucha frecuencia, la degradación de la conciencia moral es deliberadamente provocada.

»Los Tribunales son inoperantes o ineficaces, ya que al Gobierno y a las clases dominantes les interesa que lo sean. Por consiguiente, en las relaciones sociales la justicia brilla por su ausencia (porque la justicia tardía deja de ser justicia), y lo peor de todo es que, al parecer, no ocurre nada. La sensibilidad jurídica (la que sintetizaban los romanos diciendo «*fiat iustitia, pereat mundus*»: hágase justicia aunque perezca el mundo), lo mismo que la sensibilidad moral, se ha embotado por completo. Cada uno hace lo que físicamente puede hacer.

»Al desaparecer la justicia, desaparecerá la sociedad. Pero la degradación final se habrá producido mucho antes, a escala de la conciencia intelectiva. Los seres humanos tendrán cada vez menos inteligencia, hasta que acaben por perderla del todo. En España se han dado ya todos los pasos anteriores y, si Dios no lo remedia, se dará también éste. Me parece que en realidad ha empezado a darse ya. En general, ya somos bastante más tontos que los europeos, y ellos lo saben.

»Sin embargo, puesto que creo en el DOROR, todavía tengo esperanza respecto al ser humano, incluso el español. Pero la tengo porque quiero tenerla; no porque tenga razones objetivas para ello.

---

pasado: para fabricar con materiales falsos un ser humano a su conveniencia; a su medida; un *robot* que se ajuste a sus deseos; un ser humano *determinado por ellos*: un brulote que realice determinada misión destructiva que a ellos les interesa y que por sí mismos no pueden o no se atreven a realizar.

Luciano, a todo esto, había perdido protagonismo. Pero, aprovechando la pausa que se produjo tras las últimas palabras de Aurelio (pues todos estábamos impresionados), lo recuperó enseguida, y para un buen rato, diciendo:

—Volviendo al influjo del DOROR sobre la materia, es de notar que, según el Génesis (2,7), «*Yahveh Dios formó al hombre del polvo de la tierra, y* ***sopló en su nariz aliento de vida****, y fue el hombre un ser viviente*». La palabra griega más antigua para designar el alma es «*zymós*», que significa asimismo «aliento». Y del mismo modo, en latín, el significado originario de «*spiritus*», derivado del verbo «*spirare*» (exhalar aire), significa «respiración» o «aliento». Parece que toda la Humanidad antigua estaba de acuerdo en que el Espíritu es algo así como un soplo. Y ciertamente es un soplo divino sobre la materia. Lo que ocurre es que ese soplo no es el alma, a pesar de lo que creyera el redactor del Génesis. El «aliento» que Dios sopló sobre la materia es el DOROR, y éste fue influyendo sobre la materia para que en ella, tras una larga evolución, apareciese el cerebro. Y el alma no es sino el funcionamiento de un cerebro material desarrollado, cuya aparición es debida al persistente influjo del verdadero «Espíritu».

»Después, ese cerebro ha de funcionar correctamente; es decir, lógicamente. Dios debe de querer, sin duda alguna, que pensemos lógicamente. En «*El Paraíso Perdido*», cuando Adán hace el primer razonamiento lógico, que consistía, según creo recordar, en que también debía existir en este mundo una compañera para él, puesto que veía que todos los demás seres vivos la tenían, Milton pone en boca de Dios (cito de memoria) las siguientes palabras: «*Así debe ser siempre tu modo de pensar*». El pensamiento lógico es una perfección que el cerebro humano adquirido por influjo del DOROR de Dios. Cuando funciona bien, cuando funciona con arreglo al DOROR o *Logos,* lo hace con *lógica.*

»El DOROR ha influido también en las demás actuaciones del ser humano. En el antiguo Egipto, el faraón era considerado el representante, defensor, y mantenedor del «*Ma'at*»; es decir, de la justicia, la verdad, el bien, el orden y la armonía; de la humanidad, la paz, la lealtad, la honradez, la laboriosidad y las buenas costumbres sobre la tierra; es decir, del *Logos;* o sea, del DOROR. Sus adversarios: el caos, la discordia y el mal, nunca eran vencidos del todo (así se hace constar siempre en los dibujos que adornan las tumbas), lo mismo que ocurre en la relación dialéctica entre el DOROR y la Materia. Pues, dado que la Materia es radicalmente mala, el mal sólo podría desaparecer de ella si ella misma desapareciera. «*Sabemos que somos de Dios, y el mundo entero está bajo el maligno*» (primera de Juan 5,19). En el «*Fausto*» de Goethe se dice que lo más característico del Diablo es que «*niega y degrada*». Está claro para mí que el Diablo es el aspecto mental de la materia; pero ¿a quién niega y degrada? Al Espíritu: al DOROR que recae sobre ella. Lo niega cuando lo rechaza, y lo degrada cuando lo asume imperfectamente.

»Don Quijote intentaba ajustar el mundo material al mundo del DOROR, pero no *mediante* el conocimiento-vivencia de que la materia es intrínsecamente inane y el DOROR existe, sino *sólo* mediante la fuerza material misma. Por iguales medios lo han intentado todos los «Quijotes» que en el mundo han sido; y siempre en vano (esto también lo dice Cervantes), porque la materia es el mal radical y, como he dicho antes, el mal sólo podría desaparecer de ella si ella misma desapareciera.

»Antiguamente, en nuestra España, país siempre plurinacional incluso antes de los nacionalismos, el rey aglutinaba pueblos diferentes por ser también el defensor del «*Ma'at*», aunque no se le llamase así. Las sentencias judiciales se encabezan todavía en nombre del rey y, tradicionalmente, las disposiciones del Ministerio de Justicia se anteponen en el B.O.E. a las de los demás Ministerios. La legitimidad del poder en cualquier Estado, multinacional o no, depende de que se constituya en defensor de la justicia y de la Moral, vale decir del DOROR.[97] ***Platón decía que sin Justicia no puede subsistir ni una banda de ladrones.*** Externamente cometerán injusticias, pero entre ellos ha de haber Justicia para que la banda se mantenga unida. Mantener sin Justicia a un país es una actitud claramente suicida por parte de sus gobernantes, porque pronto no tendrán país que gobernar.[98] Pero esto no lo saben en España. La Justicia es la base de la sociedad humana y, por tanto, es lo único que un Estado no puede dejar de proporcionar a sus ciudadanos, con largueza además, y de buena calidad: es decir, una Justicia rápida, segura, y fácilmente asequible. Máxime si se trata de un Estado plurinacional; pues, para que pueblos diferentes quieran vivir uni-

[97] Cuando un ser humano tiene un conflicto de intereses con otro más fuerte que él y la autoridad política le hace justicia, es cuando ésta pasa a adquirir, además, la condición de autoridad moral. Hasta entonces (*es decir, durante todo el tiempo en que eso no ha sucedido*) es mera autoridad política. Y una autoridad meramente política (es decir, fundada exclusivamente en la fuerza bruta material) es siempre detestada, por mucho que haga por evitarlo.

[98] Entre los «factores de integración» de Smend, no se encuentra ninguno tan efectivo como la Justicia. Porque éste no es un factor meramente formal, y por ende emotivo, superficial y de efectos pasajeros (como son la bandera, el escudo, el himno, las fiestas nacionales, las procesiones cívicas, los desfiles militares, las conmemoraciones públicas, etc., etc.), sino visceral, esencial y constitutivo, no ya de un Estado o de una comunidad concreta, sino, antes, *del hecho social mismo.* Por eso la falta de justicia desintegra cualquier sociedad incluso más todavía que la venalidad y las demás formas de *corrupción* (que ya es decir), y es lastimoso ver cómo Gobiernos de Estados sin Justicia intentan en vano apuntalar, mediante aquellos símbolos y ceremonias, cuyos efectos integradores apenas duran media hora, una precaria cohesión nacional que se resquebraja.

dos bajo un solo Estado, han de ver muchas ventajas en él, y para ello debe ser extraordinariamente justo. En un país plurinacional como el nuestro, sólo puede subsistir un Estado central en el que todos los ciudadanos vean ventajas, porque les dé mucho costándoles poco. Son los casos de la antigua Roma republicana, de la medieval república de Venecia, o de la moderna Suiza. Pero un Estado central corrupto que les dé muy poco y les cueste mucho; que no les dé Justicia y les dé disgustos, es evidente que sólo podrá subsistir por la fuerza. Yo les diría a los gobernantes de cualquier país: ¿queréis un Estado sólido? Tened una Justicia diamantina. Sin ella, todo lo demás será inútil. Sin ella, el Estado se os deshará entre las manos por muchas leyes, mucha Policía, mucho Ejército, muchas escuelas, muchos hospitales, muchas carreteras, canales, puertos y puentes que hagáis. Ni siquiera es suficiente con que seáis muy honrados, pues no es sólo la corrupción lo que produce un efecto disgregador tremendo: un Estado injusto no puede aglutinar a nadie. Y sólo podrá mantenerse por la fuerza, mientras el hartazgo de quienes ya no pueden seguir soportando la injusticia no desintegre esa misma fuerza. Es lo que está pasando ahora en España.[99] Estamos en vísperas de acontecimientos espectaculares.

»Todos los derechos son agua de borrajas mientras el Estado no les dé una efectividad inmediata. Según relata la Biblia, los hebreos eligieron de entre ellos primeramente jueces que dirimiesen sus litigios y castigasen a los delincuentes (como la base absolutamente necesaria de un incipiente Estado), y sólo mucho después, cuando éste ya se había consolidado, nombraron reyes. Las mismas trazas pueden descubrirse en el origen del Estado romano. Al menos durante la Edad Media, la principal función de los reyes en el interior de su territorio era la realización de la Justicia. El papel primordial de cualquier Estado, lo que por encima de todo justifica su existencia, es la administración de Justicia. Entonces, sin ella, ¿cómo puede subsistir? Sólo por la fuerza bruta. La administración de Justicia es la única función a la que un Estado no puede renunciar. Pero el Estado español ha renunciado a ella desde hace muchas décadas. Por eso no subsistirá.[100]

[99] Cuando en un país reina la Justicia, sus ciudadanos están básicamente tranquilos (por muchos problemas que puedan tener), y se les nota. En España basta observarlos por la calle (pues no hablamos de potentados sino de los «hombres de la calle») para advertir que están crispados, tensos, angustiados, siempre atentos y vigilantes para evitar cualquier daño. Porque saben que ese daño no encontrará una justa reparación. No al menos con la rapidez necesaria. Y esa actitud de alerta constante, de un continuo temor ya ancestral, consume casi todas las energías de los españoles.

[100] En España se ha llamado a la Justicia, con toda justicia, «la Cenicienta de los Presupuestos Generales del Estado», dado que los fondos que éste asigna al correspondiente Ministerio son los más escasos de dicho Presupuesto por la poca importancia que atribuye a la función jurisdiccional.

Todos sabíamos que era verdad. Luciano ganaba puntos. En mi opinión, si el renqueante Estado español aún sigue vivo, es gracias a dos resortes o nervios de acero que son lo único que de él funciona aceptablemente bien: la Seguridad Social y la Guardia Civil. Así lo dije. Carlos estuvo de acuerdo conmigo, y luego preguntó a Luciano por su noción de la Moral.

—La Moral —respondió éste— es el intento de la MM consciente por ajustarse al DOROR, aunque ignore su existencia como tal DOROR.

»Pero es más fácil para ella lograr ese ajuste siendo consciente de dicha existencia. Una práctica que yo recomiendo es tomar conciencia continuamente (o, al menos, con la mayor frecuencia que nos sea posible) de que, junto a nuestro ser material, y a la vez formando parte del mismo (porque es inseparable de él e intenta constantemente mejorar su forma física y

---

Y como en España los Tribunales de Justicia no funcionan y el Estado es perfectamente consciente de ello, hace mucho que creó una especie de «filtros preventivos» de posibles ilegalidades, constituidos por dos cuerpos de funcionarios especializados (los notarios y los registradores de la propiedad), encargados de controlar previamente la legalidad de las operaciones o también (los notarios) su autenticidad, así como, recientemente, de facilitar la recaudación de los impuestos correspondientes. Aunque son funcionarios, están retribuidos mediante arancel. Principalmente (caso de los notarios) o únicamente (caso de los registradores) actúan en operaciones inmobiliarias (es decir, en las que afectan fundamentalmente a los que tienen dinero), encareciéndolas considerablemente. En otros países no existen estos «filtros» (que, por lo demás, ahora están fallando estrepitosamente en España), porque no son necesarios: simplemente, en esos países hay abogados que redactan documentos, funcionarios de poca categoría, retribuidos por el Estado, que en su caso se limitan a transcribirlos (sin calificarlos jurídicamente) en un registro de inmuebles, y, si se sospecha que ha habido alguna ilegalidad o falsedad, son unos jueces sabios, prácticos y experimentados, los que intervienen enseguida para deshacer con rapidez los entuertos que se hayan producido.

Pero la despreocupación del Estado español por la Justicia es increíble, no sólo a nivel de funcionamiento de los Tribunales sino también en el ámbito de la mera legislación. Por ejemplo, un importante defecto de la Ley Hipotecaria que hacía posible la «quiebra» indefinida de las subastas, tardó cuarenta años en corregirse. La Ley de Propiedad Horizontal (de 1960), socialmente fundamental y obsoleta hace ya muchos años, todavía no ha sido sustituida por otra. Sólo se le han hecho unos pocos y minúsculos retoques, el primero de los cuales sólo se hizo a los veintiocho años de haber sido promulgada la Ley. *Nota a la nota, insertada después de terminado el libro*: Por fin, el 18 de marzo de 1999, ha sido aprobada una nueva Ley de Propiedad Horizontal. Pero lo más significativo es que ha tenido que ser promovida *por iniciativa del pueblo*, recogiendo al efecto (¡en 1994!) 832.000 firmas de personas que desde hacía muchos años padecían una situación insostenible. Es la única ley así promovida desde que en el Estado español apareció en 1978, como de la manga de un hábil prestidigitador, una pretendida democracia. Ningún Gobierno, ningún ministro de Justicia, ningún partido político, ningún diputado, ningún senador, ningún otro de los llamados «representantes del pueblo», se había preocupado de actualizar una ley anticuada que afectaba *vitalmente*, de un total (el 1-1-98) de algo menos de 40 millones de españoles (véase *ABC* del día 18-3-99), a 29 *millones* (véase *El Mundo* del 19).

mental), está presente nuestro DOROR, perfecto dentro de nuestras características individuales, que es nuestro ser verdaderamente consistente. De ese modo tendremos más «Moral» en un doble sentido. Primero, en el sentido de que no nos sentiremos tan «desmoralizados» ante los avatares adversos de nuestra vida presente o pasada; y segundo, en el de que no haremos nada que vaya contra la dignidad de nuestro DOROR. No que la menoscabe, que es imposible, sino que simplemente sea contrario a la dignidad de un DOROR que forma parte de nuestro ser; que, allá en el fondo, somos también nosotros mismos.

»Hay determinadas normas de Moral que, tradicionalmente, se han incluido en las diversas religiones concretas. Al decaer la religión en todo lo demás, se ha creído que esas normas ya no eran obligatorias. Sin embargo yo digo que lo son, y también digo que esas normas siguen perteneciendo a la religión. Porque esas normas (tales como no hacer daño, no robar, no mentir, no traicionar, no abismarse en la pereza, etc.) hacen posible una sociedad humana más perfecta o la sociedad humana sin más. Y yo digo que el ser humano sólo puede alcanzar su perfección dentro de una sociedad, y de una sociedad lo más perfecta posible, y que esa perfección del ser humano es lo que quiere Dios.

»Todos los intentos de fundar la Moral en algo que no sea la Religión (que es la «re-ligación» con Algo transcendente a lo material), han sido, son, y serán siempre inútiles. Lo que dijo Dostoievski de que *«Si Dios no existe, todo está permitido»*, es rigurosamente cierto. Nótese que Dostoievski no dijo que *«Si alguien no cree en Dios, todo le está permitido»*; lo que dijo es: *«Si Dios no existe, todo está permitido»*. Pues no hace falta creer en Dios para seguir una conducta éticamente perfecta; lo único que hace falta es «sentir» íntimamente lo divino (o divinal): el DOROR: el bien transcendente (aunque no se viva como tal) y armónico. Y, realmente, si no existe Dios, que es el origen del DOROR, y por tanto sólo existe el mundo material, es cierto que en él todo está permitido.

»Veamos, por ejemplo, el intento realizado por Kant con su *«imperativo categórico»*, cuya fórmula es: *«Obra de manera que puedas querer que el motivo que te ha llevado a obrar sea una ley universal»*. Su pretensión de eludir toda referencia a lo transcendente en la definición de la Moral es un intento claramente fallido, porque toda regla social (universal o no) tiene una finalidad en función de la cual se formula la regla, y Kant no expresa la finalidad última de la regla de validez universal que es el objeto de su *«imperativo categórico»*. En los términos puramente *formales* de Kant, podría caber el *«imperativo categórico»* de una regla dirigida en último término al *mal* de toda la sociedad; pero Kant no la calificaría nunca de regla moral. ¿Por qué? Porque no sería una regla *para el bien*. A la definición de Kant le falta este elemento básico que el filósofo escamotea hábilmente para evitar toda referencia a Algo sustancial y transcendente como requisito de la regla moral. Y digo referencia «a Algo transcendente», porque está claro que la finalidad de la regla moral (el bien) no sólo ha de existir, sino que además ha de ser un bien armónico que se defina en función de lo transcendente a la materia, y no puede tratarse de un bien exclusivamente material, un hedonismo materialista elevado a norma de conducta. Esto lo sabía desde luego Kant al excluir de su definición de regla moral el bien solamente *material* (nuevamente de modo subrepticio), dado que una regla dirigida al logro de ese bien no podría nunca cumplir el requisito formalista kantiano de la validez universal, vale decir de la armonía. El bien material de Gilles de Rais era el mal de los niños que asesinaba.

CARLOS: —Sigo sin comprender bien por qué Dios no puede actuar directamente sobre la materia, sino que ha de servirse del DOROR para promover en ella la aparición de formas, y luego su perfección, su conciencia y, en el ser humano, el pensamiento lógico y la conducta moral.

—Ya lo hemos explicado varias veces —repuso Luciano.

—Pero no lo recuerdo bien. Repítemelo.

No dijo «por favor» o «si eres tan amable» o «si no te importa». Carlos era así. En algunas ocasiones su personalidad (y más concretamente su timidez) le hacían conducirse de ese modo. Luciano le miró de mala manera a causa de su tono imperioso, y pareció al principio que le iba a mandar a mal sitio, pero finalmente su deseo de hablar (más bien de pontificar) pudo en él más que su orgullo y, aunque en un tono claramente malhumorado, le contestó:

—Dios, que es el origen de toda sustancia, no puede modificar directamente la materia, que es intrínsecamente insustancial, entre otras cosas porque la destruiría.

»Imaginemos que un forajido hecho de humo se dispusiera a asesinar a una persona hecha también de humo. Si un espectador, éste de carne y hueso, quisiera impedir el crimen sujetando al forajido con las manos, no podría hacerlo porque sus manos atravesarían el humo. En el lugar donde antes estuviera el forajido, ya no habría más humo. Las formas que allí había, la del forajido, pero también la de la víctima, habrían sido aniquiladas. Además, es muy probable que, en cuanto sus manos se retirasen, otras formas volvieran a ocupar el lugar de las anteriores y él tuviera que intervenir continuamente para cometer una y otra vez el desaguisado, el crimen de destruir formas «humanas». Ello ocurriría por ser su naturaleza demasiado perfecta y la del humo demasiado imperfecta; por tener él consistencia y no tenerla el humo.

»Lo que único que podría hacer ese espectador para evitar el crimen sin destruir las formas «humanas», es utilizar unos guantes (Aurelio dice que güantes de humo, de un humo especial, es decir, humo también, pero de naturaleza más consistente que la del humo del forajido), con los que pudiese apartar a éste de su víctima (y ello no porque lo empujase, sino más bien porque lo atrajese en otra dirección), sin destruir a ambos. Normalmente, debería tener éxito. Pero podría ocurrir que el humo del forajido dispusiese de un sistema de autofortalecimiento (la creencia en su consistencia intrínseca) en virtud del cual pudiera cobrar mayor tenacidad y rigidez, ofrecer mayor resistencia a los guantes utilizados para modificarlo, y anular así los efectos de su atracción.

»Porque si el DOROR es tal que no puede destruir a la materia, también es tal que ésta puede no ser modificada por él.

»Si existe un Dios bueno, las cosas han de ser forzosamente así. Es imposible que, si ese Dios existe, las cosas sean de otra manera. Y, si no son así, no nos engañemos por más tiempo: es que ese Dios no existe.

Argimiro intervino para apostillar lo dicho por Luciano con una cita bíblica:

—*«Yahveh... callará de amor»* (Sofonías 3,17). Si Dios calla, es decir, si Dios no interviene directamente en la materia, lo hace por amor. Porque el primer bien es la existencia, y si Dios interviniera en la materia la destruiría.

Y Luciano, que ya había tomado aire, continuó diciendo:

—La «Fuerza Inteligente» que interviene constantemente para evitar males y desgracias, desde la desaparición de la materia por obra de la antimateria o la contracción del Universo en lugar de su expansión, hasta la muerte de un niño por accidente o el retraso (pero sólo algún pequeño retraso) en la destrucción del equilibrio biológico o ecológico del planeta inducida por los seres humanos, no es otra cosa que el DOROR.

»Pero el DOROR puede fracasar, y muchas veces lo hace. Entonces se produce lo que se suele llamar un «entuerto» (o sea, algo que está «torcido» respecto a «lo que debería» ser) o un «contradiós» (es decir, algo que es contrario a lo divino). El mito de la rebeldía de Satán frente a Dios, expresa la resistencia de la Materia al DOROR.

—Entonces ¿es que la divina Providencia no existe? —objetó Carlos.

—Podría decirse que la «Providencia» divina es más bien, según la idea de Plotino, «Pre-videncia»; es decir, visión anticipada, en el sentido de que Dios, a través de un DOROR amplísimo, inmensurable, «prepara las cosas» con anticipación. Es decir, que, valiéndose del DOROR, «coloca» las cosas de modo que el mal, que sabe que ocurrirá a pesar del DOROR, se remedie después de ocurrido, o sea menos destructivo, o incluso sea para bien. A veces suceden cosas que nos parecen absurdas e incluso nos irritan, pero que resultan decisivas para que el bien triunfe sobre el mal muchos años más tarde. A mí me ha pasado, y supongo que a muchas otras personas también.

»Que es Dios el que interviene en esta disposición de las cosas a través del DOROR, no tiene para mí ninguna duda. Porque se producen hechos que están totalmente fuera de nuestro control: actuaciones de otras personas; hechos «casuales» ocurridos muy lejos de nosotros, que ni siquiera conocemos; hechos que ocurrieron hace tiempo, que quizá en su momento nos contrariaron, y que mucho tiempo después se revelan beneficiosos; casualidades inexplicables, sobre las que no tenemos ni hemos tenido control. Creer que nuestro control es inconsciente y que por tanto nosotros mismos somos Dios, es forzar demasiado las cosas. Todo el que haya vivido estas experiencias estará de acuerdo conmigo.

—Cuando miramos hacia atrás en nuestra vida —dijo Aurelio— vemos en ella muchos horrores y, además, numerosos errores que cometimos por acción u omisión; errores a veces garrafales que nos ocasionaron desgracias o nos impidieron ser felices. Pero casi siempre vemos también que podríamos haber evitado esos errores; que parece como si Alguien, en ese mismo momento, hubiera intentado desviarnos del camino equivocado que luego tomamos, o darnos la oportunidad que, dejándonos llevar por nuestro «yo aferrado» o simplemente por pereza y desidia, no aprovechamos. Eso era la Providencia: el DOROR al que nuestra deficiente materia no pudo ajustarse entonces. Pero no nos desanimemos del todo. El tiempo no vuelve atrás y lo que ocurrió ya no tiene arreglo. Pero, el mismo DOROR que entonces se frustró, sigue existiendo ahora para encauzar nuestra vida en lo que nos quede de ella en este mundo. Y una bella vejez, una vejez llena de bondad, puede honrar toda una vida, aunque no pueda sustituirla por otra distinta.

Por su parte, Argimiro dijo:

—Los vaivenes del acontecer material, producidos por la sucesión alternante de alejamientos del DOROR y aproximaciones a él, ocasionan en ese acontecer determinadas trayectorias que en la Biblia se llaman a veces «*caminos de Dios*» para calificarlos de *inescrutables*. Y son en verdad tan inescrutables esas trayectorias, que a veces ponen los pelos de punta si erróneamente se consideran como fruto de un designio divino. Pues a menudo el mal del tramo de una trayectoria resulta en bien *(«No hay mal que por bien no venga»)*, y el bien de otro tramo de la misma trayectoria desemboca en mal. Pero lo primero ocurre porque el DOROR aprovecha en cada momento lo que hay, aunque se haya producido en su contra, y lo segundo es debido a la imperfección de la materia, incapaz de albergar el bien por mucho tiempo si no se la ayuda.

Se hacía tarde y, como cada día oscurecía más pronto, era ya casi noche cerrada. La tertulia, a diferencia de la anterior (que me había impulsado a venir a ésta), había desembocado en un «rollo» macabeo. Yo ya estaba lo que se dice harto de estar allí. Me había equivocado al no haber intentado salir esa tarde con la viuda. Al menos, deseaba estar en mi casa cuanto antes para ver un interesante partido de fútbol que televisaban esa noche. Pero en aquel momento llegó Félix (con un retraso desmesurado, del que dio las debidas explicaciones) y, desgraciadamente, la reunión se prolongó todavía algo más. Aparte de las explicaciones de Félix y de los comentarios que motivaron, fue Aurelio quien tuvo la culpa de ello volviendo a hablar del tema de la Evolución.

—Se está demostrando ahora que la evolución de las especies materiales no tiene lugar mediante una progresiva *«selección natural»,* sino *per saltum.* Y nosotros decimos que ese *«saltum»* es ocasionado por el DOROR. Pero aunque tuviera lugar por selección natural, previas determinadas mutaciones biológicas, estas mutaciones no se deberían exclusivamente al azar, sino también al DOROR; y opinamos que la mayor capacidad de supervivencia de la especie nueva vendría dada por un previo aumento de conciencia, y no a la inversa.

»La intuición volitivo-emotiva de la existencia de Dios, ciertamente débil, proviene de lo que tenemos delante. ¡Tenemos delante una maravilla y no nos damos cuenta de ello o, al menos, no sacamos de ello la consecuencia más obvia! La maravilla que tenemos delante es la existencia de un ser material que es capaz de pensar y de querer el bien. Que un ser «así» haya llegado a existir en el Universo, es indicio (sólo indicio, pero innegable) de la existencia de Algo que a lo largo del tiempo ha ido influyendo constante y positivamente sobre una materia tendente de por sí a la disgregación y el caos. Ciertamente que no los científicos, pero sí los «cientificistas» (los que intentan evadirse de su estupidez u ocultarla, amén de sobresalir de los demás, sosteniendo que sólo existe Materia, sólo Ciencia experimental y sólo Universidad), pretenden escamotear la Evolución llamándola simple «adaptación al medio». Pero no consiguen sino cambiar de nombre a un hecho evidente. Porque ¿quién ha promovido esa adaptación? ¿Quién ha provocado esos cambios en el medio? ¿Quién ha propiciado que, en definitiva, a lo largo del tiempo la materia configurada haya ido adquiriendo cada vez una mayor perfección, una mayor conciencia? Para negar que la Evolución existe y tiene un sentido, hace falta querer no ver lo que está delante.

ARGIMIRO: —Descartes dijo: *«Pienso, luego existo.»* Yo creo que se podría decir también: *«Pienso y soy capaz de querer el bien de otros, aun a costa del mío propio, luego existo; y si existo de ese modo es porque existe un Dios que es inteligente y quiere el bien.»* Esta intuición ¿es acaso ilícita? Creo que no. Sinceramente creo que no.

»Pues no se trata de que el ser humano sea más o menos inteligente; de que haya llegado a la Luna o haya sido capaz de fabricar ordenadores electrónicos y dividir el átomo, o de crear seres humanos clónicos. Lo que hay que preguntarse es cómo es posible que haya llegado a surgir en la materia un ser bueno, capaz de querer el bien de los demás, incluso el bien de personas que no conoce, aun a costa de la propia vida; cómo es posible que haya surgido un ser material capaz de tener la sensibilidad, los sentimientos, la delicadeza de los poetas, músicos o escritores que conocemos; cómo es posible que hayan llegado a existir un Mozart, por ejemplo, o un

Beethoven, un Schubert, un Chopin o un Chaikovski. ¿Son fruto de la casualidad un Cervantes, un Galdós, un Baroja, un Shakespeare, un Whitman, un Dostoievski, un Chejov?

»Esto lleva a otro argumento en favor de la inmortalidad de los buenos, que ya enunció Dostoievski: «*Si Dios existe, yo soy inmortal*». Porque él no permitirá que desaparezca en la nada un ser que ha tenido sentimientos como la dicha, la ilusión, la pena, el éxtasis ante lo bello y, sobre todo, la bondad y el amor. «*¿Y qué hay de más precioso que el amor? El amor es superior a la existencia; el amor es la corona de la vida, y ¿cómo la vida no ha de mostrársele sumisa?*»[101]

»Dostoievski creía eso, y estaba en lo cierto. Que Dios permita que esos sentimientos (y, por ende, la persona que los ha tenido) desaparezcan en la nada, es absurdo y como tal debe rechazarse. Porque Dios ama a las personas más de lo que pueda amarlas nadie. Y Dios todo lo puede.

FÉLIX: —También se podría decir: «*Si Dios existe, yo soy inmortal, porque no permitirá que desaparezca en la nada ese ser cuya aparición él, Dios, ha propiciado a través de una larga evolución.*»

»Una vez que existe la vida, la muerte no existe. Del hecho de que en la materia existe la vida, se deduce que la muerte, como destino general, no puede existir. Porque si una Fuerza eterna, a lo largo de milenios, ha provocado en la materia la aparición de la vida, no es posible que esa misma Fuerza deje caer en la nada a todo lo que ha dado vida. Si la vida y la inteligencia no brotan en última instancia de la materia, sino de más allá de la materia (según vosotros, de Dios y su DOROR), no hay que temer que se pierda inevitablemente la vida en la materia, porque en ella nunca ha estado su fuente última. La muerte como fatalidad no existe. No hay muerte ineluctable. Lo intuyó muy claramente Walt Whitman cuando, en el «*Canto de mí mismo*», dijo lo siguiente:

> «*¿Qué crees tú que ha sido de los jóvenes y de los viejos?*
> *¿Qué crees tú que ha sido de las mujeres y de los niños?*
> *Están buenos y sanos en algún lugar.*
> *Aun el más pequeño retoño nos prueba que no existe la muerte,*
> *y que dejó de ser en el momento en que surgió la vida.*»

Aquello nos había impresionado. Sin embargo, Aurelio hizo amago de objetar algo, como si no estuviese totalmente de acuerdo con Argimiro, Félix, y Walt Whitman. En la cinta se le oye decir quedamente: «*pero nuestra personalidad puede extinguirse si se separa del modo de ser de la fuente de la vida*». Sin embargo, sin duda por lo avanzado de la hora, no quiso insistir más. Y ya íbamos a irnos cuando el inefable Luciano, que no se

[101] Frase de la novela *Endemoniados*.

resignaba a dejar de poner la guinda a la tertulia como había hecho Aurelio en la anterior, dijo:

—Los cientificistas se encuentran con dos cosas, ya mencionadas aquí, que no les cuadran; esto es, que no encajan en sus esquemas. Una es que en la Evolución de la materia haya aparecido un ser como el humano, capaz de entregar voluntariamente su vida por el bien de los demás, de tener sentimientos maravillosos, y de crear obras de arte como las que ha realizado. La otra es que (según observan haciendo números), para la aparición del ser humano sobre la Tierra habría hecho falta, como mínimo, diez o doce veces más tiempo del que ha transcurrido. Y, como siempre buscan explicaciones exclusivamente materiales para todo, sobre lo segundo han llegado a decir (y lo han dicho en serio) que la vida tiene un origen extraterrestre. Sobre lo primero siguen sin decir nada, pero ya le han puesto un nombre raro: el *«principio antrópico»*.

»Uno de los médicos más famosos de España, un médico de fama mundial cuyo nombre me permitiréis no mencionar, atendió a un paciente cuya enfermedad consistía en que, infaliblemente, era presa de un sueño irresistible inmediatamente después de la comida del medio día. Cuando el hombre le relató su mal, el médico le dijo con toda seriedad: «Ya sé la enfermedad que usted tiene: es una *hipersomnia postprandial*». Los romanos llamaban *«prandium»* a la comida del medio día, de modo que lo que dijo el médico fue: «Lo que usted tiene es demasiado *(hiper)* sueño *(somnium)* después *(post)* de la comida del medio día *(prandium)*». O sea, lo mismo que le había dicho antes el paciente, pero empleando palabras raras. Por supuesto, el susodicho médico no le curó, pero ya se había dado la suficiente importancia. Pues bien: con el «principio antrópico» pasa lo mismo. Cuando los cientificistas no entienden algo que está ocurriendo, usan para aludir a ello palabras raras, tomadas del griego o del latín, y así consiguen darse a sí mismos (y, sobre todo, dar a los demás) la sensación de que lo entienden. Pero siguen sin entenderlo.

Finalmente, la guinda no la puso Luciano sino, sorprendentemente, Pedro, quien debía de ser hombre de campo (o aficionado al campo) y dijo, como era de prever, una solemne tontería:

—A veces me han dado mucha pena los animales, sobre todo los pájaros, por no tener brazos ni manos. La verdad es que les hacen mucha falta para quitarse cosas que les molestan. Si yo fuera un pájaro, no sé cómo me las arreglaría para quitarme, por ejemplo, una mota de polvo que me hubiera entrado en un ojo, pues no creo que, por el hecho de ser animales, los pájaros estén libres de éste y de otros males parecidos.

»He leído que, en las aves, los brazos se transformaron en alas y por eso hoy pueden volar. Pero ¿por qué no podrían tener brazos además de alas? ¿Acaso no les serían muy útiles también? Parece como si, desde el principio, alguien hubiera pensado un esquema general en el que los animales más evolucionados acabaran por tener tan sólo cuatro extremidades para que después, en el ser humano, dos de ellas se convirtieran en los brazos y manos que hoy le permiten hacer tantas cosas, dejando sin esta ventaja a los demás. O sea, que algunas veces parece como si toda la evolución estuviese pensada en función de la futura aparición del ser humano.

Por no herirle preferimos no decirle nada, y nos fuimos, que ya era más que tiempo de hacerlo. Pero había dado con el «principio antrópico».

Decimotercer domingo

HAY OTROS MUNDOS, PERO ESTÁN EN ÉSTE

El domingo anterior Félix había venido a la tertulia con un retraso extraordinario, en busca de apoyo moral. Lo estaba pasando francamente mal. El retraso se debió, según dijo, a que no había tenido más remedio que sostener una entrevista aquella misma tarde con un determinado hombre público del partido gobernante, por ver si le ayudaba a sortear el vendaval por el que estaba pasando.

Y es que había tenido un serio tropiezo en el periódico donde prestaba sus servicios. Todo vino porque, yendo una mañana por la calle de Goya, repentinamente se había visto rodeado de gitanas y gitanos que, pidiéndole dinero, le tocaron, empujaron y apretaron por todas partes. Al descubrir que le habían robado la cartera, el monedero, el bolígrafo, la pluma estilográfica y el reloj, agarró a uno de los gitanos y, a pesar de los golpes y tirones de los demás, no le soltó hasta que llegó la Policía. Por lo cual sus compañeros del periódico le habían tildado de racista. Esto ya era bastante grave; pero de ahí a ser acusado de fascista no había más que un paso que solía darse con facilidad; en rigor, de un modo casi automático. Como es natural, Félix se había apresurado a retirar la denuncia al día siguiente; pero estaba preocupado, porque la máquina ya estaba en marcha. No la de la Justicia, por supuesto, sino la de la imputación de racismo, fascismo y xenofobia.

En la comisaría el gitano había entrado por una puerta e inmediatamente había salido por otra, pues los policías temían que les acusaran de racistas, fascistas y xenófobos. A Félix le retuvieron más tiempo. En realidad, todavía no sabe lo cerca que estuvo de ser detenido.[102] Cuando al fin pudo salir, se encontró con que el gitano, junto con los demás del grupo, le estaban esperando en la calle; y allí, rodeándole, los hombres le amenazaron y las mujeres le echaron toda clase de horribles maldiciones. Cuando buenamente quisieron se marcharon y (pues son buena gente) le dejaron marchar a él también. En cuanto a la máquina de la Justicia, no llegó a entrar en

[102] Al parecer, uno de los agentes de Policía había creído notar en uno de los brazos del gitano, cuando éste iba camino de la puerta, una pequeña luxación.

funciones; pero probablemente habría ocurrido lo mismo que en la comisaría, pues, igual que los policías, también el juez, el secretario y los alguaciles habrían temido que les tildaran de racistas, fascistas y xenófobos. Y en cuanto a la otra máquina, la del periódico, Félix no encontró la manera de convencer a sus compañeros de que su actitud respecto a los gitanos que le habían robado no era debida al color de su piel, sino a que le habían robado.

Anita, al oír el relato de lo ocurrido, reaccionó como una leona en defensa de Félix, y llegó a decir lo siguiente:

—En España nadie se mete con un negro, achocolatado, rojizo, oliváceo, amarillo o a cuadros, que se gane la vida honradamente. Al contrario, se le suele apreciar más de lo normal. Si el pueblo español detesta a los gitanos no es por el color de su piel, sino porque a menudo se dedican exclusivamente a la delincuencia más dañina. Este país expulsó a los judíos, que eran los únicos científicos, intelectuales y financieros de que disponía, y expulsó también a los moriscos, que eran los mejores obreros, agricultores y artesanos del país. Pero no ha expulsado a los gitanos (que jamás se han integrado en la sociedad y de los que una gran parte, desde hace siglos, no ha hecho otra cosa que robar y matar), por el simple hecho de que ellos, aunque se casen rompiendo una jarra, se proclaman a sí mismos católicos. Es una prueba palpable, una más, pero extraordinariamente clara, del impresionante dominio que la Iglesia católica ha ejercido siempre sobre el Estado español.

»La ley, el orden, el trabajo, la honradez, la moderación, la decencia, la justicia, la represión de los bajos instintos y el castigo de los delincuentes, es el DOROR; mientras que la desvergüenza, el caos, la inmoralidad, el desenfreno, la holgazanería, el robo, la permisividad a ultranza, la impunidad de los delincuentes, todo eso que está propiciado por las falsas acusaciones de racismo y que es el suicidio de una sociedad humana, es, en resumen, el mal. Puede decirse, por tanto, que los gitanos son el mal radical, mientras que la Guardia Civil es el DOROR.

Todos dijeron que exageraba. Pero a mí no me lo pareció. Bien es verdad que, para entonces (ya al final de la tertulia), había bebido mucho vino.

Comoquiera que fuese, Félix estuvo después tomando una copa con nosotros y con Anita, que se sumó al grupo esta vez, y eso le alivió bastante, porque la entrevista con el hombre público no había contribuido precisamente a tranquilizarle. Nos dijo que pensaba, por tanto, pedir ayuda a una mujer pública del mismo partido. Pero conseguimos disuadirle, haciéndole ver que probablemente sería peor todavía. Luego se fue con Anita para acompañarla a su casa y hablar con ella un rato más.

Pero, antes, en la tertulia se habían hecho algunas elucubraciones a propósito del incidente. Aquellos tipos aprovechaban cualquier ocasión para teorizar. En lugar de atender a lo concreto e inmediato, siempre se iban a las nubes. Había empezado Luciano, diciendo lo siguiente:

—Como hemos dicho hace un momento al hablar del «forajido de humo», Dios no puede establecer sobre la materia normas *coactivas,* sino *indicativas;* es decir, el DOROR. Pero el ser humano sí puede, y al hacerlo crea el Derecho. Como dijo Pascal: *«No pudiendo hacer que lo justo sea fuerte, los hombres han hecho que la fuerza sea justa».* El Derecho es un esfuerzo para ajustar el ser humano al DOROR; pero es un esfuerzo humano y no divino; un esfuerzo humano, sólo que colectivo.[103] Lo que fundamentalmente aportaron los romanos a la evolución de la Humanidad es la efectividad del Derecho: que éste había de ser cumplido a rajatabla.

Aurelio, por su parte, indicó lo siguiente:

—Como ya dije en otra ocasión, la perfección específica de la materia de un plano que consiste en una mayor *facilidad* para el ajuste al DOROR, y que se deriva (y está en función) de una menor rigidez dimanante de un menor apego de esa materia a su «alguidad», proporciona a las formas de ese plano una perfección general a través de dicho ajuste. Del mismo modo, la perfección específica de una sociedad que consista en poseer unas normas jurídicas justas, acertadas, eficaces, y que sean rigurosamente cumplidas, proporcionará a esa sociedad una perfección general que, a su vez, fomente considerablemente la perfección individual de los componentes de la misma, mediante su ajuste al DOROR.

—Si la Moral no se puede separar de la Religión —siguió diciendo Luciano sin entrar en lo que había apuntado Aurelio—, no menos fútiles son los intentos de desvincular el Derecho de la Moral. La finalidad del

[103] El Derecho suele ser despreciado por los cultivadores de otras disciplinas (científicas o técnicas) a causa de las limitaciones espaciales y temporales de su vigencia, y también por la mayoría de los comerciantes, industriales y financieros, que lo consideran un estorbo para la ejecución de sus planes y una traba engorrosa para sus negocios. Son como la paloma de la metáfora kantiana: que cree que sin aire volaría mejor, cuando, sin aire, no podría volar de ninguna manera. Porque no hay ciencia, técnica o negocio, que, fuera del seno de una sociedad humana organizada, pueda surgir, conservarse, ni progresar. Y ninguna sociedad humana puede subsistir ni desarrollarse sin la efectiva vigencia de unas normas jurídicas que determinadas personas han de conocer, interpretar, y aplicar. Podría afirmarse en latín que *ubi homo, ibi societas; ubi societas, ibi ius* (donde hay hombre hay sociedad, y donde hay sociedad hay Derecho) como una génesis cronológicamente sucesiva, si no fuese porque, como decía Jesús Fueyo Alvarez, «el hombre no existe; el hombre coexiste». Por esencia, el ser humano está abierto al mundo en general y a los demás seres humanos en especial. Exagerando un poco, podría decirse que es «un trozo de sociedad que anda». Y como el hecho social es inviable sin Derecho, la sociedad (y por ende el Derecho) son elementos constitutivos del ser humano. En España, puesto que un Derecho eficaz apenas existe, el factor asociativo es muy débil, y, en lo psíquico, el ser humano está deficientemente constituido como tal.

Derecho es establecer los mecanismos sociales necesarios para imponer coactivamente un ajuste mínimo de la sociedad humana al DOROR. Ese ajuste mínimo, pero obligatorio, es imprescindible para el ajuste al DOROR de los seres humanos que integran la sociedad. En este sentido, la primera finalidad del Derecho es lograr una cohesión interna de la sociedad, que, a la vez que un paso adelante en la perfección de la misma, es requisito necesario para que pueda adquirir después una mayor perfección. Por tanto, aparte del Derecho «organizativo», cuya moralidad radica en su mera existencia (evitando con ella una ausencia de regulación que sería socialmente nociva) y está en proporción directa a su mera eficacia técnica, la moralidad del Derecho radica en su mayor o menor eficacia respecto al ajuste al DOROR de la sociedad humana.

»Entre las medidas que el Derecho puede arbitrar con esta finalidad, figuran mecanismos de intimidación entre los que puede estar incluida la pena de muerte. El sufrir ésta o cualquier otra pena no está, por principio, en el DOROR individual; pero sí en el Derecho, que pretende un ajuste mínimo de la sociedad humana al DOROR y que para ello ha de tener en cuenta la condición perversa e intimidable de la naturaleza material del ser humano. En este sentido, las normas jurídicas sí están en el DOROR global, y su cumplimiento, por tanto, también en el individual. No hay contradicción alguna, porque se trata de diferentes niveles de realidad. Ocurre algo semejante a lo que sucede con el «DOROR de la muerte»: que, aunque en principio la muerte individual no es propiciada por el DOROR, sin embargo éste tiene en cuenta lo materialmente inevitable. Aquí, lo materialmente inevitable son las normas jurídicas que son materialmente necesarias para que la MM, a nivel de sociedad humana, se pueda aproximar al DOROR.

»El cumplir las normas jurídicas, incluso las organizativas y las punitivas, es, por tanto, una obligación moral, aunque sólo en la medida en que el Derecho tenga una finalidad moral. En general, el Derecho no existe como tal sino en conexión directa con la Moral, y ha de ser interpretado y aplicado con criterios éticos.

»Es falso, por tanto, que la justicia haya de quedar entregada a un equilibrio ciego entre fuerzas antagónicas materiales. Quiero decir que no es cierto, por ejemplo, que un abogado haya de defender a quien sabe que es culpable con la misma habilidad y eficacia que si supiera que es inocente. Es una exigencia ética que se respeten las formas legales del procedimiento en cuanto que estén destinadas a garantizar un juicio justo para el acusado: que todo acusado tenga la oportunidad de defenderse, de ser oído, y tal es el papel que cumple el abogado defensor; pero otra cosa es que haga todo lo posible para que su cliente quede libre de cualquier castigo cuando sepa que moral y jurídicamente merece un castigo. Esto que digo sobre los juicios penales es aplicable también, *mutatis mutandis,* a los civiles y a todos los demás. El abogado no puede engañarse a sí mismo, para adormecer su conciencia moral, con el argumento de que ya habrá otro abogado enfrente que haga todo lo posible para lograr lo contrario de lo que él pretende; sino que, desde que acepta un caso, ya el abogado ha de juzgar a su cliente con arreglo a la Moral, lo mismo que deben hacerlo el otro abogado, el fiscal y, finalmente, el juez. Tampoco éste puede engañarse a sí mismo pensando que instancias superiores (si el perjudicado apela, está bien asistido jurídicamente y vive todavía) podrán dictar la resolución moral que él no ha dictado. Pero es igualmente fútil discutir todo esto, porque de hecho casi todos los juristas juzgan con arreglo a la Moral las conductas ajenas sobre las que han de actuar. El que no lo haga (sea abogado, fiscal o juez [104]) no es moral y, por ende, no es un buen jurista.

—¿Estás de acuerdo con todo eso que ha dicho tu compañero? —le preguntó Dalmacio a Aurelio—. Tengo curiosidad por saberlo, así como por conocer tu opinión sobre la esencia de la Justicia. Luciano sólo la ha mencionado como de paso.

—Siento decepcionarte —respondió Aurelio—, porque yo tengo de la Justicia una noción acorde con la de Luciano.

—Habla, de todos modos, pues deseamos saberla.

—Todo ser humano (lo mismo que cualquier otra manifestación particular del mundo material) —dijo Aurelio— tiene una dignidad esencial, dimanante de que posee un DOROR particular. Aunque, más que poseerlo (pues la posesión implica separación entre el poseedor y lo poseído), lo que en realidad ocurre es que el DOROR forma parte de su

---

[104] De los jueces españoles —me explicó después Luciano— hay muchos —por cierto que cada vez más— que no se preocupan de la Justicia y se limitan a aplicar la ley de un modo frío y despiadado. Pero otros muchos, sin apartarse de la ley, tratan además de hacer Justicia. Y, dado que nuestro sistema jurídico —de cuño francés— les impide hacer lo mismo que los jueces ingleses, los cuales no sólo pueden *interpretar* el sentido general de una norma sino además *adaptarla* a cada caso concreto («si el legislador hubiera pensado que este caso —en que la aplicación de la ley produce un resultado injusto— podía darse, habría legislado de esta otra manera») y por ello crean en realidad nuevas normas jurídicas igual que lo hacía el *Pretor* romano, ocurre que los jueces españoles, para hacer Justicia en estos casos por medios legales, han de recurrir a dos cauces: uno es acoger una inusitada interpretación de la ley; pero esto a menudo se lo impide su conciencia profesional de juristas, porque se trata de una interpretación absurda o muy forzada. Por ello, lo más frecuente es que entiendan probados o no probados los *hechos* en que se fundan las pretensiones de las partes; es decir, que si por ejemplo lo más justo es que el demandado triunfe, declaren no probados los hechos que alega el demandante. Pero este camino se les cierra si el demandado reconoce tales hechos. Por eso, según ha declarado el Tribunal Supremo en una famosa sentencia, las partes no tienen la obligación de decir la verdad. Algo falla en un sistema en el que, muchas veces, para obtener Justicia es necesario mentir. Es mejor el sistema jurídico inglés, por su franca y directa conexión con la Moral.

mismo ser. Esa dignidad que todos tienen por igual, ha de serle reconocida a cualquier ser humano; en primer lugar por él mismo, pero también por todos los demás, porque es verdadera. En todos los casos ha de ser un reconocimiento sincero; es decir, reflejado en la realidad material. El reconocimiento por los demás seres humanos es la Justicia. Todo lo que pueda hacer pensar que un ser humano no posee esa dignidad, es injusto.

»En cuanto al Derecho, estoy de acuerdo con Luciano en que es un mínimo de ajuste obligatorio al DOROR. Sólo es verdadero Derecho el que reconoce expresa o tácitamente la existencia del DOROR, e impone a los seres humanos el ajuste a él. El ajuste obligatorio abarca, en primer lugar, el respeto *individual* a la misma dignidad esencial en todos los seres humanos, es decir, la Justicia, que habrá quedado reconocida y asegurada, porque es lo que da verdadera cohesión a la sociedad (en rigor, lo que hace posible que la sociedad exista, y con ello el ser humano); y en segundo lugar, se extiende al ajuste al DOROR en otros aspectos de la conducta individual que afectan de un modo importante a otras personas, fundamentalmente la *cooperación* y la *solidaridad*.

»Fundamentalmente, el Derecho ha de estar determinado por los principios opuestos de *individualidad* y de *solidaridad;* pero también por otro muy importante como es el de *realidad*. Con demasiada frecuencia el Derecho se aparta hoy de este principio, del que no se apartaba en cambio el Derecho romano primitivo. Lo digo porque en él, por ejemplo, los ciudadanos más pobres no tenían obligación alguna de prestar servicio en el ejército, ya que se consideraba, con razón, que ellos no tenían nada que defender en caso de peligro para el Estado romano. Éste surgió de la progresiva federación y articulación de familias campesinas muy extensas (familias «agnaticias», compuestas a menudo por centenares de personas), según señalan denominaciones tales como *Lentulus* (cuya familia parece haberse dedicado, como su nombre indica, a cultivar lentejas), *Cicero* (familia que, por su nombre, debió de haberse dedicado a cultivar garbanzos), *Cornelius* (la cual se dedicaría más bien a la ganadería bovina), etc., etc. Las familias romanas eran originariamente unidades políticas soberanas e independientes, como puede apreciarse claramente en instituciones tales como la autoridad omnímoda del *pater,* la ausencia de personalidad jurídica en los demás miembros de la familia, la responsabilidad del *pater* heredero por las deudas del anterior (que en realidad era una responsabilidad de Estado, de un Estado soberano del que el *pater* anterior había sido mero jefe y administrador), el sistema procesal civil de la primera época basado exclusivamente en el arbitraje, la propiedad rural sin servidumbres de ningún tipo y no sujeta a impuestos, etc. Se admitía la propiedad privada de la tierra, porque una determinada extensión de terreno era algo que la familia romana, como Estado independiente que era, podía defender y defendía con las armas en la mano en caso necesario. Lo que ya se aparta del principio de realidad (en el Derecho romano posterior y en el Derecho moderno) es admitir la propiedad privada de una tierra (o de una fábrica) que el propietario no podría defender por sí mismo aunque quisiera. Sólo el Estado puede defender hoy un inmueble y, por tanto, con arreglo al principio de realidad, sólo el Estado debería poder ser hoy el dueño de él.

»En cuanto al Derecho *puramente* organizativo (pues en realidad todo el Derecho es organizativo), al que antes ha aludido Luciano, es verdadero Derecho si tiende eficazmente a conseguir una sociedad humana más perfecta y, por ende, a facilitar el ajuste individual al DOROR. Pues sólo en el seno de la sociedad el ser humano es humano y, cuanto mejor funcione y más perfecta sea la sociedad de la que forma parte, más fácilmente podrá el ser humano individual ajustarse al DOROR. En este sentido, el Derecho organizativo es verdadero Derecho si representa el ajuste al DOROR de toda una sociedad humana.

»En ninguna disciplina se refleja tanto la Metafísica como en el Derecho. Todo ser humano tiene un DOROR, y por ello ha de ser tratado con justicia; es decir, que ha de ser oído, ha de poder defenderse, y su dignidad como ser humano no debe ser injustamente vulnerada. Pero también todo ser humano es un ser a la vez material y social; y por tanto puede ser condenado por la sociedad (porque es un ser social) si ha infringido las normas jurídicas (porque es un ser material), y esta condena puede consistir en el aislamiento, mediante la reclusión carcelaria, de una sociedad en la que no se ha integrado y a la que ha atacado, e incluso en la imposición de la pena de muerte con fines intimidatorios para los demás, como salvaguardia de la existencia y de la paz sociales.

»En cuanto a la Moral, es todo el ajuste al DOROR que no sea jurídicamente obligatorio. Es un concepto más extenso que el de Derecho, pero, desde el punto de vista jurídico, es un concepto residual. Es el ajuste voluntario de la conducta humana al DOROR. La conducta moral es la conducta que se ajusta en cada momento al DOROR de cada momento. Nada más puede decirse de esa conducta, que dependerá de las circunstancias de cada caso concreto. Pero sí puede decirse algo de las *virtudes morales*. Éstas consisten en hábitos o modos de actuar que suelen acompañar a la conducta o comportamiento moral.

»Las virtudes morales se fundan en dos actitudes básicas, que son, por una parte, la falta de creencia en la consistencia intrínseca de las formas materiales (lucidez que hace posible el ajuste al DOROR) y, por otra, el ajuste fundamental a éste (amor a esas mismas formas). Del *amor* al mundo material, del desear el bien de todo lo que existe, ya hemos hablado algo y habremos de hablar aún mucho más. En cuanto a la falta de creencia en la consistencia intrínseca de las formas materiales, se expresa en cualidades tales como la *valentía* (el sujeto no tiene miedo a esas formas) y el no aferramiento, el cual, a su vez, se manifiesta en virtudes como la *generosidad* (el sujeto, para hacer el bien, se desprende con facilidad de cualquier forma material que posea, controle o le beneficie), la *ausencia de codicia* (el sujeto no está ansioso de bienes materiales), la *abnegación* o sacrificio propio (para hacer el bien, el sujeto, sin aferrarse a su «yo», no encuentra dificultad alguna en prescindir de su posible placer, bienestar o comodidad) y la *pureza* u honestidad (el sujeto no aprecia placeres carnales extremos, extraños o esclavizantes; no los busca y, cuando le salen al paso, los rehuye).

»En definitiva, la Moral es el reconocimiento de la dignidad esencial de un ser humano individual por él mismo (reconocimiento que queda fuera de la Justicia), y también es la Justicia y el resto del ajuste al DOROR que hayan quedado fuera del Derecho; mejor dicho, que no hayan sido tenidos en cuenta por el Derecho o que hayan sido tenidos en cuenta (o mantenidos después) equivocadamente por él.

—¿Por qué el Derecho representa un ajuste al DOROR sólo en grado mínimo? ¿Acaso porque no es bueno restringir la libertad humana, el libre albedrío, más allá de lo indispensable?

—Nada de eso. La libertad interior es sólo un fantasma de nuestra mente. El Derecho sólo ha de reducir su ámbito de acción como requisito (que las limitaciones del mundo material imponen) para ser eficazmente coactivo, y también porque es imposible conocer (y menos aún predecir) el DOROR, más allá de ciertos límites muy elementales.

»Pero, con ocasión de tu pregunta, hay algo que sí me interesa destacar para criticarlo con toda la virulencia de que yo sea capaz, y es la ausencia de Derecho en materias en las que moralmente es necesario que exista. Es dejar libres a las fuerzas del mal. Con esto me estoy refiriendo al Liberalismo a ultranza, que deja sin regulación jurídica determinadas relaciones económicas y laborales entre los ciudadanos, convirtiendo así de hecho, a la mayoría de ellos, en esclavos de una minoría. Con la ausencia de un Derecho justo, dichas relaciones quedan sometidas, exclusivamente, a las fuerzas ciegas del mercado. Esto es una aberración, un desprecio a la razón y a la Moral, que debería provocar una huelga general, no ya nacional, sino universal.

—¿Y qué opinas del Derecho fiscal? Las normas fiscales ¿obligan en conciencia a los ciudadanos, es decir, pertenecen también a la esfera de la Moral?

—Depende de dos cosas muy importantes: la justicia de sus disposiciones concretas, y el uso que se haga de los fondos recaudados en base a ellas; es decir, que éstos se administren sensatamente, juiciosamente, cuidadosamente, escrupulosamente, y sólo se destinen a cubrir atenciones dirigidas a mantener y perfeccionar la sociedad humana. Si falta uno de estos dos requisitos, las normas fiscales constituyen únicamente el medio técnico-social de perpetrar una expoliación abusiva.

»Por ejemplo, no serían verdadero Derecho las normas fiscales de un Estado en el que una casta o secta política, desde un Gobierno corrupto y despótico, quizá pretendidamente democrático, saquease a los ciudadanos sin piedad ni miramientos, para enriquecerse personalmente, colocar «a dedo» a sus amigos y afines en una burocracia cada vez más desmesurada e innecesaria, y en definitiva para expoliar de un modo o de otro a los que, más que ciudadanos, serían súbditos sometidos a una degradante y vejatoria situación de esclavitud. Castas o sectas como ésas suelen crear una satánica maquinaria recaudadora, que se ceba con especial virulencia en los pobres y débiles y respeta a los poderosos. Éstos se libran de ella con mucha facilidad. En realidad, la maquinaria no se atreve a enfrentarse a ellos. En cambio, para los pobres, tanto los que no ocultan su pobreza como los que la disimulan, los pobres vergonzantes, los «pobrecitos» de Alfonso Paso, es inviable de hecho cualquier posible reclamación, por las trabas, exigencias previas, y demoras maquiavélicamente impuestas por las normas y por la práctica.

«Estados depredadores como el que he descrito no son Estados de Derecho, aunque se llamen así,[105] sino ominosas y degradantes situaciones fácticas de esclavitud permanente, mantenidas por la fuerza. No es extraño, por tanto, que muchos grupos quieran independizarse de esos mecanismos infernales, de esos Estados opresores y corrompidos, que se dedican sistemáticamente a desvalijar a sus esclavos, y con preferencia a los más débiles e indefensos. Esos Estados no les suelen impartir Justicia, que es el elemento esencial de toda comunidad humana (y ya he dicho mil veces que la jus-

[105] Según me aclaró después Luciano, el entendido en estos temas, para que exista un «Estado de Derecho» no basta con que existan unas normas jurídicas que más o menos regulen su actividad, y unos Tribunales que la puedan revisar y en su caso rectificar. Todo ello es necesario, pero no es suficiente. Para que pueda decirse de un Estado que es «de Derecho», es preciso que los funcionarios de su Administración se sometan voluntariamente al Derecho; que lo cumplan a rajatabla (incluso a costa de los intereses económicos del propio Estado al que sirven, como ocurre con la aplicación de algunas normas fiscales), *sin esperar a una revisión jurisdiccional.* Para asegurar lo cual, si ésta se produce rectificando a la Administración, el funcionario responsable del acto antijurídico debe ser sancionado. Además, por descontado, es necesario que existan unos jueces *independientes* y sabios que intervengan *enseguida* para rectificar *rápidamente* el acto antijurídico. Lo que en definitiva ocurre –me dijo– es que un Estado de Derecho ha de serlo totalmente, o no es un Estado de Derecho.

ticia lenta no es justicia); pero, por la fuerza, les impiden que se tomen la justicia por su mano, y además los desvalijan. Desde luego, intentan más fácilmente independizarse de esos Estados aquellos grupos de personas que, dentro de ellos, están unidas entre sí por un idioma, una tierra o una Historia comunes. Pero a cualquier súbdito aislado, aunque no pertenezca a ninguna de esas colectividades y esté solo, también le gustaría poder intentarlo. Como he dicho antes, esos Estados sólo se mantienen por la fuerza bruta, y su Derecho fiscal no es Derecho. Por tanto, no es un deber moral cumplirlo. Y los que desempeñan funciones recaudatorias en esos Estados, en esas detestables y diabólicas máquinas depredadoras, son objetivamente los agentes o cómplices de una ignominiosa expoliación.

—Pero ¿qué opinas si, de los fondos allegados por un Estado, muchos se destinan al bien particular de los gobernantes o de sus afines y amigos, pero otros, ciertamente la mayor parte de los fondos recaudados, su inmensa mayoría, se destinan al bien común de los ciudadanos?

—Que también entonces las normas fiscales quedan descalificadas en bloque, por razón de la inmoralidad del sujeto que las esgrime. Esa inmoralidad puede dimanar no sólo del desvío de fondos públicos hacia fines de enriquecimiento personal de los gobernantes o de sus parientes, amigos, adictos o afines, sino, en general, del hecho de no aplicarlos eficaz, exacta, y únicamente a satisfacer verdaderas necesidades públicas que sean tan importantes como para justificar el sacrificio económico de los contribuyentes; de promulgar o mantener normas fiscales manifiesta y objetivamente injustas, excesivas, o desproporcionadas; de promulgar o mantener un sistema que haga prácticamente inviables para el común de los mortales las reclamaciones contra el Fisco; y, en general, de no cumplir la obligación básica, fundamental y esencial de todo Estado, que es la de proporcionar a los ciudadanos una Justicia asequible, buena, segura, eficaz, y rápida.[106]

---

[106] Todo eso —me dijo más tarde Aurelio— ocurre en España. En cuanto al Derecho fiscal, unos cuantos botones servirán de muestra. Durante muchos años estuve ayudando económicamente a mi anciana madre y no pude desgravar ni una sola peseta en el impuesto sobre la renta, pues para ello la legislación fiscal exigía una demanda judicial de mi madre contra mí por no ayudarla, y una sentencia de los Tribunales que me condenara a hacerlo y fuese firme; es decir, que ya no admitiera recursos míos contra ella. En el propio impuesto, a menudo se presume la existencia de unos ingresos anuales que en realidad no existen: por ejemplo, se imputaban ingresos por el hecho de poseer una vivienda en propiedad para vivir en ella; el rendimiento de las acciones se computa, no se sabe por qué, por el 140% de su importe real; se presume que un préstamo sin interés devenga interés, etc. Con la consigna expresa de recaudar lo más posible, unos funcionarios legos en Derecho hacen barbaridades increíbles. Yo constituí en favor de una anciana un derecho de uso sobre una habitación concreta de un piso, señalando en la escritura los metros cuadrados de la habitación, y una obtusa funcionaria liquidó el impuesto sobre toda la superficie del piso. Una persona que conozco vendió la nuda propiedad de un inmueble reservándose el

»Ciertamente, todo Estado tiene como primera obligación la de proporcionar a los ciudadanos una Justicia así, que es lo único que en una sociedad no puede faltar aunque falte todo lo demás. En un país pueden faltar carreteras, puentes, sanidad pública e incluso un sistema organizado de educación pública; pero no Justicia, porque ésta es la piedra clave de toda sociedad humana. Habiendo Justicia, pronto habrá carreteras y muchas más cosas buenas, porque la sociedad, entonces viva y activa, se encargará de crearlas. En cambio, sin Justicia, pocos se arriesgan a emprender algo, y los que se arriesgan se arruinan si no se les paga. Sin Justicia, aunque haya carreteras, no valdrá la pena de circular por ellas, porque estarán hechas por esclavos para esclavos de vida degradada. Como escribió Espinosa: *«Una sociedad cuya paz depende de la inercia de los sujetos, arreados como*

usufructo, y otro funcionario hizo dos liquidaciones, una por la transmisión de la nuda propiedad y otra por una hipotética constitución de usufructo. De las oficinas fiscales se ha eliminado deliberadamente a los expertos en Derecho, a los abogados del Estado, que antes resolvían estos problemas sobre la marcha. Ahora funcionarios indocumentados no escuchan, no rectifican jamás y, si te quejas, te dicen que recurras. Para recurrir contra un acto de la Administración es preciso pagar primero o aportar un aval bancario, que es muy caro, no se sabe cuánto tiempo puede durar y, de hecho, es incancelable ante el Banco porque la Administración no devuelve el aval. El procedimiento puede durar infinidad (he dicho infinidad) de años, ya que, antes de que se pueda iniciar un lentísimo procedimiento judicial, el Estado, astutamente, ha intercalado como obligatorio un procedimiento administrativo previo, tan lento o más que el judicial, en el que casi nunca se le da la razón al reclamante, entre otras cosas porque sus alegatos casi nunca son leídos. Otras veces actúa más astutamente aún: para que ni siquiera pueda reclamarse contra el acto administrativo, lo ejecuta, pero no lo notifica o tarda mucho tiempo en hacerlo. En el catastro y en los impuestos sobre la propiedad o sobre las transmisiones de bienes, el Estado asigna arbitrariamente a los inmuebles un valor desmesurado. En dichos impuestos la Administración puede revisar en cualquier momento el valor declarado, aunque hayan transcurrido varios años, y exigir entonces al ciudadano intereses (no es broma) de «demora». Lo mismo ocurre si la liquidación se reduce a instancias del interesado, y la Administración tarda algún tiempo en practicar una liquidación nueva. En cuando al sistema jurisdiccional, ocurre que, por la penuria de medios personales y materiales, la ausencia de control de la laboriosidad de los jueces, y su execrable sistema de reclutamiento, la calidad de la justicia es increíblemente mala; detestable en un grado inconcebible; es de hecho una lotería que se sortea muchos años después de comprado el billete. No se puede afirmar que la mayoría de los jueces tengan una formación deficiente. Esto no se puede saber, porque, según me dicen muchos abogados, últimamente no son pocos los jueces que toman sus decisiones sin leer los escritos ni estudiarlos, por la enorme cantidad de asuntos que tienen acumulados. Y, respecto a la lentitud de la Justicia, no son raros los procedimientos civiles, penales o administrativos que duran quince, veinte o más años, de modo que muchas veces, cuando terminan (si es que alguna vez terminan porque el expediente no se ha perdido), el «justiciable» ha muerto. Todo ello destroza la economía de cualquier país, pero antes destruye la dignidad, la autoestima, las ilusiones, las energías, los cuerpos, las almas, y las vidas de los ciudadanos. España mata. Porque la indignación, unida a la impotencia, mata. Este abominable sistema es apoyado, progresivamente empeorado o, como mínimo, mantenido intacto por los suce-

un rebaño sólo apto para la esclavitud, merece el nombre de soledad más bien que el de sociedad [...]. Y, si hubiera que llamar paz a la esclavitud, la barbarie y la soledad, nada habría más miserable para un hombre que esa paz».[107]

»Pero, por si piensas que me vengo refiriendo a la situación actual de nuestro país, te diré que hay otra obligación importantísima de todo Estado: la de proteger a sus ciudadanos de las agresiones, vejaciones y humillaciones de otros Estados, que el español no cumple en absoluto. Por poner un solo ejemplo, todos estamos hartos de que inermes pescadores españoles sufran continuamente apresamientos y ametrallamientos, con frecuencia mortales, a manos de Estados no siempre más poderosos que el nuestro, sin que éste tome la menor medida defensiva ni disuasoria, y menos aún alguna severa represalia. Se limita a protestar, no sin ciertas precauciones. La razón es que, en el fondo, y digan lo que digan, a ciertos gobernantes españoles no les importa nada en absoluto la suerte de los ciudadanos españoles. Lo único que les importa es mantenerse en sus poltronas. Ahora bien: cualquier conflicto exterior las pondría en peligro, o al menos las haría tambalearse un poco, y eso les horroriza. Para ellos lo primero son sus poltronas. Por eso evitan por sistema, pase lo que pase, cualquier acción enérgica en el exterior; porque tienen miedo, con razón, del pueblo español en armas. Y es que en realidad el Estado español no es un verdadero Estado. No es una organización permanente que dirija y coordine al más alto nivel humano las actividades de un conjunto de personas como medio para conservar ese conjunto como tal, y después, y gracias a ello, promover la realización de las aspiraciones más esenciales y profundas de quienes componen el conjunto. Por eso no defiende a los ciudadanos españoles de a pie, ni dentro ni fuera del territorio donde ejerce su poder. No les da Justicia en el interior ni honor en el exterior. España (la «*Hispania*» de los romanos), en cuanto a su configuración como Estado (ya sea éste nacional o plurinacional) ha sido un fracaso.

Aquellas palabras de Aurelio me parecieron terribles, excesivamente duras y, sobre todo, muy injustas. Yo creía sinceramente en el patriotismo

---

sivos Gobiernos españoles, democráticos o no, de manera que no se trata de un mal de Gobierno, sino de Estado. España es la apoteosis de la injusticia; el Paraíso de la injusticia, y por tanto de las recomendaciones, de los vasallos protegidos, de los suplicantes, de los «padrinos», de los protectores, y de las sectas protectoras. Los españoles están secularmente castrados por la injusticia, porque así lo ha querido siempre el Estado español. Y es que, aunque con los borregos no pueda hacerse casi nada, es más fácil domeñar y avasallar a un rebaño de borregos que a una manada de leones. Alguna vez se ha dicho que los españoles son verdaderos santos, y que además son los seres humanos más patriotas del mundo; porque ningún país podría subsistir sin Justicia y España a pesar de ello subsiste como Estado. Pero no es así. Es que son esclavos. Y España no subsistirá; ya lo verás.»

[107] *Tractatus politicus*.

y buenas intenciones de nuestros gobernantes, aunque a veces carecieran de la habilidad necesaria para llevar a cabo sus proyectos. Nuestro anfitrión no era lo que se dice un hombre afectuoso (pues vivía demasiado en las nubes de la inteligencia pura y de la lógica rigurosa), pero no cabe duda de que era bueno y ecuánime. Sin embargo, cuando estaba indignado por algo (y, por las razones que fueran, al parecer estaba muy indignado con el Estado español), Aurelio era vitriólico. Pero, al hilo del incidente de Félix, también se habló en esta reunión (que fue larguísima) de otros temas jurídicos. Por ejemplo, se dijo que la reforma del delincuente debía ser una finalidad meramente secundaria de las penas, y que su finalidad primordial debía ser, como había sido siempre, la defensa de la sociedad humana frente a ataques individuales que ponían en peligro su subsistencia y su evolución hacia una perfección cada vez mayor. En este sentido, con las penas no debía pretenderse la venganza, pero sí la intimidación (para evitar futuros delitos), así como, en su caso, aislar de la sociedad, ya fuese en un presidio o en un manicomio, a los individuos que fuesen nocivos para ella. Y en un momento dado tuvo lugar el siguiente diálogo entre Aurelio y Luciano:

—Dime, Luciano, tú que sabes mucho de estas cosas. Si alguien realiza un acto de una maldad terrible, verdaderamente espeluznante, en un momento en que no existe ninguna ley que penalice ese acto, ¿puede ser castigado después, cuando aparezca una ley que sí lo haga?

—No. De ninguna manera.

—¿Por qué? Piensa que se trataría de un acto de una maldad espantosa, y que para la sociedad sería muy conveniente que quien proyectase cometer un acto de esta clase hubiera de tener muy en cuenta que la ausencia de una ley previa no le iba a eximir de castigo más adelante.

—Cierto, pero no es posible. Es preciso que cada uno sepa previamente hasta dónde puede llegar en sus acciones y omisiones; es decir, que tenga la seguridad de que puede realizar determinado acto sin ser castigado por la ley.

—¿Aunque el acto sea muy malo? Pero te voy a hacer otra pregunta. Si un sujeto es condenado por haber realizado un acto malo penado previamente por una ley, ¿qué ocurre si después aparece otra ley que elimina o reduce la pena prevista anteriormente para ese mismo acto?

—Que inmediatamente el sujeto queda libre de la condena que le fue impuesta.

—O sea, que para que la sociedad castigue a un malvado no sólo es necesario que exista una ley previa que así lo disponga, sino además que no sobrevenga otra ley posterior que disponga lo contrario.

—Así es.

—Pero eso no tiene ninguna lógica, porque si una ley posterior puede beneficiar penalmente a un sujeto, ¿por qué no puede también perjudicarle?

Hay muchas leyes civiles que tienen efecto retroactivo. ¿Por qué no pueden tenerlo también las leyes penales?

—No lo sé. Quizá porque lo dicen los tratadistas de Derecho penal.

—¿Sólo por eso? Me gustaría saber entonces a dónde vamos a parar; es decir, lo que esos tratadistas y sus seguidores intentan hacer con la sociedad humana, defendiendo un sistema que parece haber sido elaborado por malvados y para malvados o, al menos, para proteger a los malvados más que a los hombres justos. Y también me gustaría saber por qué niegan a su país unos efectos tan benéficos como los que para el mundo ha tenido y sigue teniendo lo que con toda justicia y demasiada justeza se hizo en Nuremberg.

Reconozco que todo esto es muy fuerte, pero no tengo más remedio que consignarlo aquí porque efectivamente se dijo. Sin embargo, todo esto ocurrió el domingo anterior. En cuanto a este domingo, el decimotercero, en él se habló de muchas y muy variadas cosas, algunas de ellas interesantes. No puedo relatar lo que ocurrió antes de que yo llegara. Lo primero que oí y grabé fue este comentario de Luciano:

—De la materia amorfa sabemos casi tan poco como de Dios. Recapitulando algo de lo anteriormente dicho, sólo podemos inferir que no es Sustancia o «Hipóstasis»; es decir, que es intrínsecamente inconsistente y que por tanto sus formas, cuando las llega a tener, son impermanentes. Que es No-ser, aunque distinta de la nada. Que en ella hay modalidades que no podemos conocer. Que es apta para recibir las determinaciones de origen divino, y que, sin embargo (al menos la materia que Aurelio llama «densa»), es lenta en asumir esas determinaciones y no apta para reflejarlas con fidelidad. Que cuanto más evolucionan sus formas por influjo del DOROR, en el sentido de adquirir una mayor complejidad-conciencia, más factible es que se dejen atraer por esas determinaciones que les aportan bien, armonía, conciencia, vida y felicidad, pero más proclives son también a resistirlas y a distorsionarlas. Por tanto, hay que inferir que la materia es rádicalmente mala, desigual, mortífera y sufriente, ya que, aunque posea una conciencia desarrollada, pese a ello puede rechazar esas determinaciones. Parece tender además, de por sí y por la misma razón, al desorden y al caos.

»Las determinaciones que, por su origen divino, aportan a la materia bien, armonía, conciencia, vida y felicidad, creemos pueden constituir una Entidad que es susceptible de ser considerada como diversificada en múltiples Entidades según sus *aplicaciones* parciales o sucesivas. Dichas Entidades son sustanciales, eternas y perfectas, a semejanza de las ideas platónicas. Su existencia, intuida por muchos, explicaría muchas cosas. Llamamos DOROR en general a esa Entidad, diversificada o no en Entidades, y DOROR particulares a cada una de éstas.

»Sabemos que las formaciones de la materia, producidas en ella por efecto de las determinaciones de origen divino, constituyen, por razón de su sustrato común, una unidad que parece tener mente. Llamamos «Mente Material» (o «MM») a esa mente y, por extensión, al conjunto de las formaciones materiales de las que brota o en las que se aprecia. Esa Mente Material parece tener capacidad para crear sus propias determinaciones y realizarlas en ella misma. En esto diferimos de Platón, Plotino y Numenio, y nos acercamos a Mani o a los antiguos gnósticos, que lo dan por cierto.

»Sabemos que en la materia se observan como *flashes* o fogonazos divinos cuando la MM es influida eficazmente por el DOROR en su proceso de estructuración o en su actividad autoestructuradora. E intuimos que es deber de los seres materiales más conscientes provocar en el mundo material la aparición de esos fogonazos divinos, y colaborar con ellos en su operación benéfica sobre las formas de la materia.

CARLOS: —¿Y eso es saber poco? Yo diría que no. Yo diría que incluso es saber demasiado.

Me pareció que Luciano no había captado la ironía. Pero no pude cerciorarme de ello porque, acto seguido, el mismo Carlos, dirigiéndose a Aurelio, le preguntó:

—Observo que Luciano, además de calificar de «divino» al DOROR, sólo reconoce la existencia de mente en las formas (él ha dicho «formaciones») materiales, sin admitir que una materia preconfigurada la tenga también. Tampoco ha aludido para nada a la materia sutil. Y a propósito de lo último, me gustaría saber cómo concebiste la idea de que existen planos de esta clase de materia.

—Por varias vías. No por una sola.

—Dime una de ellas. La que sea menos racional y más emotiva. Lo digo porque ya has hablado de vías racionales para llegar a ello, y, por otra parte, me empiezo a sentir un poco cansado de la razón.

—El otro día habíamos dicho que Dios es amor y que es el origen mismo del bien. Y ahora te pregunto yo a tí: ¿no ves nada raro en esto?

Carlos denegó con la cabeza.

—Pues, con toda evidencia, hay algo muy raro. Y es que Dios, al parecer, no tiene éxito en una materia en la que sin duda desea influir para bien.

PEDRO: —Es cierto. Continuamente vemos el mal por todas partes.

AURELIO: —Ahora bien: si lo que llevamos dicho es verdad o se acerca a la verdad, ¿a qué conclusión podemos llegar ahora? Os ruego que no retrocedáis. En este juego hemos partido de la hipótesis de que Dios existe y es bueno; por ella hemos apostado, y por consiguiente no está en las reglas del juego que digáis ahora que Dios no existe, o que es malo, o que, como muchos afirman, nos puede castigar si le desobedecemos y, aunque no le desobedezcamos, puede tolerar el mal para probarnos. No. Dios no nos anda probando, no hace pruebas ni con gaseosa siquiera, entre otras cosas porque no es como nosotros. Él ya sabe lo que da de sí el ser humano; lo que da de sí cada uno. No necesita hacer pruebas. Y no puede querer el mal, ni siquiera tolerarlo, y menos con un pretexto que sea tan absurdo como ése por poco divino y demasiado humano. No.

CARLOS: —Entonces, ¿cuál es la conclusión?

ANITA, interrumpiendo: —No hay ninguna. Según lo que hemos admitido, si el mal ocurre no es por culpa de Dios. Dios no ha creado voluntariamente la materia ni las leyes que parecen regirla; por tanto, no es responsable del mal que hay en ella. Es más: Dios intenta rectificarlo, en su infinita bondad, y lo intenta de la única forma en que le es posible hacerlo sin destruir la materia misma: creando el DOROR. Si a pesar de todo el mal subsiste, Dios no tiene ninguna culpa. Está claro que para evitarlo ha hecho todo lo que es posible hacer en términos absolutos.

AURELIO: —Es cierto. Y, sin embargo...

CARLOS: —¿Qué?

AURELIO: —Sin embargo, preferí pensar que ni siquiera sin culpa suya es posible el fracaso *total* de Dios. No.

—Eso se contradice con lo que, como observó Pedro, vemos a diario.

—Y por tanto, aunque ello escapase a nuestra percepción, Dios debía de tener más éxito que en este lugar en algún otro que, de algún modo, fuese también este mismo lugar. En consecuencia, habría tenido éxito al existir unos seres humanos perfectos, bondadosos y felices, que de algún modo fuésemos también nosotros mismos.

—¿Qué quieres decir con todo eso?

—Que pensé que tenían que existir muchos —seguramente infinitos— planos de materia. Que la materia debía de ser la misma en todos ellos; pero en unos planos debía de ser más «sutil» (es un decir) y en otros más «densa» (también es un decir), con diferente disposición respecto al bien. Y que, sin duda, en los planos de materia más sutil, donde ésta pudiera revestir unas formas más moldeables y elásticas que las que conocemos, el bien de Dios podría realizarse con mayor frecuencia y exactitud que la permitida por la imperfección de la materia de nuestro plano. Así, en la materia en general Dios habría tenido éxito, ya que su bien se realizaría en ella, aunque no se realizase con la misma frecuencia y exactitud en todos los planos materiales.

»Y algo me decía también que entre la esfera del DOROR (de materia supersutil en la que el bien de Dios se realiza siempre y con la mayor exactitud posible) y la esfera de la materia densa, la que más puede apartarse de él, no puede haber discontinuidad; que entre ellas no puede haber ningún hiato en sentido metafísico, sino una «zona» de materia que por un extremo se ajusta casi siempre y casi exactamente al DOROR y gradualmente va apartándose (o pudiéndose apartar) con mayor frecuencia de él hasta coincidir en el otro extremo con la materia densa. Pensé, pues, que no existe ningún hiato; que el hiato está colmado de lo mismo.

»En otras palabras, que lo que he denominado REM es, a la vez, lo que llamamos «material» y lo que llamamos «espiritual». En su parte más densa, constituye lo que usualmente entendemos por materia; pero toda materia, aun la más densa, es en cierto modo y medida espiritual, lo mismo que el DOROR, que es lo más espiritual que podemos concebir, es en cierto modo y medida material. En cuanto a Dios, está por encima de lo que entendemos por materia, lo mismo que está por encima de lo que entendemos por espíritu, de lo que entendemos por sustancia, de lo que entendemos por inteligencia, y de lo que entendemos por existencia. No podemos decir otra cosa de él. En realidad, de él no podemos decir nada. Sólo podemos intuir que todo bien procede de él.

CARLOS: —En algún momento estuviste dispuesto a denominar «*Gran Madre*» a la parte de la REM que no es el DOROR. Pues bien: si existen los planos de materia sutil a que antes has aludido, cuando rogamos a la Gran Madre que se ajuste al DOROR hemos de saber que nos estamos refiriendo tan sólo a la dimensión de ella que percibimos mejor; porque la Gran Madre, en alguna otra dimensión de su realidad, ya casi lo ha hecho.

AURELIO: —Así es. Y esa parte que se asemeja al DOROR (o cuyas formas se ajustan mejor al DOROR) es sin duda más sutil que la distorsionante, puesto que ordinariamente no la percibimos; pero sin embargo debe de ser más sustancial que la distorsionante.

FÉLIX: —¿Puede tratarse de esa «*fuerza descendente*», al parecer de color azul, y tan gratificante, de la que hablan Aurobindo, André Frossard, José Silva, Juan Ramón Jiménez y muchos más? ¿Esa fuerza a la que confunden con Dios?

AURELIO: —Desde luego. Esa fuerza no puede ser el DOROR, pues, dada su extrema sutileza, no creo que éste pueda tener color alguno. Te diré que los budistas de la Escuela *Vajrayana* o «*Escuela del Diamante*» no confunden a esa fuerza con Dios. Para ellos, lo que tiene «*naturaleza diamantina*» (con frecuencia de color azul), ni siquiera creo que sea la materia sutil; yo creo que es la materia densa, aunque en su estrato más profundo; vale decir en su aspecto energético.

FÉLIX: —Esos planos de materia sutil, ¿están en éste? Paul Éluard dijo que «*Hay otros mundos, pero están en éste*».

AURELIO: —Todos los místicos han dicho que es así. Aunque la noción de espacio, y por tanto de «lugar» (y en consecuencia la de «el mismo o distinto lugar») quizá no sea la misma en todos los planos materiales, sin embargo todos ellos forman parte de la misma REM; de una REM que es holística en el sentido de que el todo está en cada una de las partes. De modo que los planos de materia sutil (y el mismo DOROR) «están» aquí porque operan aquí.

»La Gran Madre, compuesta de «*razón y forzosidad*», de DOROR y de materia más o menos densa, se estructura sin duda en múltiples planos, capas o niveles, de los que sólo una parte nos es perceptible. Las zonas de la Gran Madre no perceptibles por nosotros (que constituyen la «materia sutil» o, si la misma está configurada, la «MM sutil»), se integran en la misma realidad que nos es perceptible, a la que completan, excediéndola y desbordándola. Quiere esto decir que constituyen una realidad ex-orbitante de la realidad perceptible por nosotros. Somos más de lo que parecemos ser. Sólo *percibimos* una pequeña parte de la MM, incluida la propia, pero *somos* y *«manejamos»* mucho más, y también somos influidos por ello.

»***Sin cerrar los ojos a las miserias y fracasos de la materia densa, no debemos ignorar el DOROR y los planos de materia sutil. Cada vez que miremos la materia densa (es decir, mientras estemos despiertos) no debemos considerar solamente la materia densa, sino la REM entera; y presentir a Dios detrás de la REM. Y, más que pensar que el DOROR y los infinitos planos de materia sutil «recaen» sobre la materia densa, hay que pensar que «están» en ella. Más que pensar en el DOROR y en esos planos como una cascada que se derrama continuamente sobre la materia densa, hay que considerarlos como una realidad entretejida e imbricada permanentemente con ella, que la amplía, dilata y extiende «ad infinitum». Aunque no hemos de verlos como algo pasivo a remolque de la materia densa, sino como algo activo sobre ella.***

»***Allí, en la misma materia que aquí es densa, se ha realizado mejor el bien de Dios. Y este bien atrae a la materia densa continuamente.***

»Si nuestra conducta se aparta por algunos momentos de la concordancia con el DOROR y los planos de materia sutil que lo reflejan, durante esos momentos nuestra personalidad queda como a la deriva en la REM, sin ser recogida o «fotografiada» en esos planos superiores.

»En los planos de materia más sutil que la nuestra, el DOROR puede reflejarse con más exactitud que en este plano en que vivimos. Y, tanto si somos recogidos o «fotografiados» en esos planos como si no lo somos, en ellos también vivimos de algún modo. En esos planos, como más perfectos que son que éste, la muerte llega mucho más tarde; de modo que, acaecida nuestra muerte en este plano, nosotros (entendiendo esta vez por «nosotros» nuestros «dobles materiales» o «DOMA», es decir, los seres que nos corresponden en esos planos superiores) seguimos viviendo con autonomía, durante tanto más tiempo y tanto más felices cuanto más perfecta sea la materia de esos planos. Pero nosotros mismos, «los mismísimos nosotros» que vivimos en este plano de aquí, sólo seguiremos viviendo en aquéllos si, por habernos ajustado en alguna medida al DOROR, hemos sido «fotografiados» o recogidos en ellos tal como somos en éste. Y del mismo modo es como ocurre la absorción por el DOROR.

»El ajuste a esos planos, y al DOROR, se produce en razón de lo que funcionalmente los define, que es su mayor facilidad para reflejar el bien de origen divino. Por tanto, el ajuste se produce mediante la bondad, que no es sino el amor (el deseo de hacer el bien) constante. «*Venid, benditos de mi Padre; porque tuve hambre y me disteis de comer.*» En otras palabras: «*Venid, porque realizasteis actos de amor.*»

»Algunos han confundido a los planos de materia sutil con «el Cielo», es decir, con el DOROR, porque personas que hemos conocido en nuestro plano a veces se comunican con nosotros desde otro de materia más sutil donde son felices. La unidad de la REM es lo que hace posible esa comunicación, como también la rectificación metafísica de la materia densa; es decir, la influencia del DOROR, y de los entes bondadosos de planos sutiles, sobre ella. Y esa misma unidad hace también posible que, en ciertos casos, el ser humano pueda llegar a tener algún atisbo de los planos de materia sutil, e incluso del DOROR, en esta vida, previo un proceso de purificación. Porque, como dijo Jesús de Galilea refiriéndose sin duda al DOROR, sólo pueden «ver» los «*limpios de corazón*».

»A mí me parece casi seguro que Juan Ramón Jiménez lo era. Por eso dejó escrito en sus *Eternidades:*

«*Está tan puro ya mi corazón,*
que lo mismo es que muera
o que cante.
Puede llenar el libro de la vida,
o el libro de la muerte,
los dos en blanco para él,
que piensa y sueña.
Igual eternidad hallará en ambos.
Corazón, da lo mismo: muere o canta.»

»Y también por eso, porque era limpio de corazón, pudo ver. En este sentido me viene a la memoria su poema *Domingo,* en el que Juan Ramón intuye la interpenetración de los mundos (distintos planos de la REM):

«*¡Confusiones de acentos,*
en el cariño,
de las cosas del cielo y de la tierra!
¡Nombres de allí, que vienen a la boca,
entre flores y luces,
para nombrar seres de acá!
¡Formas de aquí,
que se van, por las nubes, a su casa!

¡Penetración inmensa e inefable
de cruzadas venturas,
en las que todo ocupa, en nuestra alma
—trocado dulcemente—
los mejores lugares infinitos,
los más bellos lugares terrenales!
¡Tierra, cielo del cielo;
cielo, tierra de la tierra!»

»En cuanto al DOROR, en todas las religiones los limpios de corazón perciben con los «*ojos del alma*» la presencia de una serie de entidades espirituales perfectas que rodean, o «revolotean» alrededor, o se ocultan detrás, o se muestran delante de las entidades del mundo material que se pueden percibir con los ojos de la materia, unas veces conectadas de algún modo con estas últimas y otras veces no. Pero no es que, como afirma Mary Baker Eddy, sólo aquellas entidades sean reales. Todas lo son. Lo que ocurre es que aquéllas, por su mismo carácter etéreo, pero que se percibe sostenido por una Fuerza inmensurable, están exentas de toda degradación y de todo cambio; mientras que las materiales, pese a su aspecto más denso, opaco y sólido, son corruptibles, disgregables, y abocadas a la destrucción por su propia naturaleza.

»En los planos sutiles inferiores al DOROR hay vida. Hay DOMA que, por haber fenecido su soporte de materia densa o SOMA, se han independizado de él. Además hay seres que allí están formándose («nosotros en esos planos») que, mientras vivimos aquí, somos seres embrionarios allí; mejor dicho, que estamos «cautivos» allí hasta que dejamos de vivir en este mundo de aquí. Y probablemente hay también otros seres que son propios u originarios de dichos planos; es decir, que no tienen ni han tenido nunca correspondencia en nuestro mundo.

»Es decir: que en cada plano hay un entramado de formas: *unas originadas en el propio plano, otras que en su momento fueron el reflejo más perfecto del DOROR de formas originadas en planos inferiores, pero que ya se han independendizado de ellas* (porque éstas han perecido en el plano inferior), *y otras que siguen siendo ese reflejo.* Las últimas dependen de lo que en cada momento esté ocurriendo «más abajo». No pueden ser sino imágenes más perfectas de lo que en cada momento esté ocurriendo en el mundo inferior. No pueden tener autonomía respecto a éste. De modo que en su comportamiento no puede haber coherencia con lo que en cada momento esté ocurriendo en el mundo superior. Ahora bien: en un plano de materia, todo está interrelacionado; hay acción recíproca, y no puede haber ningún ser vivo que actúe como un autómata, prescindiendo de lo que ocurra en ese plano y sólo en función de lo que esté ocurriendo en otro, pues dejaría de estar vivo enseguida. A este problema podemos llamarlo *«de la falta de autonomía»*. Si existiese tal autonomía, la falta de ella tendría que darse no en otro plano, sino, dentro del mismo plano, en otro «nivel de realidad». Entonces, de cada forma o acontecer material de cada plano existirían varios «dobles» en niveles (normalmente imperceptibles para el nivel de realidad habitual) del mismo plano, no autónomos, en los que el DOROR actuaría sin trabas o con menos resistencias. En cada momento, y en el mismo «lugar» del plano en que hubiera algo imperfecto, existiría, como su «doble» o DOMA, al menos otro algo más perfecto, de mayor peso sustancial. Y quizá también, al menos, otro «doble» menos perfecto, de menor peso sustancial. Ésta podría ser otra posibilidad. Pero no creo en ella.

»En un programa de televisión, alguien que pretendía haber tenido comunicación con el mundo de los «espíritus» relató que uno de ellos le había comunicado que alguien *«acababa de llegar»* a su mundo procedente del nuestro. Quizá ellos, en su mundo de materia sutil, advierten repentinamente la presencia de un DOMA (doble material) de nuestro mundo que hasta entonces permanecía cautivo allí, y que, *quizá por tal razón, no era perceptible allí.* Y si no lo era es porque quizá la materia del DOMA, aunque de la misma sutilidad que la de allí, no estaba allí sino aquí, adherida a la materia densa del SOMA, mientras éste vivía. Sí; hemos de pensar que tiene lugar alguna clase de *adherencia* del DOMA al SOMA de materia densa, mientras éste vive, que sustrae al primero del proceso del acontecer activo en el plano superior de materia sutil y, por ende, del proceso cognoscitivo de los seres de ese plano. Tal adherencia espacio-temporal es posible, porque en ambas clases de materia se da el espacio-tiempo. La adherencia a otro mundo comporta la falta de percepción de lo adherido por los sentidos materiales de los seres no adheridos, igual que nosotros no podemos percibir a los seres del nuestro mundo que no pueden tomar parte en el proceso del acontecer material que en él se da ni, por tanto, en el de nuestro conocimiento sensible del mismo, por estar en otro lugar espacio-temporal. Fenecido el proceso vital del SOMA, es cuando su DOMA aparece en el plano de materia sutil correspondiente al grado de su ajuste al DOROR. Y, por lo que yo he oído y leído, en esos planos aparecen repentinamente (pues no se da un proceso visible de gestación) seres adultos: su personalidad final dotada de un cuerpo. En definitiva, creo que nuestros actos no dejan de surtir efecto en planos de materia sutil, pero que no operan sobre su acontecer material ni son percibidos por quienes en ellos viven. Creo que su principal virtualidad es la de modelar nuestra personalidad, indefectible e indeleblemente, en nuestro propio mundo.

ARGIMIRO: —Pero, ¿por qué pensar que el plano en el que vivimos es el más denso? ¿Por qué no pensar que por «debajo» del nuestro hay planos todavía más densos que escapan a nuestra percepción, y que lo que dices de esos planos sutiles puede decirse también del nuestro? De hecho, se ha comprobado que algunas personas de las que se han recibido mensajes del «más allá» no son felices e incluso son desgraciadas. Serían los «correspondientes a nosotros» que, habiendo fallecido en nuestro plano, estarían aún vivos en un plano más denso que el nuestro, y de algún modo conseguirían hacer llegar hasta nosotros sus voces o sus formas. Serían, por tanto, mensajes del «más abajo».

»Siguiendo por este camino, ¿sería posible que, al morir, quienes hubieran estado entregados al bien se reencarnasen en planos más elevados que éste en el que estamos, mientras que los que hubieran estado apegados a lo más oscuro y bajo de la materia, a lo más alejado del DOROR de ella, descendiesen a unos planos más densos que el nuestro, en una especie de reencarnación-castigo o de bajada a los infiernos?

—En cuanto a esas voces o imágenes de seres desgraciados, mi opinión es que se trata de simples ecos de la MM en este mundo; «impregnaciones», «duplicaciones» y «resonancias» dentro de este mismo mundo. *O bien comunicaciones de un plano de materia sutil tan próximo al nuestro, que en él se dan casi los mismos males que en el nuestro.* Pues en los planos de materia sutil contiguos o muy cercanos al nuestro de materia densa habitan seres humanos de una materia sutil casi igual a la densa que tuvieron en vida (y por desgracia son la mayoría de los seres humanos desencarnados que existen), aunque también puede tratarse de seres originarios de esos planos. Unos y otros son malévolos, burlones, obscenos, ignorantes e incluso, a veces, peligrosos. Son los seres con quienes a menudo toman contacto los espiritistas, los practicantes de la «ouija» o los de «proyecciones extracorpóreas» o «sueños lúcidos». La zona por la que pululan es denominada por los videntes «bajo astral».

»Respecto a la posibilidad de que en nuestro plano podamos acoger a seres procedentes de planos inferiores, realmente es imposible saber lo que ocurre en otros mundos de la REM, cómo crecen y aparecen en ellos los seres procedentes de otro, cómo se relacionan los seres propios del mundo con los advenedizos, los que ya estaban en el mundo con los que llegan, etc. En base a ciertos datos y razonamientos, hemos formulado una hipótesis en la que, a cambio de poderse explicar la inoperancia e imperceptibilidad de los seres en formación, ha de admitirse una aparición repentina de los adultos, ya desprendidos de su plano de procedencia. Es obvio que en nuestro mundo no percibimos seres de otros planos que estén «cautivos» aquí. Pero ocurre que tampoco vemos en él apariciones repentinas. A menos que admitamos que la forma específica de aparecer en nuestro plano un ser procedente de otro es el nacimiento.

Bastantes semanas después, Félix haría una aportación muy interesante sobre el problema «*de la autonomía*» y también, en cierto modo, sobre el problema «*de la falta de aparición repentina*», poniéndolos sagazmente en entredicho. Pero, como digo, esto ocurrió mucho más tarde. En esta sesión se limitó a preguntar a Aurelio:

—¿Te refieres, por supuesto, a la reencarnación?

—Así es. Los mecanismos de la REM son tan complejos, que sería posible que el DOROR, una vez desprendido de su base material, ocasionase en la materia, *aquí mismo,* la aparición de nuevas formas de vida que se pareciesen a él y, por tanto, a su base material anterior. *En este mundo nuestro* surgirían, de ese modo, *varias vidas sucesivas* con una trayectoria única, lo que fácilmente podría confundirse con la reencarnación de una hipotética alma. Ahora bien: en la presunta trayectoria, en cada reencarnación, se conservan las imperfecciones de las anteriores, y el DOROR no puede archivar nada imperfecto. Pero, en vez del DOROR, podría ser un cuerpo de materia sutil el que produjera ese efecto.

»En ambos casos se trataría de reencarnaciones de seres procedentes de este mismo plano. Pero también podría ocurrir, aunque yo no lo creo, que un niño que naciese en nuestro plano recogiese una personalidad procedente de un plano inferior del que hubiese ascendido (como apunta Argimiro) o la de un plano superior del que hubiese descendido.

»Personalmente creo que el verdadero castigo del mal es la desaparición definitiva y, no sé por qué, no creo en la reencarnación, de modo que tengo que pensar que nuestro plano es el más bajo de todos. Pero sería un estúpido si despreciase la talla intelectual y moral de personas y religiones que creen y han creído siempre en la reencarnación desde que la Humanidad existe. El Hinduismo y el Budismo, que son religiones grandiosas, admiten la reencarnación, y en ella creyeron nada menos que Pitágoras, Platón, Plotino, y Numenio.

»Yo, como os acabo de decir, no soy proclive a aceptarla. Sin embargo, por alguna experiencia que he tenido, me siento inclinado a admitir, si no una verdadera *reencarnación,* sí una limitada *encarnación ocasional y transitoria de muy corta duración.* Concretamente me refiero a que un bebé de entre uno y alrededor de tres meses de edad, es decir, cuando ya posee cierta capacidad de expresión facial pero todavía no ha tenido tiempo de formar el núcleo de su «yo» (no después), quizá en algunos momentos puntuales puede ser utilizado por nuestros seres queridos que viven en el DOROR, o en un plano elevado de materia sutil, para establecer con nosotros una rudimentaria pero efectiva comunicación.

—Probablemente —dijo entonces Félix— los planos de materia sutil sirven para explicar muchas otras cosas, como por ejemplo el Espiritismo, en el que por cierto no creía la señora Eddy.

AURELIO: —Desde luego. Continuamente estamos influidos por entes y Dobles Materiales (DOMA) de otros planos: por seres oriundos de éstos, por nuestros propios DOMA y por los de otras personas, tanto si éstas pertenecen todavía primariamente a este mundo como si ya lo han abandonado. La comunicación consciente con esos planos es difícil, pero posible, y se da con mayor frecuencia de la que se cree. Los fenómenos del Espiritismo se explican por esa intercomunicación que la «*unidad vertical*» de la MM hace posible, como muchos fenómenos paranormales se explican por la «*unidad horizontal*» de la misma, y otros (como los de precognición), por la relación de la MM con el DOROR o con su propio sustrato de materia preconfigurada ajena al espacio-tiempo.

»Posiblemente el *médium,* en estado de trance, toma conciencia de planos de materia sutil y contacta con algunos DOMA de esos planos o con seres originarios de éstos, que se comunican con nosotros a través de la voz del *médium,* o, de modo visible, a través del ectoplasma que es emitido por éste con la forma de aquéllos.

—¿Qué son esos «seres originarios» de planos de materia sutil?

—Dentro del inmenso e inmensurable ámbito de la Gran Madre cabe la existencia de seres superiores al ser humano, de materia sutil (y con otra clase de «forma», imperceptible para nosotros), que serían los «dioses» y «demonios» (según fuesen buenos o malos, hostiles o no al hombre, pues en esos planos cabe también cierto grado de maldad) de que hablan todas las religiones, incluyendo el Hinduismo, el Budismo, el Judaísmo, el Cristianismo y el Islam, con diferentes nombres. Serían los «dioses», los «ángeles», los «demonios», los «genios» benignos y los malignos,[108] los «*djinns*», los «*devas*», los «*asuras*», los «*efrits*», etc.

»¿Qué son los OVNIS? Porque, según me dijo en cierta ocasión mi amigo el doctor Jiménez del Oso, que se ha ocupado de ellos a fondo, su existencia no ofrece dudas para todo aquel que haya investigado el fenómeno con dedicación y seriedad. Los OVNIS podrían ser «dioses», «demonios», o bien dobles materiales de seres humanos que viven en planos de materia sutil, que, ya libres de su SOMA, allí han evolucionado, y se comunican con nosotros (y siempre lo han hecho) porque pueden hacerlo.

Todos estábamos muy impresionados por lo que acababa de decir Aurelio y, como parecía que ya iba a dejar de hablar, le instamos vivamente a que prosiguiera.

—La existencia de la materia sutil, y su interconexión con la materia densa, puede comprobarse en algunas curaciones en las que la función de un órgano se ha recuperado, pero el órgano en sí mismo sigue enfermo, de modo que, desde la misma materia densa, es materialmente imposible aquella recuperación, la cual, sin embargo, se ha producido.

»Scott Rogo[109] describe casos en los que se ha comprobado que esto ha ocurrido realmente (los de Leo Perras, Kelly Paquin y Gerard Baillie). Sé de

[108] El Corán termina pidiendo protección a Dios contra los genios malignos. Y en el *Credo* católico se reconoce la existencia de seres invisibles («visibilium ómnium *et invisibílium*»).

varios más, relatados por el padre François Brune en un seminario al que asistí. Estos casos son aún más interesantes, si cabe, que los no demasiado infrecuentes de aparición instantánea de un tejido donde antes no existía (por ejemplo, el caso de Pierre de Rudder, descrito detalladamente por Rogo), porque en ellos el órgano enfermo sigue igual de enfermo; no se ha modificado en absoluto (las dos piernas atrofiadas de Leo Perras, un ojo en el caso Kelly Paquin y los dos en el de Gerard Baillie) y, sin embargo, la función del órgano se ha recuperado, siendo como es fisiológicamente imposible que ello ocurra dado que el órgano falta. Esto sólo puede explicarse por la función vicariante de un órgano igualmente material, pero no perceptible por nuestros sentidos. Es decir, que de los casos antes aludidos se deduce que es posible que las funciones se realicen sin la mediación de los correspondientes órganos físicos. O sea, con la mediación de otros órganos equivalentes. Pero no creo que se trate del DOROR de los órganos dañados. Podría ser, pero no lo creo. Más bien creo que se trata de órganos «dobles», de materia sutil, que pueden suplir a los dañados de materia densa.

LUCIANO: —Yo asistí también a ese seminario del padre François Brune, que por cierto fue patrocinado por el jesuita padre Pilón. En él, el sacerdote francés relató el caso de un ciego de nacimiento que, poco antes de morir, adquirió repentinamente el sentido de la vista sin causa material alguna, pues sus nervios ópticos estaban completamente destruidos. El padre Brune atribuyó ese hecho a la existencia del «cuerpo glorioso» de que habla la doctrina católica, a un cuerpo perfecto de materia sutil, al «*pneuma*» de los griegos (que, al menos para los primeros griegos, no era un hálito espiritual sino material), que en los momentos previos a la muerte se muestra claramente, y entonces el sujeto recupera facultades materiales que había perdido o adquiere las que nunca tuvo. No creo yo tampoco que se trate del DOROR. Más bien creo que se trata, en efecto, de un cuerpo de materia sutil que se aproxima al DOROR mucho más que el cuerpo de materia densa del que somos conscientes.[110]

AURELIO: —Las personas que sólo creen en la materia (pues creer sólo en ella es un acto de fe como otro cualquiera) viven, por así decir, en dos dimensiones, mientras que las personas religiosas viven, también por así decir, en tres dimensiones. Pero se debe vivir en más de tres dimensiones; se debe vivir en múltiples dimensiones, en realidad en infinitas dimensiones, con el panorama de la REM siempre en la mente.

CARLOS (jocosamente animoso): —Soltémonos, pues, de la tenaza de una visión limitada a la materia densa, y sumerjámonos en la REM.

---

[109] *Miracles. A Parascientific Inquiry into Wondrous Phenomena*. The Dial Press. Nueva York, 1982. Trad. esp. «El Enigma de los Milagros». Ediciones Martínez Roca, S. A. Barcelona, 1988.

[110] Indudablemente, aquí Luciano está admitiendo la existencia de materia sutil.

LUCIANO (a Aurelio): —A propósito de la REM, he de decirte, Aurelio, que tu concepto de la Gran Madre, la parte de la REM que no es el DOROR, se presta a toda clase de manipulaciones (o pretendidas manipulaciones) de esa Gran Madre, mediante sortilegios, embrujos, hechizos, ensalmos, amuletos, talismanes, conjuros, palabras mágicas, ceremonias rituales, etc. En definitiva, se presta a una vuelta a la magia, al chamanismo, a los misterios órficos, al culto a Diónisos, Baco o Shiva, y a las prácticas religiosas de los pueblos primitivos o de los salvajes de hoy; a un robustecimiento de modos y prácticas como los «sacramentos», pero referidos no a Dios sino a la Gran Madre.

AURELIO: —Por supuesto. Sería infantil, por otra parte, creer que esas prácticas, sobre todo las de los pueblos salvajes y primitivos, carecen de todo fundamento. Pues tienen un fundamento evidente, y es la unidad del mundo material, del que todo ser humano forma parte. Lo que ocurre es que la relación con la Gran Madre debería hacerse ahora de una manera más abierta, más simple, más verdadera, sabiendo lo que se hace y por qué. No hay que olvidar que ahora no se trataría de pedir a la Gran Madre que nos ayudase a lograr nuestros fines particulares, aunque no fuesen torcidos ni egoístas. Ahora se trataría de pedirle que se ajustase al DOROR. A un DOROR que no se debe visualizar ni concretar.

DALMACIO: —De todos modos, hay otro aspecto negativo en todo este asunto. No me negarás que la Gran Madre es también, en algún sentido, la Gran Ramera. Parece, pues, que el que quisiera profundizar en el conocimiento de la Gran Madre tendría que descender a los abismos del mal; tendría que «bajar a los infiernos».

AURELIO: —No creo en absoluto que haya que profundizar en esos aspectos de la Gran Madre que, en realidad, son deficiencias suyas. No es bueno para nadie «descender a los infiernos», sino peligrosísimo, porque, como ya señaló Virgilio, entrar en ellos es fácil, pero muy difícil salir. La mayoría de los que entran en ellos pensando poder salir a voluntad se quedan allí para siempre. Y los que tras mucho tiempo y trabajo consiguen al fin abandonar los infiernos a los que por curiosidad alguna vez bajaron, conservan siempre algo de esos infiernos, dentro de sí, durante toda su vida. Al contrario: hay que lograr que la Gran Madre se purifique a sí misma de esos aspectos siniestros ajustándose al DOROR. Para ello, primero habremos de eliminar de nosotros mismos esos aspectos tenebrosos intentando ajustarnos al DOROR lo más posible. El que quiera conocer lo que tiene la Gran Madre de horrible y abismal, lo que hace es alejarse del DOROR y, con ello, alejar también de él a la Gran Madre. No puede esperar, entonces, que la Gran Madre le favorezca.

LUCIANO: —Y, sin embargo, una cosa es cierta: en cualquier empresa que nos propongamos, si queremos tener mayores probabilidades de éxito, tenemos que «recostarnos» en la Gran Madre, tenerla en cuenta, contar con ella y no sólo con la parte de ella que somos nosotros mismos. No podemos ignorar nuestra pequeñez. Nuestra fuerza verdadera está en el reconocimiento de nuestra debilidad. Si nos creemos «controladores separados» de todo, nos estamos fundando en una ilusión, hagamos lo que hagamos. La verdad es que sólo somos una ínfima parte de la MM total.

»El error de Jesús de Galilea fue no contar con la Gran Madre, y ni siquiera con la materia densa, pues, por ejemplo, ignoraba o menospreciaba la despiadada, implacable y fría resolución de los romanos (muy parecida a la de los ingleses, para que nos entendamos) y decía que nada de lo que entre por la boca de un ser humano puede dañarle. En cambio, los taoístas chinos, antes de construir una casa, en el campo o en la ciudad, consultan a la Tierra sobre cuál es el mejor sitio para ubicarla. Consultan, incluso, la distribución de las habitaciones de una casa y la colocación de los muebles dentro de ella.[111] No se puede actuar de espaldas a la Gran Madre, al menos sin sufrir las consecuencias. Y el ataque frontal a la Gran Madre es siempre nocivo. Un mayor conocimiento de la Gran Madre nos proporcionaría una mayor sintonización con sus corrientes subterráneas y, por ende, una mayor facilidad para ajustarlas al DOROR. Conocerla mejor implicaría, además, conocernos mejor a nosotros mismos, puesto que somos parte de ella. Y una toma de conciencia de nuestro «lado sombrío» (sombrío, además, porque está en la sombra y no lo vemos) nos permitiría combatirlo mejor. En general, el «sumergirnos en la corriente» de la Gran Madre, aunque, eso sí, *siempre para encauzarla o dirigirla hacia el DOROR,* nos permitiría conocer sus fuerzas interiores y aprovecharlas para el bien. Nos permitiría conocer su mente, su «alma», su pasado, e incluso sus intenciones: lo que se propone hacer en el futuro.

FÉLIX: —Posiblemente, el que tiene verdadera fuerza es el que se enraíza en toda la MM. Entonces toma su fuerza de toda la MM, porque es toda la MM la que actúa a través de él.

AURELIO: —Ya he expuesto antes, y la reitero de nuevo, mi opinión sobre lo enormemente peligroso que es bucear en las profundidades de la MM total, sea cual sea la finalidad del buceo. Por eso yo sólo tengo interés en conocer de la Gran Madre lo que es estrictamente necesario saber de ella para actuar con alguna probabilidad de éxito en la vida diaria. Sé que en ella, junto con el bien, anida el mal, y con eso me basta. Una cosa es admitir que existe mal en la Gran Madre y otra cosa es sumergirse en él para cerciorarse de su existencia. Una cosa es saber que algo malo puede existir y otra cosa es hacerlo, probarlo, o aprobarlo.

»Además, al pensar en la Gran Madre, no hay que olvidarse nunca del DOROR. La Gran Madre forma parte de la REM, y el papel del DOROR en la REM, de la que él también forma parte, es primordial. Nunca debemos

[111] «*Feng Shui*» llaman a este arte geomántico (adivinatorio de los influjos de la Tierra).

perderlo de vista. Y en él está nuestro futuro, nuestra esperanza, porque en él está nuestra inmortalidad y también nuestra felicidad.

PEDRO: —¿Por qué no podemos pedir a la Gran Madre que nos ayude, y no sólo que se ajuste al DOROR? Con ello, a veces se ajustará al DOROR y a veces no, pero, de cualquier modo, nos sacará del apuro en que estemos. Incluso podríamos encomendarle algo que nunca estará en el DOROR, como es la venganza de los daños que nos hagan.

AURELIO: —No; Pedro. Con el frecuente «contacto» con la Gran Madre quizá nos sintamos más «respaldados» por ella; pero sólo debemos exhortarla a que se ajuste al DOROR. En esto nos diferenciaremos de todas las clases de magos. No olvidemos que el DOROR es lo más importante, es nuestra vida, y debe ser nuestra única meta. Además, tenemos hecho gran parte del trabajo, ya que el DOROR tiene una enorme *vis attractiva* sobre la Gran Madre, y nosotros sólo podemos ayudarla un poco.

»Si una cosa nos sale mal, no hemos de culpar de ello a Dios sino a la materia. Y si una cosa nos sale bien, hemos de dar gracias a Dios por haber creado el DOROR, y a la materia por ajustarse a él. En definitiva, el centro de la decisión no está en Dios (cuyo amor es incondicional y permanente), sino en la materia. A ella deberíamos rezarle y no a Dios, si no fuera porque es ciega. Por eso no debemos rezar a la materia. Lo que hemos de hacer, fundamentalmente, es darle ojos para que vea.

—No es eso lo que hacen los que pretenden utilizar a la Gran Madre para sus propios fines o dirigirla en algún sentido determinado —dijo Luciano, al parecer ya convencido por Aurelio—. Algunos budistas, con su fuerza mental, conscientemente hacen aparecer a un dios o a una diosa material, de materia visible, que representa a la Gran Madre, y luego le hacen peticiones.[112] Lo del becerro de oro de los antiguos hebreos fue sin duda algo parecido. Y no olvidemos el tema de los llamados *«egrégoros»*. Un egrégoro[113] es una forma material creada por el pensamiento de un grupo, que puede ser vista por personas dotadas de clarividencia o incluso por personas normales y corrientes. Lentamente constituida por la piedad o la fe de miles o de millones de creyentes, esa *forma-pensamiento* puede manifestarse y reaccionar con autonomía.[114] Algunas Iglesias cristianas

[112] Más tarde me dijo Luciano que no sólo algunos budistas, sino también personas de otras religiones o sin religión, poseen esa misma fuerza mental; y que a veces la utilizan, consciente o inconscientemente, para hacer surgir en la materia cualquier forma, o hacer desaparecer una forma ya existente. Los «aportes» y otros fenómenos paranormales semejantes se explicarían así.

[113] Palabra procedente del verbo griego *«egeiro»* (de donde proviene *«egrégora»*), el cual significa «construir», «erigir», «alzar», o «suscitar».

[114] En otra ocasión me dijo Luciano que, al contrario que Aurelio, él creía que los OVNIS, así como también los extraterrestres, eran egrégoros creados por la mente humana colectiva, lo mismo que muchas apariciones de la Virgen, de los santos, etc.

emplean un sistema en algunos aspectos más burdo para «dirigir» a la Gran Madre, a la que ellas llaman Dios. Es un sistema mágico, que emplean espontáneamente muchos neuróticos. Primero establecen una «programación» mágica: una conexión arbitraria entre un acto humano y un resultado a obtener de la Gran Madre. Luego realizan el acto, y creen que automáticamente se producirá el resultado. El neurótico piensa: «Si me toco ahora la frente y acierto a tocarla en su centro justo, me saldrá bien este negocio». El cristiano de algunas de esas Iglesias piensa: «Si pronuncio estas palabras, hago este gesto, me santiguo con este agua o me untan con este aceite, me salvaré y tendré una felicidad eterna después de la muerte». En el fondo es lo mismo.

—No creo que sea lo mismo —repuso Aurelio—, sino algo peor aún, si es posible. Creo que algunas Iglesias cristianas pretenden nada menos que manipular directamente a Dios.

»En cuanto a la «programación mágica» con la que el ser humano intenta manipular a la Gran Madre como parte que es de la misma, creo que utiliza y pone en juego mecanismos y fuerzas en él latentes cuya naturaleza exacta se desconoce, pero que en determinadas condiciones operan con éxito. Son «programaciones mágicas» (esta vez colectivas) ciertas creencias como la de la mala suerte que se producirá por haber derramado sal en la mesa, o la que se sufrirá en determinados años (los bisiestos, por ejemplo), o en los días que sean martes y trece, o la que tendrán los artistas de teatro que en una representación vistan ropas de color amarillo, no menos que los remedios para neutralizar esa mala suerte (llevar algo de color rojo el 31 de diciembre, etc., etc.). La programación mágica es el fundamento de todos los hechizos y conjuros, que en sí mismos suelen consistir en fórmulas o ritos de una notable estupidez... pero también del éxito de bastantes medicamentos e incluso tratamientos médicos. En éstos el hecho-base no es puramente arbitrario como en el caso del neurótico (y por eso decimos que es un neurótico), sino que tiene alguna conexión lógica con el hecho-consecuencia que se pretende producir; es decir, que tiene alguna justificación objetiva racional; pero el mecanismo utilizado es el mismo.

PEDRO: —Todo lo que decís de la Gran Madre me hace sentirme un poco perdido, y me gustaría haceros varias preguntas, pero antes querría saber algo. Al hablar de la «programación mágica» que recae sobre la eficacia de medicamentos e incluso de tratamientos médicos, supongo que te has referido a la que realizan inconscientemente los enfermos.

AURELIO: —Y también los médicos que desean curarlos. Sigue.

PEDRO: —En definitiva, ¿cómo es la Gran Madre o MM total? Porque unas veces me parece buena, otras mala, y otras indiferente. Unas veces me parece superinteligente y otras obtusa y ciega. Me tiene tan desorientado como el «Jehová» o «Yahveh» del Antiguo Testamento.

AURELIO: —No preguntas casi nada. Saber con exactitud cómo es (aparte de que, para ello, inevitablemente habría que «descender a los infiernos») no sería labor de toda una vida, sino de varias vidas, suponiendo que se pudiera conseguir. Date cuenta, en primer lugar, de que la Gran Madre no es el DOROR. Todo, absolutamente todo lo que tiene de bueno, lo tiene gracias al divinal DOROR y a la atracción que éste ejerce sobre ella. En unos aspectos (que generalmente desconocemos, por su enorme amplitud) la Gran Madre es más inteligente que nosotros, pero en determinados campos nosotros constituimos la punta de lanza de su inteligencia. Se siente atraída por el DOROR, pero, por su imperfección, puede distorsionar su imagen, no reproducirla con fidelidad e incluso contradecirla. La Gran Madre es una entidad inmensurable, complejísima, lenta por lo general, y poderosísima (poderosa sobre sí misma), que en uno de sus vaivenes nos puede triturar; pero puede aproximarse al DOROR, y hemos de procurar que lo haga aunque sea con lentitud. Puede conseguirse. Quizá se refería a esto Nikos Kazantzakis cuando, confundiendo a Dios con la Gran Madre, decía que el hombre tiene que construir a Dios y que Dios depende del hombre para crecer.

»Has hablado antes del Yahveh del Antiguo Testamento. Pues bien: mucho de lo que sabemos del Yahveh del Antiguo Testamento hemos de trasladarlo a la Gran Madre.

PEDRO: —¡Pues vaya! ¡Tanto y tanto hablar, para acabar en el mismo sitio en que estábamos, con un simple cambio de nombres!

AURELIO: —No es así, Pedro. Porque ahora sabemos muchas cosas que antes no sabíamos. Ahora no confundiremos a la Gran Madre con Dios. Ya no pediremos cosas a la Gran Madre como si fuera Dios. Ahora sabemos que a Dios no hay que pedirle nada; que siempre desea nuestro bien, y que sólo hay que procurar que la Gran Madre (antes el falso Dios) se ajuste al DOROR creado por el verdadero Dios. ¿Te parece poco?

CARLOS: —Hablas de infinitos planos de materia sutil e incluso de varios posibles niveles dentro de cada plano. Dices, pues, que el mundo material es inmensurable y que nosotros sólo somos una parte ínfima de él. Pero yo creo que el ser humano, en éste o en otros planetas, es lo más importante del universo, y que conoce ya casi todo, por no decir todo, de lo que vale la pena ser conocido. Si hay otros planos, otros niveles, otras realidades, ¿por qué no las conocemos? Si estamos o hemos estado en otro plano, ¿cómo es que no lo sabemos? Mi opinión es que hemos nacido en este mundo por una mera conjunción de fuerzas materiales. Antes no existíamos; ahora existimos, nos moriremos, y eso es todo. No hay otros mundos ni otra realidad. Si la hubiera, lo sabríamos.

AURELIO: —Lo que dices es muy humano; pero no es lógico. Pues un ser de otro plano pensaría exactamente lo mismo que tú. El hecho de que nosotros seamos «nosotros» porque «nos ha tocado» serlo, no quiere decir que no haya otros que sean «otros» porque les haya tocado serlo. A nosotros nos parece que estamos solos, pero a los otros puede parecerles lo mismo, o puede ocurrir que ellos, al contrario que nosotros, sí sepan que no están solos y hasta que intervengan en nuestros asuntos.

»Piensa en las hormigas. Ellas tienen «su» mundo, del que nosotros no formamos parte. Creen que están solas, pero nosotros estamos con ellas e influimos en su vida, como quizá otros influyen en las nuestras.

—En la mía no veo que influya nadie; sólo otros seres humanos y el azar.

—El azar nunca es azar. Pero las hormigas estuvieron mucho tiempo sin nosotros en este planeta (y quizá vuelvan a estarlo), aparte de que puede haber planetas en los que no haya más que hormigas. Y, al fin y al cabo, las hormigas y nosotros estamos en el mismo plano; pero ¿qué me dices de la relación entre varios planos?

—No puedo decirte nada. Todo son especulaciones tuyas —dijo secamente Carlos.

—Desde luego, estoy especulando. Pero con algún fundamento, y creo que con bastante coherencia. Y no me negarás que el tema es interesante.

—Eso —respondió Carlos, ahora con una sonrisa— no puedo negarlo.

Decimocuarto domingo

CREE EN LO QUE CREA, Y CREA PORQUE CREE

Estaba ya muy avanzado el otoño. Recordaba que, después de sufrir el habitual agobio del asfixiante y tórrido verano, siempre había acogido con mucho agrado la suave melancolía de esta estación del año, en la que bajo un cielo nublado, caminando yo solo a la ventura por los parques y calles arboladas de Madrid, cubiertas de hojas secas, solía entregarme a melancólicas ensoñaciones sobre mi vida pasada, y a pesimistas divagaciones sobre mi vida futura, que después se fueron cumpliendo una por una. Cada día anochecía más pronto y estaba más cerca la Navidad. Entonces yo era joven, mi madre aún vivía y gozaba de buena salud, y podía permitirme el «lujo» de «saborear» esos sentimientos de moderada amargura y desolación. Pero ahora que soy casi un viejo y ella no está, la abrumadora tristeza del otoño me produce verdadero espanto. No; ya no me gusta el otoño. El otoño sólo es hermoso mientras viven los seres queridos.

Para colmo, cuando llegué a la tertulia en aquella sombría tarde de noviembre, estaba hablando el insoportable Luciano, tan plúmbeo y gris como la tarde misma. En vez de oírle, lo que de verdad me apetecía era tomar unas copas con Dalmacio, Félix y Carlos, y hablar con ellos de otras cosas en algún lugar tranquilo. Pero tendría que esperar.

—Ya hemos dicho que la Materia Mentalizada (MM) o Mente Material es materia configurada: materia estructurada: materia con formas. Podemos llamar *morfogénesis* a la producción de formas en la materia, ya que es un vocablo compuesto por las palabras griegas «*morfé*», que significa «forma», y «*génesis*», que significa «origen» en el sentido de «proceso de surgimiento» o «proceso mediante el cual algo llega a ser».

»Conviene que hablemos un poco sobre la morfogénesis, aunque, para no complicar las cosas, sugiero *que en adelante tratemos solamente de la producida en nuestro plano, es decir, en el plano que Aurelio califica como de materia densa.* Hay una estructuración (producción de formas) de la materia densa que está fomentada, propiciada o inducida por agentes externos mediante la *influencia* o *pro-posición atractiva* de formas, es decir, que está inducida y determinada por formas reales de origen externo que se «ponen delante» (en un sentido no físico sino metafísico) de la materia, y la atraen por su mayor consistencia. Tal influencia es ejercida por las formas del DOROR y también, según Aurelio, por las de ciertas entidades que viven en planos de materia sutil. El ajuste de la materia densa a esas formas constituye, indudablemente, una morfogénesis de la misma. Pero nosotros, por razones de carácter práctico, preferimos reservar la palabra «morfogénesis» para aludir a la «*autoestructuración*» o «autoconfiguración» de la materia, de modo que, en la autoestructuración de la materia densa, la causa de que se produzcan formas en ella radique tan sólo en su propia mente. Y ello aunque, a su vez, la autoestructuración o su ausencia estén bajo la influencia del DOROR, pues no hay nada bajo el sol que escape a ella.

»Dios, mediante la *influencia* de su DOROR, promovió la estructuración primera de la materia densa (MM primigenia) sobre la «nadalidad», y después contribuyó, también a través de su DOROR, a la estructuración ulterior de esa «nadal» MM primigenia. Digo «contribuyó», porque, como acabo de indicar, la estructuración puede ser producida no sólo por el DOROR (no hablemos de otras posibles fuentes), sino también por la misma MM, en virtud de su mente. La MM genera sus propias determinaciones mentales, que confluyen con las determinaciones del DOROR para configurar la ulterior MM. Es decir, que no sólo intervienen en esa configuración las determinaciones del DOROR, sino también las de la propia MM ya existente.[115] Por eso la distorsión del DOROR puede ser debida tanto a que la MM no se ajusta a él (a su influencia), como a las *autoestructuraciones* o autoconfiguraciones de la materia producidas por la propia MM que tampoco se ajustan a él.

»La «autoestructuración» o «autoconfiguración» de la MM, lo mismo que la estructuración por la mera influencia, consiste en la *aparición* de nueva MM o en la desaparición de la que ya existía, o en ambas cosas a la vez. Y la iniciativa de la autoestructuración de una zona de MM puede proceder de ella misma o de otra zona distinta.

»Quizá la mayor parte de las estructuras (formas) de la MM son obra de su autoestructuración. Pero la primera de ellas, la MM primigenia, fue producida directamente por el DOROR, y, probablemente, también las siguientes en complejidad-conciencia. A medida que ésta

[115] El viejo problema de la Naturaleza y de la Gracia encontraría aquí una posible solución, si se entendiese por Naturaleza la MM y por Gracia el DOROR. Porque, entonces, cobraría nueva vigencia el principio *gratia naturam non tollit, sed perficit.* Utilizando la terminología de Giordano Bruno (no la de Espinosa), podría decirse que la MM es *natura naturans* en cuanto agente de su propia morfogénesis en general, y *natura naturata* en cuanto resultado de la influencia del DOROR o de su propia morfogénesis obediente a esta influencia.

va siendo mayor, es más factible la autoestructuración, la cual, en un grado todavía mayor de complejidad-conciencia, es más factible que sea transzonal.

»Probablemente, en la autoestructuración, las nuevas formas de la materia densa son creadas y sostenidas por otras formas más sutiles, pero más amplias, que llamaremos «*campos morfogenéticos*». Algunos científicos modernos califican a estas formas de «*campos energéticos*» y también de «*campos-guía*».

»Aunque tales «*formas conformadoras*» se muestren de algún modo como sabias, inteligentes y con memoria, no son DOROR de grados inferiores, sino reflejos imperfectos del DOROR. Entre otras cosas, porque el DOROR es perfecto y permanente en sí (aunque puedan existir muchos contenidos del DOROR que, desde el punto de vista de la materia, sean sucesivos en el tiempo), cualidades que no tienen los «campos morfogenéticos», «formas conformadoras», «patrones», o «matrices morfogenéticas». Sobre todo, la diferencia de los «campos morfogenéticos» con el DOROR está en que los «campos» no son perfectos. Si fuesen perfectos y armoniosos (es decir, dirigidos siempre al bien de todos los elementos, sin mal para ninguno), podría hablarse de algo tan sensacional como sería el descubrimiento del DOROR por la Ciencia experimental. Porque ésta ha descubierto ya esos campos.[116]

FÉLIX: —Esos «campos energéticos», «campos morfogenéticos» o «campos-guía», ¿pertenecen a algún plano de materia sutil y, más concretamente, al inmediatamente siguiente a nuestro plano de materia densa?

LUCIANO: —No lo sé, Félix; la verdad es que no lo sé. Podrían pertenecer a ese plano, sobre la base de que la teoría de Aurelio fuese correcta. Pero también podrían pertenecer a nuestro propio plano de materia densa, aunque, por ser más sutiles que las formas que habitualmente vemos en él, fuesen imperceptibles para nosotros.

»En cualquier caso, los «campos morfogenéticos» se articulan en niveles. Existe un conjunto de campos morfogenéticos superpuestos.

»Desde luego que, entre otros muchos campos morfogenéticos, existe también el del cuerpo de cada ser humano. De modo que, para intentar la rectificación metafísica, el que tenga fe en la existencia real del DOROR, en vez de pensar que el Amor divino se vierte sobre su cuerpo de materia densa o sobre el de otra persona, sanándolo, puede pensar que se vierte sobre el patrón, «campo morfogenético», «campo energético» o «forma conformadora» del cuerpo de materia densa, patrón que puede imaginar como una figura blanca, traslúcida, de forma más bien imprecisa, que corresponde al cuerpo denso de que se trata, pero que no tiene por qué estar en el

[116] Por ejemplo cuando con una cámara Kirlian se observa la silueta *entera* de una hoja de árbol que, antes de ser fotografiada, había sido cortada por la mitad.

mismo lugar que éste. Incluso hará más fácilmente la operación imaginándolo separado de él. Y, como en todo intento de rectificación metafísica, en vez de pensar también que su cuerpo o el de otra persona, en su parte enferma, es atraído por el DOROR, puede pensar que esa atracción es sentida por el «campo morfogenético» propio o por el de otra persona con el cual vive su unidad.

»A base de magia, retroalimentación, o por otros procedimientos, uno puede conseguir el patrón, matriz o «campo conformador» que *cree* que le conviene. Pero es mejor permitir que el DOROR configure el «campo conformador» o morfogenético que *verdaderamente* le conviene.

Aurelio: —¿No crees que esos «*campos morfogenéticos*» tienen algo que ver con los «*campos de conciencia*» de que yo hablé en alguna ocasión?

—No recuerdo bien lo que dijiste sobre ellos. Se conoce que en aquellos momentos estaba yo distraído —contestó Luciano con muy mala uva.

—Dije que los «campos de conciencia» sirven para explicar fenómenos como el de la mariposa «*Saturnia pyri*» que ya señaló el entomólogo francés J. H. Fabre en uno de sus deliciosos relatos. Él no pudo explicarse (ni nadie después de él) cómo podían conocer los machos la ubicación de la hembra, recluida en una habitación herméticamente cerrada y perfectamente aislada a 50 kilómetros de distancia. Tampoco se explica nadie cómo el adiestramiento adquirido por unos determinados animales se transmite automáticamente a otros de la misma especie que no se han comunicado con los primeros ni han presenciado su adiestramiento. Ni cómo los caracoles de determinada especie pueden saber con antelación hasta qué altura tienen que trepar por los arbustos para librarse de una corriente de agua que se producirá varias horas o incluso varios días más tarde (a causa de una lluvia torrencial que nadie prevé en ese momento), y que llegará exactamente hasta esa altura sin sobrepasarla. En los seres humanos hay muchos ejemplos de fenómenos parecidos, de los que se dan arbitrariamente las «explicaciones» más diversas o que no se pueden explicar en absoluto.

»Pero creo que tus «campos morfogenéticos» no sólo se articulan en niveles como tú dices, sino que, además, su extensión parece ser variable en función de las circunstancias materiales concretas. El profesor Botella Llusiá daba pública cuenta de unos experimentos realizados con ratas a las que se estabulaba y alimentaba en un recinto cerrado para que pudieran reproducirse libremente. Cuando su número aumentaba tanto que ya apenas podían moverse en el recinto, en el grupo empezaban a aparecer espontáneamente hembras estériles y machos homosexuales. Pero si a los animales se les colocaba en un espacio más amplio, las hembras volvían a ser fértiles y los machos volvían a ser heterosexuales. El sabio profesor llamaba a este fenómeno «*la cibernética de la repro-*

ducción»; es decir, en definitiva, otro *«principio antrópico»*. Por cierto que algo parecido parece estar ocurriendo ahora en ciertos grupos humanos por una diversidad de causas materiales, pero en todo caso sin que en la producción del fenómeno de la esterilidad o de la falta o disminución del apetito sexual intervenga su voluntad. Por eso te preguntaba hace un momento si tus «campos morfogenéticos» tienen o no algo que ver con mis «campos de conciencia».

—Puede que ambos «campos» coincidan o puede que no —dijo Luciano—. No lo sé. Habría que verlo caso por caso —Aurelio asintió a esto—. Pero me parece que tus «campos de conciencia», por definición, no son conformadores de materia, sino simplemente regidores u ordenadores de formas materiales ya existentes.

—Está bien —repuso Aurelio—. Convengamos entonces en que los «campos de conciencia», a diferencia de los «campos morfogenéticos», no producen autoestructuración alguna en la materia, pero que la producida por estos últimos se debe a que poseen una conciencia. Lo cual los aproxima mucho a los «campos de conciencia». Por eso he dicho que tenían algo que ver los unos con los otros. Y lo he dicho porque estoy convencido de que la autoestructuración de la materia densa depende de la conciencia que posean sus formaciones previas.

»Y añadiendo algo a lo que has expuesto, creo que hay una morfogénesis o autoestructuración de la MM, que depende de una determinada clase de conciencia suya, la cual es una conciencia errónea, y es la conciencia de su propia consistencia. Esta conciencia produce el efecto de dar rigidez a las formas existentes; el de consolidarlas, por así decir. ***Para mí, la morfogénesis de la materia consiste tanto en estructurar nuevas formas como en consolidar las ya existentes. En este último aspecto, la morfogénesis es siempre contraria al DOROR***, ya que produce la *indebida conservación* de esas formas (lo que es equivalente a la creación de nueva MM), haciéndolas refractarias a cualquier ulterior influencia del mismo, cuando deben cambiar.

—Explícate, por favor —dijo entonces Félix.

—La MM se autoafirma espontáneamente mediante la creencia en ella misma como realidad consistente. En lo que respecta al ser humano, dicha creencia, en estado de vigilia, puede ser consciente, tanto de uno mismo como de los demás, o inconsciente, tanto de uno mismo como de los demás. Pero también puede tener lugar durante el sueño de uno mismo o de los demás. La parábola de Jesús sobre la cizaña es significativa a este respecto. El enemigo la sembró *de noche*.

»Hay que mantener una constante autovigilancia para controlar, al menos, la creencia controlable. Cuando uno se goza de algo material en cuanto meramente material, está afianzando la creencia. Sólo hay que gozarse de algo material en cuanto que sea reflejo del DOROR.

—¿Quieres explicar todo eso un poco más? —pidió Félix de nuevo.

—Desde luego. En una fase previa a la aparición de la MM (es decir, a la aparición de las formas), lo que hay es materia preconfigurada que, aunque tiene mente, no tiene conciencia todavía. Sólo posee una proto-conciencia que le da cierta «inteligencia» objetiva; algo así como una extraña «habilidad» o capacidad de tino (que le permite asumir formas) y también de desatino (apego a la alguidad). Pero, una vez surgida de la materia preconfigurada, la MM se manifiesta como poseedora de una mente cada vez más consciente, y puede decirse que, en conjunto, es un proceso mental. Pero hay muchas clases de mente y, por ende, de conciencia. La MM primigenia, que consiste básicamente en energía, está dotada de una «inframente» que le proporciona una «infraconciencia». La MM ulterior puede tener diversos grados de mente y, por tanto, de conciencia. Y en tercer lugar está la «supramente», que puede regir ciertos fenómenos paranormales y estar dotada de una «supraconciencia».

»Cada grado superior de conciencia de la materia se erige sobre los grados inferiores y los domina. No es el mero resultado de la suma de los inferiores, sino una conciencia superior que los engloba y dirige. Y si el grado inferior puede dar lugar en la materia, por autoestructuración, a la primera apariencia de consistencia (la forma material es precisamente eso), los grados superiores pueden consolidar, desarrollar y modificar la apariencia de consistencia de los inferiores, lo mismo que pueden debilitarla.

»La consolidación («cristalización») de los grados inferiores de la MM se produce por una característica intrínseca de la materia densa que es la inercia («*Tamas*» en la terminología hinduista); pero también mediante una actividad difícil de describir. Fundamentalmente es creencia en su consistencia; pero entretejida con esa creencia se detecta también, ***quizá como desarrollo posterior de su inicial apego a la alguidad*** (que es precisamente el que le otorgó la condición de materia densa), un apego, ***un aferramiento a su forma actual***, o sea, cierta clase de voluntad: voluntad de consistencia y, por tanto, de conservación, la cual, como he dicho antes, es en realidad una creación. Lo mismo ocurre en los grados superiores de la MM. De este modo, la MM crea porque cree. Cree en lo que crea, y crea porque cree. Es, en conjunto, un remolino; una espiral creciente de autoafirmación. Porque además, en el fondo, cree porque quiere creer.

»Esta creencia creadora o «*creencia-creación*», es normalmente la base de toda nuestra actuación. Pero puede haber actuación sin creencia (por ejemplo, la del sabio budista o la del hinduista que practica asiduamente el «*Karma Yoga*»), lo mismo que puede haber creencia sin actuación.

»El que actúa con creencia-creación, lo que hace es reforzar la apariencia (forma) material; es decir, que espontáneamente consolida la MM. Es lo que hacemos casi todos los seres humanos.

»Ahora bien: la apariencia material, la forma de la materia, se aparta o puede apartarse tanto más del DOROR tanto más cuanto más rígida sea, es decir, cuanto más consolidada esté. Por eso se debe procurar no consolidarla; y para ello se debe ser consciente del error de considerarla como sustentada por una materia consistente de por sí.

»Estamos en el mundo material, somos parte de él, y no podemos ni debemos dejar de actuar en este mundo. Pero hemos de actuar sin creencia-creación en la consistencia intrínseca de la materia (creencia-creación consciente), y sin turbulencias (dimanantes de un «yo aferrado») reveladoras de una creencia-creación inconsciente.

»Y hemos de actuar de acuerdo, en lo posible, con el DOROR, aunque no podamos intuirlo en muchos casos y hayamos de conformarnos con ajustar nuestra conducta a los principios básicos del amor, el bien y la armonía. Hemos de intentar convertirnos en algo así como un canal de comunicación entre el mundo del DOROR y el mundo de la materia deficiente y defectuosamente estructurada. Hacernos transparentes al DOROR: inhalarlo, incorporarlo, y exhalarlo al mundo material. Esto, además de ayudar a la realización del DOROR en este mundo, ayuda al debilitamiento del «yo aferrado» (y con ello, a su vez, a dicha realización), porque ocurre como si el «yo aferrado» fuera barrido por esa corriente del DOROR hacia el mundo material de la que el sujeto se hace cauce voluntario. Es la *«técnica del torrente»* o de la *«rambla»*. El sujeto percibe que el «yo aferrado» es un obstáculo en la avalancha del DOROR; y si la avalancha se hace más fuerte, el «yo aferrado» es barrido por ella en vez de que ocurra, como es habitual, lo contrario.

»Eso es todo lo que podemos hacer, pero ya es bastante. Porque ello puede repercutir sobre otras zonas de la MM (es decir, sobre la MM de o en otras personas) en estado de creencia autoafirmativa consciente o inconsciente, e incluso sobre la actividad de la MM durante el sueño, ya sea propio o ajeno. Pero requiere una constante vigilancia y una continua actividad mental asentada en esta visión metafísica.

»"Prescindir" afectivamente de la realidad material por su falta de consistencia intrínseca entraña abandonar, en cuanto a nosotros, la espontánea actividad autoconsolidante (autoafirmadora) de la MM.

»El que practica la magia (por ejemplo, el *Control Mental* de Silva) hace algo muy diferente, pues cree en la consistencia intrínseca de la materia aunque sepa que puede modificar sus formas; tiene un «yo aferrado» hiperactivo que le impulsa a intentar modificarlas, y para ello utiliza técnicas pertenecientes exclusivamente al mundo material (relajación, visualización, concentración mental) en cuya sustancialidad cree sin reservas. Conste, sin embargo, que el «Control Mental» es una medicina alternativa y, en general, un remedio eficaz a los males de este mundo, cuando se emplea con buenos fines. Lo mismo que es lícito acudir a la Medicina, es lícito acudir a la magia blanca. Pero es de advertir que, aunque otra cosa crean sus adeptos, el «Control Mental» puede también usarse con malos fines. Y en todo caso, aunque así no sea, con él podemos conseguir lo que pretendemos *aunque sea para nuestro mal.*

—Yo sigo sin comprenderlo bien —dijo Carlos.

—La MM de materia densa, incluso la primigenia, es espontáneamente morfogenética en el sentido de autoafirmadora o «consolidante». Y se sirve también de la mente humana (la cual no es sino una parte de la MM) para afirmarse en el plano existencial mediante la creencia en sí misma como conjunto de formas albergadas por una materia intrínsecamente consistente. Sin embargo, actuando en sentido contrario, la mente humana puede, tras identificarse a sí misma como una de las partes configuradas de la materia densa, desmentir esa consistencia y, con ello y con su fe en el DOROR, facilitar en alguna medida la realización de éste en el mundo material. Se trata, en definitiva, de facilitar y no obstaculizar la *influencia* del DOROR. Ésta es la justificación teórica de los intentos de curación o «rectificación metafísica».

»En cuanto a la actividad morfogenética no consolidante o *no meramente* consolidante, la mente humana puede crear o destruir formas materiales utilizando otras formas materiales preexistentes (y en esto consiste la actividad humana normal), o también *directamente*. En este segundo caso, la morfogénesis puede ser espontánea o deliberada. A su vez, esta última puede realizarse de un modo no mágico o bien a través de la magia. Se suele decir que la estructuración de una zona de materia directamente por otra zona de materia configurada, que es la mente humana, es lo que llamamos «magia»; pero caben heteroestructuraciones y autoestructuraciones (un ejemplo de las segundas es el conocimiento discursivo) hechas por la mente humana, que no reúnan los requisitos necesarios para ser consideradas mágicas. Con la magia, la mente humana puede no sólo dañar sino también favorecer; pero esto último no tiene nada que ver con los intentos de rectificación metafísica.

—¿Cómo se produce lo que tú llamas morfogénesis consolidante?

—A efectos prácticos —contestó Aurelio—, sólo diré que cuando un ser humano mira la realidad material (formas que hay en la materia) con los ojos de la mente bien abiertos, «cogiendo el toro por los cuernos» por así decir, como «haciéndose cargo» de la realidad material y, por tanto, «afrontándola», «acogiéndola», «sosteniéndola» de algún modo y «comprehendiéndola» más o menos racionalmente, más o menos lúcidamente, «asumiéndola», en una palabra, para actuar en ella «como un pez en el agua», aceptándola o modificándola, pero siempre «teniéndola en cuenta como algo importante», de por sí consistente, lo que está haciendo es consolidarla. «Asumir» la realidad material es «atraerla hacia sí», vale decir *aferrarse* a ella. Y esto ocurre de un modo especialmente intenso cuando la tememos o la deseamos. Encarar de este modo la realidad material contribuye, como mínimo, a robustecer su apariencia de consistencia y a hacerla más rígida, más tenaz y, por ende, más resistente al DOROR.

»El que los seres vivos, y especialmente los humanos, y no sólo los que estamos aquí, sino la casi totalidad de los seres humanos que habitan este plano de materia densa, encaremos de ese modo la realidad material, es lo que le da poder. No lo que le da existencia (que ya la tiene), ni realidad (que ya la tiene), ni consistencia (que de por sí no la tiene ni la puede tener), sino capacidad de resistencia al DOROR.

»En cuanto a lo que ocurre en los planos de materia sutil, creo, como ya sabe Luciano, que tienen una capacidad morfogenética (consolidante o no consolidante o no meramente consolidante) análoga a la nuestra las formas (seres) originarias de esos planos, así como las que han surgido en ellos como reflejos de formas de planos inferiores, pero que ya se han independizado de éstas. Su actividad morfogenética puede recaer sobre su plano, sobre otros planos de materia sutil, o sobre el nuestro. Respecto a lo que ocurre en el plano del DOROR, coincido con Argimiro en pensar que las formas que en él existen son producidas por el DOROR sin formas (es decir, por una materia amorfa y supersutil llena de una vida, conciencia, inteligencia y felicidad que no podemos imaginar siquiera), para que puedan influir sobre los planos materiales inferiores.

»Pero volviendo a hablar de lo que ocurre en la materia densa, me parece evidente que la morfogénesis consolidante practicada espontáneamente por el ser humano es a la vez egogénesis (creación o consolidación del «yo aferrado»), y viceversa. Son como las dos caras de una misma moneda. El aferramiento al «yo» se deriva del aferramiento a las demás formas materiales, y contribuye a su vez a consolidarlas.

—¿Y qué me dices de los animales?

—Los animales también participan, y mucho, en la morfogénesis. Su conciencia es inferior a la del ser humano, pero en cambio son verdaderos especialistas. Sólo reaccionan ante aquello que según su conciencia colectiva les afecta vitalmente, pero lo viven con una intensidad total.

—Va a resultar —dijo Carlos— que mi jefe está contribuyendo a la creación del mundo como si fuera Dios, cosa que ya cree.

—Hablando de animales —dijo Félix, que parecía muy interesado en todo esto—, el caso de «los sapos de Kammerer»,[117] que llegaron a transmitir por herencia los caracteres adquiridos, podría ser un caso de actuación de la MM, consciente o inconsciente, pero individual (y ésa fue la tragedia de Kammerer) sobre la materia. Porque lo cierto es que, al cabo de los años, se ha visto que no hubo fraude. Después de incontables experiencias de

[117] Descrito con detalle por Arthur Koestler en *The case of the midwife toad.* Trad. esp. «El abrazo del sapo». Ed. Ayma, S. A. Barcelona, 1973.

laboratorio, la MM de Kammerer llegó a producir en la materia el resultado que deseaba (las formas que deseaba), que era contrario al que deseaba la MM de todos los demás científicos de su tiempo.

—Así lo creo yo también —repuso Aurelio—. La autoestructuración no mágica de la MM produce unos efectos parecidos a los de la magia. Si un grupo de personas teme un castigo de Dios, a ese grupo humano acaba por ocurrirle una desgracia. Si un grupo de personas desea ardientemente que se extinga una epidemia, la epidemia acaba por desaparecer. Si en un país predomina el cabello oscuro entre las mujeres y éstas desean fervientemente tener el cabello rubio, en un principio se teñirán el pelo, pero al cabo de unas pocas generaciones en ese país predominarán las mujeres con el pelo naturalmente rubio. Fenómenos como éstos traen de cabeza a los etnólogos. El caso de los turcos otomanos es ya clásico, aunque no el único. Inicialmente pertenecientes a la etnia mongoloide, como los demás turcos, los mongoles y los tunguses, etc., ocurrió que, después de haber conquistado el Imperio bizantino, cuya superior cultura admiraban, al cabo de unas cuantas generaciones acabaron convirtiéndose casi en étnicamente caucasoides sin que mediase una mezcla genética que por su amplitud lo justificara.

»Quizá el SIDA sea expresión del mismo fenómeno. El desenfreno sexual de los años setenta (sobre todo en las ciudades de la costa oeste de los Estados Unidos de América) sometió a tales sobreeesfuerzos al sistema inmunológico de un extenso grupo de seres humanos (especialmente homosexuales), que no parecía sino que esos seres desearan eliminarlo. De hecho, objetivamente, en esos medios se estaba «empujando» a la MM hacia la desaparición del sistema inmunológico humano. La aparición del virus correspondiente a esa tendencia fue sólo cuestión de tiempo, aunque, desde luego, una vez evocado, afectase a toda clase de personas. Al menos en este caso, creo que el virus no fue la «causa» de la enfermedad de las personas que, cometiendo durante años tremendos excesos sexuales (y, por ende, agotando su sistema inmunológico a base de exigirle esfuerzos desmesurados) dieron lugar a su aparición, sino la «expresión» material de una enfermedad previa, de carácter moral, de esas mismas personas, que las empujaba objetivamente hacia la desaparición de su sistema inmunológico. Pues la MM es una e indivisible y, en el ser humano, las distorsiones morales (es decir, el no ajustar al DOROR la propia conducta) producen distorsiones psíquicas y físicas, del mismo modo que las distorsiones psíquicas producen distorsiones físicas y viceversa. La aparición del virus del SIDA no ha sido ningún castigo de Dios, sino obra de la MM, que, obediente al ser humano en este caso, se ha autoestructurado de esa manera.

»Es decir, que, en el caso del SIDA, creo que es la mente humana, colectiva pero inconsciente, la que ha actuado. Parece como si la Humanidad, presa del Hedonismo materialista, estuviese harta de la existencia y quisiera desaparecer. La droga, la sexualidad desenfrenada, la agresión a la Naturaleza, que los ecologistas tratan en vano de detener, son manifestaciones de esa pulsión autodestructiva. Y, como era de esperar, ha surgido una enfermedad que puede acabar con el género humano mucho más rápidamente que el cáncer o la destrucción del ecosistema.

»En el capítulo dedicado a «Los grandes libros mágicos», y más concretamente a los que tratan de la curación de enfermedades, Guy Bechtel[118] hace una interesante (y acertada) especulación sobre la conciencia humana colectiva como causa tanto de las enfermedades como de su curación. Dice, en esencia, que factores sociales, culturales, tienen como efecto natural no sólo la aparición de enfermedades sino también la curación de las mismas. Y está en lo cierto.

»En este sentido, la aparición del SIDA puede ser el último capítulo de la Historia de la Humanidad.

»En general, sólo viven los que de verdad quieren vivir, y sólo quieren de verdad vivir los que de verdad son felices.[119] Pero la verdadera felicidad no depende de objetos externos, sino del panorama metafísico que se tenga. El Nihilismo, el Agnosticismo y el Materialismo, no son precisamente panoramas metafísicos que den felicidad.

—Si no te importa, háblanos un poco más de la magia —le pedí yo entonces a Aurelio, ya que era un tema que me interesaba mucho.

—Cuando las formas materiales se relajan, se aflojan, se «ablandan» o flexibilizan, ocurre que se hacen más accesibles a la influencia benéfica del DOROR, pero también, y por la misma razón, se hacen más capaces de ser influidas por otras formas materiales. Y a su vez se hacen más capaces de influir sobre estas otras formas, o sobre la materia amorfa, cosa que no ocurriría si empleasen su energía psicofísica en mantener la propia rigidez. La eficacia de la sugestión, que Mesmer descubrió, a menudo se explica porque lleva implícita cierta fe en el DOROR; pero la mayoría de las veces es debida a la influencia directa de una forma material (cerebral en este caso) sobre el resto del mismo ser humano donde radica, o sobre otro ser humano. En realidad, la sugestión forma parte de la magia. Ésta no consiste en emplear una enorme fuerza de voluntad, como muchos creen, sino, en estado de relajación psicofísica, en visualizar simplemente el resultado a obtener, con seguridad y confianza absolutas en su realización; es más,

118 *Les grands livres mystérieux.* Trad. esp. «Los grandes libros misteriosos». Plaza & Janés. Barcelona, 1977.

119 Los psicólogos saben que hay muchas personas (más de las que parece) que en realidad no quieren ser felices. La pregunta de Jesús al paralítico: «¿Quieres ser sano?» (Juan 5,6), no fue en modo alguno ociosa. Bastantes médicos se ahorrarían tiempo y trabajo si se la hicieran a sus pacientes antes de empezar el tratamiento, en vez de dar siempre por supuesto que desean curarse. En general, muchos seres humanos no quieren que se les ayude, o sólo aceptan la ayuda de determinadas personas.

«asistiendo» de algún modo a esa realización; «contemplando», por así decir, cómo se está produciendo o se producirá realmente ese resultado. La sugestión consiste en practicar la magia directamente sobre otra persona, o en provocar en esa persona la autosugestión, la cual no es sino magia de ella misma sobre ella misma. Correlativamente, en el aspecto pasivo, ya he dicho que la relajación psicofísica del sujeto le hace más susceptible de ser efectivamente influido por manipulaciones mágicas, y si además tiene miedo de esas manipulaciones, está colaborando con ellas.

»La autoestructuración de la materia por medios mágicos no es ninguna broma. Puede llegar hasta la creación de seres materiales nuevos; incluso seres humanos. De fuentes latinas[120] se tiene noticia de un sacerdote egipcio de la última época del Imperio romano, favorito del emperador, cuya magia era tan poderosa que era capaz no sólo, por ejemplo, de hacer llover a voluntad, sino de materializar un sirviente que realizase para él las tareas domésticas, cosa que en estos tiempos no nos vendría nada mal. El mismo sacerdote era capaz, a la inversa, de matar personas a distancia en poco menos de una hora, empleando para ello una fórmula mágica que se ha conservado. La transcribe el autor latino y yo la conozco, pero por una elemental precaución no la voy a repetir aquí. Claro que la fórmula es lo de menos y lo que cuenta son las facultades del mago y sus técnicas mentales. Pues esos mismos prodigios, exactamente los mismos, incluso la materialización de personas, los realizaban algunos monjes budistas tibetanos, según refiere la inteligente investigadora francesa Alexandra David-Neel. Y, concretamente el provocar la lluvia, es algo que se puede comprobar todavía hoy entre los monjes tibetanos refugiados en la India. Los mismos prodigios (salvo el de matar por medios mágicos) y muchos otros, pero sobre todo el de crear a voluntad objetos y personas, los practica con carácter habitual el «*gurú*» hinduista Sathya Sai Babá. Las religiones de todos esos hombres, y sus panoramas metafísicos, son diferentes; pero todos hacen los mismos prodigios, porque lo que practican, casi siempre sin saberlo, no es religión sino magia. En otro momento hemos hablado de los «egrégoros», pero éstos son obra de una colectividad de seres humanos.

Algo había hablado de la magia, pero muy poco. Mi curiosidad sólo quedaría satisfecha bastantes semanas después. Pero sigo con mi relato.

—¿Y qué son los «*Avatares*»? —preguntó Pedro, que sin duda había leído algo sobre Sai Babá.

—La MM, como dijo Alan Watts, «yoa»; es decir, que, al final de una larga evolución, ha adquirido en los seres humanos formas no sólo dotadas de una conciencia muy desarrollada sino también pensantes, capaces de ser cons-

[120] *La magia a partir de la Baja Época egipcia.* Conferencia (no publicada, que sepamos) pronunciada en la Asociación Española de Egiptología, el día 8 de mayo de 1992, por Santiago Montero Herrero, profesor de la Universidad Complutense.

cientes del sedimento mnémico de impresiones pasadas que constituye el «yo» y, en todo caso, de utilizarlo. Pero a veces la MM global no sólo es consciente *en* los seres humanos, sino que además se hace consciente de sí misma en ellos. Estos sujetos, por tanto, no sólo son conscientes de los objetos de conocimiento, y no sólo son además conscientes de su unidad con esos objetos, de su condición de productos particulares de la Mente Material universal (de la que ellos, los sujetos, son punta de lanza), sino que encarnan la MM total que se ha hecho consciente de sí misma; es decir, autoconsciente. Tales sujetos son llamados «Avatares» en el Hinduismo. Pero hay muchas clases de «Avatares», según su grado de conciencia y de autoconciencia. Krishna lo fue. Sai Babá lo es. Jesús de Galilea puede que lo fuera, aunque es dudoso, y, si lo fue, también fue bastante más que un «Avatar». El grado de «avatariedad» es variable. En grado menor, se ha dado en bastantes personas. Posiblemente Mozart fue una de esas personas, pues escribía sin correcciones, como al dictado, inexplicablemente, melodías verdaderamente sobrehumanas.

»Suele ser frecuente que los «Avatares» confundan la MM total con Dios, y, por tanto, muchos han llegado a afirmar que ellos son Dios. Tal pudo ser el caso del sufí Al-Hallaj, que fue quemado vivo en Damasco por salir a la calle gritando «*¡Yo soy Dios! ¡Yo soy Dios!*». Lo mismo dice Sai Babá: «*Yo soy Dios. Usted también lo es. La diferencia está en que yo sé que lo soy y usted no*». Por cierto que Jesús de Galilea nunca dijo de sí mismo nada parecido. Lo dijeron de él otros después de él, pero no él. Cuando alguien dice que es Dios o que ha visto a Dios, o está loco, o es un embustero, o ha confundido a Dios con el DOROR o con la MM total.

»Los «Avatares» pueden hacer prodigios increíbles. En ellos la MM total, que se ha hecho consciente incluso de sí misma, despliega, bajo la dirección de un ser humano, su enorme capacidad de autoestructuración. Pero cada «Avatar» suele enmarcar sus milagros dentro de su respectiva religión. Es penoso, por ejemplo, escuchar a Sai Babá, que hace maravillosas y abundantes estructuraciones, exponer las monótonas y abstrusas enseñanzas del más ramplón y menos elevado Hinduismo.

»El caso de Jesús de Galilea es peculiar. Y, a la vez, dramático: mucho más que el del sufí de Damasco, aunque en cierto modo semejante a él. A diferencia de otros «Avatares» (si es que él lo fue, que lo dudo), llegó a tener numerosos vislumbres de la Realidad consistente: del universo espiritual: del «Reino de los Cielos»: del DOROR. Pero nunca supo muy bien lo que le ocurría. Unas veces se movía en el terreno familiar de la cultura y la religión de su pueblo, y otras veces, en cambio, se elevaba a las alturas de la Gnosis, del Conocimiento Verdadero, y entonces se enfrentaba a aquéllas. En sus enseñanzas se pueden fácilmente apreciar las oscilaciones y vaivenes entre las dos posiciones. Al final interpretó erróneamente lo que le sucedía; se interpretó erróneamente a sí mismo ignorando el poder de la Gran Madre, y por eso fue crucificado.

»Y es que el mundo físico es como una telaraña. La araña (la Mente Material) la hace, la deshace, y la vuelve a tejer continuamente. Siempre está cambiando la tela de araña, y siempre es igual de intrínsecamente inconsistente. Es como un velo (el *«velo de Maya»*) que nos impide ver la Realidad consistente de por sí. Si lo rompemos, siempre se rehace como una Hidra de cien cabezas, y, como un cáncer, siempre está creando metástasis. Hay que mantener una continua autovigilancia, porque nos tiende trampas, no ya cada minuto, sino cada segundo.

LUCIANO: —Lo que hace más difícil tomar conciencia de la insustancialidad intrínseca de la materia (y más concretamente de la materia que tú llamas «densa») es la causalidad que en ella se observa. Las relaciones de causalidad que se dan en la MM parecen no romperse nunca. Desde el momento en que quien no se ajusta a las leyes de la MM sufre inexorablemente las consecuencias, se piensa que la MM es algo muy consistente y «serio». Pero no hay que dejarse llevar por esa impresión, que no tiene ningún fundamento racional. Que haya causalidad no quiere decir que haya consistencia intrínseca. En una película hay causalidad, pero no por eso deja de ser una película, y sólo como tal debe ser tomada.

—La causalidad —precisó Aurelio— consiste en el mismo proceso, visto por completo. Determinar la causa de algo es determinar el proceso entero, del que una parte permanecía oculta. Ver la causa es ver todo el proceso.

En ese momento Dalmacio le preguntó de qué manera incidía el DOROR en la causalidad material.

—Es una buena pregunta —respondió Aurelio—. Porque, dentro del mundo material, hay una causalidad «horizontal», en la que la causa es material y el efecto también lo es, y además hay otra causalidad «vertical», en la que el efecto se produce en la materia y la causa es el DOROR, o en la que las modificaciones de la materia dan lugar a un nuevo DOROR. Se trata, claramente, de un relación dialéctica. Nuestra visión, por tanto, podría llamarse con toda justicia *«Neoplatonismo dialéctico»*.

»Jacob, en su famoso sueño, vio *«una escalera que estaba apoyada en tierra y su extremo tocaba en el cielo, y ángeles de Dios subían y bajaban por ella»* (Génesis 28,12). Pocas imágenes pueden simbolizar mejor la relación dialéctica entre el DOROR (enviado de Dios: *ángel*) y la Materia. Ésta (abajo) ocasiona el envío del ángel, es decir, del DOROR. El DOROR (arriba) influye en la Materia y provoca la aparición de formas en ella. Una vez con formas, la Materia (ya MM), en parte resiste la influencia del DOROR, en parte se ajusta a él, y en parte se modifica por su propia fluencia; de modo que ocasiona un nuevo DOROR, y así sucesivamente, por los siglos de los siglos. La relación dialéctica entre el mundo material y el DOROR fue también intuida, aunque en forma no muy exacta, por el Hermetismo, en su famosa teoría de las correspondencias: *«Lo que está arriba, está abajo; lo que está abajo, está arriba»*.

Luciano: —Es difícil romper la causalidad «horizontal»; y, desde luego, es imposible hacerlo con medios materiales o desde el mundo material, o sea, desde la misma materia configurada. La influencia continua del DOROR sobre la materia es débil porque, aunque algunos no creamos en la consistencia intrínseca de la materia, otros (la mayoría de los seres vivos) sí creen y mucho, y ello refuerza a la MM dándole rigidez. Pero la causalidad «horizontal» puede romperse, y de hecho se rompe muchas veces aunque no nos demos cuenta de ello, en beneficio de la «vertical».

—En eso consisten —dijo Anita— los llamados «milagros» que, como dice la señora Eddy, no son hechos sobrenaturales ni antinaturales, sino «*supremamente naturales*». Se fundan en lo que es, siempre ha sido, y no puede dejar de ser; no en una intervención extraordinaria de la Divinidad alterando las «leyes naturales».

Aurelio: —Podría decirse que en la materia configurada rige la «*ley del tres*» de que hablaba Gurdieff. Esa ley creo que significa (pues Gurdieff no lo aclaró demasiado) lo siguiente: «dos» se refiere a la acción recíproca que se da en el ámbito natural, a la acción y la reacción, a las tesis y antítesis del movimiento «horizontal» de la MM, que sigue las leyes del Materialismo dialéctico descritas por Marx y Engels en base a Hegel. El Marxismo tiene razón, no como Materialismo dialéctico pero sí en cuanto a la dialéctica de la materia. Pero el «uno» adicional es la influencia «vertical» del DOROR, que esos filósofos no intuyeron.

»Aquella intuición de la «*ley del tres*» no sólo la tuvo Gurdieff. La tuvo también, por ejemplo, y muchísimo antes que él, el Hinduismo, con las tres «*Gunas*» o cualidades de la materia, se entiende que configurada. De ellas, «*Rajas*» (movimiento, acción) y «*Tamas*» (inercia, pesadez, resistencia al cambio) representan los dos polos de toda interacción material. Pero «*Sattva*», la tercera (que expresa la idea de lucidez, sutilidad, espiritualidad), representa, sin duda, al DOROR o a la influencia del DOROR como tercer factor de la conformación de la materia.

»En cuanto al «*Yin*» y el «*Yang*» del Taoísmo, de algunos de sus textos puede deducirse que esos términos designan los dos factores del movimiento «horizontal» de la MM. Aunque, según otros textos taoístas, también puede decirse que el «*Yang*» (el Cielo, el principio masculino) es la influencia «vertical» de una materia sutil semejante al DOROR, y que el «*Yin*» (la Tierra, el principio femenino) es la MM densa con sus dos factores de movimiento «horizontal». No os sabría decir.

»Pero yo creo que en la MM o materia configurada rige la «*ley del cuatro*». Y no me he referido antes, ni me estoy refiriendo ahora, a fuerzas externas a la materia configurada que actúen sobre ella, sino a fuerzas originadas en ella misma (pues difícilmente podrían venir de otra parte), que la mueven o agitan de determinada manera. En este sentido, creo que los movimientos que hace la MM son efecto de cuatro fuerzas o tendencias antagónicas básicas, y no de tres. Las dos primeras producen el que hemos llamado movimiento «horizontal» de la materia configurada: fuerzas opuestas que se dan dentro de la MM en relación dialéctica; es decir, la acción y la reacción, la acción recíproca de los elementos interactivos opuestos, etc. La tercera fuerza es la atracción que la materia amorfa (que sólo en cierto sentido puede decirse que es el «sustrato» de la MM) experimenta por el DOROR. Y la cuarta es la tendencia de la misma materia amorfa a la repulsión, rechazo o inversión del DOROR. Porque esta tendencia también existe.

»La materia, que es No-ser, es atraída por la consistencia; por el Ser; vale decir por el DOROR. Esta atracción constituye la tercera fuerza que opera en ella, y en su versión de MM, y se acentúa cuando la materia tiene conciencia más o menos acertada y exacta de la existencia del DOROR; conciencia, además, de la consistencia del DOROR, y conciencia, además, de la inconsistencia intrínseca de ella misma y de sus formas.

»La cuarta fuerza proviene de que la materia no ha sido creada voluntariamente por Dios, sino que ha surgido a consecuencia de la existencia de Dios *como un negativo* de Dios. De modo que en una parte de ella (la inferior al DOROR, la que no es él, la materia en sentido estricto) operan *dos fuerzas contradictorias: la que tiende a ajustarla al DOROR y la que tiende a configurarla en forma exactamente opuesta y contraria al DOROR*. Y lo cierto es que en el conflicto puede predominar esta segunda fuerza. Por eso la materia (en sentido estricto) es el mal radical, no sólo en sí, sino también en sus formas. Aunque yo creo que, más que de una verdadera fuerza, se trata de una incapacidad radical (o sea, de raíz) para asumir las formas del DOROR. Pero, en todo caso, opera como una fuerza negativa; como una tendencia negativa.

»De estas cuatro fuerzas, las dos primeras están opuestas entre sí en una dirección en cierto modo «horizontal». Y las otras dos, que proceden de las entrañas de la MM, de su base más profunda, están opuestas entre sí en una dirección en cierto modo «vertical». Por tanto, figurativamente, las cuatro formarían algo así como una cruz.

»En sentido «horizontal» operan los opuestos de este mundo de MM que pueden definirse el uno por el otro. Entre ellos, el bien que puede definirse como lo contrario del mal, la vida que se define como lo contrario de la muerte, o la felicidad que se define como lo contrario del dolor. Pero, además, todo este mundo, toda la MM, es atraída, lo mismo que la materia amorfa que es su base, por otro Bien que no tiene nada que ver con el mal ni el bien «horizontales» de este mundo; por otra Vida que está por encima de la dualidad vida-muerte de este mundo, y por otra Felicidad que está por encima de la oposición felicidad-desgracia de este mundo, porque tienen sus raíces en el DOROR. Y *también* se siente atraída, lo mismo que la materia amorfa que es su base, por un Mal que está por debajo de la oposición bien-mal de este mundo, una Falta de vida que es subyacente a la dualidad vida-muerte de este mundo, y una Desgracia que también es subyacente a la oposición felicidad-desgracia de este mundo, porque radican en la misma materia amorfa.

»En definitiva, hay en la materia bienes y males que sólo se definen el uno por el otro, y bienes y males que además son reflejo de bienes y males absolutos. El que no lo vea, o está ciego o no lo quiere ver.

»Estos bienes y males absolutos no se definen el uno por el otro más que en apariencia. En realidad, el bien es lo primero, la verdadera sustancia, y el mal es sólo la ausencia o privación del bien.

—Lo que acabas de decir es muy sugestivo —reconoció Dalmacio.

—¿Si? —repuso Aurelio—. Pues, para decepcionarte, ahora te diré que, en el fondo de mi alma, lo que creo que existe es una *«ley del dos»*.

Parecía que Aurelio estaba jugando con nosotros; que nos estaba «estructurando» y «desestructurando» a placer.

—¿Cómo es eso? —le preguntó Dalmacio, tan desconcertado como lo estábamos todos los demás.

—El movimiento en sentido «horizontal» viene dado por la condición espacio-temporal asumida por la materia en virtud de sus formas, que da lugar a su aparente fragmentación. La condición espacio-temporal es propia de la MM y no de la materia amorfa, que en sí misma es tan inespacial, atemporal y eterna como lo es el DOROR. En el movimiento «horizontal» producido por las dos fuerzas antagónicas primeramente citadas, cada zona de la MM contradice, se enfrenta o se opone a otra u otras, mientras que en el movimiento «vertical» la confrontación y el conflicto se dan dentro de todas y cada una de las zonas. Pues bien: yo creo que las fuerzas que en última instancia ocasionan en la MM el movimiento «horizontal» dialéctico, son la atracción y la repulsión del DOROR; es decir, las fuerzas que operan en sentido «vertical» en la materia amorfa. Por tanto, creo que en definitiva son estas dos las únicas fuerzas que en última instancia existen.

»Vivimos en un mundo material influido constantemente por el DOROR y en continua relación dialéctica con él: el nuestro y el de todo lo demás, el de nuestro acontecer y el de todos los demás aconteceres. Podemos, pues, decir como San Pablo que *«en Dios vivimos, nos movemos y somos»* (Hechos 17,28), aunque refiriéndolo al DOROR en vez de a Dios y añadiendo que, simultáneamente, estamos siempre bajo la siniestra y ominosa influencia de la materia. Porque también en la materia «vivimos, nos movemos y somos». Éstos son los dos polos de nuestro actuar, ser y vivir. Más exactamente, estamos bajo las fuerzas opuestas de la materia supersutil que refleja exactamente el bien de Dios (materia a la que hemos llamado DOROR), y el resto de la materia (que, *atraída por ese bien, a la vez lo rechaza),* a la que hemos llamado simplemente materia. Y así como el DOROR es siempre Lo Más Bueno, la materia puede ser Lo Más Bueno, pero también puede ser (y a menudo es) Lo Más Malo. No os asustéis, pero es la verdad. Y, como la verdad hay que afrontarla por desagradable que sea, convendría hablar un poco más de esto último.

»Sobre la MM, la operatividad del DOROR es en principio muy débil. Sólo cuando en una larguísima Evolución aparece una conciencia más desarrollada, es cuando la operatividad del DOROR puede intensificarse, incluso hasta hacerse casi total, al mismo tiempo que puede también anularse hasta desaparecer de un modo igualmente casi total. Cuanto más conciencia existe en la materia, tanto más puede intensificarse o, por el contrario, anularse la operatividad del DOROR sobre ella.

»Concretamente en el caso del ser humano, éste puede ser un santo o un demonio. En sus estratos mentales inferiores, inconscientes, donde se refleja y está cristalizado y resumido todo el curso de la Evolución anterior (en el «cerebro reptiliano», por ejemplo), el ser humano es siempre un demonio. En él laten las fuerzas más viscosas de la Naturaleza. En su estrato superior puede utilizar su conciencia para liberar, aumentar y tecnificar el desarrollo de sus tenebrosas tendencias ancestrales (y entonces la materia ha traído al mundo un superdemonio), o bien para intuir, aunque sea muy confusamente, la existencia del DOROR (y, con ello, la propia imperfección, maldad y vacuidad), y de ese modo hacerse infinitamente más receptivo a la benéfica influencia de éste, cuya operatividad se intensifica por ello en la misma medida.

Luciano, sin duda recordando alguna experiencia rústica desagradable, como la molesta picadura de algún bichejo en sus respetables y burocráticas posaderas, dijo entonces:

—No hay Paraísos en la Naturaleza. La Naturaleza es tremendamente cruel e implacable. Si os hablan de un paraje natural maravilloso, virgen, no contaminado todavía por los seres humanos, ya se trate de una isla del Pacífico o de un bosque de los Pirineos, no vayáis. Allí os encontraréis rodeados de unas alimañas tan naturales como peligrosas y molestas. Tampoco os fiéis del «buen salvaje»: es la alimaña peor de todas. Buscad, por el contrario, al «buen civilizado»; buscad el bien en la civilización, en el ajuste al DOROR que es la bondad, la inteligencia y la sensibilidad; no lo busquéis en las fuerzas brutas de la Naturaleza, en la incultura y en la mierda *(«sic»).* Los Paraísos naturales existen, pero requieren *Logos,* racionalidad, orden, trabajo (es decir, ajuste al DOROR), y sólo el ser humano evolucionado puede aportar todo ello a la Naturaleza. En definitiva, los Paraísos sólo los puede crear el ser humano: el mismo que puede crear los Infiernos.

AURELIO: —Muchas personas sensibles adoran el campo en sus años mozos, porque perciben en la Naturaleza incontaminada y virgen un reflejo de Dios. Pero luego se dan cuenta de que hay un millar de asesinos debajo de cada piedra; perciben la espantosa frialdad del paisaje campestre, insensible a todas las tragedias que encubre y a todos los crímenes que en él se cometen; sienten cómo al espléndido sol del mediodía, bajo el cielo azul, en la maraña boscosa, envuelto en el perfume del tomillo y de la jara, se despliega todo el horror del dios *Pan* (como le ocurrió a Mahler cuando escribió su «*Tercera sinfonía*»), y cada vez tienen menos afición al campo. Se alejan paulatina pero inevitablemente de él, para buscar directamente el Origen de todo lo bueno y bello que antaño creyeron encontrar en él. O, sin llegar a tanto, se alejan del campo para buscar la compañía de personas buenas. En vez de al campo o al mar, cada vez aprecian más a las personas buenas.

—La materia —retomó Luciano—, y me refiero sobre todo a la que Aurelio califica como de mayor densidad, es radicalmente mala, porque en su seno está latente la raíz de todo mal. Por eso, a veces, puede ser terrible. El mal puede no tener límites aquí en este mundo. Como alguien dice en un diálogo de la película «*Casablanca*», una de las favoritas de mi infancia —a mí me extrañó mucho que Luciano hubiera tenido verdadera infancia alguna vez—, «*En este loco mundo puede pasar cualquier cosa*».

AURELIO: —Ahora está de moda el sadomasoquismo, que no es una simple «perversión» de la sexualidad entre otras posibles, como dicen los freudianos, sino algo mucho más importante y, por supuesto, distinto de la sexualidad, aunque tenga alguna relación con ella. El ir hacia el mal es una tendencia primaria de la materia, y el disfrutar haciendo el mal (sadismo) no es sino una consecuencia lógica de la realización de esa tendencia. A ello se opone el DOROR, y el que se ajusta al DOROR reprime la tendencia natural a hacer el mal que late dentro de sí mismo. Pero cuando la represión es extrema, porque extrema es también la tendencia, a menudo deriva hacia (o más bien degenera en) el castigo de uno mismo por tener esa tendencia; y si ese castigo se encomienda a otra persona (cosa que la mayoría de las veces no ocurre, sino que uno mismo se castiga), aparece el masoquismo, que no es sino una represión exteriorizada de la tendencia a hacer el mal o, si se quiere, la exteriorización simbólica de esa represión. Los masoquistas, puesto que saben que, por sus malas acciones realizadas o meramente deseadas, han de ser castigados por la materia, quieren que al menos los castigue la materia que ellos quieren y que lo haga tal como ellos quieren. Lo que a fin de cuentas desean es controlar el castigo que merecen, y trocarlo a medias en placer. Pero se trata de una represión equivocada, errónea, porque no va dirigida a subyugar lo malo, sino a castigar al que tiene tendencia a lo malo, es decir, no a subyugar lo malo que hay dentro de uno mismo, sino a castigarse a uno mismo por tener dentro lo malo. De modo que el masoquista, lo que hace en realidad, es practicar el sadismo sobre su propia persona sirviéndose de otra. Por tanto, el masoquismo es una consecuencia del sadismo (y esto sí lo vio Freud), concretamente de una represión del sadismo hecha sádicamente, es decir, por una vía equivocada. Pero el sadismo no es una mera perversión sexual, sino algo paralelo a la sexualidad y absolutamente general como tendencia que es de toda la MM de la materia densa. No responde a la tendencia de la MM a perpetuarse reproduciendo indefinidamente sus formas (sexualidad), sino a la tendencia de la misma MM hacia el mal por obra de la materia que la constituye. Y afecta a todos los seres vivientes y no sólo a los humanos.

»Otra cosa es que, de hecho, el sádico (o el masoquista, que no es sino un sádico respecto de sí mismo), por haber seguido una tendencia material, obtenga un placer material que, a veces (no siempre ni mucho menos) reviste la misma forma externa que el placer material de quien se entrega a la sexualidad. Ello puede tener lugar por pura conexión local, ya sea porque el mecanismo del placer material de determinada intensidad esté ubicado en los mismos centros nerviosos que el placer sexual, aun procediendo de estímulos o fuentes diversas, o porque lo esté en centros distintos pero conectados entre sí. Y aunque nada de esto ocurriera, sí sucede que ambas tendencias, maldad y sexualidad, se dan en el mismo ser humano, en la misma porción de MM, y, en consecuencia, es probable que quien ceda a una tendencia ceda también a la otra y, en general, a todas las demás tendencias materiales. Es probable que quien ceda a la tendencia material a hacer el mal provoque en sí mismo la exacerbación (para ceder también a ella) de la tendencia material a la reproducción (sexualidad); y lo más frecuente es que ceda también a cualquier otra tendencia material (por ejemplo, la codicia de poder o de dinero), exacerbada y convocada por la cesión anterior.

»No es infrecuente, en efecto, que un sádico que al principio no experimentaba placer sexual alguno con su maldad (aunque sí un placer de otra índole, igualmente material) lo acabe obteniendo mediante sus actos malignos, y que, a la inversa, un ser humano de sexualidad desenfrenada acabe cayendo en el sadismo o en su equivalente el masoquismo.

»Con esta teoría puede entenderse que el sadismo abunde mucho menos entre las mujeres que entre los hombres o que las mujeres lo repriman mucho más que los hombres, cosa que los freudianos no pueden explicar. Porque ellas suelen tender hacia el DOROR con más intensidad (es decir, con menos trabas) que los hombres, y estar, de hecho, más cerca de él que los hombres. Aunque haya muchas mujeres malvadas, las mujeres en general tienen menos maldad y más bondad que los hombres. Son más capaces de amar, porque la Naturaleza (es decir, la MM total) las ha preparado para ser madres, y esto es lo que las distingue de los hombres. En realidad, todas las mujeres son madres: unas en potencia, otras frustradas, y otras en acto. Y el signo de las madres es la bondad.

FÉLIX: —Shakespeare escribió lo siguiente: «*¡La vida no es más que una sombra que pasa; un pobre cómico que se pavonea y agita una hora sobre la escena y después no se le oye más...; un cuento narrado por un idiota de un modo incoherente y que nada significa!...*»[121]

»Pues, para cualquiera que piense un poco, está claro como la luz del día que el mundo material es caótico; que no tiene ningún sentido; que es, como dijo Shakespeare, la estúpida mentira de un loco contada por un tonto, y que lo único que trata de imponer algún orden y sentido al mundo material no pertenece a este mundo, no pertenece a la materia misma, sino que es extramaterial.

»Este mundo no *tiene* sentido. Es Dios quien lo da. Digo «quien lo da» y no «quien *se* lo da», porque el mundo no lo recibe; no lo tiene nunca, ni nunca lo llega a tener, con o sin la ayuda de Dios. El sentido del mundo *está* en Dios, lo da Dios o sale de Dios, y no va a ninguna parte.

»Lo dijo, a su modo, Franz Kafka: «*Esperanzas hay muchas, pero son todas para Dios. El hombre no tiene ninguna.*»

Anita torció el gesto al oír estas palabras de Félix, quien, sin embargo, prosiguió diciendo:

—Mientras se busque un sentido a este mundo, no se podrá salir de la ceguera. Y casi todo el mundo lo busca sin saberlo o, lo que es igual, lo da por supuesto o cree haberlo encontrado.

—Durante milenios, el «sentido de la vida» —dijo Luciano en la misma línea— no ha consistido más que en la reproducción de la especie. Se decía que la gente quería tener muchos hijos porque la mayoría de éstos morían prematuramente, y los hijos eran considerados como una inversión económica: el único amparo de los padres en su vejez. La producción de formas humanas era contrarrestada por las enfermedades y las guerras. Pero estos factores ya no operan con la misma intensidad que antes, pues, mediante las técnicas que ha ido descubriendo a través de los siglos, el ser humano ha logrado luchar con éxito contra gran parte de las enfermedades que azotan a la Humanidad, y ha hecho que las guerras desmedidas sean ya imposibles por excesivamente mortíferas. La mortalidad infantil ha disminuido mucho (me refiero a los países ricos) y, en cuanto a la vejez de los padres, hoy el Estado se ocupa más o menos del problema de «la tercera edad». Si no lo hiciera, las consecuencias serían terribles, dado que ahora los hijos abandonan casi siempre a sus padres, pues el egoísmo ha ganado la batalla a la gratitud, al respeto y al amor. Pero, en fin, por todo ello, a partir de ahora sobran seres humanos sobre

[121] *Macbeth*, acto V, escena V.

la tierra. Ello es evidente. Hay demasiados seres humanos en el planeta y, como ya no pueden vivir todos en él (al menos, tan bien como todos quieren vivir), es igualmente evidente que acabarán devorándose unos a otros. No soy partidario del aborto, que es absolutamente inadmisible salvo en casos de peligro cierto para la vida de la madre, pero sí lo soy de la utilización de medios anticonceptivos sin limitación alguna. No así el Papa, desde luego.

»Sin embargo, a pesar de que ahora la situación debería ser distinta, el problema de la superpoblación del planeta sigue existiendo y tiene muy difícil solución. Y es que la causa del problema es muy otra. Es, en realidad, que la materia nos empuja a reproducirnos mediante la atracción sexual, ***para asumir formas nuevas, ya que no puede perpetuar las formas que reviste***. Como dijo Platón,[122] «*La naturaleza mortal busca ser inmortal en la medida de lo posible, y su única posibilidad se encuentra en la reproducción*».[123] Las formas materiales tienden a reproducirse indefinidamente como las células de un cáncer.[124] Es como si la MM, *aun queriendo creer en su intrínseca consistencia, muy en el fondo de ella misma supiera que no la tiene.* De modo que, a pesar de que las circunstancias han cambiado, el ser humano, empujado recónditamente por la MM total de la que forma parte, sigue pretendiendo encontrar en los hijos un sentido a su vida; y, de hecho, la mayoría de los hombres y mujeres creen encontrar en los hijos, en tenerlos, criarlos, ocuparse de ellos y verlos crecer, un sentido para su vida; en muchos casos «la» razón de su vida. Si no los tuvieran, se volverían locos de hastío y de desesperación, locos de maldad, porque buscan un sentido a la vida y sólo en los hijos creen encontrarlo.

»Por otra parte, los seres humanos (los «*humanes*», que diría Mosterín) saben, en el fondo de su ser, que el amor es lo único que importa; pero, por su egoísmo, sólo son capaces de amar a los productos de su propia carne. Éste es el segundo factor.

»En cuanto al primero, la MM, apenas adquiere alguna fuerza, se hincha y tiende a producir más MM. Es un parto provocado en ella por ella misma, que afecta por igual a los dos sexos de los seres vivos, cuando tienen dos sexos. Es una ley universal: dejar materia configurada en lugar de la que se

---

[122] *El banquete*, 207 d.

[123] Luciano me dijo más tarde que, incluso en este intento vicariante, la MM está abocada al fracaso, al menos en el aspecto cualitativo; pues las cucarachas serán los únicos seres vivos que habrá en este planeta dentro de poco, y es de suponer que algo parecido ocurrirá (o habrá ocurrido) en todos los demás lugares de la MM en los que pueda desarrollarse una conciencia inteligente.

[124] Esta comparación me pareció inapropiada y excesivamente dura. Yo estaba muy contento de que la MM tuviera esa tendencia a reproducirse, porque gracias a ella había llegado yo a existir, pero aquel extraño individuo parecía no querer haber nacido.

irá. Como el que está sometido al imperioso, acuciante e irresistible prurito de vaciar su vientre lleno, el ser vivo de cualquier especie está desazonado, desalado e inquieto hasta que no cumple con esa ley. Cuando la ha cumplido, cuando ha traído hijos al mundo, queda enormemente aliviado y satisfecho de sí mismo. Y cuando no ha cumplido ese «deber cósmico» y ya es tarde para hacerlo, se siente tremendamente frustrado, deprimido y angustiado. Es la ominosa, horrible cruz que han de llevar todos los que no han tenido hijos.

—Y que la MM, en su vana pretensión de ser inmortal, tienda afanosamente a reproducirse, ¿es bueno o es malo? —preguntó Carlos.

—No lo sé —respondió Luciano—. Lo único que sé es que ocurre; que las cosas son así. El intento de la MM es, por lo demás, completamente lógico. Y nosotros formamos parte de ella. Para llevarlo a cabo, sus zonas diferenciadas quieren restregarse unas con otras. Pero es un intento fallido (pues esas zonas no logran la inmortalidad) y, además, en él la MM comete fallos como la homosexualidad, la esterilidad, la impotencia, la angustia y la miseria que impiden la procreación (al menos la «responsable») de hijos, las disfunciones, insuficiencias y extravíos sexuales, y la diferente capacidad sexual de hombres y mujeres. Pero continúo.

»La vida del que tiene hijos está tan llena de sacrificios, que consiste en destrozarse la vida para producir otras vidas. Mas el impulso de hacerlo así es tan fuerte y el no hacerlo produce una insatisfacción tan profunda, que cabe pensar si el único sentido de la vida no será precisamente tener hijos. Como les ocurre a todos los demás seres vivos, la vida de los seres humanos no consiste sino en producir nuevas formas de vida material que en su día ocupen (temporalmente a su vez) el lugar de las que les dieron origen. Pero ¿puede llamarse sentido a eso?

—Es cierto —le interrumpió Argimiro—. Todo lo que significa de materialmente vital para el ser humano en este mundo, está relacionado de un modo o de otro con la reproducción de la especie, y hablo de mí mismo. Cuando yo era joven, mis impulsos vitales estaban siempre relacionados con mujeres con las que pudiera producir nuevas formas materiales. Ahora están relacionados también con mujeres, aunque ya meramente como un rescoldo, recuerdo o añoranza de lo anterior, y también porque entre ellas abundan los seres humanos bondadosos. Y quizá ahora hay algo añadido, como el deseo de hacer el bien a los demás; pero, al menos para mí, esto último no es materialmente vitalizador.

—Los seres humanos —continuó diciendo Luciano sin hacerle caso— creen encontrar en los hijos un sentido a su vida material. Se resisten a admitir que la vida material no tiene ningún sentido, como tampoco lo tiene la existencia de la materia. La materia no ha sido voluntariamente creada por alguien ni para algo. Por tanto, la existencia de la materia no tiene ningún sentido, y, por ende, tampoco lo tienen las formas de la materia ni la vida humana. De modo que, buscárselo, es tarea inútil y nociva. Sólo tiene sentido la operación de Dios sobre la materia, que consiste en configurar en ella, mediante el DOROR, formas o siluetas que, por asemejarse a él, hagan a su vez el bien y, de ese modo, sean absorbidas en él para la Eternidad, para la Felicidad, y para el Ser. Porque sólo Dios y su DOROR tienen Ser, y sólo Dios y su DOROR tienen verdadera Eternidad y verdadera Felicidad.

»La vida humana no tiene ninguna finalidad. No nacimos «para» algo. Sólo nacimos «por» algo. Pero podemos llegar a mucho. No; nuestra vida material no puede tener sentido o finalidad que la justifique; sólo puede tener salvación. Y lo que puede salvarla es hacer el bien, con o sin fe (pero mejor con ella) en la existencia del DOROR, e intentar que en este mundo se refleje su perfección. Al comprenderlo así, dejaremos de estar aferrados a finalidades, y procuraremos salvar para la eternidad, mediante el amor, cada momento presente de nuestra vida.

»Cuando los hombres y mujeres se den cuenta de que lo único que podría llamarse sentido de la vida es el amor, y sean capaces de amar también a quienes no sean sus hijos, sólo quedará como factor de reproducción el deseo de enriquecer el DOROR. Mejor dicho: el deseo de hacer viable que las formas de la materia puedan divinizarse mediante su ajuste al DOROR.

A todos nos había impactado lo que había dicho Luciano. Se había apuntado un tanto. Un tanto que valía por muchos. Él se dio cuenta de ello y, para apuntarse más, siguió diciendo:

—El sufrimiento en este mundo, tampoco tiene ningún «sentido». Es consecuencia ciega de la propia dinámica de la MM; de la maldad radical de la materia; del carácter «canino» que ha dado a la vida adquirida con ocasión y por reflejo del DOROR, carácter al que ya aludía Plotino. A veces ese sufrimiento se debe a una actuación voluntaria en contra del DOROR; pero el DOROR no es el que causa el correspondiente castigo, sino la propia MM que, globalmente y de modo muy general, tiende a ajustarse a él en virtud de la tercera fuerza o tendencia de que antes hablaba Aurelio; de modo que, fatalmente, sus mecanismos de ajuste acaban por dañar al transgresor. Ni el sufrimiento tiene sentido, ni el DOROR lo causa.

Pero, de todos modos, el colofón (por cierto, no demasiado optimista tampoco) lo puso Aurelio diciendo:

—No le falta razón a Plotino cuando dice que la función de la materia es limitarse a reflejar las determinaciones del Alma (y a lo que él llama Alma e Inteligencia, nosotros lo llamamos DOROR). En los vaivenes de la materia configurada se puede adivinar que hay un Proyecto que trata de realizarse en la materia a través de esos vaivenes. Es, pues, cierta la afirmación de Plotino, pero no de un modo tan simplista. No es que la materia se limite a amoldarse a las formas del Alma, sino que la materia, sobre todo la más densa, con frecuencia se resiste, y el Alma tiene un largo (de hecho, interminable) camino, dirigido siempre a implantar finalmente las formas de la perfección a través de esos vaivenes.

»Lo que hace que el camino no tenga fin es la naturaleza misma de la materia. Ésta es incapaz de reflejar exactamente las determinaciones del DOROR, así como éste no tiene límites en su perfección. Por eso, siempre habrá tensión y contraposición entre materia y DOROR. Pero, es más: el triunfo del DOROR puede no sólo demorarse indefinidamente, sino malograrse totalmente en este mundo. A medida que la MM se hace más consciente, es más capaz de resistirse a revestir las formas del DOROR. La capacidad del ser humano de resistir al DOROR era aún pequeña hasta hace muy poco; pero ahora, con los medios técnicos que ha sabido crear, es mucho mayor. Hoy, si quiere, puede destruir este planeta en pocos minutos o hacer imposible la vida en él. Lo segundo está muy claro que lo quiere, que hace mucho que lo está haciendo (talando bosques, contaminando tierra, mar y aire, exterminando animales necesarios, etc., etc.), y que, si no cesa pronto en esta actividad, el fin que se prevé no tardará en llegar. Pero el largo proceso volverá a empezar (seguramente ha empezado ya) en otros lugares del Universo.

»Ocurre, en definitiva, que el nivel de conciencia que ha alcanzado la humanidad, se ha vuelto contra ella. Los seres humanos son incapaces de restringir el uso del gas, del petróleo, de los automóviles, de los aviones y, en general, de todo lo que está destruyendo la biosfera. Tampoco son capaces de poner un freno a su natalidad. Su anhelo de felicidad es inmenso; pero no la han buscado en el DOROR sino en la MM, que es limitada y frágil, y en el dinero que la representa. Su conciencia intelectiva ha progresado más que su conciencia moral; es decir, que su conciencia se ha detenido en la MM de materia densa, y no ha llegado a descubrir la existencia del Universo invisible. Es una especie de «locura moral» colectiva... La Buena Noticia de la existencia real del DOROR, que a costa de su vida les dio Jesús de Galilea, no ha servido para nada. Quizá en todos los planetas del Universo de materia densa que lleguen a albergar seres dotados de una conciencia como la nuestra, acabe sucediendo lo mismo.

Lo dijo sin darle importancia, como si en realidad no la tuviera.

Decimoquinto domingo

NO ME HABLES DE ROUSSEAU. ME PONE ENFERMO

Hablando de materia: el día anterior, ya a altas horas de la noche, Dalmacio, Félix, Carlos y yo, habíamos recalado en un infecto bar de la calle de la Ballesta. Estábamos allí tomando copas con unas prostitutas, cuando oímos en la calle las estrofas del «*Tantum ergo*» entonadas a coro por voces masculinas y femeninas. Aquello nos sublevó. Una cosa era la golfería, el dedicarse a la mala vida, y otra burlarse de la religión. Con nuestra indignación abruptamente aireada («esto ya es demasiado, esto ya es blasfematorio»), creímos poder redimirnos en un instante de toda nuestra abyección y aliviar así el sentimiento de culpabilidad que nos estaba corroyendo, de modo que, sin vacilar, salimos a la calle dispuestos a enfrentarnos violentamente con aquellos blasfemos. Nada más salir del local nos topamos con un individuo que sostenía en vilo una cruz de madera de tres metros de alta, y notamos olor a incienso. Aquello era una procesión de verdad. Había sido organizada, según nos enteramos después, por el cura de la parroquia (que venía un poco detrás, con la casulla puesta), con todas las beatas, beatos y meapilas del barrio, como desagravio al Santísimo Sacramento por los pecados que se cometían todas las noches en esa calle y en sus inmediaciones. Avergonzados, a toda prisa, a trompicones, nos metimos de nuevo en el bar con mayor sentimiento de culpabilidad que nunca, sufriendo además los perniciosos efectos fisiológicos de la adrenalina vertida inútilmente en nuestra sangre. Aquel estúpido clérigo nos había dado la noche.

No sólo la noche, sino también el día siguiente, pues en la tertulia del domingo no hicimos otra cosa que despotricar contra la materia y, sobre todo, dejar que otros despotricaran a placer. Pues, como si de una manera misteriosa se les hubiese comunicado nuestro mal humor, los discípulos de Teófilo se dedicaron a ello con verdadera saña. Noté después, sin embargo, que ni ellos ni nosotros habíamos despotricado contra la materia misma, sino sólo contra sus fuerzas negativas y destructoras, dejando aparte las fuerzas positivas de su atracción por el bien. Pero será mejor que empiece ya a relatar lo que allí se dijo.

—Cuando tras realizar algún ejercicio «místico» —estaba diciendo Aurelio—, como la sentada Zen, la recitación de «*mantras*» hinduistas o del «*dhikr*» islámico, etc., nos parece que «todo está bien», no es que todo esté bien realmente, sino que en alguna medida nos hemos dejado influir por nuestro DOROR, que todo lo ve apaciblemente, sencillamente, humildemente, y lo acepta con tranquilidad, bondad, bienestar y felicidad. Porque en el mundo material (al menos en éste en que primariamente vivimos), casi todo está mal.

»Y es que el mal surge en la materia espontáneamente, sobre todo en las formas de materia densa. Éstas tienden claramente al mal y a la degradación, pues su intrínseca predisposición a fallar en el ajuste al DOROR es tan marcada, que opera de hecho como una verdadera tendencia aunque, a la vez, esas mismas formas tiendan a ajustarse al bien, según hemos ya explicado. Y también hemos dicho ya que cuanto más alto nivel de conciencia alcanzan dichas formas materiales, tanto más mal pueden producir, o sea, que más resistencia pueden presentar al DOROR e incluso pueden contradecirlo. Por otra parte, es relativamente fácil notar que cuanta mayor conciencia del mal ocurrido tengan formas materiales que no lo han causado, pero que son proclives a hacer el mal y consciente o inconscientemente se gozan en el que se ha producido en otras, más lo están estructurando. Es decir, que, aunque no lo hayan causado directamente, contribuyen a afianzarlo.

»Sin embargo, hay que advertir que el mal no es personal, sino más bien transpersonal. Está en las personas porque antes está en todo lo que es material. Está mayormente en toda la MM densa, y por eso está también en las personas. Pero, aunque otra cosa parezca, no radica específicamente en determinados seres humanos ni emana de ellos, sino que va y viene; «se pasea», por así decir, por toda la MM; se «posa» aquí y allá en cualquiera de sus zonas, y por tanto se posa también en las personas concretas, en algunas de las cuales arraiga más que en otras y está más tiempo que en otras; a veces toda su vida. Pero puede cambiar de lugar.

ARGIMIRO: —En ocasiones parece que a las personas «se les mete el demonio en el cuerpo». No me extraña, pues, que siempre se haya hablado de «endemoniados». Personas que sabemos no eran malas e incluso que en el fondo no son malas, a menudo actúan como si lo fueran, cual si hubieran sido invadidas por un espíritu maligno que las domina irresistiblemente, a veces durante mucho tiempo. Y, en ese estado que se diría de posesión diabólica, son capaces de hacer las peores cosas, cosas de una maldad verdaderamente estremecedora, y además con una rara astucia.

»Pero, sin excluir que en algunos casos ciertos seres humanos puedan haber sido poseídos, en efecto, por un ser maligno extraño a ellos, ya se trate de una entidad originaria de un plano de materia sutil o de un ser oriundo de este plano de materia densa cuyo DOMA ha vuelto a él desde algún plano de materia sutil muy próximo a éste para ocupar un cuerpo ajeno, en general no creo que esas personas hayan sido poseídas por el demonio. Pues no hace falta buscar al demonio fuera de la materia, sino que está en la misma materia. Son personas, pues, que, en lugar de plegarse a la fuerza que encamina a la materia hacia el DOROR, se dejan llevar por la maldad inherente a la misma. Es la fuerza que impele hacia el mal a la materia, no el demonio, lo que las posee y domina. Y es que, por alguna causa, han perdido toda obediencia al DOROR.

Al transcribir la cinta me di cuenta de que en ocasiones como ésta (quizá en otras también) la terminología de Aurelio, lo mismo que era utilizada por Luciano, era adoptada por Argimiro, quien siguió diciendo:

—A menudo esos seres humanos recuperan esporádicamente su obediencia al DOROR y luego la vuelven a perder. A lo largo de su vida la recuperan y la pierden muchas veces (en ocasiones incluso en intervalos de tiempo muy cortos), alternativamente. Y esto es lo más peligroso, lo más desorientador de esas personas. Os aconsejo, pues, que no os dejéis engañar por ellas más de dos veces. Aunque, en rigor, es la materia la que os engaña y juega con vosotros.

—No sólo está el mal en las personas —apostilló Luciano—. Empleando la terminología de Aurelio, que a veces encuentro muy útil, diré que, en las inmensurables amplitudes y recovecos de la MM total, es posible (para el Hinduismo y el Budismo es seguro) que haya seres inteligentes más poderosos que el humano, tanto buenos como malos. E, igual que ocurre entre los humanos, es de suponer que la mayoría de esos seres no sean buenos («dioses») sino, sobre todo en las capas de materia sutil que están más próximas a la nuestra, malos («demonios»), ya se trate de seres originarios de estas mismas capas o de DOMAs («dobles materiales») de seres humanos ya fallecidos, como acaba de señalar Argimiro. Ambas clases de «demonios» pueden jugar con el hombre, hacerle sufrir y reírse de él. Su carácter es burlón, pues, como decía Dostoievski, la maldad más auténtica es burlona. Creo que fue Aurelio quien en cierta ocasión nos lo hizo notar.

»En el mundo material hay una continua lucha entre el bien y el mal, y no puede dejar de haberla nunca. Así lo percibieron Zoroastro, Mani, y tantos otros. Rudolf Steiner abunda en ello también. Hay una lucha (más bien puede llamarse enfrentamiento) entre seres materiales buenos (seres humanos y «dioses») y malos (seres humanos y «demonios»[125]). Como en la *«Ilíada»*, abajo se enfrentan los seres humanos y arriba los seres de materia sutil

[125] Tomando el vocablo «demonio» en el sentido habitual de «espíritu» (ente de materia sutil) *maligno*; porque la palabra griega de la que procede (*daimon*) significa genio o «espíritu», pero no necesariamente maligno. No lo era, sino benigno, el famoso «demonio» de Sócrates: genio o voz interior que le aconsejaba y le guiaba siempre hacia el bien, según nos cuenta Platón.

que, según los casos, auxilian o acosan a aquéllos; pero, globalmente hablando, hay un enfrentamiento total entre Dios, que es la fuente y raíz de todo bien, y la Materia, que, en proporción directa a su densidad, es la fuente y *raíz* de todo mal, o sea, el mal *radical*. Por citar de nuevo a Dostoievsky, él vio con toda claridad que «el crimen no es una simple enfermedad social, sino que [...] la inclinación al mal por el mal es una fuerza antigua y fundamental en el ser humano», al cual consideraba «la liza donde Satanás (el principio del mal fundamental) y Dios (el principio del bien fundamental) luchan por la supremacía; y el campo de batalla es el corazón del hombre».[126]

AURELIO: —Yo haría alguna matización, pues Dios no se enfrenta a nada ni a nadie, ya que no hay ningún otro Dios. Y tampoco se enfrenta Dios a la materia, tenga ésta formas o no. El enfrentamiento se produce, a mi modo de ver, entre dos fuerzas distintas latentes en la materia: la que resulta de su atracción hacia el DOROR, y la que tiende a apartarla de él. En ese enfrentamiento no se puede decir que el bien sea más poderoso que el mal o que el mal sea más poderoso que el bien. En cuanto al conjunto de la REM, el bien y el mal radican en dos planos distintos de realidad y por eso no se pueden comparar en plan de igualdad. El bien se da en una realidad (el DOROR) que tiene consistencia de por sí, mientras que el mal radica y puede triunfar en el resto de la materia, es decir, en una realidad intrínsecamente inane que no ha dejado de serlo y que, por su apartamiento del DOROR, no tiene ni siquiera una consistencia «prestada», o sea, que no es extrínsecamente consistente.

Carlos, que era muy aficionado a los toros, creyó poder aportar algo.

—Creo que la fiesta de los toros representa el enfrentamiento entre el bien y el mal. Me parece que ése es el papel simbólico que torero y toro representan en el anfiteatro taurino, aunque el toro sea un buen animal (también hay animales buenos y malos) y el torero sea personalmente un canalla. Cuando alguien está viendo «*Hamlet*», sólo se fija en la angustia del príncipe de Dinamarca cuya madre se ha casado con el asesino de su padre, y no para mientes en que el actor que representa al príncipe, como todo el mundo sabe, tiene un hijo gravemente enfermo o se acaba de separar de su mujer. Del mismo modo, en las corridas de toros, el indudable sufrimiento del animal permanece en un plano invisible para los espectadores, lo mismo que en una obra de teatro el público vive la obra representada y no los problemas personales del actor.

La intervención de Carlos desató una animada discusión sobre la fiesta de los toros, que no voy a transcribir aquí. La mayoría de los contertulios se declararon tajantemente en contra de dicha fiesta, a la que calificaron de

[126] Citado por René Fueloep-Miller en *Feodor Dostoyevsky (visión del alma, fe* y *profecía)*. Espasa-Calpe Argentina, S. A. Buenos Aires, 1951, págs. 88 y 89.

bárbara y sanguinaria, llegando incluso algunos a decir que, en vez de ser la «fiesta nacional» como se la suele llamar, en realidad era la «vergüenza nacional». A mí personalmente no me gustan nada los toros; pero creo que Carlos tenía razón, porque he conocido a personas excepcionalmente bondadosas que, sin embargo, eran muy aficionadas a ese brillante espectáculo lleno de colorido. Así se lo dije en un aparte a Anita, que en la discusión se había mostrado rabiosamente antitaurina; pero, como solía hacer conmigo, no me prestó atención. Ni siquiera volvió la cara hacia mí. Comoquiera que fuese, Aurelio puso fin a la controversia volviendo al tema filosófico del bien y el mal en la materia.

—Por cierto que la relación dialéctica (de la que se hizo eco Zoroastro) entre Materia y DOROR, hace que unas personas crean en Dios y otras no. Las que exigen que en la materia siempre reinen el bien y la armonía, no creen; y las que esperan que en ella siempre predominen el mal o el azar, se sienten a veces inclinadas a creer, por algo que han visto o vivido. Incluso una misma persona, a lo largo de su vida, puede creer en Dios en unas épocas y no creer en otras. Pero lo más común es que, en un mismo instante, los seres humanos crean y no crean a la vez; que su creencia o no creencia sean tibias e inseguras; que admitan siempre la posibilidad contraria, y que con frecuencia, ya cansadas de dudar, terminen por autocalificarse de agnósticas.

»Lo cierto es que Dios, el «Velado» como le llama Luciano, está más cerca y a la vez más lejos de lo que creemos.

»Con demasiada frecuencia parece que Dios se esconde, y entonces se sufre horriblemente. Por eso muchas personas, incluso adscritas a una religión determinada e incluso devotas practicantes de sus normas y ritos, viven atemorizadas por la materia, como si Dios no existiera; como si Dios no cuidase de ellas; como si Dios no estuviera operando siempre sobre el mundo material a través de su DOROR. Estas personas, a las que Mahoma anatematizó, creen que Dios está muy lejos de la materia, cuando en realidad está muy cerca.

»Pero otras personas creen que Dios está muy cerca de ellas, en el sentido de que siempre opera sobre la materia densa *con éxito,* y éxito *pleno,* cuando tampoco puede ser así. El mundo material es como una gigantesca bola de manteca densa y sucia, alumbrada a veces, como desde muy lejos, por pálidos resplandores que sólo difunden en ella una débil luminosidad, como la primera claridad del alba que apenas se adivina.

«Los que, a pesar de todo lo que dice y hace la materia, intentan ser y seguir siendo siempre buenos, ésos son los que se salvan de la muerte y conquistan una bienaventuranza eterna, *crean o no crean en Dios.*

Argimiro: —La materia tiende al mal espontáneamente, en los términos que ha explicado antes Aurelio, en proporción directa a su densidad. Por tanto, como somos materiales y primordialmente de materia densa, es nuestro ser material el que no deja entrar al bien ni a la verdad, en nosotros o fuera de nosotros, con nuestra actividad; con nuestro hacer o no hacer. Cuando nos damos cuenta de ello, la solución no está en suprimir toda actividad, supresión que en este mundo es imposible, sino en una constante vigilancia para detectar nuestra actividad negativa y en un constante esfuerzo para que sea positiva. «*Velad y orad para no caer en tentación*» (San Marcos 14,38), y la conclusión es clara: *si no vigiláis y no oráis* (en el sentido de desear que se produzca el bien en este mundo), *caeréis inevitablemente en la tentación*. Para que el mundo material se encamine hacia el bien o, al menos, no se encamine hacia el mal, es necesario un ***esfuerzo***. Y para poder realizar ese esfuerzo, es necesaria una constante autovigilancia y una constante autocrítica.

»No debe uno dejarse engañar por el deseo o complejo de superioridad (necesidad de estimación propia) que tan acertadamente detectó Adler. Si uno hace cosas malas, es malo aunque no quiera verlo así, e incluso aunque crea (porque necesita creerlo) que «en el fondo» es bueno. Si uno incurre en actos de cobardía, debilidad, abulia o maldad, es cobarde, débil, abúlico y malo, aunque crea que, «en el fondo», es valiente, fuerte, autodisciplinado y bueno. Lo mismo que quien con frecuencia hace tonterías es tonto, aunque en el fondo se crea listo. No debe uno hacerse ilusiones; no debe uno engañarse a sí mismo. Es facilísimo engañarse a sí mismo. Sí; no cabe la menor duda de que es absolutamente necesaria una constante autovigilancia y una constante autocrítica.

»Además, si se toma conciencia de la inconsistencia intrínseca de la materia y de las formas materiales, puede que se atenúe la rigidez de esas formas, que les da una apariencia de consistencia, de modo que se ajusten más fácilmente al DOROR. También hay que vigilarse en esto.

—En este mundo, a nivel de MM primigenia —retomó Aurelio—, el DOROR actúa con relativamente pocas trabas, aunque progrese muy despacio. A nivel ya de seres vivos (es decir, con mayor grado de conciencia), encuentra más resistencias; incluso resistencias ya estructuradas que se califican de «mecanismos naturales». Pero a nivel de seres humanos esas resistencias aumentan tanto, que a Dios (mejor dicho, al DOROR) casi «hay que traerlo», como decía Kazantzakis. Constante autovigilancia, constante autocrítica, y constante esfuerzo por tanto.

»En el ser humano aumenta la resistencia porque también aumenta la conciencia. Pero, con esto último, también aumenta la posibilidad de tener conciencia, aunque sea confusa, del DOROR y, por tanto, de facilitar su actuación. Sí; puede decirse que al DOROR, a lo divinal, a «Dios», hay que traerlo. No que crearlo, como decía Nikos Kazantzakis, pero sí que traerlo a este mundo. Si no se hace así, todo es caos y maldad. Creer que el hombre es naturalmente bueno como afirmaba Rousseau, es una de las mayores barbaridades que se hayan dicho nunca en este planeta; es una terrible equivocación: al hombre, por lo general, hay que educarlo para que sea bueno. Difusamente, siempre actúa el DOROR; pero a nivel social ello no es suficiente, y no hay que olvidar que el ser humano es (no del todo, pero casi del todo o al menos en gran parte) «un trozo de sociedad que anda». Puede haber seres humanos que, sin educación alguna, sean naturalmente buenos y hasta muy buenos; pero no pueden influir en toda una sociedad, porque, además de ser una minoría, suelen ser los socialmente más débiles. Ya dijo Jesús de Galilea que *«los hijos de las tinieblas son más astutos que los hijos de la Luz»*. De ahí la decisiva importancia de la educación (no, desde luego, de la técnica ni la científica, sino de la *«Paideia»*) y del Derecho, en cualquier sociedad. *Los niños son naturalmente buenos o malos, según que en* ***su*** *MM cerebral predomine la atracción o la repulsión del DOROR. Pero, después de su nacimiento, la sociedad (empezando por sus padres u otras personas mayores que los críen y eduquen, pero no sólo ellos) puede hacer que un niño naturalmente bueno se haga mejor o se haga malo, y que un niño naturalmente malo se haga peor o se haga bueno.* En general, si le falta amor (cosa distinta de los mimos o de la satisfacción de los caprichos), el niño, que nunca nunca deja de saberlo, puede resultar un malvado.

ARGIMIRO: —No me hables de Rousseau. Me pone enfermo. Es uno de los seres más funestos que han existido en toda la Historia de la Humanidad, pues sus ideas tuvieron una inmensa resonancia y estaba completamente equivocado. El ser humano no es bueno por naturaleza. Desde que es concebido, está sometido a una tendencia hacia el mal. En realidad, ya desde antes lo está, puesto que el sistema inmunológico de la mujer tiende a eliminar todos los espermatozoides introducidos en ella; de modo que la concepción implica ya un triunfo de la vida sobre la muerte, del bien sobre el mal, que no siempre se produce. En proporción a la densidad de su materia, existe en las formas una tendencia natural hacia la disgregación, el caos y la desarmonía; en definitiva, hacia el mal. A partir de determinada fase de la Evolución, el DOROR se suele (aunque no siempre) realizar en este mundo a través del ser humano que se ajusta a él. La cohesión, el orden, la armonía y el bien, el ajuste al DOROR en una palabra, requieren una actitud humana contraria a la tendencia negativa de la MM, ya se deba esa actitud a iniciativa propia o a una coacción externa al sujeto, como debe serlo el Derecho. En ocasiones el sujeto no puede seguir esa tendencia natural, por tener que concentrar todas sus energías en superar una situación angustiosa a la que ha de hacer frente; pero cuando deje de estar en esa situación se deslizará hacia el mal siguiendo aquella tendencia, si no es coaccionado desde fuera o asume él mismo, con esfuerzo, la dirección contraria. La maldad no suele darse en los momentos difíciles, pero en las situaciones de opulencia se expande libremente. Esto lo destacó mucho Mahoma.

LUCIANO: —En el plano social, lo mismo que en el plano biológico, una tendencia de la MM, por influjo de su materia subyacente, es, además, inequívocamente, una tendencia hacia la muerte. El que se deja llevar por la materia en el terreno de las costumbres (por creer que «el hombre es naturalmente bueno» o alguna falacia parecida) acaba en la degradación, el embrutecimiento, la pereza (palabra que, aunque procede de *«pigritia»*, debería provenir de *«perire»:* perecer), el caos, y la extinción, ya sea a manos propias por suicidio o a manos ajenas por homicidio. Como dice un proverbio chino: *«Un hombre; si no lo educas, nunca es bueno.»* Sólo el esfuerzo individual puede lograr y mantener la salud moral del individuo, y sólo el esfuerzo colectivo (manifestado en normas jurídicas y sociales con vigencia práctica) puede lograr y mantener la salud moral de una colectividad. Esos esfuerzos se pueden realizar gracias a la presencia activa del Espíritu o DOROR. La materia (sobre todo la más densa), por sí misma, lleva a la muerte física y psíquica.

Al parecer, los tres discípulos de Teófilo estaban de acuerdo en denigrar a Rousseau, aquel hombrecillo morboso, viscoso, lascivo, sentimentaloide y enfermizo, pero venenoso y dañino como una víbora. Aurelio lo confirmó diciendo:

—Parafraseando otro proverbio chino, puede decirse, generalizando, que el hombre (el proverbio se refiere sólo al hombre, no a la mujer) a los diez años es un animal; a los veinte, un loco; a los treinta, un egoísta, y a los cuarenta, un estafador. Los chinos no siguieron, porque en la época en que apareció el proverbio no se debía de vivir mucho más tiempo. Pero yo diría que a los cincuenta años se produce una bifurcación. Unos, por tener «buen fondo» o por causas de índole muy diversa, empiezan a ser buenas personas, pues su forma material, ya claudicante y con menos energía, ofrece menos resistencia al bien. Éstos, a los sesenta son ya claramente buenos; a los setenta, santos, y a los ochenta, ángeles. Otros, más endurecidos por el mal y encallecidos y arraigados en él, a los cincuenta años son unos cínicos; a los sesenta, unos pervertidos; a los setenta, unos monstruos; y a los ochenta, unos demonios.

—¿No te parece que exageras? —dijo Dalmacio.

—Quizá, pero no mucho —respondió Aurelio—. El ser humano es una forma material, y la materia es radicalmente mala. Por tanto, puede decirse que el ser humano es malo por naturaleza; que tiende espontáneamente hacia el mal, y que sólo mediante un enorme esfuerzo mantenido durante siglos y milenios ha podido ocurrir que existan sobre la tierra muchos seres humanos bondadosos; lo mismo que sólo mediante un gigantesco esfuerzo de siglos y milenios han conseguido desarrollarse la conciencia e inteligencia del ser humano. Para acercarse al bien, la MM (mayormente la de materia más densa) tiene que luchar contra tendencias innatas. Si no lucha en ese sentido, inmediatamente retrocede.

»Desde que por influjo de los filósofos de la «Ilustración» (que no «iluminación») del siglo XVIII la Humanidad dejó de hacerlo, eliminando los resortes que la habían hecho avanzar hasta donde había llegado (empezando por la educación represiva de los malos instintos naturales del niño), por creer que el ser humano es naturalmente bueno y tiene derecho a la felicidad material, que Dios no existe o, si existe, no influye para nada en este mundo, la Humanidad no ha dejado de retroceder en el camino de la perfección. Concretamente, en los últimos veinte o treinta años ha perdido el progreso moral que trabajosamente había logrado conquistar en los cinco mil años anteriores. Con una tecnología muy avanzada, la Humanidad se dispone a volver a entrar en la Edad de piedra, por ignorar que la Evolución se ha producido precisamente *en contra* de una tendencia opuesta, que es *permanente* porque pertenece a la misma materia cuya forma cerebral ha evolucionado.

»Decimos que es un insensato el que sube por una escalera de mano y, al llegar a cierta altura, abomina de ella y se la quita de debajo de los pies. Pues bien, la Humanidad ha subido por una escalera de mano trabajosamente, durante milenios, hasta una altura desde donde, al fin, puede divisar un panorama maravilloso, y luego, alegremente, ha decidido dar un puntapié a la escalera donde se apoya; una escalera cuyos peldaños son la educación severa del niño, la pena de muerte, la pena de prisión efectivamente cumplida, los castigos corporales y los trabajos forzados. Es sustituir la idea de *evolución* por la de *descubrimiento*. Ya no se piensa: «*he llegado hasta aquí y me apoyo en los peldaños anteriores; peldaños que tengo que conservar, porque sigue existiendo y actuando la fuerza de la gravedad, una tendencia hacia abajo, que es contraria a que yo haya alcanzado esta altura*». En lugar de eso, se piensa: «*siempre he estado aquí, pero no me había dado cuenta hasta ahora; la escalera ya no me será necesaria porque nunca me fue necesaria aunque yo no lo supiera; la gravedad nunca ha existido o, si alguna vez existió, ha dejado de existir. Por tanto* (y siguiendo el mismo principio [«*no nos apoyamos en nada*»] que está provocando la destrucción del ecosistema del planeta), *suprimamos la pena de muerte; suprimamos los castigos corporales y los castigos en general. Por tanto, no reprimamos las tendencias espontáneas de los niños, aunque se dirijan hacia el mal.*» Algo completamente absurdo. Pero decir que la materia densa tiende hacia el mal no es decir mucho. Esa materia tiende a ser como es ella misma, porque el mal no es sino uno de los modos de ser de esa materia (lo mismo que el bien no es sino el efecto que Dios tiende a producir en ella porque es, en cierto sentido, el «modo de ser» de Dios), como extraída de la nada por la conciencia divina de *lo que no es Dios*.

»Sobre la base falsa de que el ser humano es bueno por naturaleza y sólo la sociedad lo corrompe (*cuando lo que puede y hasta suele ocurrir es exactamente lo contrario)* e ignorando que sólo ha llegado a su actual nivel de conciencia intelectiva y moral en el seno de una sociedad que durante milenios se ha encargado de reprimir los bajos instintos de los individuos, se deja que el niño (y en gran medida también el adulto) haga lo que quiera, sin reprimirle en nada. El resultado, a la vista lo tenemos. No podía ser otro.

Dalmacio: —Cuando hablas de «reprimir» los malos instintos de los niños, sin duda te refieres a procurar que se viertan por cauces socialmente positivos mediante el razonamiento y la persuasión. ¿No es así?

Aurelio sonrió levemente y dijo:

—Desde luego; pero siempre que ese encauzamiento se realice «*manu militari*», si no bastan los razonamientos.

Y terminó diciendo:

—El encauzamiento racional, pero coactivo, de los malos instintos de los niños está por naturaleza a cargo del padre, más que de la madre, la cual suele encontrar dificultades insuperables para esa tarea necesaria. Me refiero a establecer la coactividad. El padre debe querer a sus hijos lo suficiente para corregir sus malas tendencias; y para él es más fácil castigarles, si es preciso hacerlo, porque suele querer a sus hijos de una manera menos visceral que la madre. Por eso la educación de los hijos requiere la presencia simultánea de un padre y una madre.

»El padre que, debiendo hacerlo, no cumple esa función represora, no ama a sus hijos sino que desea ser amado por ellos. No los reprime ni castiga, porque teme perder su cariño. En vez de ser padre, se ha hecho hijo de sus hijos. Es un guiñapo falto de valor, un ser enfermizo sediento del cariño (o del falso cariño) de sus hijos, e incapaz de amarlos de verdad. ¡Y cuántos padres hay así ahora! Ahora la mayoría son así.

Luciano, a su vez, siguió despotricando:

—El instinto maligno de producir dolor, destrucción y muerte, no es un instinto *primitivo* sino un instinto *primario,* porque no sólo estaba en los seres humanos primitivos, sino que está también en los actuales, dado que unos y otros radican en idéntica materia amorfa, que está fuera del espacio y del tiempo. En cada uno de nosotros hay un lobo; mejor dicho, un reptil depredador que disfruta con la sangre, la muerte y el dolor ajenos. Así como el feto de un ser humano pasa por las formas de pez, de anfibio y de reptil antes de revestir la forma humana (de modo que en la *ontogénesis* física de cada individuo se reproduce en forma abreviada la *filogénesis* física de la especie a través de todas las edades de la Tierra), del mismo modo están en los instintos del ser humano individual todas las fases de la evolución de la MM a través de los milenios. Todos tenemos un *cerebro reptiliano* debajo del *neocórtex.* Los instintos malignos ancestrales surgieron en la MM cuando ésta carecía de una conciencia que le permitiera intuir el DOROR, y el mal reinaba en ella casi sin trabas; pero se conservan en el ser humano individual tan vivos y operantes como cuando aparecieron por primera vez sobre la Tierra. Están ahí: en cualquier ser humano, por refinado que sea o parezca, y pueden cobrar actualidad en cualquier momento. Sólo una educación represiva de esos instintos los mantiene aletargados y los ha mantenido cada vez más aletargados a lo largo de los siglos. Pero todo sistema «educativo» contrario a su represión los libera sin remedio. Los modernos «pedagogos», los estúpidos partidarios de la «pena medicinal», de la supresión de los castigos corporales, de la abolición de la pena de muerte, etc., han abierto la caja de Pandora. Con una frivolidad espeluznante, esos aprendices de brujo han hecho bastante más que anular cien mil años de evolución propiciada por el DOROR. Han puesto ordenadores electrónicos, cohetes teledirigidos y armas automáticas, en manos del hombre de las cavernas.

Aurelio estaba de acuerdo e incluso añadió algo:

—Una percepción importante es la del daño que podemos infligirnos a nosotros mismos. Como le oí decir al sufí Adnan Sharhan, «*nadie puede hacernos tanto daño como nosotros mismos*». Y Napoleón Bonaparte, un pillo sanguinario pero muy inteligente, confesó a Les Cases en Santa Elena: «*Nadie me hizo nunca daño sino yo mismo. Todo lo malo que me ocurrió fue porque yo quise que ocurriera.*» Casi siempre se trata de un fenómeno inconsciente o semiconsciente, y por eso es tan peligroso. Detectarlo y ser consciente de él en el mismo momento en que esté ocurriendo, da la única posibilidad de neutralizarlo.

Félix, por su parte, abundó en lo mismo. Esta vez no había discusión.

—En aras de la sensiblería «cientificista» (que no científica) del pasado siglo, se suprimieron los castigos corporales para sustituirlos por penas de prisión. Pero mantener muchas cárceles, decenas de miles de presos y miles de guardianes es sumamente caro, y, de seguir yendo las cosas como van, en el futuro habría de estar en la cárcel la mayoría de la población mundial. Por este motivo, los Estados establecen pretextos legales para que las penas de prisión no se cumplan o se cumplan solamente en una mínima parte. De modo que los delitos quedan prácticamente impunes y, en consecuencia, el efecto intimidante de las penas ha desaparecido casi por completo. Habría que volver a la «ley del talión», a la pena de muerte y a los castigos corporales. La pena de prisión debería quedar reducida solamente a los casos en que no se pudieran aplicar los castigos corporales o la ley del talión. Sólo así, con eficaces sistemas de *intimidación,* las sociedades humanas podrán continuar por el camino emprendido hace miles de años hacia un nivel cada vez más elevado de conciencia intelectiva y moral. Pues, con independencia de que a un preso se le intente reeducar cuando ello sea posible y socialmente aprovechable, la finalidad primordial de las penas es y ha sido siempre, desde que el mundo existe (quiero decir, desde que existe la sociedad humana), la intimidación de los que aún no hayan delinquido pero puedan pensar en delinquir. Por eso las penas se imponían y ejecutaban siempre con publicidad. Y por eso también, los pequeños que cometan delitos deben ser penalmente castigados, siempre que la mayoría de los de su edad tengan el discernimiento suficiente para ser intimidados por el castigo. Todo lo que estoy diciendo es tan obvio, que es enormemente lamentable tener que decírselo *ahora* a los penalistas.

Visto el ambiente que allí había, yo me atreví a decir entonces:

—Para esas abortistas furibundas que tanto abundan ahora, las personas que defienden la penalización del aborto y también la pena de muerte incurren en una flagrante contradicción. Pero tal contradicción no existe, ya que con ambas cosas se pretende lograr una misma finalidad, que es la de proteger de la muerte a seres inocentes. Los inocentes (los «no nocentes») son los que, por su debilidad o por otras razones, no hacen daño. Con la penalización del aborto se pretende preservar la vida de los seres humanos inocentes que todavía no se han desprendido del seno materno; a la «*inocencia indefensa*» de que hablaba Tolstoi refiriéndose a los niños recién nacidos. Y con la pena de muerte se pretende proteger de la muerte a los seres humanos también inocentes e indefensos (aunque ya desprendidos del seno materno) que todavía no han sido asesinados por otros; pues, mediante la existencia legal de esta pena, se intenta disuadir a quienes algún día puedan pensar hacerlo. Con la publicación, en el *Diario oficial* de un país, de una ley por la que se suprime la pena de muerte, se está publicando también la condena a muerte de muchas personas inocentes e indefensas.

»Por otra parte, las mismas mujeres que son frenéticamente partidarias del aborto, son también, indefectiblemente, fanáticamente contrarias a la pena de muerte, y no ven la contradicción en que incurren.

Anita, violentamente contraria a la pena de muerte, se enfrentó entonces a mí. Era la primera vez que me dirigía la palabra en las reuniones, y lo hizo con notable desprecio, para decirme (más bien arrojarme a la cara) que en los países donde se había suprimido la pena de muerte los delitos graves no habían aumentado, y que tampoco habían disminuído en aquellos otros países donde dicha pena se había restablecido. Balbuceando de mala manera, aturdido como estaba por el público desaire de aquella hermosa mujer, cuya causa no alcanzaba a comprender (y sigo sin comprenderla todavía), le contesté como pude que, en mi opinión, parecía conveniente que, entre los factores a considerar y sopesar por quien estuviese en el trance de decidir entre cometer o no un delito de extrordinaria gravedad, estuviese la posibilidad de ser condenado a muerte; que a mí personalmente la pena de muerte, cuando existía, me había disuadido de asesinar a más de uno, y que no era lícito extrapolar hacia el futuro las estadísticas del pasado; de modo que nunca podría saberse si en los primeros países a que había aludido se habrían cometido muchos menos delitos existiendo la pena de muerte, y si en los segundos se habrían cometido muchos más no existiendo. Ni que decir tiene que ni me escuchó siquiera.

Sin embargo, todavía tuve fuerzas para intentar atenuar su enojo, ya que su animadversión hacia mí me producía un daño «especial». De modo que, doblegándome, emprendí una retirada vergonzosa diciendo primeramente que la pena de muerte sólo debería aplicarse en delitos de una maldad extrema y en los que, además, no existiera duda alguna en cuanto a la identidad de su autor. Pero como Anita siguió mirándome despectivamente, de mala manera y sin modificar su actitud hacia mí, dije reconocer que, no obstante todo lo dicho, parecía repugnante que el Estado también matase, es decir, que procediese a eliminar consciente y voluntariamente una vida humana, por muy vil que ésta fuese y aunque lo hiciera en nombre de toda la sociedad. Además, estaba el problema de los posibles errores judiciales. A continuación, yo mismo me pregunté en voz alta qué otras penas, no tan irreversibles como la de muerte, podrían ser lo suficientemente intimidatorias como para evitar delitos espeluznantes, y dije que sólo se me ocurrían la de cadena perpetua y la de trabajos forzados a perpetuidad. Los demás asintieron con la cabeza a lo que yo estaba diciendo; pero, respecto a Anita, mi nueva actitud no me sirvió de nada. Seguía muy enfurruñada. Una nube oscura, grisácea, parecía flotar delante de su adorable rostro. Y Félix no contribuyó precisamente a apaciguarla cuando, insistiendo en su opinión anterior e incluso ensanchándola, afirmó que la guerra se inscribía en el mismo mecanismo intimidatorio y defensivo que la pena de muerte, lo mismo que la legítima defensa individual, aunque admitió que en materia de guerras justas o injustas el terreno era mucho más resbaladizo.

El ambiente era tenso, agobiante, y se hacía cada vez más opresivo y siniestro. Félix y yo volvíamos a salir a la calle para enfrentarnos violentamente a los blasfemos. Lo que no habíamos podido hacer la noche anterior, lo hacíamos ahora. Pero todos nos estábamos poniendo enfermos de rabia, de miedo, y de ira. Quizá por ello, en ese momento, Argimiro, sin abandonar el tema de la maldad de la materia, le dió un sesgo importante trayendo a colación su relación con el amor.

—La materia densa es tan imperfecta, por su propensión a rechazar el DOROR, que en algunas ocasiones es incapaz de aceptarlo aunque desee hacerlo. Por ejemplo, la MM de esa materia suele ser incapaz de asumir el amor. Cuando alguien no ama, se está resistiendo al DOROR; pero, si ama, suele ser incapaz de expresarlo adecuadamente; y si es amado, tampoco suele ser capaz de recibir y asimilar adecuadamente el amor. Recordad la metáfora de Plotino: «*Cuando un perro come un manjar delicado, lo convierte en sangre, pero en sangre* ***canina***.»

—Esta materia, la densa, es radicalmente contraria al amor —dijo Carlos impetuosamente—. Cuando un hombre se enamora de una mujer (no sé lo que ocurrirá a la inversa), no puede vivir sin ella. Mientras está en su presencia, está poseído por una indescriptible exaltación de ánimo y, en ese estado de agitación suprema, gloriosa, de felicidad desbordante, no cesa de cometer un error tras otro. Cuando deja de estar con la mujer amada, cae en la angustia y la pena más insoportables. A veces un mecanismo natural de autodefensa le hace estar como alelado: se mete en la bañera con el reloj puesto, sale a la calle en zapatillas, etc. Otras veces, para poder soportar la angustia que le produce la separación de la amada, no encuentra otro alivio que el que a veces dimana del alcohol o, quizá, el de sumergirse en el trabajo como un poseído. No tiene ganas de comer y tampoco puede dormir. En realidad, lo único que vitalmente puede hacer es estar junto a la amada; contemplarla, oírla, decirle que la ama, abrazarla y besarla una y otra vez; fusionarse con ella, y besarla miles de veces. Y he aquí que la amada no está. Pero si el desgraciado tiene una cosa absolutamente clara en medio de su confusión, es que su amada debe saber cuanto antes lo que le pasa; que su amada debe saber enseguida la inmensidad del amor que ha despertado en él. Quizá cuando la amada lo sepa, su angustia desaparezca. No puede callar su amor ni ocultarlo; es más, desearía, incluso, pregonarlo a los cuatro vientos: salir a la calle gritando su amor a todo el mundo. Con mayor razón cree que debe decírselo a la amada. Y a la primera ocasión propicia, o sin que se presente ninguna ocasión propicia, se lo declara.

»La amada, por su parte, antes de ello, quizá sin dejar de sospechar algo, no quiere ver lo que ha ocurrido. Ha conocido a un hombre muy agitado, que no paraba de hablar y que no decía más que tonterías sin venir a cuento o que, por el contrario, no hablaba nunca. Le extraña la insistencia de ese hombre en verla o en hablar con ella. Por supuesto, ella tiene cosas más importantes que hacer. Intuye que su presencia produce algún bien a ese hombre, pero no se considera una enfermera ni quiere actuar como tal. Ella no está para eso. Si está angustiado, que ese pobre hombre vaya a un psiquiatra o se refugie en las amistades habituales que seguramente tendrá. Y cuando, inesperadamente, el desgraciado le dice que la adora, que no puede vivir sin ella, que quiere estar junto a ella toda la vida e incluso más allá de la muerte, la paciencia de la mujer se acaba. Se asusta; piensa que es un desequilibrado, quizá un perturbado o incluso un loco peligroso, y huye.

»Para que las cosas no se estropeen desde el principio, es preciso que el hombre se domine férreamente; que avance con lentitud y poco a poco; que planee cuidadosamente los pasos a dar para hacerse bienquisto de la mujer; que actúe racionalmente y con total frialdad de ánimo, como el cazador que persigue una presa huidiza, muy difícil de atrapar. En otras palabras, es preciso que no tenga amor o que no se deje llevar por el amor.

A costa de muchos fracasos y de mucho sufrimiento, el hombre finalmente descubre que para tener éxito en el amor se debe aprender a aherrojarlo; y que, si se es incapaz de ello, para no volverse loco hay que amar menos o no amar.

»Sí; la materia, la MM, es radicalmente contraria al amor. El amor procede de otro mundo y se abre paso en ella con dificultad. Me refiero, claro está, al amor y no al deseo sexual, pues éste brota espontáneamente de la MM en forma profusa, indiscriminada y superabundante. Pero el impacto del amor sobre ella, los trastornos y distorsiones que en ella produce, como un inmenso meteorito que cayera desde cielos puros sobre una tierra deleznable y polvorienta, los describió mejor que nadie Lope de Vega en su conocido soneto:

«*Desmayarse, atreverse, estar furioso,*
áspero, tierno, liberal, esquivo,
alentado, mortal, difunto, vivo,
leal, traidor, cobarde, animoso,

no hallar, fuera del bien, centro y reposo;
mostrarse alegre, triste, humilde, altivo,
enojado, valiente, fugitivo,
satisfecho, ofendido, receloso.

Huir el rostro al claro desengaño,
beber veneno por licor suave,
olvidar el provecho, amar el daño,

creer que un cielo en un infierno cabe,
dar la vida y el alma a un desengaño:
esto es amor. Quien lo probó lo sabe.»

»Sí; la MM se trastorna con el amor, porque es radicalmente contraria al amor. Creer que el amor puede arraigar y desarrollarse fácilmente en la materia, es «*creer que un cielo en un infierno cabe*».

AURELIO: —Me parece, querido amigo, que estás desbarrando. Estoy muy de acuerdo contigo en que la materia, según su mayor o menor densidad, es más o menos refractaria al amor, y éste se abre paso con mayor o menor dificultad a través del mundo material; pero el caso que has expuesto no me sirve en modo alguno para ilustrar la afirmación.

CARLOS (algo molesto): —¿Por qué?

AURELIO: —Porque donde se muestra la opacidad de la materia al amor (y esto lo has omitido tú) es en la incapacidad, que casi todos tienen, de amar a otra persona *sin que en ella concurran determinados requisitos materiales.* En el caso que has expuesto (en el que, por cierto, creo advertir ciertas resonancias autobiográficas tuyas, por la vehemencia con que has hablado), el «pobre hombre» (no te enfades, pero tú mismo lo has calificado así), con toda seguridad se habrá enamorado de esa mujer concreta porque ella reunía ciertas cualidades materiales sin las que no habría despertado amor alguno en él. Probablemente (pero no necesariamente) belleza y, dentro de ella, cierta clase de belleza, pero también otras características materiales, esta vez psíquicas, que habrán hecho que el «pobre hombre» se sienta extraordinariamente a gusto con esa mujer oyéndola hablar, viéndola moverse, y en general viéndola vivir, porque quizá habrán movilizado dentro de él algunos resortes ocultos muy importantes, incluso vivencias de su infancia ya olvidadas. Y, cualesquiera que sean, tales características serán muy adecuadas para proporcionarle ganas de vivir, alegría, exaltación placentera, sensación de verdadera compañía, sensación de seguridad, bienestar profundo, productividad en su trabajo y muchas otras cosas más, todas ellas buenas para él. Todo eso, combinado, es lo que habrá despertado su amor.

»Por otra parte, en tu ejemplo se observa que «el desgraciado» se ha aferrado fuertemente a esa mujer y a sus cualidades materiales, incluyendo las mentales. En realidad parece como si estuviera enamorado de sí mismo, pues el bien que desea obtener y conservar es el propio: el que experimenta a causa de ella Y, si quieres, en último término «el desgraciado» (cada vez que Aurelio hablaba de «el desgraciado» o de «el pobre hombre» lo hacía con cierto retintín) se ha aferrado al amor como suprema fuente de toda dicha profunda. Como mínimo, se ha aferrado al amor. Al amor; pero se ha aferrado. La capacidad de aferramiento del «pobre hombre» ha desplegado toda su operatividad y energía. Por eso teme, sufre, se angustia, y experimenta todos los trastornos psíquicos de que habéis hablado Lope, tú, y muchísimos hombres más a lo largo de la Historia, haciendo ricos a editores, impresores y libreros.

»En definitiva, él sufre porque se aferra; y ella se suelta de un aferramiento que la agobia, porque no ama. Pues, por supuesto (y en tu ejemplo se ve con toda claridad), también la mujer (las mujeres no son tan distintas de nosotros como tú crees) necesitaba para amar unos requisitos materiales que no había encontrado en el «pobre hombre». Y es que, aunque no deberían existir requisitos para el amor, ocurre que el mundo material suele exigir para el amor determinados requisitos materiales, sin que el amor del otro sea suficiente ni tampoco necesario. Éste fue otro error del «pobre hombre». Él creyó que su amor podía ser un requisito necesario y suficiente, y por eso quería declarárselo enseguida a la mujer amada, como un medio de asegurarse el amor de ella. Ni que decir tiene que estaba completamente equivocado.

»Éste es el canon que, excepto en el caso del amor materno, la detestable aduana de la materia exige al amor. Habría que amar sin necesidad de especiales estímulos materiales, y sin esperar ni desear nada del ser amado, vale decir sin aferrarse a él; pero la MM, por lo general, exige determinadas condiciones materiales para que el amor aparezca, crezca y se mantenga en ella, y esas mismas condiciones materiales provocan también el aferramiento del amante al ser amado. Por supuesto que el aferramiento puede existir sin amor alguno (por ejemplo, por deseo sexual, por enfermizo deseo de seguridad, etc.); pero, cuando hay amor provocado por determinadas cualidades materiales, suele ocurrir que, las mismas cualidades que han provocado el amor en un sujeto, provocan también el aferramiento de ese sujeto a la persona cuyas cualidades han hecho posible que en él aparezca el bien del amor. Pero si el amor es un bien, el aferramiento es un mal.

»Cuando una persona se enamora de otra, pongamos el caso de un hombre que se ha enamorado de una mujer, se dice en términos habituales que la mujer le ha «cautivado»; que «le ha robado el corazón». Y efectivamente, eso es lo que el hombre siente con toda claridad: que la mujer (conscientemente o no) se ha apoderado de su corazón y, por ende, de todo su ser, pues con su corazón se ha apoderado también de su cuerpo entero y de toda su alma. Pero casi nunca era ésa la intención de la mujer. Normalmente, la mujer no quiere robar nada y de hecho no se apodera de nada; lo que ocurre es simplemente que el hombre se ha aferrado a ella y ella se mueve. Es como si un hombre, al cruzarse con una mujer por la calle, prendiera su cartera en el vestido de la mujer sin que ésta se enterase y, al seguir ella su camino, él la acusase de haberle robado la cartera.

»Es decir, que sólo en la medida en que él se ha aferrado a ella puede decirse que ella le ha robado el corazón. «Aferrarse» a algo no es exactamente lo mismo que «aferrar» algo. Cuando uno «aferra» algo, lo que hace es «tenerlo», agarrarlo y sujetarlo; pero cuando uno «se aferra» físicamente a algo, lo que hace es «pegarse» a ese algo (en el sentido más literal de la palabra, como si después de haberse untado el cuerpo con engrudo se acercase a ese algo y se apretase contra él) o, tratándose de una operación mental, «apegarse». El aferramiento del sujeto a su propio «yo» y a cualquier otra cosa, es simplemente apego.

»Si una mujer nos ha «robado el corazón» y examinamos serenamente lo que nos ha ocurrido, nos podremos dar cuenta de que lo que nos ha ocurrido es que nos hemos apegado a ella. Y nos podremos dar cuenta también de que estamos apegados (del mismo modo, aunque con menos fuerza adhesiva) a muchas otras cosas y personas en este mundo. Pues somos MM, y desligarnos de la mecánica de la MM es casi imposible. Desde luego, para el ser humano normal (y en esa categoría estoy por supuesto incluido) es casi imposible no aferrarse.

»Hay idiomas como el castellano, donde se distingue perfectamente el amor del aferramiento. Nuestra lengua, para la acción de desear el bien ajeno tiene el verbo «amar», y para el sentimiento que se da en el sujeto que ama, el sustantivo «amor». En cambio, para la acción de estar aferrado mentalmente a una persona y, en consecuencia querer aferrarla físicamente, tiene el verbo «querer», y el sustantivo correspondiente es «cariño». El verbo «querer» indica la acción de la voluntad; de modo que «querer a una persona» (en lo que, si bien se mira, es un uso anómalo del verbo «querer», porque se omite la finalidad que tiene el acto de voluntad) no puede significar otra cosa que «quererla para sí», o sea «querer que sea para sí»; es decir, «querer tener, querer poseer» a esa persona.

»Ni que decir tiene que en nuestro país se emplea muchísimo más el verbo «querer» que el verbo «amar». «Amar» apenas se usa. Sólo se emplea en poesía. Fuera de una composición poética, decir que se ama a alguien se considera algo ridículo. Aunque, al fin y al cabo, mejor es eso que hacer lo que en Francia, donde sin el menor empacho llaman «amar» a practicar el regodeo carnal. El sistema catalán es mucho mejor.

»Pero, volviendo al tema, es cierto que si, como suele ocurrir casi siempre, el amor ha surgido en virtud de determinadas condiciones materiales de la persona amada, es inevitable aferrarse a ella; y que muchas veces el aferramiento produce tal angustia en el amante aferrado, sobre todo si no puede «tener» materialmente a la persona amada, que para no volverse loco ha de dejar de amarla. Sí; el mundo material es radicalmente ajeno (más que contrario) al amor. Por eso constituye un obstáculo para el amor (el cual pertenece a otro mundo, que es obra suya), y todos los problemas del mundo material vienen de ahí. Puede decirse que, en el fondo, el amor es la tendencia a la unidad (en definitiva hacia el Uno) de una MM fragmentada en el espacio-tiempo.

Aurelio había hablado largamente, como deseando sumergirse en el tema del amor en la materia y abandonar el anterior de la represión y los castigos. Argimiro, que había escuchado pensativo la perorata de Aurelio, dijo a todo esto:

—El amor y la necesidad ¿son compatibles? Es el eterno problema. Quizá la explicación esté en la dualidad esencial del ser humano, que es espíritu y a la vez es también materia. El espíritu, el DOROR, siempre ama. Pero la materia siempre necesita; siempre recl-ama. Como tú, dejo aparte el amor materno, que es distinto de todos los demás.

»Es triste comprobar, también, que no podemos convivir con una persona, por mucho que la amemos y ella nos ame, si no nos sentimos a gusto a su lado de un modo «especial», en virtud de una «química» profunda que casi siempre escapa a nuestro análisis; es decir, por causas materiales casi siempre desconocidas. El sentirnos a gusto junto a una persona de ese modo «especial» es algo que ocurre simplemente porque ocurre, sin que casi nunca sepamos por qué.

»En una pareja, por otra parte, no basta con el amor. Para que una pareja se lleve bien, por desgracia hacen falta otras cosas además del amor, la inteligencia por ejemplo, y esto no se puede ignorar.

LUCIANO: —Más que contraria, la materia es opaca, ajena, refractaria al amor, con la única excepción del amor de la madre por sus hijos o hijas. El que centra su vida en recibir el amor materno y corresponder a él, elige vivir el verdadero amor; el amor constante, permanente, auténtico, inmensurable, incondicional, total, desprovisto de toda carnalidad y de todo egoísmo. Pero el que hace tal elección por el amor más verdadero, contradice a la Naturaleza; no sigue las leyes de la materia, de la MM, y eso se paga muy caro en el orden material. Como Prometeo, es castigado por robar el fuego de los dioses. Pues, tal y como hemos señalado Platón y yo —menos mal que no dijo «yo y Platón»—, lo que quiere la MM es perpetuarse a sí misma y, ya que por su imperfección no puede ser inmortal, pretende crear continuamente nuevas formas materiales, nuevos seres materiales que sustituyan a los que inevitablemente han de desaparecer. La Naturaleza nos ordena, por tanto, prescindir del amor materno, apegarnos carnalmente a un ser humano del sexo opuesto y procrear hijos. A éstos la Naturaleza nos permite ya amarles e incluso nos obliga a ello, pero nos prohibe, o poco menos, amar a quien más y mejor nos ama. En definitiva, nos impide apreciar el amor más puro y desinteresado y, en ese sentido, el más verdadero. Por eso la materia, en el fondo, radicalmente, es refractaria al amor.

»El amor procede de otro mundo (el mundo del DOROR), que está hecho de amor y por Amor. Fuera del caso de las madres, es muy difícil que el amor se dé en este mundo, refractario a él. Más vale no esperarlo. Pues el amor de madre es el único que no tiene condicionamientos materiales. Por eso es sublime y distinto de todos los demás amores.

Anita, aunque todavía no era madre (ni, sobre todo, nuera), creyó que debía decir algo a este respecto:

—Pero el amor de una madre tiene un condicionamiento material muy importante: a saber, que el ser amado haya surgido de su seno.

—Ese hecho —respondió Luciano, el jurista—, no es ningún condicionamiento del amor de madre, ya que forma parte de su misma definición. Si el ser amado no ha surgido del seno de la madre, no hay amor de madre porque no hay madre. No se trata de un evento que se superponga al amor de madre y lo condicione. No es una verdadera condición. Los condicionamientos del amor de madre, si alguna vez se dan, no consisten en que el hijo sea de una manera determinada o en que el hijo haga algo que complazca o gratifique a la madre, sino en que no haga nada que la injurie gravemente; y aun así, en el fondo de su ser, la madre seguirá amando a su hijo o hija, porque su amor es inextinguible, y le perdonará expresamente (pues internamente ya lo habrá hecho), en cuanto aparezca la más ligera muestra de arrepentimiento o sin que éste haya aparecido. En realidad, el amor de madre es incondicional y, además, es total, en el sentido de que la madre es capaz de sacrificar lo más importante para ella, que es su propia vida, por el más insignificante bien del hijo. Nuestra madre nos considera siempre una parte de sí misma, pero nos ama infinitamente más que a sí misma.

Argimiro, que se había emocionado mucho, retomó el uso de la palabra.

—Hasta ahora hemos hablado del amor entre hombre y mujer, o del amor de madre; pero el amor en general, es decir, entre cualesquiera personas, tiene otros condicionamientos materiales y un límite del que hasta ahora no se ha hablado.

»Ese límite está señalado muy acertadamente en la Biblia: «*Amarás a tu prójimo como a ti mismo*» (Levítico 19,18; Mateo 22,39 y 19,19; Marcos 12,31; Lucas 10,27). A menudo, en rigor casi siempre, se pone el acento en la primera parte del mandato («amarás a tu prójimo») y se olvida la segunda, que contiene la medida; el baremo, *pero también el límite* de ese amor: «como a ti mismo». Porque uno debe amarse a sí mismo, lo cual no es tan obvio como parece. Con toda razón preguntó Jesús al paralítico de Betesda antes de curarle: «*¿Quieres ser sano?*»

»El amor a uno mismo no debe consistir en intentar procurarse obsesivamente y a ultranza placeres externos o internos, pero debe existir. Consiste en no destruirse, en no triturarse, en saborear los goces sencillos de la existencia (una charla con amigos entrañables, un fresco amanecer, una bella puesta de sol, un hermoso paisaje, el olor de la tierra después de la lluvia, una buena lectura, etc.) y, sobre todo, en conservar permanentemente una paz mental que haga posible que la felicidad interior, que se origina en la fuente inagotable de un DOROR siempre activo en nosotros, brote y fluya libremente. Se dice que «*la felicidad es la tranquilidad*» porque sólo puede surgir en la tranquilidad. La felicidad es una planta que sólo crece en el jardín de la tranquilidad.

»Ahora bien: si cuando éramos jóvenes las situaciones conflictivas que perturbaban nuestro cerebro apenas se reflejaban en el resto de nuestro organismo, sin embargo, a medida que nos vamos haciendo mayores, parece que resbalan por nuestro cerebro sin agitarlo tanto como antes, pero, en cambio, golpean directamente nuestro sistema nervioso vegetativo con una fuerza inusitada y efectos devastadores. Parece como si en la vejez las emociones fuesen directamente a nuestro plexo solar sin pasar por nuestro cerebro, el cual no pudiera hacer ya nada para tamizarlas racionalmente. A medida que envejecemos, nuestro cerebro se endurece, pero nuestro plexo solar, del que dependen casi todas nuestras funciones vitales, se hace más sensible.

Dada su edad, sin duda hablaba por experiencia.

—Si por intentar hacer el bien a una persona —continuó— puede resultar dañada seriamente nuestra salud, evitemos a esa persona sin dejar de amarla, porque estar en contacto con ella en tales circunstancias equivaldría a odiarnos a nosotros mismos. Tolstoi decía, muy sabiamente, que hay que hacer el bien a otras personas de modo que éstas no se den cuenta de ello, y algo parecido había dicho Jesús de Galilea (Mateo 7,6). La razón es que, si lo advierten, pueden tomar nuestra bondad por debilidad, volverse contra nosotros, y despedazarnos. Sea por este motivo o por otro cualquiera (por ejemplo, porque su orgullo se sienta herido por el hecho de haber necesitado pedir y tenido que aceptar nuestra ayuda), lo cierto es que, al menos en España, se observa en muchas personas una acusada tendencia a devolver mal por bien, sañudamente además.

»Éste es también un límite o condición que la materia pone al amor.

—Hay personas —le dijo Luciano, que sin duda sabía por qué Argimiro había hablado como lo había hecho— de las que es mejor apartarse. No es que no debas amarlas; pero sólo debes hacerlo a distancia, sin contaminarte de ellas, como Dios no se contamina de lo que conoce y ama; sólo «*more divino*»[127] o «*in loco Dei*»[128] y no «*in loco tuo*».[129] Pues el trato con esas personas atrae seguramente la desgracia, y muchas veces, a la larga, acaba trayendo la muerte. Son personas en las que, generalmente por ignorancia, por falta de inteligencia o de salud mental, reina y campea el mal, ya sea solo o alternándose con el bien. No buscan sistemáticamente el bien, o su materia les hace incapaces de lograrlo. No trates de reformar a esas personas, pues bastante trabajo tienes con luchar contra ti mismo. De igual modo que no debe uno arrojarse desde un campanario (desde «*el pináculo del templo*») o visitar el cráter de un volcán en erupción o pasear por una selva llena de tigres, porque cualquiera de esas cosas es «*tentar a Dios*», tampoco, y por la misma razón, debe uno frecuentar a esas personas que, a menudo sin quererlo, expanden el mal que llevan dentro.

Insensiblemente, por la propia índole del tema básico del que se estaba hablando, que era la maldad de la materia, la conversación nos había llevado otra vez a asumir el mismo tono agobiante y deprimente de antes. Esta vez fue Aurelio quien intentó evitarlo.

—Que la materia (sobre todo la de mayor densidad) —dijo— sea el mal radical como contrapuesta a Dios y, por ende, a lo divinal (el contenido del DOROR), no significa que debamos odiarla, como hacían por ejemplo los cátaros. En primer lugar, porque Dios mismo la ama. En segundo lugar, porque nosotros mismos somos materiales: hijos de la Madre Mater-ia. Y, en tercer lugar, porque con mucha frecuencia la materia consigue reflejar el DOROR producido por Dios. En este mundo hay muchísimas cosas buenas y, sobre todo, muchísimas personas buenas. La maldad radical de la materia,

---

[127] A la manera divina; al modo divino.

[128] En el lugar dc Dios.

[129] En tu lugar; desde tu propio lugar.

una vez detectada y constatada, no debe llevarnos a actitudes paranoicas en nuestra vida práctica.

»Desde este punto de vista, el amor a la materia (y por ende al mundo material) no puede ser malo. Al contrario, lo peor que podemos hacer es no amarla; es decir, no hacer lo mismo que Dios hace mediante su DOROR; no imitar a Dios. El amor «*in loco Dei*» no debe experimentarse ni practicarse para cumplir un deber, ni por las características individuales de los seres amados, sino sean cuales sean estas características. Ha de ser una benevolencia universal.

—Eso es imposible —dijo Dalmacio—. Desde luego, no se ama cuando se hace o se desea el mal. Pero tampoco se ama «*more divino*» cuando hay objetos materiales a los que no se hace o desea el bien, aunque se haga o desee el bien a otros. Quiero decir que habría que amar a todo lo material; no a uno mismo sí y a los demás posibles objetos de amor no, o a éstos sí y a uno mismo no, o a una parte de los demás objetos sí y a otra parte no, porque entonces se habría dejado de amar «*more divino*». Amar así es algo que sólo puede hacer Dios. No podemos hacer el bien a todo el mundo; sólo a unas pocas personas, lo mismo que, correlativamente, hay bienes que sólo determinadas personas pueden hacer. La misma Biblia lo reconoce cuando sólo nos ordena amar al «*prójimo*», o sea al que está materialmente *próximo* a nosotros, como si dijera que sólo a él podemos amar porque el amor consiste, más que en desear el bien, en hacerlo, y sólo podemos hacer el bien a quien esté dentro de nuestro alcance. Esto sigue siendo así, aunque ahora nuestro alcance o radio de acción haya aumentado.

—No exageres —repuso Aurelio— ni tampoco hagas interpretaciones literales para restringir el ámbito del amor. Fuera de la justicia, es decir, del mínimo exigible, y dado que el mundo material es el mundo de la limitación en todos los sentidos, si no se puede *hacer* a todos los seres materiales el mayor bien, sino que es preciso hacer a un ser material mayor bien que a otro, o hacer el bien a un ser y no hacer el bien a otro, es preciso, *deseando* a todos el mayor bien, hacer el bien que humanamente se pueda, y no hacer ni desear el mal a nadie.

—Sin embargo —dijo Carlos muy serio—, habría que profundizar en lo que acaba de decir Dalmacio. Pues precisamente decimos que el que ama al dinero y no a los seres humanos, y que por tanto sólo ama a una parte del mundo material, no tiene amor.

Todos nos reímos, menos Aurelio. El cual, tomando más en serio que los demás la objeción de Carlos, le contestó de esta manera:

—Estamos hablando de amor, es decir, de desear el bien de algo; no de querer apropiarse de algo. Pero además ocurre que el dinero es un trozo de metal o de papel o una anotación en cuenta, y yo te pregunto: ¿cuál es el bien del trozo de metal o de papel o de la anotación en cuenta?

¿Cuál es el bien de estos objetos materiales que pueda ser deseado por Dios? Y más aún te pregunto: ¿cuál es el bien de estos objetos que Dios pueda desear que se realice en el mundo material con preferencia al bien de un ser perteneciente al género humano? Hay que amar del mismo modo que ama Dios, pues amar es hacer lo mismo que hace Dios. Y Dios no ama lo mismo a un papel o a un trozo de metal que a un ser humano.

—No dediques más tiempo a refutar a Carlos —dijo Argimiro—, pues está bien claro que primero hay que amar a los seres humanos, luego a los animales, luego a los vegetales y luego a las piedras, aunque a veces, para lograr el bien de los seres humanos, antes haya que hacérselo a los animales, a los vegetales, o a las piedras. Pero estabas hablando del amor a la materia en general y te ruego que continúes.

Accedió de buena gana Aurelio, quien tras una pausa, dijo lo siguiente:

—La materia no es tan indigna de que la amemos. La MM *cristalizada* es la que presenta mayores dificultades para ajustarse al DOROR y, por tanto, *la más refractaria a la rectificación metafísica*. Pero no hay que increparla, abominarla ni detestarla, sino considerarla con indulgencia y comprensión. Pues no hace otra cosa que ajustarse, como puede, al DOROR primordial y quizá también a los inmediatamente siguientes. La MM responde a automatismos inducidos en la materia por el DOROR de antaño, que en su momento fueron buenos y útiles para su evolución progresiva hacia una mayor conciencia, es decir, hacia el bien, pero que, en un determinado contexto específico actual, producen el mal. ***Lo que hay que propiciar es que la materia se ajuste al DOROR de ahora; no al DOROR de hace milenios.*** Y la MM cristalizada se ajusta al DOROR de hace miles o millones de años; no al de ahora. Pero la materia subyacente, en rigor, no es mala. Es la *raíz* de todo mal (*radicalmente* mala), pero no *intrínsecamente* mala, sino intrínsecamente imperfecta. Es de mala ralea, de mala casta, pero, a mi modo de ver, en general se siente atraída por el bien, aunque en la mayoría de las ocasiones su imperfección le impida ajustarse a él.

»Los adeptos de la «Ciencia Cristiana» preconizan el no prestar atención a la materia, el «prescindir» intelectivamente de la materia, porque según ellos no existe realmente, y dicen que atender a la materia sería dar pábulo a una creencia errónea en su realidad. Nosotros sólo preconizamos el «prescindir» de la materia en el plano meramente emocional o afectivo, en cuanto que lo contrario sea el «aferrarse» a ella; pues estimamos que la materia existe, y que el aferrarse a ella implica la única creencia errónea que puede existir en relación con ella, que es la de su consistencia intrínseca. Pero opinamos que la MM debe considerarse, debe estudiarse y (aunque sin adentrarse en sus abismos) se debe profundizar en su conocimiento para lograr un mayor ajuste de la misma al DOROR.

»El tema —prosiguió Aurelio— tiene mucha relación con la doctrina de Freud, y digo a propósito «doctrina» y no «hallazgos científicos» porque, además de que sus hallazgos no tienen nada de científicos, Freud los recubrió constantemente de una teoría metafísica implícita, que era la de un absoluto Materialismo mecanicista. Para Freud no existe otra cosa que influya en el ser humano que la materia, y la materia rige al ser humano de un modo mecánico. Entiende, además, que es precisamente la materia para nosotros inconsciente la primordialmente responsable de los avatares humanos, individuales y colectivos, y distingue en ella dos instintos básicos que son el «*eros*», tomando esta palabra no en el sentido de amor sino en el de instinto de vida y de reproducción (Freud llama «*libido*» a la fuerza que impulsa a satisfacerlo), y el instinto de agresividad y muerte o «*thanatos*». Para Freud, el progreso y bienestar materiales son producidos en el hombre por el hombre mismo, a nivel tanto individual como social, mediante una proporcional y correlativa represión de esos instintos básicos.

»Dentro de su Materialismo (por más que al final de su vida admitiera, como a regañadientes y porque no tenía más remedio, la existencia de la telepatía), el mecanicismo de Freud es evidente. Por ejemplo, no concibe que los sueños puedan ser otra cosa que manifestaciones de ocultos conflictos individuales no resueltos o de deseos individuales no satisfechos. No sospecha la existencia de un inconsciente colectivo. Tampoco admite, como viene admitiendo desde siempre toda la Humanidad, que en los sueños (aparte de posibles proyecciones hacia planos de materia sutil, casi siempre muy cercanos o inmediatos al nuestro de materia densa) pueda haber premoniciones o avisos de acontecimientos futuros, o soluciones de problemas actuales, ya que no ve la materia bajo el prisma de una MM viva, consciente y total, sino como una masa inerte que actúa, en definitiva, en base a impulsos anteriores, como un conjunto de bolas de billar. Algo así continúa opinando la Medicina actual, alopática, en contra de la Medicina homeopática, que entendía y entiende el cuerpo humano como un todo orgánico con mente propia.

»Freud acertó en afrontar y escrutar los entresijos de la mente humana material en vez de ignorarlos, prescindir de ellos, u ocultarlos hipócritamente. En el fondo de la MM, cerebral o no cerebral, hay cosas malas, y esto conviene saberlo. Así se podrán combatir, pues ciertamente el mal debe ser combatido y no sólo conocido. Pero no se combate el mal sólo por el mero conocimiento ni sólo por el ser humano material en base a su sola materia, como pensaba Freud, sino por la voluntad humana acorde con un DOROR que existe por sí mismo con independencia de la voluntad humana. Y el combate no debe tener por finalidad el progreso y el bienestar materiales, como también pensaba Freud. En realidad no debe tener otra finalidad que el ajuste al DOROR, el cual conduce ciertamente a un progreso y a un bienestar; sólo que no son materiales (al menos no son principal ni exclusivamente materiales) ni tampoco hedonistas y egoístas como creía Freud que sólo podían ser.

»Ya que se tiene dentro algo malo, bueno es saber lo que se tiene, pues así se podrá combatir. Lo malo es creer que eso no se debe combatir o creer que es lo único que se tiene, ignorando en nosotros la frustrada obra del DOROR pasado y la influencia actual del DOROR presente.

Aurelio había conseguido introducir alguna serenidad en el ambiente, pero Luciano no estaba por la labor. Había perdido protagonismo, y lo remedió inmediatamente diciendo:

—Si es cierta la síntesis de Ken Wilber sobre el funesto alejamiento (no físico, sino psicológico) que el ser humano ha experimentado respecto al «Todo» material, hay que investigar por qué ese «alejamiento» tan dañino se ha producido, y no basta con señalarlo.

»En realidad, se ha producido por una actividad de ese mismo Todo, es decir, de la misma MM total. Ésta ha dado lugar a multitud de mentes humanas conscientes; de focos de conciencia capaces de tener percepciones; pero esas percepciones implican objetivación de lo percibido y, por ende, separación y, por ende, juicio. Y el foco de conciencia del ser humano rechaza el mal que ve en el Todo material (MM total), y aspira a algo mejor, que es el DOROR. Ello le hace apartarse, primero, del resto de ese Todo que no es su propio cuerpo; después, de su propio cuerpo; y por último, de los aspectos negativos de su propio «yo» (la «*sombra*» jungiana), que le disgustan porque difieren del bien a que aspira, y que en virtud de ese rechazo se hacen inconscientes. Es decir, que el mal de la separación del Todo es consecuencia de una actividad del propio Todo dirigida a la creación de mentes humanas en su seno. En otras palabras, que incluso cuando la actividad de la MM se encamina hacia la aparición de algo bueno y más perfecto, como es una conciencia desarrollada, sus propias limitaciones intrínsecas (y más concretamente las derivadas de su propia condición espacio-temporal) le imponen una fragmentación propiciadora de distorsiones.

»El ser humano aparta de sí la «sombra», y queda ficticiamente reducido a la «persona»; es decir, a los únicos aspectos de su personalidad que está dispuesto a admitir. Y eso lo hace porque repudia el mal que hay en su mente. Repudia el mal (y por tanto «la sombra») y anhela el bien.

»Y repudia el mal porque siempre lo hay. En la MM hay abismos insondables de maldad. La MM es como un inmenso genio satánico. Es, en realidad, Satán: el Príncipe de este mundo: el Príncipe de las tinieblas. La MM es mala en sus profundidades, y sólo es buena en tanto refleje el bien del mundo espiritual, y en la medida en que lo haga.

»No es bueno ignorar lo malo de nosotros. Hay que iluminar plenamente nuestra «sombra»; reconocer, primero ante nosotros mismos y luego ante los demás, que somos unos malvados, unos canallas, unos cínicos y unos cobardes. Pero, puesto que la materia «subyacente» o preconfigurada, en parte (o incluso en general, según ahora nos dice Aurelio) tiende a ajustarse al DOROR aunque no pueda, la propia estimación como personas nobles, serias, honorables y valientes, es necesaria para vivir. Recordad lo de Adler. El ser humano, para vivir necesita el bien; y, si no es bueno, necesita al menos parecerlo y aparentarlo, sobre todo ante sí mismo. Necesita creer, en suma, que él es bueno, y que los demás piensen lo mismo. Por tanto, para la salud física y mental, tan malo es ocultar que uno es un canalla como reconocerlo. La dinámica de la MM desemboca siempre en contradicción y conflicto, hágase lo que se haga.

Argimiro creyó que debía echar también su cuarto a espadas.

—Un proverbio chino dice lo siguiente:

«*Un camino... si no lo andas, nunca llegas.*
Un negocio... si lo dejas, no prospera.
Una campana... si no la tocas, nunca suena.
Un hombre... si no lo educas, nunca es bueno.»

»Es una pena que los filósofos naturalistas del siglo XVIII no conocieran ese proverbio, que no es sino la expresión de una sabiduría de milenios. Porque, si lo hubieran conocido, quizá no habrían afirmado con tanta ligereza que el hombre es «naturalmente bueno». Sobre la base de esta afirmación arbitraria se han construido la democracia moderna y los sistemas educativos modernos. Pero es una base completamente falsa.

»La teoría democrática se ha elaborado sobre la base del gobierno de la mayoría, pensando que, aunque en un país existan muchos malvados, sin duda los ciudadanos serán en su mayoría buenos e inteligentes y darán su voto a quienes también lo sean. Esta teoría ha fallado estrepitosamente en la práctica. En el año 1933, halagando los bajos instintos de las masas con una técnica psicológica prácticamente irresistible (y que incluso en la época actual sólo es detectable por una minoría que sepa algo de los «*reflejos condicionados*» de Paulov), Hitler llegó al poder en Alemania mediante unas «elecciones libres». Y en España, donde la mayoría de los ciudadanos, por la influencia mnémica de una mala interpretación de los principios católicos potenciada por la propia debilidad humana *(haz el mal que quieras, que después todo se borrará con un rito),* son, más que amorales, decididamente inmorales, una gran cantidad de pillos, pícaros, buitres, sanguijuelas, timoratos, lacayos de corazón, retrasados de mente, ignorantes o irresponsables, ha votado libremente, y ya por cuatro veces consecutivas, en favor de quienes se habían mostrado cínicamente inmorales y corruptos abusando de su poder en una medida y con un descaro hasta entonces desconocidos en el país, y además habían atentado en la práctica contra la democracia (más bien «dedocracia»), eliminando los resortes que la hacen posible, como son la estricta separación de los poderes del Estado y la libre pluralidad de establecimiento y uso de los medios masivos de comunicación. Cuando en los años 1994 y 1995 arreciaron los casos de corrupción y se intensificaron las medidas que se iban tomando para la aniquilación de la democracia, la oposición parlamentaria pidió la dimisión del presidente del Gobierno; pero éste se negó a ello, alegando que los ciudadanos españoles ya conocían casos muy importantes de corrupción antes de las elecciones de 1993, y sin embargo le habían votado. Desde el punto de vista democrático, tenía toda la razón.[130]

»Esta sociedad (naturalmente, cada vez menos democrática) está abocada a permanecer en el fango, a revolcarse en él por algún tiempo y, finalmente, a hundirse bajo el peso de sus propios excrementos, a no ser que un fuerte trauma le facilite una oportuna catarsis.

—Has hablado de la democracia —le interpeló Pedro— como si no te gustara. ¿Cómo es eso posible?

—Quizá —dijo entonces Félix interfiriendo— porque es evidente que en su forma actual está desfasada. Como bien han señalado Luis Racionero y Gabriel Albiac, la democracia representativa es ya un anacronismo, desde

---

[130] Después de las elecciones de 1993 se produjeron nuevos casos de corrupción de una gravedad extraordinaria, y salieron a la luz muchos otros que hasta entonces habían permanecido ocultos. No obstante, el felipismo en el poder recibió de un importante partido catalán el apoyo necesario para seguir gobernando, y aunque en las siguientes elecciones no obtuvo la mayoría absoluta, sin embargo no perdió muchos votos. Tampoco los perdió el partido catalán que le había apoyado. Perdió algunos, que fueron a incrementar... los del felipismo catalán. Desde luego, aunque obtuvo mayoría, quedó muy lejos de la mayoría absoluta el partido estatal de la oposición. El cual, ya desde el Gobierno, y aunque es evidente que quien no hace todo lo posible para que un crimen sea castigado se hace cómplice de él, sin embargo ha negado a los Tribunales el acceso a los documentos del CESID que incriminaban sin género de dudas a toda la cúpula del felipismo en delitos de desviación y apropiación de fondos públicos, tortura, y 28 asesinatos. En general, el nuevo Gobierno no ha tomado ninguna medida para airear las corrupciones pasadas y castigar a los corruptos. Incluso ha conservado en sus suculentas poltronas a la gran mayoría de los paniaguados designados digitalmente por el Gobierno anterior. ¿«Síndrome de Estocolmo»? ¿O temor a un futuro regreso del felipismo al poder? En todo caso, la conclusión es que el mal de España no es de Gobierno, sino de Estado.

el momento en que existen medios técnicos suficientes para auscultar la voluntad de los ciudadanos sobre cualquier tema concreto.[131]

—No es solamente por lo que acabas de decir, que es completamente cierto —contestó Argimiro—, sino, sobre todo, porque opino que la democracia se basa en dos supuestos falsos, como son que los ciudadanos son naturalmente buenos y que todos los seres humanos son iguales.

»En la democracia hay una contradicción fundamental. Por una parte, los demócratas dicen que quieren el bien del pueblo. Pero, por otra parte, lo fundan en el criterio de la mayoría del pueblo, cuando es así que la sabiduría y la bondad son siempre fruto de un importante esfuerzo y, por tanto, patrimonio siempre de una minoría.

»La mayoría de las personas son egoístas, perezosas, poco inteligentes y poco honradas. ¿Qué decir, entonces, de un sistema político como la democracia, que pone el gobierno en manos de la mayoría?

»Con la democracia pasa lo que con el Comunismo: que es para ángeles y no para seres humanos materiales. El Comunismo y la democracia son para el DOROR, suponiendo que en él se necesiten (que no se necesitan), y no para seres compuestos de DOROR y de materia.

»La democracia se basa en otra enorme y evidente falsedad, como es la hipótesis de que todos los seres humanos son iguales. Nada más lejos de la verdad, como puede comprobarse todos los días. En el DOROR los seres humanos son ciertamente semejantes; más aún, en realidad son lo mismo. Pero en el mundo material, sin dejar de ser también, allá en lo más hondo, lo mismo, difieren entre sí infinitamente más, no sólo en lo físico sino también en lo intelectual y en lo moral. Hitler nunca fue como San Francisco de Asís, ni Rabindranath Tagore igual que Jack el Destripador. Por consiguiente, dada la absoluta disparidad existente entre los ciudadanos de un país en los aspectos moral, cultural e intelectual, es completamente absurdo dar al voto de todos el mismo valor. Y no es que haya que dar a los ciudadanos más eminentes un «voto plural», como ocurre en algunas sociedades

[131] Gabriel Albiac escribe (en el diario *El Mundo* del 17-6-99): «La representación, hoy, es un residuo anacrónico difícilmente comprensible. Forjada, tras la gran Revolución Francesa de 1789, como modo más operativo para salvar el abismo espacio-temporal que separaba a un ciudadano de Bretaña o el Périgord de la Asamblea que, en París, debía forjar un espacio decisorio nuevo, la representación [...] durante siglo y medio fue el más alto hallazgo de la modernidad. Hoy no es nada. Sencillamente, porque hoy el desajuste espacio-temporal está dinamitado. Contabilizar electrónicamente los votos de la totalidad de los ciudadanos del país acerca de cualquier iniciativa legislativa, no cuesta ni un ápice más de esfuerzo —y muchísimo menos, dinero— [...]. Delegar en otro una votación que uno mismo puede realizar por sí mismo, instantáneamente y sin moverse de su casa, es una de las mayores irracionalidades que haya conocido el mundo actual.» Varios años antes que él, Luis Racionero se había pronunciado en el mismo sentido, aunque con menos fuerza expresiva. [Nota insertada después de terminado el libro.]

mercantiles, sino que a los malvados, estúpidos y corruptos no habría que concederles voto de ninguna clase, pues lo lógico es que voten a quienes son como ellos.

»Lo absurdo de la teoría democrática, que atribuye el poder político a quien obtenga el mayor número de votos, se pone de relieve considerando que ni el ser humano es naturalmente bueno (como piensan los convencidos del Liberalismo) ni todos los ciudadanos son iguales. No hace falta ir más allá; no hace falta entrar a considerar el uso cotidiano de las técnicas psicológicas de manipulación de masas (a través de medios como la televisión, la radio y la prensa) que anulan de hecho toda libertad y convierten a la democracia en una farsa absoluta. No propongo un gobierno de los filósofos, como hizo Platón, porque eso ya se ha visto que es inviable en el actual estadio evolutivo de la Humanidad. Tampoco soy partidario de las dictaduras. Pero que no me vengan con el cuento de la democracia. A otro perro con ese hueso. No soy un retrasado mental.

LUCIANO: —Que el sistema democrático está fundado sobre bases enteramente falsas, se descubre muy bien cuando se trata de aplicarlo fuera del ámbito político. Porque entonces el sistema fracasa de un modo tan estrepitoso, que enseguida se quiere prescindir de él aunque, paradójicamente, se desee conservarlo en el ámbito político, que sin embargo es el más importante de todos para el perfeccionamiento progresivo de la sociedad humana y, por tanto, del ser humano individual.

»Por ejemplo, en el ámbito docente, Milton Friedman preconizó la democratización de la enseñanza universitaria, y se le hizo caso (no sólo en Norteamérica) porque era premio Nobel de Economía. El resultado fue que los profesores sólo podían enseñar a sus alumnos lo que ellos o sus padres querían y del modo y con las calificaciones que ellos o sus padres querían. De lo contrario, los padres trasladaban a sus hijos a otra Universidad más acomodaticia. Pero ocurre que la enseñanza consiste por esencia en que un ser humano que sabe enseñe a otro que no sabe. Y como este otro no sabe, no puede determinar correctamente lo que es bueno que se le enseñe, ni el modo como se le ha de enseñar, ni las calificaciones que merece su aprendizaje. De modo que la enseñanza, si ha de ser verdadera enseñanza, nunca puede ser democrática. La mayoría pretende naturalmente lo más fácil; es decir, que al alumno no se le enseñe nada que sea difícil de aprender o le exija algún esfuerzo; que se le otorguen buenas calificaciones, y que obtenga rápidamente un título universitario que le dé un buen empleo, dinero y prestigio social. Y como con la democracia se pretende hacer la voluntad de la mayoría, la democratización de la enseñanza ha producido unos resultados que no tienen nada que ver con la verdadera enseñanza. Lo mismo ocurre en otros ámbitos, como el militar, donde el sistema democrático se rechaza absolutamente. Como en un tubo de ensayo, se observa que la democracia es funesta en ámbitos menos importantes que el político, y sin embargo, por lo menos en apariencia, se intenta aplicar en gran escala en el ámbito político. No lo entiendo.

»¿No es la sociedad humana un ejército a la conquista de la perfección mediante la cultura transmitida de generación en generación a través de la enseñanza? Si es así, ¿por qué se preconiza para los supremos órganos rectores de las sociedades humanas un sistema que es perjudicial para cualquier ejército y para cualquier escuela? Para mí es un misterio. Desde luego, lo de que «es el menos malo de los sistemas políticos» me parece una justificación estúpida y un triste consuelo.

Aurelio: —Tanto la justicia como la democracia tienen su fundamento metafísico en la existencia del DOROR: del ser transcendente y perfecto que corresponde a cada SOMA. ***Pero, dentro de esto, la justicia se basa en una realidad, mientras que la democracia se basa en una ficción; pues la justicia se funda en la existencia del DOROR, existencia que es verdadera, mientras que la democracia se funda en un ajuste total al DOROR en este mundo material, ajuste que es falso*** y que seguirá siendo falso mientras el DOROR no se haya realizado en la mayoría de los ciudadanos con derecho a voto. Actuar con justicia; esto es, de modo que no se vulnere ni desconozca la igualdad sustancial de todos los seres humanos que dimana de la existencia de su DOROR, es correcto. Pero dar por sentado que la mayoría de los ciudadanos son buenos y sabios cuando no lo son, y atenerse siempre a la voluntad de esa mayoría, es caminar sobre la cuerda floja. Ahora bien: siguiendo más o menos la línea de pensamiento de Platón (pues ¿quién haría y actualizaría unas leyes perfectas, en las que él finalmente se refugió?), sólo puede prescindirse legítimamente de la democracia cuando la mayoría de los ciudadanos sea moralmente execrable, inculta o deficiente mental, y, al mismo tiempo, los dictadores sean sabios y santos, o sea buenos filósofos (y digo buenos filósofos y no buenos licenciados o doctores en Filosofía). Porque, si no lo son, lo más probable es que sean tan corruptos como la sociedad de donde han salido. Y, en este caso, *la democracia será lo menos malo.*

»*Pero a condición de que sea una verdadera democracia.* Pues la democracia verdadera no consiste sólo en votar cada cierto número de años. Es mucho más que eso, y también es mucho más que la mera libertad de expresión. Porque si es sólo eso, de hecho también ésta desaparecerá.

Decimosexto domingo

LA IMAGEN MÓVIL DE LA ETERNIDAD

Estuve a punto de no asistir a esta tertulia ni a ninguna otra más, ya que de la anterior había salido psíquicamente destrozado, no sólo por el desaire de Anita sino también por los temas que en ella se trataron y la forma en que lo fueron. Durante casi toda la semana me había sentido como una especie de gusano inmundo, no tanto por pertenecer a la Materia como por ser un español de hoy. Había estado pensando muy seriamente en emigrar a otro país. Pero ¿a dónde podría ir que mejor fuese yo? Como dijo Horacio: «*Coelum, non animum mutant qui trans mare currunt*» (los que atraviesan el mar cambian de cielo o de clima, pero no de ánimo, corazón, o modo de ser). Además, seguía sintiendo curiosidad por lo que en la tertulia se dijese, y eso me animó algo, puesto que, según dicen, la curiosidad es una característica esencial del ser humano. Por eso, para ceder a un impulso que me aproximaba al género humano, al que ya dudaba en pertenecer, fue por lo que volví.

Al llegar me encontré con la sorpresa de que Pedro no se había conformado en absoluto con las ideas antidemocráticas de «los tres mosqueteros» expuestas el domingo anterior, y durante la semana se había buscado todo un asesoramiento externo para rebatir los argumentos de éstos. Así que le oí afirmar con inusitada decisión:

—Vosotros decís que los seres humanos no son iguales; pero en una democracia los seres humanos son iguales en derechos.

—Exactamente —contestó Luciano—. Y esa igualdad es precisamente la que no debe existir en cuanto al derecho a elegir a los gobernantes.

»La igualdad en los demás derechos es un efecto de la justicia. Puesto que los DOROR individuales son iguales, es lógico (de «*Logos*», para nosotros «DOROR») y justo (es decir, ajustado al DOROR) que todos los individuos tengan los mismos derechos. Pero eso no es suficiente, sino que además es necesario que, de hecho, todos los ciudadanos estén en condiciones de ejercitarlos. Ya sabemos que todos tenemos el mismo derecho a desayunarnos todos los días con caviar iraní, pero sólo unos pocos pueden ejercitarlo. La mayoría sólo puede desayunarse con porras, porque no tiene dinero para más, y hay algunos que no pueden desayunarse con nada. La concesión o el reconocimiento de un derecho sin que de hecho exista la posibilidad de ejercitarlo, es una infame burla. En materia de igualdad de derechos, siempre se empieza y se acaba en los hechos. Se empieza en ellos porque (como repetidamente se ha sentenciado), la igualdad de derechos sólo es alegable en casos de igualdad de presupuesto de hecho: un trabajador asalariado no puede tener los mismos derechos que un funcionario, y un funcionario en determinada situación no puede tener los mismos derechos que otro que esté en otra distinta. Y se acaba en los hechos, porque la igualdad de derechos es una farsa si los derechos no se pueden ejercitar porque no existe igualdad de hecho. Lo decisivo, al principio y al final, son los hechos.

»Esto en cuanto a los derechos en general. Pero el derecho a elegir a los gobernantes es otra cosa. Aquí ni siquiera de una manera hipócrita puede prescindirse de la desigualdad existente en el terreno de los hechos, porque este derecho es demasiado importante. Tanto, que de él dependerán todos los demás derechos, su igualdad, y la igualdad de hecho.

»Creí que estaba claro que, cuando decíamos que la igualdad entre los seres humanos no existe, nos estábamos refiriendo a la igualdad de bondad, de inteligencia, de sagacidad y de cultura. Nos referíamos, por tanto, a una igualdad de hecho, que en este mundo material es ilusoria.

Pedro parecía algo desconcertado, pero luego dijo de corrido:

—La democracia es un sistema, todo lo imperfecto que se quiera, de cesión del inalienable haz de derechos originales y básicos del individuo, para su gestión en colectividad. Al individuo, titular de esos derechos, hay que reconocerle el derecho a equivocarse, en vez de que otros le guíen por el «buen camino» contra su voluntad.

Se veía que repetía una consigna de su misterioso asesor, aprendida de memoria lo mismo que su observación de antes. Esta vez la contestación de Luciano fue la siguiente:

—De verdad, Pedro, que me gustaría saber quién ha cedido esos derechos por mí (que voté «no» a la Constitución), pero, sobre todo, me gustaría saber qué derechos son ésos.

»Los derechos individuales «básicos», «innatos», «originales» o «naturales», son y siempre han sido una filfa. La palabra «Derecho» (con mayúscula) designa un conjunto de normas sociales coactivas: por ejemplo, el Derecho español, el Derecho francés, el Derecho Mercantil, el Penal, etc. Pero, en nuestro idioma, da la casualidad de que también se llama «derecho» (esta vez con minúscula) a una facultad o haz de facultades del sujeto agrupadas bajo una denominación unitaria por razón de una finalidad práctica también unitaria; por ejemplo, el derecho de usufructo, el derecho a heredar, el derecho a hacer algo o a que otro haga algo, etc. Aparte de las iniciales mayúsculas o minúsculas como medio de distinción (medio que no es necesario por ejemplo en el idioma inglés, que cuenta con dos palabras muy diferentes: «*law*» y «*right*» respectivamente), a la primera realidad social la solemos llamar «Derecho objetivo» para distinguirla de la segunda, a la que los juristas denominamos «derecho subjetivo». Pues bien: todo derecho subjetivo dimana siempre de un Derecho objetivo; de un conjunto de normas coactivas humanas. Sólo existen los «derechos» que ha conferido un «Derecho».

»La cosa empezó a complicarse cuando los juristas inventaron el concepto de «Derecho Natural» como conjunto de normas de origen no humano. Los romanos, los que inventaron el concepto, afirmaron que el origen de esas normas estaba en la Naturaleza *(«quod Natura omnia animalia docuit»),* y de ahí su nombre de «Derecho Natural», que conservó ya para siempre. Pero hay que decir que, para los romanos, este Derecho era socialmente tan obligatorio como el otro. Después, los juristas cristianos medievales dijeron que el Derecho Natural era el Derecho grabado por Dios en el corazón del hombre. Venían a decir, por tanto, que el Derecho Natural es una parte de la Moral que atañe a las relaciones con otros seres humanos, y estaban en lo cierto. Nosotros, los discípulos de Teófilo, diríamos que es un ajuste al DOROR en las relaciones humanas. Como es lógico, las aplicaciones prácticas de ese supuesto «Derecho» eran casi imposibles de fijar, como no fuese en términos muy generales (unos pocos principios de justicia y de sentido común), ya que dependían de las cambiantes condiciones concretas de situación, tiempo y lugar. Pero a partir del siglo XVII ocurrió que el evanescente «Derecho Natural» adquirió otro sentido distinto. Sobre la base de que por naturaleza el ser humano es racional y social a la vez, se afirmó que el «Derecho Natural» es el conjunto de normas que, a la luz de la razón, sean más favorables a la vida en sociedad.[132] Y enton-

[132] Más tarde, a través de la Ilustración del siglo XVIII, esta concepción produjo importantes consecuencias en la elaboración, interpretación y aplicación del Derecho Positivo, que en adelante se consideró debía constituir un *sistema racional* de normas lógicamente coherentes *entre sí* (como si todas procediesen de un legislador único —promulgador o mantenedor de las normas— que no pudiera incurrir en contradicciones), cuyas lagunas debían llenarse utilizando principios supuestamente dimanantes del mismo *sistema.* El Derecho está sujeto a la Lógica; pero, hasta entonces, tan sólo lo había estado de esta manera: teniendo en cuenta la realidad social existente, la psicología humana, los medios disponibles y la nueva realidad social que era conveniente conseguir, el legislador establecía la norma que *lógicamente* fuese la más adecuada para lograr la *finalidad* pretendida; pero sin que *necesariamente* hubiera de existir una coherencia lógica *con otras normas.* Paradigmática en este sentido es la solución que se dio en el Derecho Romano al problema del «riesgo en la compra-venta». La propiedad de las cosas vendidas (unas mercancías, por ejemplo) no se transmitía al comprador hasta que pasaban a estar en su poder; pero, sin embargo, éste debía soportar su pérdida si perecían después del contrato de venta y antes de la entrega. Tal norma era en cierto modo contradictoria con la anterior; pero con ella se pretendía que el comprador retirase rápidamente las mercancías de los almacenes del vendedor, y de este modo no los congestionase. La nueva concepción del Derecho Positivo quizá pueda considerarse como un progreso en cuanto a la seguridad jurídica (desvirtuado en ocasiones por el Tribunal Supremo con la doctrina de la «estanqueidad»). Pero respecto a los principios jurídicos se ha incurrido en una extralimitación errónea, ya que no están en las normas, sino en las personas encargadas de imponer su aplicación, las cuales pueden considerar que existen determinados principios implícitos en ciertas normas y utilizarlos para interpretarlas o completarlas, o bien formular (o acoger) y utilizar principios independientes de éstas.

ces la razón humana se puso a especular sobre posibles sistemas ideales de «Derecho Natural» objetivo y de consiguientes *derechos naturales subjetivos concretos*. Se afirmó además (y en esto se seguían doctrinas anteriores) que no son derechos subjetivos que «conceda» un Derecho humano, sino derechos inalienables que el Derecho humano, el «Derecho Positivo» (se llama así al «puesto» [*«positum»*] e impuesto por el hombre a diferencia del «Natural»), ha de «reconocer» que existen.

»Pero nada de eso es verdad. En realidad no hay más derechos subjetivos individuales que los que conceda el Derecho objetivo positivo. Lo que ocurre es que, quien establece el Derecho objetivo, debe ajustarse al DOROR; debe ser inteligente y bueno. Y, en una democracia, los que elaboran, modifican, aplican y manipulan a su antojo ese Derecho objetivo, no son los que más se ajustan al DOROR sino los que han obtenido un mayor número de votos. Su poder es omnímodo: más que el de un rey absoluto. Un rey absoluto puede tener el mismo poder (no mayor) que el de un gobernante demócrata; pero al menos puede que lo ejerza con moderación, con escrúpulos de conciencia y la rémora interna de un cierto sentido de culpabilidad. Pero un gobernante demócrata se considera facultado para todo, sin limitación alguna, incluso para acabar con la democracia, porque, tanto externa como internamente, esgrime el argumento de que está respaldado por la mayoría de los ciudadanos. Sólo puede frenarle la posible pérdida del poder en las próximas elecciones (si no las ha suprimido), pero, al menos en España, la gente olvida todos los entuertos cometidos por los gobernantes (lo mismo que sus aciertos), y los olvida muy pronto. Por si ello no bastase, en muchas democracias ya se encargan los gobernantes sin escrúpulos de manipular los medios de comunicación. Y, como dijo Félix el otro día, con los medios técnicos que ahora existen, la democracia no debería consistir solamente en poder votar cada cierto o incierto número de años, sino en que en sus decisiones concretas (al menos en las más importantes) los gobernantes deberían acatar la voluntad de los ciudadanos, muy fácil de expresar hoy en día. De «democracia representativa», nada. Toda representación debe ser revocable *en cualquier momento*. Basta, pues, de mentiras y ficciones. Con nuestros derechos y obligaciones no se juega.

Ante este «chorreo» de Luciano, parecía que Pedro había cerrado ya la boca. Pero todavía dijo otra cosa:

—Argimiro, en la reunión anterior, afirmó que la sociedad española es cada vez menos democrática. ¿Por qué?

—Parece mentira —le contestó esta vez el propio Argimiro— que no te hayas dado cuenta de ello. Pero no eres el único, ya que en realidad ha pasado casi inadvertido para mucha gente. En el año 1982, una partida de pillos llegaron aquí al poder mediante unas elecciones libres, utilizando las siglas de un Partido político venerable del que no sabían nada: el Partido Socialista Obrero Español (pues, destrozado por Franco y ya casi sin militantes, era muy fácil afiliarse al PSOE sin saber lo que era el Socialismo), cuya ideología estaban muy lejos de compartir. Estos crápulas, una vez instalados en el poder, expulsaron o arrinconaron a los auténticos militantes del verdadero PSOE, concitaron a su alrededor un numeroso grupo de lacayos y sinvergüenzas (en España abundan unos y otros), y se propusieron desde el principio acabar con la democracia. Con esta finalidad actuaron deliberadamente, cuidadosamente, racionalmente, paulatinamente, pero sin pausas, y desde el principio. El PSOE, un Partido honorable de gente noble, honrada y valiente, era portador de una ideología que arrastraba a las masas. Los nombres son importantes; las palabras son importantes. Napoleón, otro pillo como los de la partida, decía que a los hombres se les coge como a los conejos: por las orejas; es decir, por lo que oyen. El que omite decir a una mujer que la ama, aunque la ame de verdad y se lo demuestre a diario con sus hechos, no consigue nada. Pero el que le dice que la ama, aunque no sea verdad, lo consigue casi todo, máxime si es precisamente amor lo que ella necesita. Ahora bien: una masa humana es como una mujer. Por lo menos, esto pensaba Hitler.

»Es cierto que también ingresó (o había ingresado) en el Partido Socialista gente muy valiosa y aprovechable, a la que el régimen anterior había mantenido injustamente excluida de toda participación en la vida política. Pero prevalecieron los crápulas. La partida prevaleció sobre el Partido.

»La primera fase de la aniquilación de la democracia consistió en lo que alguien que no sabía castellano llamó «prepotencia» y en realidad era arrogancia. Sistemáticamente, los pillos no hacían el menor caso de lo que dijeran quienes, aunque estuvieran cargados de razón, no perteneciesen a su grupo. Esta fase sólo terminó cuando terminaron de expulsar de los puestos importantes a personas que no eran de los suyos y colocaron en ellos, exclusivamente, a sectarios, adictos, lacayos y vendidos. Pues llenaron o trufaron de funcionarios colocados «a dedo» (en forma más o menos descarada) y, por tanto, sumamente agradecidos, todos los órganos administrativos del Estado y también los de las Comunidades autónomas y Municipios que dominaban. Estos funcionarios, debidamente situados en los organismos más vitales, seguirían legalmente en sus puestos (igualmente adictos a la partida —que no Partido— que los nombró[133]) aunque

[133] Se puede observar que, continuamente, medidas del nuevo Gobierno (éste ya del Partido Popular) en favor de los ciudadanos, son delicadamente saboteadas por estos funcionarios infiltrados que no distinguen entre sus tendencias partidistas personales y su función institucional de servidores objetivos del Estado. El sabotaje suele darse en áreas especialmente «sensibles», como las relacionadas con la Hacienda Pública. Por ejemplo: aunque es claramente procedente, no aplican en determinados supuestos la preceptiva reducción del 30% en la base imponible del Impuesto sobre la Renta de las Personas Físicas (reducción que, intentando aliviar la presión fiscal, promovió legal y reglamentariamente el referido Gobierno), sin motivo alguno o bajo pretextos verdaderamente demenciales. Se saben inamovibles e irresponsables, y se dicen: «que los afectados recurran si quieren y, dentro de diez, de quince o de veinte años, ya se verá. Mientras tanto, abominarán del Partido Popular». [Nota insertada después de terminado el libro.]

la misma dejase de gobernar algún día, si bien sus componentes no creían que tal cosa llegara a ocurrir nunca.

»Al mismo tiempo, emprendieron sistemáticamente (pues todo lo hicieron sistemáticamente) la tarea de acabar con la independencia de los órganos destinados legalmente a controlar los excesos, arbitrariedades, o irregularidades de la Administración. El poder legislativo, gracias a los votos de los ciudadanos, ya lo tenían. Emprendieron, pues, una labor de zapa para subyugar al poder judicial (Consejo General del Poder Judicial, Tribunal Constitucional, Tribunal Supremo) y lo consiguieron plenamente (incluso para el futuro, es decir, para cuando ya no estuviesen en el gobierno,[134] si

[134] El sistema ha funcionado a la perfección. Por ejemplo, incluso ya desalojada la partida (milagrosamente) del Poder Ejecutivo, el Tribunal Supremo denegó el procesamiento del presidente del Gobierno anterior (al que se le imputaban gravísimos delitos) en base al sólido argumento «jurídico» de que procesarle sería un «estigma» para él. Fueron procesados otros dos destacados miembros del PSOE (uno de ellos había sido ministro del Interior y el otro secretario de Estado para la Seguridad) y, por estricta necesidad, dada la abrumadora evidencia de las pruebas existentes contra ellos, condenados a diez años de prisión cada uno. Pero cuando sólo llevaban dos meses en la cárcel, el mismo Tribunal Supremo, por unanimidad, solicitó para ellos (que no habían solicitado ningún indulto ni habían mostrado arrepentimiento alguno, sino que habían mantenido un comportamiento más bien chulesco) un indulto parcial de nada menos que los dos tercios de la pena impuesta. El motivo alegado fue que «en los quince años transcurridos [desde los hechos] se ha reducido la alarma social que provocaron». Tres de los magistrados del Tribunal Supremo (fieles, rendidos e incondicionales servidores de la partida, a la que debían el cargo), en su día habían votado en favor de la absolución de los procesados y luego presionaron en favor del indulto total. El Gobierno concedió el indulto en veinticuatro horas, y un permiso especial para que pudieran salir de la cárcel en el acto. Dos días después, el Tribunal Constitucional suspendió la ejecución del resto de la pena. En febrero de 1998, para ciertos miembros del PSOE que en otro proceso habían sido condenados por corrupción y extorsión (los dirigentes supremos de la trama habían sido inexplicablemente absueltos), el Tribunal Supremo pidió el indulto en base a los argumentos «jurídicos» de que los hechos ocurrieron hace diez años (pues todo ese tiempo tardó en iniciarse el juicio); que, por tanto, «su eco se había amortiguado en la sana conciencia del ciudadano medio», y que los condenados «habían sufrido un juicio paralelo ante la opinión pública». Javier Gómez de Liaño, un juez honrado que creía que todos los ciudadanos son iguales ante la ley, fue procesado por prevaricación por el Tribunal Supremo (el Consejo General del Poder Judicial le había apartado ya de su cargo), por haber tomado medidas legales plenamente justificadas contra el socio mediático del anterior presidente del Gobierno. Ana Revuelta, la juez que diligentemente instruía un sumario contra esbirros de la partida que habían llevado a efecto una repugnante maquinación para desprestigiar al director de *El Mundo* (el diario que más ha venido denunciando la corrupción del PSOE), fue obligada a apartarse del caso. Y es que, con sus leyes orgánicas y sus nombramientos (que los nuevos mandamases no pueden legalmente dejar sin efecto *o no se atreven* a hacerlo), la partida ha dado ya (y con todo éxito) un *golpe de Estado*. Muchos no lo han percibido aún; pero muchos otros sí, y por eso le siguen temiendo y obedeciendo; a veces, incluso magistrados del Tribunal Supremo o del Tribunal Constitucional y miembros del Gobierno. Es... el Nuevo Dictador. *Nota a la nota:* El 15 de octubre de 1999, estando ya terminado este libro, Gómez de Liaño ha sido inapelablemente condenado. De los tres magistrados que le juzgaron, dos eran adictos a la partida.

es que alguna vez, contra sus previsiones, lo perdían), acabando así con la división de poderes que preconizó Montesquieu como requisito fundamental de toda democracia. De este modo, todos los poderes estaban en manos del Ejecutivo, el cual a su vez estaba en manos de la partida, que a su vez dependía enteramente de una camarilla agrupada incondicionalmente alrededor del «jefe supremo» y «líder carismático». Por supuesto, subyugaron también al Tribunal de Cuentas, a la Intervención General del Estado (que acabaron por suprimir), etc., etc.

»Igual que todos los Gobiernos anteriores, ya estaban libres de controles jurídicos por la increíble lentitud, inoperancia e ineficacia de los Tribunales, procuradas conscientemente por tales Gobiernos con esa finalidad; pero estos crápulas lograron controlar, *además,* a los mismos juzgadores. Y, por si fuera poco, acudieron *también* al diabólico expediente de elaborar (con el «rodillo» de su mayoría absoluta), o bien unas leyes que dejaban a determinados organismos públicos (en materias verdaderamente fundamentales para la vida económica del país) una discrecionalidad tan absoluta que quedaba fuera de todo control judicial (aunque, de haber éste existido, habría sido inoperante por su lentitud), o bien unas leyes tan sumamente restrictivas (en materias igualmente fundamentales) que, de hecho, convertían en ilegales actividades totalmente necesarias. De modo que, en la práctica, estas leyes eran inaplicables, y de hecho no solían aplicarse, aunque su previsible vulneración figuraba penalizada de un modo terrorífico. Pero ahí estaban: como una espada de Damocles suspendida sobre la cabeza de todo aquel que no fuera lo bastante adicto o «generoso». Sobre éste, esas leyes podían ser aplicadas con todo rigor, sin que los Tribunales de Justicia pudieran (ni siquiera al cabo de muchos años) dictaminar nada en contra.

»A medida que progresaba la mina y su poder crecía libre de controles jurídicos, se dedicaron a «vender protección» siguiendo el modelo de la *mafia* norteamericana. Establecieron una red organizada de ingresos ilegales basada en la corrupción (adjudicación digital de contratos y cargos), en la venta de favores (otorgamiento de licencias, autorizaciones y subvenciones públicas), en la amenaza expresa o tácita, y en la extorsión (chantajes fundados en conversaciones telefónicas escuchadas y grabadas ilegalmente desde centros oficiales y privados).

»Una parte de las inmensas cantidades de dinero obtenidas por estos procedimientos se aplicaba directamente al enriquecimiento personal, y otra parte se destinaba a mantener bien engrasado el mecanismo de la partida con el objeto de asegurar los resultados de futuras elecciones.

»Como en cualquier planificación ordenada y racional, todo crecía a la vez. En una espiral diabólica, a medida que crecía un poder político cada vez más omnímodo por estar cada vez menos controlado, afluían más recursos económicos y también más lacayos a su servicio. Y el dinero y los lacayos incrementaban, a su vez, el poder político ya existente.

»El asalto a los medios masivos de comunicación tuvo una especial prioridad en los siniestros proyectos de estos crápulas. Primero controlaron las emisoras de radio, enseguida las de televisión, y después la prensa escrita. Sólo unos pocos medios (dos o tres periódicos, una emisora de radio y otra de televisión) escaparon plenamente a su dominio; pero intentaron amordazarlos mediante una ley (la «ley mordaza», que introducía un impreciso y elástico delito de «difamación»), de cuya promulgación, tan sólo el temor a ser expulsados de la Unión Europea les hizo desistir. Utilizando a fondo los medios sumisos, desarrollaron un sistema de propaganda política basado en la degradación moral de las masas (halagando sus más bajos instintos), y en los «*reflejos condicionados*» de Paulov, tal como hiciera Goebbels con pleno éxito en la Alemania nazi muchos años antes. Además, *se dice* que grabaron consignas y sugestiones en los cerebros de la gente de modo *subliminal*. En resumen: hicieron todo lo necesario para acabar con la democracia conservando su apariencia, y de esa manera instalarse en el poder para siempre. Lo mismo que el PRI, que lleva setenta años gobernando Méjico.[135]

—Y todo esto —observó Dalmacio—, no para implantar el Socialismo, sino un Capitalismo a ultranza; un Capitalismo salvaje en el que medrar. Todo esto para, en definitiva, enriquecerse personalmente; para poseer inmensas fortunas fuera de España, y en ella fincas rústicas, pisos, chalets, yates, queridas... y queridos. Todo esto para dedicarse a la golfería, hacer negocios sucios, vender favores, chantajear, traficar con influencias, utilizar en beneficio propio información privilegiada, meter el cazo en los fondos reservados y llevárselos a casa. Lo que ha ocurrido en España parece ciertamente una espantosa pesadilla, pero por desgracia ha sido una realidad. Y lo peor es que puede que se repita.

—¿Me puedes decir qué es eso de los «*reflejos condicionados*» de Paulov y de las grabaciones «*subliminales*»? —le preguntó Pedro.

—Iván Petróvich Paulov fue un fisiólogo y médico ruso que, haciendo experimentos con perros, descubrió que si asociaba a una situación plecentera para el animal (por ejemplo, darle una suculenta chuleta cuando estaba hambriento) a un determinado estímulo (digamos que haciendo sonar un timbre cada vez que el perro recibía la chuleta), ocurría que, después, bastaba con que se hiciera sonar el timbre para que el perro segregara saliva y jugos gástricos, aunque ya no tuviera delante ninguna chuleta. También descubrió que podía asociar otro estímulo diferente (por ejemplo, el sonido de un gong) a una situación desagradable (digamos que hacer pasar una corriente eléctrica por el cuerpo del perro), y entonces bastaba con hacer

[135] Es de notar que, menos las dos técnicas últimamente citadas, casi todas las demás fueron anteriormente empleadas (con menos descaro y virulencia) por el *Opus Dei*, sobre todo en la época de Franco, con un fin semejante.

sonar el gong para que al perro se le pusieran los pelos de punta y segregara adrenalina, aunque ya no hubiera ninguna corriente eléctrica. Alternando los dos estímulos (el sonido del timbre y el del gong), el perro caía en un estado de inhibición total y se podía hacer con él todo lo que se quisiera.

»Más tarde, Goebbels, el ministro de propaganda de Hitler, descubrió que, al menos en cuanto a esto, el cerebro humano funciona exactamente igual que el de un perro; es decir, como una máquina. Pero, además de alternar dos estímulos diferentes, asociaba un solo estímulo, el símbolo de la cruz gamada por ejemplo, tanto a vivencias agradables (el halago a los peores instintos de las masas) como desgradables (la Gestapo, los campos de concentración, las torturas y la muerte), y de ese modo colocó al pueblo alemán (un pueblo muy inteligente, que además era posiblemente el más culto del mundo en aquella época) en tal estado de inhibición, que el partido nazi lo llevó como atado con una correa todo el tiempo que quiso. Sólo la invasión extranjera pudo poner fin a ello.[136]

»Quizá Goebbels se inspirase también en algunas Iglesias cristianas, que asocian a la vez el cielo y el infierno con los cirios, el incienso, los hisopazos y otras parafernalias, y de ese modo han llevado siempre a sus perros (en este caso «ovejas») como sujetos por la nariz.

»Pues bien: aquí, en la televisión controlada por el Gobierno, el PSOE ha llegado a asociar a su candidato con una bellísima muchacha muy ligera de ropa, y al candidato del Partido de la oposición con un terrible perro de presa que se lanza sobre el teleespectador con las mandíbulas abiertas para morderle. Esto ya es inmensamente grave, tanto por el hecho en sí como por la imposibilidad para los demás Partidos, que no controlaban ninguna emisora de televisión, de hacer algo semejante; pero además *se rumorea* que el PSOE ha hecho cosas como ésta de un modo subliminal. Ello consiste en proyectar las imágenes en la pantalla a una velocidad tan alta, que el ojo humano no las pueda percibir. «Sub-liminal» significa «por debajo de los límites», en este caso los límites de la percepción. El ojo humano no puede percibir esas imágenes que, sin embargo, llegan al cerebro y se graban en él. De modo que un teleespectador que esté viendo, por ejemplo, una película de Charlot muy divertida, no puede darse cuenta de las imágenes subliminales que le están intercalando en la película; pero, cuando termina de verla, siente, sin saber por qué, unas ganas enormes de votar al candidato

[136] Para más información, puede verse el libro de Jean-Marie Domenach *«La propagande politique»*. Presses Universitaires de France. París, 1950, reeditado en 1955. Había una traducción española muy antigua («La propaganda política») en la biblioteca del Ateneo, cuya referencia editorial no recuerdo. Y hay otra traducción más moderna hecha por la Editorial Universitaria de Buenos Aires (1962, sexta edición en 1971). Solamente son 135 páginas en octavo; pero en España, como de costumbre, no la ha leído casi nadie. Sólo la han leído, con toda evidencia, los pseudosocialistas.

del PSOE y un miedo horrible a votar al candidato del Partido de la oposición. Y es lo que terminará por hacer, aunque antes, racionalmente, se haya propuesto hacer lo contrario. ¡Y después el ingenuo y bienintencionado Partido de la oposición, repleto de ilustres ignorantes, que (sin intentar siquiera encarnar al rival en la figura de una *boa constrictor,* ni al menos tratar de impedir que éste le representase a él en la televisión como un *doberman*) se había limitado a despreciar olímpicamente esa táctica del adversario, se extraña de que éste haya obtenido tantos votos que son inexplicables desde un punto de vista racional!

Todos los presentes estábamos extraordinariamente abatidos, pues Argimiro y Dalmacio nos habían despertado malamente de un hermoso sueño. Lo que ellos habían dicho, de algún modo lo sabíamos ya, pero no habíamos querido verlo. Todos los presentes, el que más y el que menos, con más o menos valor y de un modo o de otro, habíamos luchado activamente contra la dictadura del general Franco, algunos sufriendo irreparables daños en nuestra vida, y hubo muchos otros que la perdieron del todo. Pero esta vez no se trataba ya de la tiranía de una persona física que pudiera terminar con su muerte, sino de la dictadura de una cínica y desvergonzada *mafia* de *gangsters* despiadados y sin escrúpulos que no había retrocedido ni siquiera ante el asesinato y que, reclutando continuamente más oportunistas y amigos del pesebre en una sociedad en la que abundan, podía durar indefinidamente. Sólo había habido cuatro años de democracia en España después de cuarenta de dictadura, y ahora había venido esta otra, mil veces peor. Era demasiado duro para afrontarlo. Y, sin contemplaciones, Argimiro y Dalmacio habían arrancado bruscamente la venda que nos habíamos puesto ante los ojos. Se produjo en la habitación un silencio horrorizado, y se oyeron después arcadas como de amagos de vómito. Pero Aurelio, con una serenidad asombrosa, llevándonos desde las cloacas de la política a las cumbres de la Filosofía, nos dijo que debíamos concentrarnos inmediatamente en la Metafísica, tanto para no pensar en lo que había ocurrido como para intentar explicarlo. Todos le seguimos de buen grado por ese camino (entre otras cosas porque carecíamos ya de fuerzas para emprender cualquier otro), y entramos sin más demora en el tema fijado para la reunión. Lo digo porque, al parecer, Dalmacio había sugerido que en esta tertulia se tratara de las «formas esenciales» de las cosas; pero Aurelio había propuesto que en lugar de hablar de las formas esenciales se hablara de la esencia de las formas, y Dalmacio había aceptado.

—Concretándonos en adelante a nuestro plano de materia densa y dejando a un lado, por consiguiente, lo que ocurre en otros planos —dijo, pues, Aurelio—, hemos visto que la imperfección intrínseca de la materia densa hace que el DOROR no pueda establecer su perfección en ella (la conciencia y la felicidad supremas) sino limitadamente y a través de una dilatada evolución de sus formas (evolución que, además, se detiene e

incluso a veces retrocede), como también hace que, incluso en cada fase de dicha evolución, continuamente se estén destruyendo esas formas y surgiendo otras nuevas (impermanencia). Todo ello implica la existencia en la MM de un movimiento permanente, cuya medición o simple percepción da lugar a la noción de tiempo.

»Pero, si la medición o percepción de un movimiento (aunque sólo sea en nuestras células cerebrales) es lo único que da lugar a la noción de tiempo, quizá el tiempo no es otra cosa, de algún modo, que el mismo movimiento. En efecto, el movimiento es la transformación de la estructura del espacio de un modo no instantáneo, porque, si la transformación fuese instantánea (es decir, sin tiempo), no habría movimiento, lo mismo que, si no hubiera movimento, no habría tiempo. Ambos han de ser, por tanto, facetas de lo mismo.

»Pero ocurre que, a su vez, y según hemos dicho ya, la estructura del espacio (vale decir el conjunto de *formas* que reviste la materia *densa*) está constituida por movimiento, el cual a su vez es la transformación no instantánea de una anterior estructura del espacio, y así *ad infinitum*. Lo que se obtiene en definitiva es que en el espacio-tiempo no hay sino movimiento; que la MM no es en suma sino movimiento, cuya noción resulta ser completamente inapresable. Sabemos que existe, pero no podemos definirlo. Y no podemos, porque nosotros mismos somos MM, somos lo que pretendemos definir, y para poder definirlo (o definirlo bien) habría que estar fuera de ello. Aquí me acojo a Kant.

»¿Las formas en movimiento se dan en un espacio-tiempo? Siguiendo a Platón, yo creo que, por el contrario, *el espacio-tiempo resulta de formas en movimiento*. La eternidad (no tener principio ni fin) no puede darse en el espacio tiempo, ya que el incesante movimiento de las formas produce su deterioro y finalmente su extinción. Sólo puede darse (y se da) fuera del espacio-tiempo (como un presente eterno, vale decir una eterna presencia) donde no haya formas (Dios, materia virgen) o éstas no se muevan (DOROR).

»Por todo lo anterior es llegado el momento de hacer una precisión, matización o, si se quiere, rectificación de nuestro concepto de forma, haciéndolo más extenso y sin que esté ya relacionado necesariamente con nuestra percepción ni con el movimiento. En cualquier ámbito o dimensión, la forma son *los límites que permiten considerar a algo como un ente particular: el conjunto de límites o líneas divisorias entre ese algo y lo que no es ese algo, sean o no perceptibles por nosotros, que tengan algún fundamento en la realidad*. Espero que esta definición os parezca aceptable. Añadiré que la mera existencia de una forma perceptible era considerada por los griegos como un bien, como una perfección, sin duda porque nos permite conocer, valorar, y desear o detestar, a un ser particular.

»*La MM (conjunto de formas) de materia densa, es movimiento en esa materia.* Digo «*en*» esa materia y no «*de*» esa materia, porque para esto último haría falta que la materia ya tuviese previamente formas. Intentaré explicároslo, aunque no es nada fácil.

En ese momento intervino Luciano, como era de esperar.

—Si quieres te ayudaré, porque *yo* puedo hacerlo. En nuestro mundo (fuera de él no sabemos lo que ocurre), no podemos concebir el movimiento de lo que no sea un ente material: para que haya movimiento, ha de existir antes «algo» (una forma) que se mueva. Pero la materia densa preconfigurada tiene unos *límites* (Dios o el DOROR, según las diversas teorías), y por tanto tiene una forma global y puede moverse *toda ella*. Este movimiento primordial es lo que la permite salir de la preconfiguración y adquirir, asumir, o producir «algos» (formas). Por eso dices que la MM no es un movimiento *de* la materia, sino *en* la materia (de la que se aprovecha el DOROR, aunque a la vez dándole provecho); aunque tampoco de esta manera se puede expresar satisfactoriamente lo que *yo* creo que ocurre. Podría decirse también que es un movimiento *desde* la materia o *de en* la materia, sin avanzar mucho más por el camino de la claridad. Utilizaré, pues, un símil. Si se arroja una piedra al centro de un estanque de aguas tranquilas, se formarán ondas concéntricas que darán la impresión de que el agua se mueve horizontalmente desde el centro del estanque hacia sus bordes. Pero en realidad el agua, *aunque se mueva, no lo hace en esa dirección*. De modo semejante, la materia preconfigurada, aunque se mueva (pues sin duda se mueve), *no lo hace de la misma manera en que se mueve una forma*.

»Por otra parte, la onda, en el agua, no puede avanzar más deprisa de lo que le permite la naturaleza del agua. De igual manera, el DOROR no puede afectar a la materia (o ésta no puede ir hacia el DOROR) sino del modo que llamamos movimiento. El movimiento es el efecto primordial del DOROR sobre la materia. Está claro como la luz del día que el alado DOROR sólo puede realizarse en la opaca, refractaria y espesa materia mediante el movimiento, vale decir mediante las formas y, por tanto, mediante el espacio-tiempo que las formas implican. Pues el movimiento que *es* (no que *tiene*) la MM se manifiesta no sólo en la existencia del espacio sino, a la vez, en la del tiempo, que son como las dos caras de una misma moneda.

—El tema, querido Luciano, —repuso Aurelio—, es muy complejo. El problema básico es que, si la materia preconfigurada se moviera, ya fuese toda ella en bloque, ya fuese solamente en alguna o algunas de sus partes, ya no sería materia preconfigurada; no sólo porque para moverse habría de tener ya, por lo menos, una forma, sino sobre todo porque al moverse pasaría a producir espacio-tiempo; es decir, que carecería de una de las características esenciales que le hemos atribuido, como es la estar fuera del espacio-tiempo. En el otro término de la relación, ocurre que el movimiento (al menos el primigenio) habría de provenir forzosamente del DOROR; pero hemos afirmado que éste es inmóvil, y por tanto es obvio que, al no tener movimiento, no podría producir fuera de él movimiento alguno. En consecuencia, si admitiéramos ahora lo contrario en alguno de los extremos de la relación entre DOROR y Materia, todo nuestro sistema, tan trabajosamente elaborado, se vendría abajo. Y sería lamentable, porque algo me dice que es verdadero.

»El problema, pues, se «reduce» a lo siguiente: ¿cómo es posible que algo (el DOROR), que decimos que es inmóvil, produzca un movimiento en algo (la Materia amorfa) que decimos que no se puede mover? Dicho en otras palabras: si ni la Materia ni el DOROR se mueven, ¿qué es entonces lo que se mueve? Este problema, que parece insoluble, está resuelto desde hace siglos por Plotino y, antes que él, por Platón.

»Hasta ahora, para un mejor entendimiento de lo que se estaba diciendo en la tertulia, he venido afirmando (o confirmando por asentimiento expreso o tácito) que la materia se coagula en formas o, lo que es lo mismo, que la MM es materia, o que es material. Lo he afirmado o confirmado muchas veces. Pero en rigor no es así. *La MM, lo que se mueve, no es materia, sino una imagen proyectada por el DOROR en ella o producida por la MM anterior.* Bien es verdad que la imagen es recibida, albergada, aposentada, soportada, sostenida, sustentada, «hipo-stasiada» de algún modo por la materia; en alguna manera basada y asentada en ella. *Pero no es ella.* Cuando se mueve alguna forma de las que hay en la materia (incluso una forma producida por la autoestructuración de la MM), ninguna parte de la materia se mueve. Sí; Luciano: no somos DOROR, pero ***tampoco somos materia***. Nuestra imagen, nuestra forma, es lo único que a nuestra muerte, si no desaparece, será recogido en el DOROR o en otro plano de materia, porque antes, es decir, ahora mismo, no somos otra cosa que puras imágenes o formas, móviles, en la materia.

»Ahora es cuando se puede comprender el profundo sentido de la bellísima, lacónica, e increíblemente exacta definición de tiempo que nos da Platón[137] al decir que es «La imagen móvil de la eternidad.» *Pues, en la eternidad, no es que no pueda haber transformaciones; sino que, de existir, todas ellas (no sólo cada una de las transformaciones, sino la totalidad de las mismas, aunque sean innumerables) ocurren en el mismo instante. En cambio, en el tiempo hay movimiento, lo mismo que en el movimiento hay tiempo. Platón quiere decirnos que este mundo en que vivimos, este mundo de formas, es producido en la materia por la proyección sobre ella de imágenes procedentes del mundo de las ideas. Pero advirtamos que a continuación nos dice que toda imagen de ese*

[137] *Timeo*, 37 d.

mundo en la materia, es móvil; y lo dice porque esa imagen (que no la materia) desde el principio se mueve, aunque en el mundo de las ideas no haya movimiento. En cuanto a la «eternidad» de la que esa «imagen móvil» es reflejo, y en la que no hay tiempo, es, traslaticiamente, el mundo donde la eternidad existe; el mundo de las ideas; lo que nosotros llamamos el mundo del DOROR.

»En resumen: en el DOROR hay inmovilidad, y en la materia amorfa no hay nada que pueda moverse o no moverse; pero la imagen del DOROR en la materia amorfa se mueve siempre, y continuamente. Ello es debido a la intrínseca imperfección de la materia densa, la cual, a su vez, se manifiesta en la existencia, latentes en ella, de las dos fuerzas antagónicas a que tantas veces hemos aludido: la que la impulsa a «ir» hacia el Ser y por tanto a recibir sus formas, y la que rechaza el Ser y sus formas. En otras palabras (¡siempre las palabras!), es como si, por la tensión existente entre esas dos fuerzas contrarias, la imagen de origen divinal, al ser depositada en la materia densa, de algún modo se desplazase, se deslizase, resbalase, se agitase o temblase sobre ella, como si, vacilando entre hospedarse y no hospedarse en ella, llegase a la enigmática y lógicamente indescifrable ***transacción entre estar y no estar en que consiste el movimiento.*** *Éste aparece y se mantiene, pues, en la materia densa, porque su intrínseca imperfección la hace incapaz de albergar la inmovilidad. Por tanto, y como ya se cuida muy bien de señalar Plotino, esa materia atrapa mal atrapadas las formas de lo que nosotros llamamos DOROR; vale decir sin atraparlas del todo. Si la materia densa fuese perfecta, no existiría la fuerza que rechaza el Ser y sus formas y estaríamos en un mundo como el que podrían constituir el DOR y los grados inferiores de «OR absoluto». En cuanto a las formas producidas por la autoestrucción de la MM (a medida que las formas van adquiriendo más conciencia, más capaces van siendo de producir otras formas), el resultado es el mismo, ya que lo que se mueve sólo puede producir algo que también se mueve. Y éste es el principio de todo nuestro mundo, pues el movimiento provoca movimiento: todo se mueve, porque algo se ha movido antes.*

»No obstante todo lo que acabo de decir, os propongo que, para acomodarnos a nuestro modo habitual de pensar, hablar y entender las cosas (modo que no podríamos fácilmente cambiar), sigamos utilizando expresiones tales como «materia configurada (o coagulada) en formas», «materia configurada (o preconfigurada)», etc., y abreviaturas como «MM», que entrañan la afirmación de que las formas de nuestro mundo son materiales o de que la materia puede tener formas, cuando lo que en realidad ocurre es que la materia es el *soporte común* (inespacial e intemporal) de todas ellas. También he empleado expresiones tales como «zonas» o «partes» de la materia, o «en» la materia, que implican la existencia previa de un espacio; pues sólo conocemos el espacio-tiempo, y nuestro lenguaje no puede expresar otra cosa. Pero volvamos al tema.

»Ahora son relativamente fáciles de interpretar y de entender, corrigiendo lo pertinente, muchos textos oscuros de origen neoplatónico y, por influencia de ellos, textos gnósticos, herméticos, o gnóstico-herméticos, como por ejemplo éste del capítulo XI del *Poimandres: «Dios es la fuente de todas las cosas, la Eternidad* [DOROR] *es* [refleja] *su esencia, y el cosmos es la materia. La Eternidad es Poder de Dios, y la obra de la Eternidad es el cosmos, que no ha tenido principio, sino que está continuamente en devenir. [...]. El mundo está envuelto totalmente por la Eternidad. [...]. La Eternidad hace del cosmos un orden [...]. El devenir [...] se encuentra en el cielo y sobre la tierra, pero [...] en el cielo* [las formas] *no sufren cambio y son imperecederas;* [mientras que] *sobre la tierra son cambiantes y perecederas.»*

»En efecto: en el mundo del DOROR las formas no se mueven interna ni externamente. Las transformaciones que ocurren en ese mundo no implican una desaparición total ni parcial de formas, y además de ser instantáneas se dan en número infinito, sin que esta infinitud encuentre impedimento alguno en un espacio-tiempo que allí no existe.

Carlos: —Antes, al oírte hablar de una imagen proyectada por el DOROR en la materia, por un momento me ha parecido estar en un cine o en un estudio de fotografía, en vez de aquí. Pues, tratándose de Filosofía, la palabra «imagen» me parece metafórica o poética, más que filosófica.

Al oír lo cual, Dalmacio, Félix, Luciano y Aurelio sonrieron levemente, ellos sabrían por qué. Y el último, sin entrar en etimologías, respondió:

—¿A pesar de Platón? Pero, en fin, si lo prefieres, en vez de *«imagen»* puedo decir *«forma pro-puesta por el DOROR a la Materia, fuera del espacio-tiempo»*. ¿Te parece mejor esto?

»*En el DOROR la materia es perfecta y sólo late en ella una fuerza que impulsa a imitar lo divino; a «ir» hacia el Bien. Por eso en el DOROR aparecen formas perfectas dirigidas siempre hacia el bien armónico y supremo.*[138] *Pero, en planos de materia menos perfecta, existen dos fuerzas contrarias: la que tiende a ajustar las formas al contenido del DOROR, y la que tiende a alejarlas del mismo. Algunas veces, a la primera la llamaré fuerza «A» (de «Ajuste» y consiguiente «Avance») y a la segunda fuerza «R» (de «Rechazo» o «Retroceso»). La mera existencia de tales fuerzas, latentes en la materia, produce el movimiento primigenio de las imágenes o formas procedentes del DOROR que en ella se alojan, y después siguen actuando sobre esas formas, con igual intensidad, durante toda su precaria permanencia en el mismo plano de materia. Otro*

[138] Ya sea —dijo Aurelio después— para la perfección de planos inferiores o porque (como afirmaba Plotino de la Inteligencia) sólo así es como el DOROR puede intuir a Dios. *Lo delimitado por estas formas* —aclaró luego— *sólo virtualmente (vale decir idealmente) puede tener extensión. Lo mismo ocurre con nuestras ideas o representaciones mentales de cosas extensas.* Pero las neuronas donde están codificadas son extensas, mientras que el DOROR, por su inmovilidad, carece de todo espacio.

tanto les ocurre a las formas de ese plano dimanantes de la autoestructuración de la MM, luego de su movimiento inicial. Pero, además, la existencia de dichas fuerzas hace posible que pueda prevalecer la fuerza «R» sobre la «A», produciendo así la distorsión de las formas respecto de las del DOROR e impidiendo su acomodación al mismo mediante el ajuste al DOR. Cuanto más imperfecta (es decir, más densa) es la materia que las alberga, más se mueven las formas, menos duran, y más difieren de las del DOROR, porque más tiende a predominar en ellas la fuerza «R» (que cada vez es más intensa) sobre la «A» (que cada vez lo es menos). Es de suponer que la fuerza «R» es ya la única existente en el plano de la materia más imperfecta de todas, y que, tanto en ese plano como en aquellos otros donde tal fuerza prevalece siempre, la materia es incapaz de retener formas ni siquiera en movimiento. Y tampoco puede crear por autoestructuración formas propias, porque tenerlas constituye cierta perfección y, sobre todo, porque carece del nivel de conciencia necesario para ello. En este sentido, puede decirse que la materia de nuestro plano es privilegiada. Mas, por otra parte, es intrínsecamente imperfecta, lo cual se manifiesta, entre otras cosas, en la existencia de ambas fuerzas en ella.

»Ahora, desde este nuevo punto de vista, podemos ver de otra manera la realidad de nuestro mundo. Podemos verla, *grosso modo,* como una especie de *sandwich* de formas; como una masa o conjunto de vibraciones conectadas unas con otras, la mayoría distorsionadas y todas efímeras, emparedadas entre el DOROR y la materia densa. (En su día, también podremos ver que ninguna de esas vibraciones está dotada de libertad interna o libre albedrío; pero esto lo demostraré más adelante.) En esta visión, la materia sería como un espejo inmóvil, donde, sin embargo, las formas se moverían y crearían otras formas. Y, aunque nuestra exigua mente no pueda comprenderlo, así es como han de ser las cosas.

»Ahora se me ocurre aventurar una hipótesis curiosa. Ponerse en el límite es un método que en ocasiones resulta fructífero. Que una forma coexista con la que de ella se derive, puede considerarse como el límite máximo de la rapidez de su transformación. En tal caso no hay ningún movimiento y, por tanto, no existe ningún tiempo. Es la transformación instantánea, y en ella el flujo de tiempo es cero. Pues bien: cabe suponer que, cuanto más rápido sea el movimiento, pero sin alcanzar dicho límite, habrá menos flujo de tiempo. Lo que quiero decir es que, si en nuestra materia densa las formas se mueven con una rapidez mayor que en planos de materia sutil, a los seres que vivan en los de materia muy sutil y desde ellos nos contemplen les parecerá que nos movemos con una enorme lentitud: que estamos casi inmóviles. Por otra parte, en esos planos es muy probable que se invierta «nuestra» ley de la entropía, y que con orden y energía crecientes...

—Podría decirse que el «*ápeiron*» de Anaximandro es tu «materia preconfigurada» —le interrumpió Dalmacio, volviendo al tema—. Además, tu visión tiene puntas y ribetes de Estoicismo porque, según ella, siempre se puede pensar que todas las personas, todos los entes y todos los sucesos de este mundo, después de todo, «*son sólo formas*». Y ello aunque esas formas, que hasta su desaparición no cesan de agitarse, puedan hacernos desgraciados, herirnos, e incluso matarnos. Porque también nosotros somos sólo formas.

Me pareció que la tertulia propiamente filosófica empezaba de un modo interesante, pero lo que estaba oyendo me inquietó. Apuré de un trago el vaso de vino que estaba bebiendo, y me serví otro.

—*Nada de* ***sólo*** *formas* —replicó Aurelio—. *En nuestro mundo, las formas no son formas* ***de*** *algo:* ***la forma misma es lo que vale***. El celeste Platón lo descubrió y se lo dijo a la Humanidad; pero, muy poco tiempo después, el pedestre Aristóteles la hizo retroceder.

—Comprendo —dije yo entonces— que las formas no sean *de* la materia, sino que estén *en* la materia. Pero ¿de qué están hechas?

—No has entendido nada, Luis —me respondió Aurelio con una impaciencia que yo desconocía en él—. Preguntarse de qué están hechas las formas es una manera de preguntarse cuál es su materia. Es decir, que sigues pensando del mismo modo en que Aristóteles hizo volver a pensar a la Humanidad. Veo que no es nada fácil entender a Platón. Lo acabo de decir: las formas no son formas *de* nada: son formas.

Y, como renunciando a intentar que yo comprendiera a Platón, pasó a hablar ya de otra cosa:

—*En virtud de la existencia del movimiento de las formas en la materia, y por ende a causa del espacio-tiempo, lo característico de nuestra materia configurada es la* ***fragmentación***. *Nuestra MM está superficialmente fragmentada, y de ahí provienen todos sus males. Pues, además de la mente universal, cada zona o región particular de la MM tiene su propia mente, que le hace enfrentarse a otra u otras.*

—Es curioso lo que dices —apuntó Félix—, porque algunos filósofos han sostenido que es por la resistencia como se toma conciencia de la existencia, y que incluso la existencia misma *es* o viene dada por la resistencia que encuentra el sujeto.[139] En este sentido, podría decirse que el mundo material es o viene dado por la resistencia de la materia al DOROR. Éste trataría de hacer en la materia amorfa un duplicado exacto de él y, al resistir la materia esta pretensión del DOROR, a la vez encontraría en él una oposición, y así es como surgiría la existencia material, vale decir sus formas o, en vuestra terminología, la MM.

Luciano, que no podía soportar estar callado ni dejar de hacer gala de su mayor o menor erudición, dijo entonces:

—Más bien creo yo que la intuición de Fichte sobre la subjetividad en general: el «yo» absoluto que se afirma a sí mismo, que se crea por así decir

[139] Véase la nota del capítulo octavo a propósito de la intuición volitiva.

a sí mismo, y se crea como voluntad, como algo que necesita realizarse en la acción (y para ello se propone obstáculos a su propio desenvolvimiento, afirmando el «no-yo» con objeto de poder así transformarse en realizador de acciones), puede valer bastante bien para describir la génesis de la MM por el DOROR.

Evidentemente, todo aquello era absurdo: una enorme estupidez. Pero, aun así, Aurelio creyó que debía introducir algunas correcciones en la hipótesis de Luciano.

—Nosotros decimos, como Kant, que sujeto y objeto se dan en el conocimiento como proceso unitario que nos da la impresión de realidad. Pero no decimos, como Fichte, Schelling o Hegel, que lo que hay más allá de los fenómenos, lo que ellos llaman «el Absoluto», sea esto o aquello. Sólo decimos que, sea lo que sea, *es tan intrísecamente inconsistente como los fenómenos,* y que hay una Realidad que es paralela a ésta que vivimos como tal en virtud del conocimiento y de todo lo que hace posible el conocimiento, que es la única consistente de por sí porque es divinal como obra o reflejo de Dios. Pero no es «el Absoluto»; porque no es absoluta, sino que está relacionada con la primera y, según mi modo de pensar, forma una sola cosa con ella. Para nosotros, el Absoluto no está «detrás» de los fenómenos, sino que detrás de los fenómenos no hay sino nadalidad, y el Absoluto (que no es tan absoluto) está por encima de ella y de los fenómenos.

»Los objetos materiales —siguió diciendo—, igual que nosotros y nuestro conocimiento de ellos, son aconteceres. Detrás de esos aconteceres no hay nada consistente de por sí, porque lo que hay es materia densa y esta materia carece intrínsecamente de consistencia. Por tanto, nuestra Metafísica no se basa en un Absoluto dotado de consistencia que se manifieste en los fenómenos (valga la redundancia) y esté más allá de ellos. Creemos que más allá de los fenómenos no hay más que nadalidad. Nuestra Metafísica se basa en una realidad consistente (el DOROR) que sería paralela no sólo a la realidad material *fenoménica* inconsistente, sino también a una eventual realidad *nouménica* no menos inconsistente. Y ya he dicho que podría llamarse «*Neoplatonismo dialéctico*», porque entre la realidad consistente o «llena» y las inconsistentes o intrínsecamente vacías de sustancia, existe una relación dialéctica.

Lo que al principio había dicho Aurelio sobre el movimiento me había impresionado particularmente, porque lo que yo siempre había buscado, podría decirse que obsesivamente, es la tranquilidad o, más exactamente, el no hacer nada. Por tanto, le dije:

—Si es cierto lo que has afirmado de que la MM de materia densa es mero movimiento, es imposible estar tranquilos en este mundo.

—Así es —me constestó afablemente Aurelio—, en el sentido de que no se puede esperar quietud alguna de la MM. Es impermanente por naturaleza; es decir, por esencia, ya que consiste precisamente en el movimiento continuo. No sólo es impermanente a nivel ínfimo, sino a todos los niveles, y muchas veces parece que los aconteceres materiales son semejantes a las inclemencias de un mar embravecido. Pues en este mundo material no sólo hay flujos y reflujos, sino además remolinos que absorben, y olas gigantescas cuyas crestas se desploman aplastando al navegante. A un navegante que también es impermanente.

Como si me hubiera adivinado el pensamiento, prosiguió diciendo:

—En la vida material todos aspiramos a tener tranquilidad algún día; a que llegue un día en que ya no tengamos más problemas. Pero nada de eso debe esperarse en este mundo. Es una aspiración que sólo puede cumplirse o satisfacerse en el DOROR, donde siempre hay consistencia y además ésta es máxima, ya que sólo a partir de su grado de perfección, y por tanto de consistencia, es cuando cesa todo movimiento y por ende el espacio-tiempo. Pero, como dijo nuestro paisano Séneca, en este mundo de aquí, *«el fin de un trabajo es principio de otro»*.

»El ser humano tiene una enorme ansia de felicidad, pero la materia «no da para más». Todo ser humano busca la felicidad en ella; encuentra muy poca si es que encuentra alguna, y cree que él personalmente ha tenido mala suerte; pero lo que ocurre es que la materia «no da para más». La felicidad que busca el ser humano existe, pero está en otra parte.

»La MM, crea la agitación y el mal constantemente. Es como un cáncer que continuamente produjera metástasis. No podemos esperar de ella otra cosa, sino que nos dé una y otra vez la oportunidad de comprender y demostrar su inanidad. No hay tranquilidad bajo el sol. Tampoco, por supuesto, bajo la luna, ni en la oscuridad, ni a la luz de una lámpara. Puede decirse que la felicidad es la tranquilidad, en el sentido de que sólo de ésta puede surgir (si es que surge) aquélla; pero debemos abandonar *ab initio* toda pretensión de estar tranquilos alguna vez en este mundo material porque en él cesen los problemas. Ni en un monasterio budista lo conseguiríamos.

Aquel hombre era un verdadero demonio porque, efectivamente, más de una vez había yo acariciado la quimera de recluirme en un monasterio budista. También había pensado alguna vez recluirme en un monasterio cristiano (y de hecho había estado varios días alojado en uno de ellos, haciendo casi la misma vida que los monjes), pero me lo habían impedido tres cosas: la tremenda agitación que, bajo una calma aparente, allí reinaba; las perplejidades que me producía el dogma, y, por último (pero no lo menos importante), la total ausencia de mujeres que, por cierto, también existía en los monasterios budistas. Así que había desistido.

En aquel momento, Luciano tomó ya decididamente las riendas de la tertulia. Hay que reconocer que no lo hizo mal.

—La MM es esencialmente impermanente. La impermanencia (*«anitya»* en sánscrito, *«anicca»* en pali) de las formas materiales, fue destacada ya por Buda, casi al mismo tiempo que Heráclito, probablemente muy pocos años antes, y es la imperfección suprema desde el punto de vista del Ser. Pero, a la vez, como pusieron de relieve tanto Numenio de Apamea como Plotino, la materia en sí es eterna (en cuanto que está fuera del espacio-tiempo); y la MM, considerada globalmente (no en cada forma concreta) también lo es en el sentido de que, aunque dentro del tiempo, no tuvo principio ni tendrá fin. ¿Cómo se concilian, en la realidad de los hechos, su impermanencia con su eternidad? Mediante la aparición y la desaparición: mediante la creación continua y la destrucción continua de las configuraciones materiales. No específicamente en este planeta, demasiado pequeño para que en él se aprecien procesos de tal calibre, pero sí en el conjunto del universo o universos materiales, hay que suponer que continuamente aparece nueva materia configurada en su forma más elemental, y que continuamente desaparece. En consecuencia, la teoría del «*Big Bang*» (al menos la de un «*Big Bang*» único de un Universo único) necesariamente tiene que ser falsa, por mucho que se apeguen a ella los que son partidarios de una «creación lineal» de la MM por Dios (creación de una vez por todas, que tuvo un principio y tendrá un final) de acuerdo con la letra de la Biblia.

»En la materia configurada, en conjunto, se adivina un inmenso deseo de eternidad; es decir, de ser como es el DOROR. La desaparición forzosa en la MM es rechazada por ella misma, que anhela la inmortalidad: la perpetua conservación de sus formas. Las más nobles expresiones de ese anhelo son, como ya hemos dicho, el arte, la restauración de las obras de arte, y la Medicina (científica o no científica) ejercitadas por vocación y no por dinero. Pero, en general, como Platón señaló y en varias ocasiones hemos subrayado nosotros, la MM, ya que sus formas no pueden perpetuarse, les infunde el imperioso deseo de crear formas nuevas, que sin embargo también perecerán. Por otra parte, apenas surge en ella, por la obra lenta y trabajosa del DOROR, una conciencia desarrollada, la MM la emplea, en un uso bastardo, ***en creer en su propia e intrínseca consistencia, después de haberse desdoblado en un sujeto que cree y en un objeto que es creído.*** Y esa creencia es continuamente reforzada por la propia MM. Ante todo, mediante el temor del sujeto al objeto. Ese temor hace que el sujeto, que si teme es porque ya cree, pretenda eliminar el temor con el aferramiento. ¿Aferramiento a qué? En primer término, a los objetos; lo que nuevamente implica creer en su consistencia, y por ende constituye un reforzamiento de la creencia. Pero, después, las experiencias pasadas van dejando en el sujeto consciente una huella (material, por supuesto) mnémica, un sedimento de difusos recuerdos de vivencias pasadas, que constituye el «yo». Y el sujeto se identifica con ese «yo». En adelante, por una parte, todo lo ve a través de ese sedimento, que crece sin cesar como es natural, y por otra parte se aferra tanto a los objetos externos como a ese sedimento interno, constituido en coobjeto aferrado. Pero el aferramiento a ese coobjeto refuerza más todavía el temor y, por ende, el aferramiento a los objetos; en definitiva, refuerza la creencia en su consistencia. El aferramiento del sujeto al sedimento del «yo» es una manifestación particular del deseo de eternidad de la MM, y una prueba adicional de que, en realidad, sujeto y objeto son la misma cosa.

»Es de este modo como la MM, reproduciendo sus formas y creyendo en su propia consistencia, consigue afirmarse en el aspecto existencial. Pero con lo segundo está incrementando su rigidez, su capacidad de resistencia a la operación del DOROR sobre ella, operación que se hace en adelante casi inviable. Para volverla viable, el sujeto ha de ser consciente, no sólo de la existencia y consistencia del DOROR, sino además, como MM, de la intrínseca inconsistencia de la materia que es su soporte, y por tanto de la intrínseca inconsistencia de ella misma; de su propia inanidad o vacuidad; de su «nadalidad». ¿Cómo conseguirlo?

»El problema es muy difícil, porque se trata de salir de un vórtice sin fin: a la creencia inicial, todavía débil, sigue el temor; al temor, el aferramiento; al aferramiento, mayor creencia y además un nuevo objeto de aferramiento que es el «yo»; a lo anterior, un mayor temor y un mayor aferramiento: por tanto, una mayor creencia. Y así sucesivamente, en una espiral (creencia-temor-aferramiento-creencia) que sólo acaba con la muerte física del sujeto. Un sujeto, por cierto, enteramente esclavizado y encadenado a la materia durante toda su vida. Y ello pese a contar con el inapreciable don de la Conciencia, conferida por el DOROR en una obra llena de obstáculos y por tanto muy dilatada en el tiempo.

Aurelio: —Respecto a lo que has dicho, cabe formularse una pregunta: ¿es preciso eliminar el «yo», como afirman algunas ramas del Budismo? Puede que sí, porque de ese modo se consigue eliminar no sólo un coobjeto de aferramiento, sino, sobre todo, el principal impulso hacia cualquier futuro aferramiento. Pero me parece que es como matar mosquitos a cañonazos o, más aún, como decapitar a alguien para quitarle un dolor de cabeza. Pues la aniquilación del «yo» se acerca mucho a la locura y puede desembocar en ella. Se pierde todo el pasado; toda la historia personal; todo en lo que consiste el ser humano. Habría que matizar, en el sentido de que lo que debe eliminarse no es el «yo», sino el aferramiento del sujeto a su «yo», y a todo lo demás que forma parte de su «yo» en cuanto que ha contribuido a formarlo, o que es visto a través de su «yo». De ese modo no se eliminan el temor y la latente creencia, pero quedan reducidos a su debilidad inicial, y la razón puede eliminarlos. Esto es lo que yo creo que quieren decir esas ramas del Budismo.

Félix: —La levedad del ser (del ser material), su inconsistencia intrínseca, es, como dice Milan Kundera, verdaderamente insoportable.

—Desde luego —le apoyó Argimiro—. Insoportable, en primer lugar, para la MM misma. Así como el sujeto se niega a ver desvalorizado su «yo» como entidad y está siempre afirmando su realidad precaria, del mismo modo el resto de la MM, cuando ve negada la consistencia de la materia por la mente humana (entonces un virus para ella), y con esto en peligro su autoafirmación de estar dotada de sustancia propia, es decir de Ser, reacciona de inmediato para abortar un intento tan peligroso para ella. En bastantes ocasiones, la MM total trata de convencer a la mente humana de que posee sustancia de por sí y, más aún, de que posee la única sustancia, abrumándola de males. Pues nada hay tan eficaz como el daño para convencer al dañado de la existencia del dañador como sustancia consistente. Esto lo saben muy bien las diversas clases de sádicos. Y, con el daño, se consigue al mismo tiempo persuadir a la forma material dañada de que también ella misma existe como sustancia consistente. Y esto lo saben muy bien las diversas clases de masoquistas. La MM suele intentar que creamos en su consistencia intrínseca haciéndonos sufrir. Pues esto le es, por descontado, mucho más fácil que hacernos gozar.

»También emplea otro medio para lo mismo: agitarnos y movernos continuamente, como llevándonos por la nariz, hasta que lleguemos a acostumbrarnos al movimiento e incluso a aficionarnos a él como a una droga. Así, la MM consigue que no podamos pensar, que no tengamos tiempo o paz para ello, que creamos que es consistente de por sí, y que no podamos percibir que no lo es, ni tampoco la presencia e influencia del DOROR, la fuente de la felicidad, dentro de nosotros mismos. La agitación, las preocupaciones, nos impiden gozar de esa felicidad que brota de dentro. En cambio, teniendo tranquilidad, podríamos saborear esa felicidad interior que no necesita de nada material para existir.

»Cualquier cosa: un rayo de luz, el «tic-tac» de un reloj, el brillo de un mueble, el polvillo del aire iluminado por el sol, el funcionamiento de nuestro cuerpo si tenemos salud, lo mismo que la rutina diaria, pueden ser motivo y ocasión de felicidad. Solamente necesitan continuamente viajes, espectáculos, fiestas y diversiones (continuos cambios en definitiva), los que inútilmente buscan fuera de ellos mismos una felicidad que, o acabarán por encontrar en lo más profundo de su ser, o no encontrarán en parte alguna. Para que la MM no nos agite, el pasotismo nihilista no es solución, ya que, aunque nosotros «pasemos» de la MM, la MM no «pasa» de nosotros. Sigue cambiando, y por tanto hemos de afrontar los problemas que a cada paso nos coloca delante la existencia material, e intentar eliminarlos o reducirlos. Pero tampoco se arregla nada utilizando técnicas esotéricas como la meditación en cuclillas, la observación atenta del propio ombligo o la repetición obsesiva de una cantinela. Menos todavía corriendo en calzoncillos por el campo o girando como un trompo. En cuanto volvamos del campo, o salgamos del estado de trance, o pongamos fin a la relajación inducida o a la idiotización programada (esto es igualmente válido para el alcohol o la droga), volveremos a encontrarnos con los mismos problemas que nos agobiaban, junto con otros surgidos entretanto, y nos angustiará todavía más el haber perdido el tiempo en esas prácticas sin dedicarlo a resolver los problemas pendientes. Aparte de una reforma profunda de este tipo de sociedad, que individualmente no está en nuestras manos lograr, sólo podemos encontrar apoyo en la Metafísica. Técnicas de relajación sin Metafísica, no sirven de nada. Sólo sirven para perder el tiempo, pues pretender conseguir la paz sin Metafísica, es como echar agua en un cesto de paja. Pero la Metafísica, que puede ser completada con técnicas, puede bastar para conseguir la paz sin necesidad de esas técnicas.

Aurelio: —La MM es impermanente, y esto, en el fondo, siempre lo ha sabido el ser humano. Si además intuye que su aferramiento mental a la materia configurada confiere a la misma cierta rigidez y aparente estabilidad, y que puede influir en ella, positiva o negativamente, mediante la magia u otras clases de morfogénesis directa, se comprende que haya podido concluir que el mundo material es una simple ilusión de los sentidos; que es irreal: que es «*Maya*». Sobre todo, creo que ha sido la «Magia» la que ha producido la noción de «*Maya*».

»Así ha ocurrido en el Hinduismo, y esta concepción de la MM como ilusoria ha influido en algunas ramas del Budismo. La misma concepción se ha dado en algunos filósofos occidentales, y se me ocurre ahora pensar en Berkeley. Pero la «Ciencia Cristiana» ha llegado a la misma errónea conclusión por otra vía distinta. Sobre la base de que Dios es el voluntario creador de todo lo que existe, de que en el mundo material reina el mal y de que Dios es bueno y no ha podido crear el mal, concluye también que el mundo material no existe realmente, sino que es una mera ilusión de los sentidos. De los sentidos... materiales.

Luciano: —La inconsistencia (que no inexistencia) intrínseca de la MM es lo que produce su impermanencia; pero, a su vez, su inconsistencia y su impermanencia son efecto de la imperfección e intrínseca inconsistencia de la materia en la que está instalada.

Aurelio: —La materia, de la que algunas veces hemos dicho, por decirlo de algún modo, que es el sustrato de la MM, como también hemos dicho que la MM es la misma materia coagulada en formas, es imperfecta en proporción a su grado de densidad. El que busque orden, estabilidad, racionalidad, justicia, sentido y finalidad en este mundo material, que no los busque en este mismo mundo material. No es aquí donde están.

»La materia, sobre todo la más densa, da pocas *facilidades* para que las formas que alberga puedan alcanzar la perfección. ***Pueden ajustarse al DOR (y con ello al DOROR), pero no adquirir ellas mismas la perfección del OR sino, a lo sumo, en un grado mínimo***. Aunque, desde luego, debe intentarse siempre, conseguir la perfección total en nuestro mundo es prácticamente imposible. La MM de materia densa es imperfecta por esencia; y aunque por un cúmulo de esfuerzos heroicos consiguiéramos hacerla perfecta en algún punto determinado (porque en todos es imposible), esa perfección duraría tan sólo un instante, ya que las formas de la materia están cambiando continuamente.

»Hay que aceptar, pues, la inevitable imperfección de la materia densa (y por tanto de las formas materiales), y no empecinarse *neuróticamente* en hacerlas perfectas. Pero esto no quiere decir que se deba querer hacerlas imperfectas o preferir que lo sean; como los japoneses, que prefieren un jarrón roto y encolado, mejor que otro intacto. Claro que ellos lo hacen en homenaje a la espontaneidad natural, para admirar las líneas formadas espontáneamente cuando se rompió el jarrón, y, como todo el mundo, para utilizarlo en algo práctico prefieren un jarrón nuevo. Menos artística, pero muy sabia, es la actitud de los ingleses, que prefieren cierta dosis (moderada, claro está) de imperfección en las personas, sabiendo que su perfección no podría ser sino falsa.

Estaba visto que también aquella tarde habíamos de bajar a los infiernos. Nos acabaríamos poniendo enfermos como el domingo anterior. Y, como no me atrevía a intentar evitarlo, me refugié en el vino. Iba ya por la cuarta copa cuando Argimiro dijo:

—El mundo material, la MM, hay que reconocer que, además de impermanente y mudable, en muchas ocasiones es verdaderamente horrible. Puede proporcionarnos a veces algún placer, aunque lo bueno de este mundo sólo debe regocijarnos en cuanto «*flash*» o reflejo de lo divino. Sin embargo, es bueno que la vida nos haya golpeado, porque de otro modo, estando apegados a la materia, no habríamos podido verlo.

»En realidad, la vida material es algo muy parecido a una prisión. Una prisión, desde luego, muy especial. Como en toda prisión, para que seamos libres después y antes de ella (si es que puede hablarse así; porque lo cierto es que fuera de la misma no puede hablarse de un «antes» ni de un «después») será necesario haber estado en ella. Pero además es una prisión-escuela, porque, cuanto más aprendamos en ella, más entidad tendremos después y antes de ella. Por tanto, hemos de aprovechar al máximo este tiempo de aprendizaje carcelario.

—Una prisión —dijo Carlos— de la que ella misma se encarga de librarnos.

ARGIMIRO: —Afortunadamente así es, aunque la mayoría de las veces no lo haga demasiado bien. La vida material ha de tener un fin, porque las formas materiales nacen, crecen y, después de alcanzar una breve plenitud, se deterioran y desaparecen. Dentro de este ciclo vital, el deterioro físico o psíquico, la enfermedad y la decrepitud, son consecuencias particularmente detestables de la resistencia de la materia a las formas del DOROR; pues, si la materia no las resistiera, de todos modos la vida del sujeto acabaría, pero sin deterioro alguno.

—¿Es eso posible?

—Como dice José Silva, el famoso mago blanco norteamericano —respondió Aurelio en lugar de Argimiro—, «*hay que morirse, pero en perfecto estado de salud*». Y eso es lo que ocurre cuando las formas de la materia densa se ajustan al DOROR sin impedimento alguno. La MM es perecedera, impermanente y mudable por esencia; la forma que constituye al ser humano material debe terminar y termina; por tanto, su muerte es inevitable y necesaria. Pero no lo es la enfermedad. Cuando el DOROR actúa sin trabas, no se produce la inmortalidad, porque la forma sobre la que actúa es de por sí mortal, ni tampoco se produce una «enfermedad buena». Simplemente sobreviene la muerte sin enfermedad ni accidente de ninguna clase, y también sin angustia ni dolor; sin previa decadencia; sin previa decrepitud física o mental; simplemente porque ha finalizado la virtualidad material del individuo. Esto ocurre en poquísimas ocasiones, pero yo he conocido casos así; por ejemplo el de De Witt John, «practicista» y maestro de la «Ciencia Cristiana».

»Tuve ocasión de saludar a este hombre cuando vino a Madrid de paso para Lisboa, donde iba a dar una conferencia, y me llamó la atención en él no sólo su extraordinaria bondad y una inocencia como la de un niño, sino también su perfecto estado de salud física y mental, a pesar de su ya muy avanzada edad. En Lisboa llegó a la habitación del hotel donde iba a alojarse con su mujer; ésta entró en el cuarto de baño unos momentos y De Witt se sentó en una butaca a esperarla. Cuando su mujer volvió del baño se lo encontró muerto con una expresión beatífica en el rostro. Sin ninguna causa física y sin dolor, ocurrió simplemente que su existencia material había terminado.

»Otro caso, éste más conocido, es el de un famoso *yogui* hindú; creo que Vivekananda. Estando en la India en perfecto estado de salud, se despidió de sus discípulos porque sabía que le había llegado el momento de abandonar este mundo. Los discípulos le rogaron que, antes de hacerlo, les acompañase a un congreso mundial sobre las religiones que se iba a celebrar unos meses después (no recuerdo si en Los Angeles o en San Francisco), a lo que Vivekananda accedió. Terminado el congreso, en el que intervino brillantemente, se despidió de nuevo de sus discípulos, subió a la habitación del hotel donde se alojaba, y se tendió tranquilamente en la cama. Al día siguiente lo encontraron muerto, sin causa aparente alguna y sin ningún *rigor mortis*. Por lo cual los médicos norteamericanos se negaban obstinadamente a certificar su defunción. Finalmente, a los quince días tuvieron que hacerlo, porque, aunque su cuerpo no presentaba ninguno de los signos de deterioro habituales en los cadáveres, su corazón no latía. Fue incinerado en la India.

Argimiro: —La MM siempre quiere la muerte. Es curioso ver cómo actúa la MM en casos de enfermedad grave. Parece una conspiración de mentes humanas; pero no lo es, porque no es el resultado de un deliberado y previo acuerdo de voluntades. Parece más bien una coordinación de actividades hecha desde algún centro. Primero son los médicos, que empiezan a hacer pronósticos pesimistas y a comunicárselos a los parientes y amigos del enfermo, si es que no se los expresan al enfermo mismo, en cuyo caso su eficacia destructiva puede ser mucho mayor. Los médicos machacan una y otra vez con estas ideas negativas a los allegados del paciente, y se transmiten unos a otros, así como a las enfermeras y auxiliares clínicos, esas ideas que, no se sabe cómo, llegan incluso hasta los celadores y las fregatrices del centro sanitario. Una atmósfera densa, opresiva, de negatividad, se crea en poco tiempo alrededor del enfermo. Sus allegados y amigos, lo mismo que el personal sanitario subalterno, confían en los médicos, éstos confían los unos en los otros, y todos hacen suyas esas ideas destructivas. En cuanto al personal administrativo del hospital, las acepta encantado, pues necesita tener cuanto antes una cama libre.

»Luego, actúa la MM básica, es decir, la MM a nivel celular, obediente a las sugestiones negativas de las mentes humanas y, a la vez, origen de las mismas. Saca las uñas, enseña los dientes, y muerde. El enfermo empeora físicamente y da varios «sustos» a los familiares. Por ello, éstos se van «haciéndose a la idea» de un fallecimiento inminente. El personal médico y sanitario, por su parte, sigue bombardeándoles incesantemente con artillería gruesa. «No se hagan ilusiones.» «En este caso no hay nada que hacer.» «Vayan preparándose para lo peor.» Y lo hacen.

»Finalmente, los amigos y parientes claudican. Ya no pueden más. Físicamente están agotados de velar al enfermo, de pasar días y noches en el hospital, y de sufrir sobresaltos. Anhelan volver a hacer su vida normal. Su naturaleza se defiende aceptando finalmente con resignación la muerte del enfermo, si es que (como es más frecuente de lo que se cree) no la deseaban antes inconsciente o incluso conscientemente. Ahora, también ellos le están bombardeando con ideas destructivas: «es mejor que no continúe sufriendo, él y nosotros»; «sin duda, Dios lo ha dispuesto de este modo en su infinita sabiduría»; «tiene muchos años»; «ha vivido una vida plena»; «ya ha cumplido su misión en la vida»; «todos nos tenemos que morir algún día, y ahora le ha tocado a él»; «es ley de vida»; «para él, es el mejor momento de morir»; «morir de esta manera, sin dolor, es una gracia de Dios», etc.

»Así se produce, inevitablemente, el esperado y deseado fallecimiento, y todos respiran aliviados. Sin embargo, al menos en el ochenta por ciento de los casos, no se habría producido sin esa conjunción de ideas de muerte, alimentada y sostenida por muchas mentes humanas. Sin duda hay muchas maneras de matar a una persona, y una de ellas es ceder a estas ideas, a estas sugestiones negativas de la MM, olvidando que todos hemos de morir, sí, pero en perfecto estado de salud y lucidez; sin sufrimiento alguno, y en perfecta armonía con nosotros mismos, con todo lo que nos rodea, y con todos los que nos rodean. Aun así, Dios nunca quiere la muerte, sino la vida; y la vida no sólo en el otro mundo, sino también en éste. Es la MM la que hace inviable la voluntad de Dios; es la MM la que no sólo muere, sino que también quiere la muerte. No sólo es mortal, sino también mortífera.

—Sin embargo —objetó Anita—, la MM es también creadora de vida.

—En efecto —replicó Luciano—, pero por motivos bastardos. Como ya se ha dicho aquí muchas veces, la MM desea ser consistente y eterna, lo que no es; y, ya que no puede perpetuarse, tiende a crear formas nuevas que, sin embargo, a su vez serán sustituidas por otras.

—No creo que sea por eso, sino más bien por obra del DOROR. El amor humano, que entraña un ajuste al DOR y consiste en procurar el bien del ser amado, tiende a producir nuevas formas en la materia, ya sea por reflejo de la creación de formas materiales por parte del DOROR (en imitación de éste), o por algún mecanismo de sobreabundancia. Aunque, naturalmente, las formas de la materia también puedan producirse por la mera dinámica material, por mera lascivia y sin que exista amor.

Por Dios que yo estaba completamente de acuerdo con ella. Pero, con su intervención, Anita había dado origen a una controversia que ya se prolongó hasta el final de la tertulia.

—Posiblemente —apuntó Félix, creo que zafándose—, el impulso natural hacia la diversificación y la multiplicación, que se observa en el instinto de reproducción de animales y vegetales, es un reflejo, en las formas de la materia, del movimiento o fase *proódica* que señala Plotino en la génesis de las sucesivas Hipóstasis del Uno. Ese reflejo crea aquí abajo una tendencia a la diversidad y a la multiplicación, de igual manera que el reflejo de la fase *epistrófica,* en un movimiento que también existe en las formas materiales, produce una tendencia a la unidad.

—No creo que esas tendencias se deban a lo que dices —dijo Aurelio—, aunque es posible. Yo creo que, como todo, es un problema de conciencia.

»La MM es una. Los que no perciben que la unidad de todos los seres materiales ya existe tratan por ello de realizarla, y lo suelen hacer por medios erróneos y bastardos, como son los de dominar a otro, devorarlo, vampirizarlo o sojuzgarlo. Dominar a otro es una manera de devorarlo psíquicamente, de absorberlo y de hacer que dos se conviertan en uno solo: el que domina o sojuzga. Tales actos son en realidad manifestaciones desviadas de una tendencia a la unidad. Esa tendencia a la unidad se observa en todo el universo, no menos que la opuesta tendencia a la diversificación y a la multiplicación que se observa en el instinto de reproducción de animales y vegetales. Tan fuerte es en la MM la tendencia a la unidad, que incluso la reproducción se realiza (excepto en los seres materiales muy inferiores) mediante una unión sexual.

»De un modo análogo, así como el que es verdaderamente fuerte no necesita alardear de su fortaleza ni promoverla y el que tiene consistencia propia no necesita convencerse a sí mismo de que existe como ser consistente, por el contrario, aquello que, como la materia densa, carece de tal consistencia, necesita creer que su existir es el de un ente sustancial. Por eso la MM, en cuanto puede, tiene una inequívoca tendencia a revolcarse en sí misma, a tocarse y frotarse a sí misma e incluso a golpearse, dominarse y sojuzgarse a sí misma (es decir, algunas de sus zonas a otras). De este modo consigue tener una conciencia errónea de su existencia como ser consistente de por sí, y encuentra la plenitud que en su esfera le es dable alcanzar. Y no sólo eso, sino que entonces, cuando llega a su mayor satisfacción existencial, es cuando se reproduce o tiende a reproducirse como culminación de su actitud autoafirmativa. Ya habló de esto Luciano. Las formas del DOROR no necesitan reproducirse porque son eternas; en cambio, la MM necesita reproducirse para convencerse a sí misma de que posee una consistencia de la que carece y en la que en el fondo no cree. Pero se trata, objetivamente (y quizá también subjetivamente), de una frustración; de un acto fallido. Pues, tratando de adquirir esa consistencia, lo único que consigue es crear otra forma material inconsistente. Y no sólo eso, sino que además, y según dijo también Luciano, ocurre que, de acuerdo con la naturaleza intrínsecamente imperfecta de la materia, ese impulso material a menudo se realiza de un modo defectuoso, mediante tanteos plagados de distorsiones y de caminos erróneos. Asistimos así, no sólo en la especie humana sino incluso en las especies animales, a multitud de desviaciones sexuales, que en general son tendencias fallidas hacia la reproducción por lo demás latentes incluso en los seres «normales».

»La tendencia a la reproducción es tanto más acusada cuanto más consciente es la forma material, porque entonces más siente su inanidad, más echa de menos la consistencia y, consiguientemente, más la busca. Por eso el ser humano es el más sexual de todos los animales. En las relaciones sexuales suele latir una necesidad de autoafirmación; de afirmar la propia existencia que se percibe como precaria e inconsistente.

»Cuando una forma material está en su plenitud es cuando su capacidad de hacer el mal (o de hacer el bien) está en su apogeo, y también es cuando tiende a engendrar. Pero esto último no tiene por causa la maldad (o la bondad), sino la plenitud. Los niños no han alcanzado todavía la plenitud vital, y por eso no pueden ser (en circunstancias normales) demasiado malos ni tampoco (en circunstancias normales) demasiado buenos, y también por eso no pueden engendrar. Algo semejante les ocurre a los ancianos, aunque no a todos: que, por haber perdido ya esa plenitud, son en esto parecidos a los niños. Pero los ancianos pueden ser mucho mejores que los niños. No es sólo que no puedan fácilmente ser malos, sino que pueden fácilmente ser buenos. Cuando lo son, su bondad está contrastada; afianzada; han vivido más y saben más. Los ancianos bondadosos son lo más valioso del género humano. Prácticamente, no son ya de este mundo. Por eso, tantos de los que están en la plenitud de su vida en este mundo los desprecian y hasta quieren que desaparezcan.

A continuación, Carlos, se conoce que impresionado por lo que se había dicho sobre la reproducción de la especie o tal vez por su peculiar sentido del humor, llevó la conversación a un terreno escatológico.

—Lo que llamáis MM, que desde luego es mudable por esencia, absorbe y tiende a segregar MM. Una persona es tanto más «material», por así decir, cuanto más materia absorbe y cuanto más materia segrega. Un «*tanka*» hindú que representaba a la diosa Kali (la MM total) como una mujer muy gorda, desnuda, excretando deyecciones simultáneamente por todos los orificios de su cuerpo, es la representación plástica más exacta que yo he visto de la materia configurada.

»Pero que no se diga que la Humanidad es materialista. En el fondo, no lo es. En el fondo, la Humanidad anhela el espíritu. Pues, incluso los ávidos de materia, anhelan una materia *limpia:* sin excrecencias, adherencias, secreciones, ni nada que recuerde que éstas han existido. El hecho de defecar, orinar, excretar saliva o mucosidades, sudar, eructar, ventosear, etc., en presencia de otras personas, se considera repugnante y lo es. A todos nos gustan las personas limpias y no las sucias. Aunque nos sintamos apasionadamente deseosos de poseer carnalmente a otra persona (es decir, de que segregue materia por nosotros y con nosotros, y nosotros con ella y por ella), sin embargo nos gusta que esa persona esté limpia y que siempre lo sea; es decir, que no tenga materia adherida, ya sea segregada o venida de afuera.

»A menos que se trate de un atavismo relacionado con infecciones y contagios, no se ve otra razón para abominar de que una persona huela mal, tenga las uñas largas, o roña adherida, o esté sudorosa, o muestre pelos que estén *brotando* de su cuerpo (no es lo mismo estar sin afeitar que llevar barba), sino el ignorado deseo de que la forma material, sin dejar de serlo, sea a la vez lo menos «material» posible. Consideramos que es mejor una piel total y absolutamente limpia. Incluso algo tan etéreo como los perfumes, aunque estén sobre una piel limpia, han de ser discretos, muy suaves, casi imperceptibles, o de otro modo también nos repugnan.

»La materia (me vengo refiriendo, claro es, a las formas que aposenta) es lúbrica. La lubricidad consiste en humedad y viscosidad: en definitiva, en segregar líquidos. Y es pringosa, pues, como un lodo viscoso, se pega a quien la toca. El que se aferra a ella, se ensucia y se pringa con ella.

Si lo que Carlos había dicho en relación a la diosa Kali había sido sólo humor negro, Argimiro no lo captó, porque le dijo:

—Hay que interpretar las cosas como lo que son, por mucho que duela. Cuando una mujer te atrae, te atrae mucho, te atrae carnalmente, visceralmente, lo que parece ocurrir es que ves en ella belleza, lujuria, una afinidad hormonal contigo, o quizá oscuros instintos que se corresponden con otros instintos tuyos no menos oscuros y ocultos; pero lo que en el fondo ocurre es que esa mujer es la personificación de la MM que trata de perpetuarse a sí misma mediante la reproducción, y te atrae hacia esa reproducción. Esa mujer, lo mismo que tú, es material, y en ese momento es la MM misma: la diosa Kali: la MM total intentando perpetuarse y sobrevivir. Por eso hay que tener mucho respeto a esa mujer; porque representa, mejor dicho, es en ese momento, la MM total. Tú y ella formáis parte de Algo más amplio, y actuáis entonces en función de las necesidades y deseos de ese Algo; no de los vuestros como seres racionales individuales. De ahí que en esos momentos no pueda uno saber con exactitud lo que le ocurre, y de ello haga unas interpretaciones descabelladas o no pueda hacer ninguna.

»La mujer está más unificada que el hombre. En la mujer, el espíritu y la carne, el Cielo y la Tierra, el DOROR y la Materia, están más unidos que en el hombre, en el sentido de que en la mujer se produce un más seguro y constante ajuste al DOROR que en el hombre, pero sin desgarro o rechazo de la materia, es decir, sin ruptura con ella; de modo que en la mujer lo espiritual está más impregnado de materialidad y lo material está más teñido de espiritualidad que en el hombre. Por consiguiente, ella y no el hombre es la genuina representación de la MM, de Kali, que por algo es una diosa y no un dios. Y aunque parezca que el hombre toma siempre la iniciativa en la relación amorosa, no es así en absoluto. Ocurre lo mismo que con el rayo: que aparentemente toma la iniciativa de descender del cielo a la tierra, cuando en realidad se lanza desde arriba porque previamente la tierra, para su posible descenso, le ha abierto un cauce que no es visible a simple vista. Las mujeres, casi siempre sin tener conciencia de ello, abren ese cauce a unos hombres y no se lo abren o se lo cierran a otros. Aprendamos a percibir cuándo ocurre cada cosa, porque ¡ay de aquel que se lanza en pos de una mujer sin que el camino le haya sido abierto! La diosa Kali, la MM total, sabe muy bien lo que le conviene para intentar perpetuarse; y no son las mujeres las que actúan abriendo o cerrando caminos, sino la MM total a la que representan, a la que encarnan, y de la que son mero instrumento. Por eso, cuando una mujer nos cierre el cauce sin el cual no debemos acercarnos a ella porque nuestra empresa sería un fracaso (y peor aún sería que no lo fuera), no la tengamos rencor.

AURELIO: —La mujer no sólo es la que abre el camino (si no lo cierra) ante la aproximación del hombre, sino que cada vez es más frecuente que sea ella la que tome la iniciativa de la relación. En ambos casos, lo mejor es que el hombre se haya mostrado tal como es; quiero decir que no haya actuado como un farsante ni siquiera ante sí mismo; y, en el segundo, que, atraído por la mujer y viendo que ella le ama y se conmueve, él la ame también. Pero rechazo cualquier identificación de la «diosa Kali» con la mujer, pues ésta se equivoca a menudo. Además, como la MM se mueve continuamente, es necesario que hombre y mujer afronten juntos los problemas que vayan surgiendo ante ellos, y que los cambios que en ellos mismos se produzcan nunca disminuyan su recíproco amor.

—Sigo insistiendo en que, la mayoría de las veces, la reproducción se debe al amor, o sea, al influjo del DOROR —dijo tercamente Anita enfrentándose valientemente con los hombres de la reunión—, y no a ninguna intención malévola de la MM total.[140] Las formas materiales nuevas, aparecidas por influjo del DOROR, lo enriquecen aún más y, ajustándose a él, se acercan a Dios. Como alguna vez dijo Aurelio, de este modo es como Dios, a través de las formas materiales que se ajustan al DOROR, invade la materia que es el sustrato de esas formas, y de alguna manera, aunque sólo respecto a sus formas, la «deifica». Para el DOROR, y quizá también para Dios, es importante que en la materia aparezcan continuamente formas nuevas. Puesto que las formas materiales son perecederas, para que Dios invada la materia es preciso que continuamente aparezcan nuevas formas que reciban la experiencia de las anteriores, y de ese modo la materia pueda adquirir cada vez una mayor conciencia y bondad, cosas que en el fondo vienen a ser lo mismo.

En ese momento, al ver mostrarse tan sincera y valerosa a una mujer tan bella, tan noble y tan inteligente, me sentí completamente inflamado de amor por ella. Quedé instantáneamente prendado de ella y prendido a ella. Sin que Anita fuera consciente de lo que estaba haciendo, en aquel momento se apoderó definitivamente de mi corazón.

Se produjo un silencio, que rompió por fin Aurelio hablando quedamente y con mucha suavidad.

—Dios no necesita invadir la materia a través de sus formas. Ello ocurre para bien de éstas, si se ajustan al DOROR, pero Dios no tiene necesidad de que ocurra. Son las formas las que le necesitan a él; no él a las formas. En realidad, él no tiene necesidad de nada. En rigor, la materia no puede ser invadida por Dios so pena de dejar de ser materia, y te recuerdo, Anita, que es distinta de las formas; que sólo éstas pueden adquirir bondad, ya que la materia amorfa no puede moverse ni por tanto actuar, y que sólo ellas, y no la materia, son las que pueden deificarse.

Pero Dalmacio le dijo entonces:

—Una cosa es que Dios no tenga necesidad de invadir la materia a través de sus formas, y otra cosa es que no tenga el deseo de hacerlo para el bien de aquello a lo que él mismo, ya sea directa o indirectamente, ha dado ocasión de existir. No puedes saber si tiene o no ese deseo, y resulta un tanto extraño que el Origen de todo bien no desee el bien de lo que en cierto modo es su obra. Partiendo de vuestros propios presupuestos metafísicos —añadió, dirigiéndose ya a todos los discípulos de Teófilo—, mi opinión es que Anita puede tener razón y que también podéis tener razón

[140] Dijo también Anita en otro momento, que, según referencias, al conocer el embarazo de la mujer, durante el mismo y en el momento de nacer el nuevo ser humano, experimentan ella y el padre un gozo tan intenso, auténtico, profundo, no material sino espiritual, y tal seguridad, tal «satisfacción del deber cumplido», que era imposible que no procedieran del ajuste al DOROR.

vosotros; que el impulso hacia la reproducción que se da en las formas materiales puede ser debido tanto al influjo del DOROR como al anhelo de eternidad de esas mismas formas.

Aurelio, sin responder a esta importante objeción de Dalmacio, se limitó a decir:

—Algo de razón sí que tiene Anita. La MM amorosa sigue la pauta de conducta de la MM en general; porque es MM, sólo que una MM feliz. Se ajusta, por tanto, al esquema general «*ya que mi forma no es eterna, crearé una forma nueva*». La presencia del amor no modifica en absoluto este esquema, aunque matiza su aplicación en varios sentidos. Si un hombre y una mujer se aman, son más felices que si no se aman; su deseo de inmortalidad es por tanto más fuerte que el de éstos, y por eso siguen con más fuerza todavía la pauta general. En segundo lugar, el amor verdadero es tan hermoso, que quieren que su amor sea eterno en este mundo material; pero, como saben que ambos han de morir algún día, quieren que su amor perdure en lo que consideran el fruto de ese amor, que son los hijos. Son aplicaciones particulares (muy nobles, por cierto) del mecanismo general que antes hemos descrito, por el que la MM cree poder colmar su anhelo de eternidad. En el primer caso el hombre y la mujer anhelan ser eternos ellos mismos porque son felices más allá de toda descripción, y en el segundo caso quieren que el amor que se tienen sea eterno porque es inmensamente valioso. En tercer lugar, a menudo el amor necesita ser pregonado, y los dos quieren pregonarlo, proclamarlo, mediante un fruto visible: el mejor de todos: los hijos. Y finalmente, dado que, aunque ambos se amen, no por eso dejan de ser parte de la MM total, puede ocurrir que cada uno de ellos quiera que el otro cumpla con amor el designio general multiplicador de la MM. Porque también podría cumplirse sin amor.

»La dualidad del ser humano, consecuencia de la dualidad esencial de toda realidad material (compuesta de Materia [con las dos fuerzas contrarias latentes en ella] y de DOROR), se manifiesta muy claramente en las relaciones entre hombre y mujer. En realidad, es aquí donde más claramente se manifiesta; y sobre todo en el hombre, ya que en él las tendencias hacia el DOROR y la Materia[141] (o, más exactamente, la tendencia a seguir a la fuerza «A» y la tendencia a obedecer a la fuerza «R») están más disociadas que en la mujer, y por eso está sometido a un permanente desgarro en todas sus actividades, y especialmente en sus relaciones con la mujer. Una mujer puede sernos indiferente; pero si vemos a otra y enseguida sentimos el

[141] Pedidas aclaraciones, Aurelio me dijo que aquí se estaba refiriendo a la materia amorfa, o informe, o caótica; es decir: carente, respectivamente, de formas (para la materia densa, acoger formas [límites] es, como pensaban los griegos, una perfección), o de formas ajustadas al DOROR, o de un orden racional (o lógico, de *Logos* en el sentido de *DOROR*) en sus relaciones recíprocas.

apremiante deseo de hacer obscenidades con ella, es la fuerza «R» la que nos está empujando; y también puede ocurrir que al ver (y sobre todo al tratar) a otra mujer sintamos por ella amor, que es algo completamente distinto de ese deseo, y entonces es la fuerza «A» la que está operando sobre nosotros. Cuando se ama a una mujer ya no se sienten deseos de hacer obscenidades con ella, y, aunque se hagan, ya no son verdaderas obscenidades. Cualquier hombre normal sabrá lo que quiero decir, como también que, entonces, continúa el deseo de hacer verdaderas obscenidades con otra mujer a la que no se ame como a la primera. Creo que tiene que ser una mujer distinta. Nunca puede ser la misma.

FÉLIX: —¿Por qué? ¿Porque de hecho no hay ninguna mujer en el mundo que pueda ser a la vez amorosa y lasciva, y por ende objeto de amor y objeto de lascivia, salvo en casos de esquizofrenia o de doble personalidad? Creo que en el mundo tiene que haber muchas mujeres así.

AURELIO: —Sobre todo, creo que tiene que ser una mujer distinta porque, aunque una mujer así existiera (y sin duda existen muchas), opino que sería el hombre quien no podría soportar amar y hacer objeto de obscenidades a la misma mujer, so pena de tener él mismo una doble personalidad o de volverse esquizofrénico. El hombre necesita que dos actividades suyas muy diferentes recaigan sobre dos personas también muy diferentes. Y las obscenidades verdaderas son incompatibles con el amor verdadero, porque la fuerza «A» y la fuerza «R» son contrarias. Todo hombre está permanentemente desgarrado por estas dos fuerzas, y el hombre honesto es el que, prefiriendo el amor, renuncia a las obscenidades. Lo que implica un desapego de la Materia en aras del DOROR.

Al oír estas palabras, Félix pareció sentirse muy aliviado.

Madrid, 11 de marzo de 1999.

AGRADECIMIENTOS

Es conocida la respuesta de Dostoievski a Dimitri Serguéievich Merejkovski cuando éste, a los quince años de edad, le preguntó qué hacía falta para ser escritor: «Pequeño, basta con sufrir; sufrir mucho.» Afortunadamente, no todos los que han sufrido mucho se dedican a escribir. Yo, por ejemplo, hasta hace muy poco nunca pensé en hacerlo. Haber sufrido mucho es seguramente necesario para lanzarse a escribir (y muchos escritores lo olvidan), pero no es suficiente. Además, y por este orden, hay que tener algo interesante que decir, y saber exponerlo bien. Cuando a la muerte de mi madre (a quien tantos disgustos y tan pocas satisfacciones había dado en vida) decidí escribir este libro como un homenaje a su memoria, me encontré con que sólo disponía de un enorme montón de notas manuscritas (a veces en facturas de restaurantes o en servilletas de papel) en las que había ido recogiendo sucintamente —sólo para mí— las ideas y reflexiones que se me habían ido ocurriendo a lo largo de un período de tiempo que va desde el año 1981 hasta el 1991 aproximadamente. Es cierto que lo fundamental de lo expuesto en este libro sólo apareció en mi mente después de 1991; mas aquellas primeras ideas y reflexiones eran en alguna medida aprovechables como germen no desarrollado de las posteriores, y dimanaban, por supuesto, no sólo de mis experiencias, sino también de mis múltiples lecturas. Pero, dado que cuando tomé las notas no pensaba utilizarlas para escribir nada que fuera a ser leído por otros, en ellas omití toda referencia bibliográfica. Para resolver este problema, así como para saber cómo debía seleccionar, ordenar y eventualmente ampliar las notas tomadas, y, por supuesto, para obtener una orientación previa sobre la manera de combinar las ideas antiguas con las nuevas, habría necesitado la ayuda de otras personas. Pero no pude contar con ella.

Sin embargo, aunque de varias otras maneras y para solucionar otros problemas, sí hubo personas que me ayudaron. La aparición de este libro ha sido en realidad una obra colectiva.

En momentos de desánimo o de bache psicológico, me ayudaron (no con elogios sobre el contenido del libro, que ignoraban, pero sí con reflexiones alentadoras) mis amigos Jose Luis Escohotado Ibor, su hermana María Teresa, José Uzquiano Cáceres, Jose Manuel Muñoz Alonso, y su mujer, María Luisa Guijosa Alloza, los dos últimos desde un catolicismo militante notablemente bien documentado. Además del cariño que ya les tenía, les estoy inmensamente agradecido por ello. En cuanto a Miguel Torres y su mujer, María Menéndez, amigos míos también, les debo un cálido apoyo psicológico y muchos ratos de agradable compañía. Más tarde, el escritor Carlos Pérez Rosales me dio consejos muy valiosos en materia editorial. No obstante la ayuda de todos ellos, y por la índole de la misma, la responsabilidad de las afirmaciones contenidas en este libro es exclusivamente mía.

Siempre recordaré la ayuda psíquica que, en momentos en que mucho la necesitaba (aunque no concretamente mientras escribía el libro), me prestaron por pura bondad de corazón José Mata Durán, Ramón Núñez de Cela, su esposa, Carlota Santaolalla, Jesús Balaguer González, Maria José Rufas Galán, y un anciano chino de religión budista llamado Lin Lian Shui.

El egiptólogo Jorge Rubio Campos, me proporcionó abundante y actualizada bibliografía sobre el antiguo Egipto. Como además lo hizo sin saber para qué la quería, ni preguntármelo siquiera, mi gratitud es doble. Maria Teresa Robert i Roglà, profesora de literatura española, evitó que yo cometiera un error garrafal en la cita de un poema de Garcilaso.

Hubo otras personas que, sin saber tampoco que yo estaba escribiendo este libro y ajenas también por completo a las ideas que contiene, me prestaron su ayuda (fundamentalmente de carácter profesional, aunque por la cordialidad y generosidad con que me la prestaron se convirtiera también en un importante apoyo psicológico) en momentos especialmente difíciles de mi vida, ayudándome decisivamente a superarlos. Tales personas son bastante numerosas, y con toda seguridad habré olvidado involuntariamente mencionar (por lo que me disculpo de antemano) los nombres de muchas de ellas; pero nunca podré olvidar los de los abogados Luis Sancho Mendizábal, Jose María González López, Manuel Ontañón Carrera, Julio Padilla Carballada, Jose Ramón Parada Vázquez, Diego Córdoba Gracia, Jose María Tejera Victory (ya fallecido), Juan Manuel de Santos Arranz, Jose Manuel Burgos Pérez, Maria del Pilar Martínez Baroja, Luis Solana Madariaga, Joaquín D'Ocón Ripoll, Gonzalo Rodríguez Mourullo, Jose María Stampa Braun, Leandro López de la Morena, Luis Martí Mingarro, Amador Altozano Moraleda, Enrique Celdrán Ruano, Luis Huete Morillo, Francisco Molina Horcajada, Félix Vega Pérez, Saturnino Sánchez Franco, Luis de Luis Muñoz, Enrique Abella Poblet, Jose Luis Anta Carriba, Gloria Gilsanz Cruz, Jose Ignacio Olivares Zarzosa, Luis Bazán Laclaustra, Jose Antonio Pueyo Masó, Vicente de Piniés Nogués, Emilio Bonelli García-Morente, Demetrio Madrid Albors, Julián Marazuela González, Juan

Vallet de Goytisolo, Francisco Echávarri Lomo, Roberto Blanquer Uberos, Valerio Pérez de Madrid, Francisco Castro Lucini, Honorio Ferreiro Delgado, Francisco Sanz Esponera, Jose María Salcedo Gener, Jose Javier Lanzarot de la Plaza (ya fallecido), Tomás Zamora Rodríguez, Damián Martínez Berciano, Efrén Borrajo Dacruz, Antonio Montesinos Villegas, Manuel Salgado Durán (ya fallecido), José Poveda López, Eugenio Velasco Calvo, Luis de Orueta Colorado (que luego fue mi primer lector y crítico), Federico José Olivares de Santiago, procurador de los Tribunales, y Alberto Manzano Martos. Tampoco podré olvidar jamás los nombres de los médicos Gerardo Gilsanz Rico, Andrés Sánchez Hidalgo, Emilia Cibanal Sastre, Juan Estada Girauta, Josefina Bertrand Baschwitz, José Estella Escudero, Julián García Sánchez, Elías Durán Freyre, Gerardo de Vega Fernández, Ignacio Basurte Cisneros, Elena Basurte Villamor, Luis de la Serna y Espina y José Germain Cebrián (ambos ya fallecidos), Jesús Gallego Díez, Carlos Carbonell Masiá, Jose Manuel Cubillo Marcos, Manuel de Artaza Andrade, Fernando del Río (siempre recordaré, además, a su admirable y maravillosa hermana Carolina), José Calderón Reija, Jose Luis Viejo Gozalo, Ignacio Romero Cagigal, Luis Carreño de la Campa, Juan Carlos Salinas Sánchez y Jose Luis Ramos Jácome; el de la psicoanalista María Teresa Ruiz López; el del economista Jose Antonio Santos Arrarte, y el del también economista y además filósofo, latinista, matemático y gran entendido en Astronomía Juan Puga Fernández. A mi entrañable amigo y compañero de la infancia Gonzalo Leal Echevarría, magnífico ingeniero de minas y magnífico pintor, le debo, además de su fraternal e invulnerable amistad, su inestimable colaboración respecto a la portada del libro. Juan Carlos Gómez Martínez, director de uno de los establecimientos de Óptica más importantes de Madrid y diplomado él mismo en esta materia, me atendió siempre con una competencia profesional, una amabilidad, una solicitud y una paciencia, que sobrepasaron con mucho lo que es habitual. Con el tiempo, llegó a convertirse en un buen amigo mío.

También estoy muy agradecido a los señores Stephen G. Wozniak y Steven P. Jobs, norteamericanos, a quienes no conozco. Estos señores fundaron, a los 26 y 21 años de edad, respectivamente, la Compañía «*Apple Computer*» y posteriormente crearon el ordenador electrónico «*Macintosh*». Cuando empecé a preparar el libro, me di cuenta de que necesitaba imprescindiblemente utilizar un ordenador personal. Pero en vano intenté aprender a manejar los programas habituales de «tratamiento de textos»; pues, no estando acostumbrado desde mi juventud a jugar con aparatos electrónicos (en aquella época no los había), encontraba dificultades insuperables para aprender a usarlos a mis 55 años. Afortunadamente, un amigo, Félix Oteruelo, me habló un día de la casa «*Apple*», de su genial sistema operativo, y de sus no menos geniales programas. La única dificultad que encontré para manejar el más sencillo de los programas «*Apple*» de tratamiento de textos, consistió en olvidar los de otras marcas que antes había intentado en vano aprender a utilizar. Verdaderamente, sin mi querido ordenador «*Macintosh*» no habría podido escribir este libro.

Asimismo, quiero dar las gracias a varias personas que me ayudaron en este mismo tema electrónico. Martín Sáenz de Ynestrillas, como director comercial de una de las más importantes empresas distribuidoras-concesionarias de «*Apple*» en Madrid, me dio enormes facilidades para la adquisición de los aparatos que yo necesitaba y para aprender a manejarlos, así como para su mantenimiento posterior. Mercedes Sánchez Araújo, empleada de la misma empresa, me dio la primera instrucción. Pero mi asesor permanente en ella primero y fuera de ella después, que acabó convirtiéndose en amigo; mi expertísimo, paciente, bondadoso y siempre disponible «colaborador electrónico» habitual, fue Jose Antonio González Villa, a quien nunca agradeceré bastante los conocimientos, el tiempo, y la atención que generosamente me dedicó. Otros técnicos de la empresa, como Jose Miguel Rivas y Jesús Pulido, me trataron siempre con suma amabilidad, lo mismo que, en el aspecto comercial, Juana-Mari Maza y, en otra Entidad distinta, Ana María González Villa. Aunque ninguna de estas personas me conocía anteriormente de nada, todas ellas se volcaron sin reservas en mi ayuda. También me ayudaron mucho en este tema electrónico, a título personal, Marisa Maíz y Belén Alonso, jóvenes ambas, bellas, sabias y llenas de bondad, cuya paciencia para conmigo nunca olvidaré. Sin la ayuda de todas estas personas, tampoco habría podido escribir este libro.

En otro orden de cosas, le estoy muy agradecido a Salvador del Bosque Lorenzo. Escribí el libro viviendo solo; de modo que tenía que tomar decisiones cotidianas sobre temas alimenticios sobre los que no sabía casi nada cuando mi madre falleció. Salvador, hombre bondadoso, amable, alegre y bien educado, además de inteligente y trabajador, que dirigía una prestigiosa tienda de ultramarinos cercana a mi casa, fue primero mi proveedor habitual de alimentos, y después un amigo con el que me agradaba charlar sobre los temas más diversos. Contribuyó a mantenerme vivo y sano durante todo este tiempo. Ni que decir tiene que, sin su ayuda, tampoco habría podido escribir este libro. Evelio Rubio Marugán, subalterno de Salvador, me trató siempre con una amabilidad extraordinaria. Los hombres de bien, suelen rodearse de quienes son como ellos.

También expreso aquí mi gratitud a Nicolás García Martínez, a su hijo Nicolás García Fontes, así como a Javier, asimismo apellidado García y por partida doble, estanqueros todos ellos que, sin conocerme anteriormente de nada, cuando les dije que estaba escribiendo un libro, hicieron en época de carestía general unos esfuerzos inauditos (casi siempre con éxito), para mantenerme aceptablemente surtido de los puros habanos que yo fumaba, de buena calidad y precio entonces asequible, sin los cuales quizá este libro se habría escrito con dificultades todavía mayores. Un hijo de Javier,

Ignacio García Segovia, documentalista y licenciado en Geografía e Historia, me ayudó a encontrar vetustos informes de Prensa que yo necesitaba. Acabé teniendo una cordial amistad con padre e hijo, así como con la esposa del primero, Margarita, y la hermana del segundo, también llamada Margarita.

Entre el pueblo llano de Madrid encontré personas trabajadoras, humildes, anónimas, que en las esferas de sus respectivas profesiones me ayudaron bondadosamente a subsistir. Por ejemplo, muchos comerciantes, industriales y artesanos del barrio de Prosperidad (un barrio encantador de gente buena), entre los que destacaba Isabel Lázaro; la cual, aunque se dedicaba (ya no) a la reparación de artefactos eléctricos, se convirtió en mi asesora en problemas domésticos de todo tipo. Yao He Cheng y su encantadora esposa, Zhao He Ming, que regentaban (ya no) un modesto restaurante chino muy próximo a mi casa, fueron para mí mucho más que amigos siempre interesados por mis problemas y dispuestos a ayudarme; en realidad se convirtieron, junto con sus dos hijas, en familiares afectuosos que tenía siempre cerca. Enrique García Santamaría y su hermano Miguel, dueños de una pequeña tienda de aparatos electrodomésticos de la calle de Vinaroz, me trataron en todo momento con una cordialidad y una generosidad asombrosas. Lo mismo hizo siempre Enrique Cerdá Linares, hombre bueno, inteligente, vital e infatigable, que me honró con su amistad. Jose Miguel González Candela, encargado de una tienda de prendas de vestir de la calle de López de Hoyos y sastre de profesión él mismo, me atendió siempre con cortesía y profesionalidad admirables, dignas de todo elogio dentro de la mejor tradición del oficio. No quisiera olvidar aquí a mi amigo Jose Luis Portela Cirbián, cuya bondad, pericia profesional, hombría de bien y total ausencia de egoísmo, hicieron para mí más llevaderos los problemas domésticos relacionados con la fontanería y la calefacción, a su sabia esposa, Sara, ni al honrado, competente y jovial electricista Manuel Wisnes Calvillo, aunque ambos son del barrio de Tetuán. También me ayudó en alguna ocasión un anciano electricista y bondadosísima persona del barrio de Argüelles, Juan Bajo Marcos (alias «Juanito el Pipa»), ya fallecido, cuya amistad nunca olvidaré.

Antonio Martínez Pérez, dueño de un taller de reparación de automóviles de la calle de Luis Cabrera; Luis Muñoz Bernardo, dedicado a arreglar aparatos eléctricos en la calle de Daganzo; Mariano Lario Morón y su hija Susana, Agustín Galera, la farmacéutica Pilar Esteso Herráiz y su marido, Javier Sanz, Valentín Ortega Pascual, Mariano Sacristán, Javier Cancho, Esther Linares Villa, Serafín Miguel Miguel y su hermana Claudia, Juan Ruisánchez del Hoyo, Benito Rodríguez Presa, Manuel Álvarez Miguélez, Alfonso Caballero Rodríguez, Joaquín Castro Fernández, José María Fernández Patiño, y tantos otros hombres y mujeres cuyos nombres o apellidos no recuerdo o nunca llegué a saber, se portaron conmigo, sin conocerme de nada, como si fuese un amigo de toda la vida. Quiero citar también, aunque no eran del barrio de Prosperidad, a «Tere» Fernández Hernández, a sus hijas Natacha y Maite, a Lucía Bracamonte, a Antonio Araguás Puyó y a su hija Nuria, a Rafael Moreu Sanz, a su hermano Carlos, y, por supuesto, a Jesús Fernández Serrano, María del Carmen Collado y Simón, Carmelo Segura Martínez y Julio Valentín Fernández Fernández, sin los cuales este libro no habría llegado a ver la luz.

Finalmente, quisiera mencionar a los obreros, cuyos nombres no recuerdo, que colocaron en mi vivienda ventanas dobles. El edificio contiguo a mi casa está ocupado (sin la preceptiva licencia municipal) por el Instituto Nacional de Toxicología, organismo dependiente del Ministerio de Justicia. Dicho Instituto instaló allí unos aparatos que funcionaban sin interrupción día y noche, tanto los días laborables como los festivos, haciendo un ruido insoportable. En mi vivienda no podía dormir ni trabajar. Los vecinos formularon las correspondientes denuncias ante las autoridades competentes, y (¡en 1990!) yo también presenté la mía; pero, con la peculiar forma de aplicar la legalidad y de respetar los derechos individuales que caracteriza a la singular «democracia» española, la autoridad municipal tardó bastantes años en hacer algo; y la judicial, en un procedimiento interminable por inmóvil, aún no se ha pronunciado sobre el asunto (este prefacio se escribe en el año 2002). A los dos años de haber formulado mi denuncia sin resultado alguno, decidí instalar por mi cuenta dobles ventanas que me aislaran parcialmente del ruido y me permitieran trabajar y dormir, con las ventanas cerradas, por lo menos en invierno. Los obreros, por supuesto, cobraron lo estipulado; pero cuando se enteraron de que yo estaba escribiendo un libro (no sabían sobre qué, pero *un libro*), se esmeraron especialmente en su trabajo. Así, me ayudaron a su modo a escribirlo. Al contrario que el Estado español, que, sin duda sin proponérselo, pero de muchas maneras, creó las condiciones más adecuadas para que no lo pudiera escribir.

Todas estas personas, en cierta medida y en sus respectivas esferas de acción, se portaron conmigo con una inesperada solicitud casi maternal. Quizá mi madre, que acababa de abandonar este mundo y por quien en verdad estaba escribiendo el libro, les estaba inspirando desde arriba.

Temas como la inexistencia del libre albedrío, el «yo aferrado» o *ego* y los medios de debilitarlo, el «efecto justicia» o *boomerang*, el temor, el mecanismo material del conocimiento, el amor, la inmortalidad, los antecedentes en el antiguo Egipto, la sexualidad, el modo de ser de los españoles, el papel desempeñado en el mismo por la Iglesia católica, el Cristianismo primitivo, la persona de Jesús de Galilea, el Capitalismo y el Socialismo, etc., serán tratados a fondo en la segunda parte de este libro, ya en preparación. Pero será necesario haber leído la primera parte —contenida en el presente volumen— para entender la segunda.

SOLINGRAF

ediciones letra clara

Tels.: 91 725 14 15 - 91 356 67 00
Fax: 91 356 67 01
e-mail: lasercom@sew.es
www.editamostulibro.com